正确学会Photoshop的16堂课

Windows/Mac
CS4/CS5 全适用

施威铭研究室　编著

本书跳脱功能讲述的窠臼，作者遵从适于学习、便于实用的法则，将Photoshop最精华实用的功能分解成16堂课，通过多个既专业又易于学习的精巧作品整合起来的实例，循序渐进地介绍给读者，达到学以致用的目的。

本书实例丰富，包含风格海报、名片设计、封面设计、小说插画、展览海报、年历、产品广告、网页版面设计、网页动画制作等，都是最热门的平面设计主题。每章开头会提供范例效果图、课前导读、估计学习时间、本章学习提要等内容，从而掌握各章学习目的与效果，各章结尾还帮您归纳整理实用知识，除了回顾该章所学重点之外，更可实时补充丰富的实践技巧。

随书附赠的DVD教学光盘，内容包括：各章范例与完成文件，方便您跟着书中讲解的步骤进行演练与参照；5小时的多媒体视频教学，就像有一位专业老师贴身指导一般，让您在演练中轻松跨入Photoshop的大门，并向专业领域迈进，直至成为圈中高手。

图书在版编目（CIP）数据

正确学会 Photoshop 的16堂课/施威铭研究室编著. - 北京：机械工业出版社，2010.7

ISBN 978-7-111-30701-3

I. ①正… II. ①施… III. ①图形软件，Photoshop CS4 IV. ①TP391.41

中国版本图书馆CIP数据核字（2010）第090566号

机械工业出版社（北京市西城区百万庄大街22号　邮政编码100037）
责任编辑：夏非彼　迟振春
北京彩和坊印刷有限公司印刷
2010年7月第1版第1次印刷
188mm×260mm • 28印张
标准书号：ISBN 978-7-111-30701-3
　　　　　ISBN 978-7-89451-520-9（光盘）
定价：89.00元（附 1DVD）

凡购本书，如有缺页、倒页、脱页，由本社发行部调换
客服热线：（010）88378991；82728184
购书热线：（010）68326294；88379649；68995259
投稿热线：（010）82728184；88379603
读者信箱：booksaga@126.com

序

Preface

有心朝美术设计领域发展的人，大概没有人不知道Adobe Photoshop这款图形图像界的“天王巨星”。

Photoshop从早期专注于平面设计、印刷输出方面的应用，到近几年随着数码相机的蓬勃发展，已将其领域延伸到网页、数码照片的编修层面，更支持Cawera RAW的编辑，这也使得Photoshop的使用者从专业的美术设计人员，扩展到一般的业余玩家。

问题是，业余玩家可能未受过专业的美术训练，当面对这么一款功能强大的软件，作为一个初级入门者到底应该从何学起呢？有些人一开始可能会选择外观厚重、感觉相当有分量的“操作手册”类的图书来阅读，这类书籍几乎囊括了Photoshop的所有功能，让人看的时候感觉很过瘾，但是看过之后却没有什么成就感，即便知道了Photoshop的众多功能，但却因为了解的知识过于零散且缺乏整合的能力，以致做不出任何成品。

为了让Photoshop入门者有一个“好的开始”，我们重质不重量，针对Photoshop最重要、最实用的功能，设计简单又不失专业的精美作品，让读者能从实例的操作过程中奠定扎实的基础，不仅彻底了解功能的意义，更清楚该项功能在操作中的用法，而且还能确实做出作品，绝对有成就感！

本书一共规划了16个章节，将Photoshop最精华实用的功能，通过多个专业精巧的作品实例整合起来，循序渐进地介绍给读者，并且实时补充绝妙的应用技巧，让你在实践中轻松跨进Photoshop的大门，并向专业领域迈进，直至成为圈中高手。

你可以循序阅读，也可以直接挑选感兴趣的范例来练习。本书内容丰富，是你学习Photoshop的必备书籍，请跟着我们一起“踏出成功的第一步”。

施威铭研究室
2010.04

多媒体光盘使用说明

About DVD

5 DVD 小时专业课程
DVD多媒体视频讲解

262个
素材文件

90个
分层源文件

光盘内容

囊括本书所有章节示例与操作的素材文件，包括制作素材、结果文件等，共计262个JPG/GIF图形文件和90个PSD分层文件。

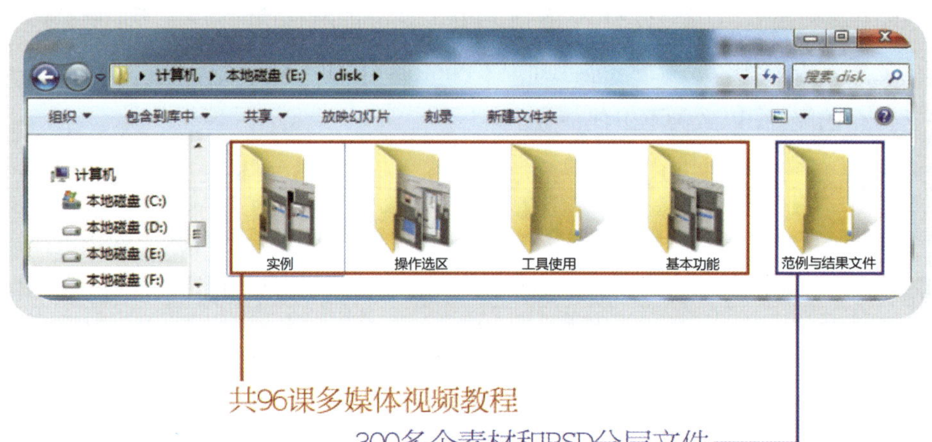

多媒体视频讲解

包括4大部分精心录制的多媒体教程，共计96堂课，既是教材内容的拓展，又是教材的补充。

- 实例：本书8个范例的完整视频教程，详细地讲解了各实例的制作要点，并给出了操作步骤，看视频就可以轻松学会，从而设计出好看的作品。
- 操作选区：包括14堂多媒体教程，深入浅出地讲解了在Photoshop中创建、删除、合并、变换以及调整选区等的操作技巧。
- 工具使用：包括绘图与修图、路径与形状、填充与擦除、文字工具、选择移动工具以及其他工具等所有Photoshop工具的视频讲解，共61堂课，可以说是一个工具使用技巧大全。

- 基本功能：这是专门为新手录制的13堂Photoshop基础教程，目的是帮助初学者快速上手，掌握入门要领，节省学习时间。

部分实例播放画面

打开光盘，从文件夹中找到要播放的视频文件，双击后即可使用Windows系统的媒体播放器进行播放，如果无法播放，请安装光盘中的视频插件TSCC.exe文件。

实例

使用画笔描边路径

通过蒙版合成

相片美容

修掉墙面上的扶手

法式艺术风格海报

中国风展览海报

目 录

Contents

第1章 认识 Photoshop 工作环境

第2章 善用Adobe Bridge管理图像

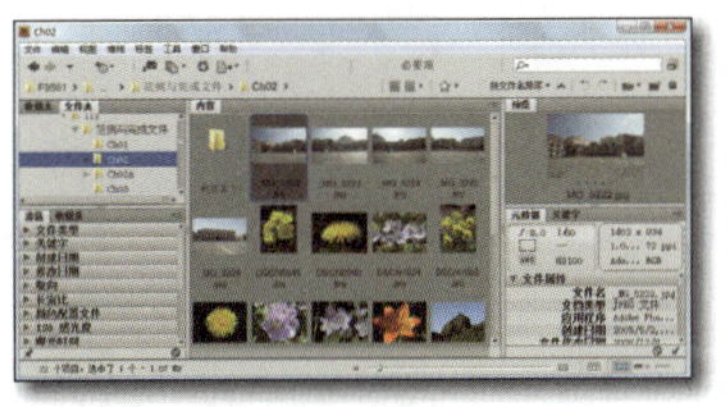

第3章 数码照片基础编修

第4章 图像的修补与美化

第5章 范围的选择

第6章 图层的基本操作与编辑

第7章 图层蒙版与调整图层使用技巧

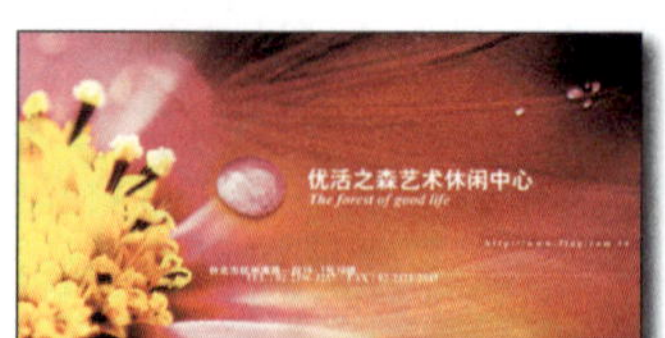

第8章 绘图和编辑工具的应用

第9章 文字的编辑与特效

第10章 钢笔工具的应用

第11章 矢量图案绘制工具与应用

第12章 图层进阶应用技法

第13章 商业设计实际应用

第14章 网页图像的处理

第15章 网页动画的制作

第16章 颜色管理与输出

LESSON

第1章 认识 Photoshop 工作环境

课前导读

第一堂课我们将为您总览 Photoshop CS4 的工作区，也就是将来设计作品的工作环境，我们将借着范例文件的实际演练，带各位熟悉工作区的各个组件以及基本操作，为后续的学习课程奠定扎实的基础。

本章学习提要

- 启动 Photoshop 并打开文件来进行图像处理
- 认识工作区的组成组件：**文件窗口**、**应用工具栏**、**选项栏**、**工具面板**、**面板组**
- 选取**工具箱**的工具并到选项栏中设置工具的属性
- 调配面板组建立自己喜欢的工作区以及快速更换工作区配置
- 运用**缩放工具**、**旋转视图工具**、**抓手工具**缩放图像大小、转动与拖动图像
- 运用**历史记录**面板查看每一步骤的图像变化并且还原错误的操作
- 存储文件将处理的结果保存下来

估计学习时间 **90分钟**

1-1 在 Photoshop 中打开文件

学习 Photoshop 无非是为了设计作品，而每一幅作品就是一个“文件”，因此不论是要设计贺卡、海报、处理照片……，进入 Photoshop 的第一件事便是要“打开文件”，然后才能继续进行各项编修与处理的操作。

启动 Photoshop 与浏览工作区

在打开文件之前，我们先来启动 Photoshop。就如许多的应用程序一样，当系统安装好 Photoshop 后会自动在“开始”菜单中设置一个程序快捷方式，所以我们只要执行 **“开始/所有程序 / Adobe Photoshop CS4”** 命令即可启动Photoshop。

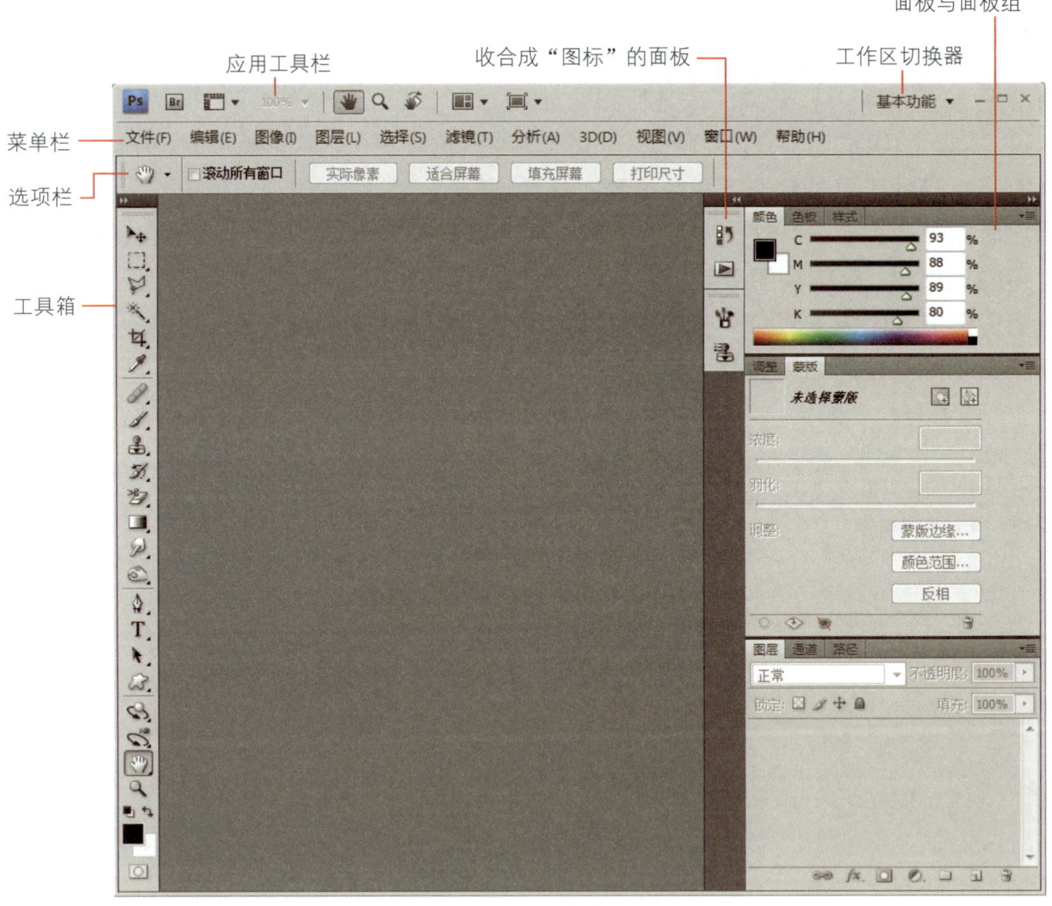

启动后，屏幕上会打开一个类似于上图的窗口，这个窗口就是 Photoshop 的 **“工作区”**。需要提醒的是，工作区的配置是可以变动的，所以若你的画面与上图不同，请执行 **“窗口/工作区/基本功能（默认）”** 命令，将工作区恢复为 Photoshop默认的配置，而稍后第1-2节我们也会介绍调配工作区的技巧，这里先带各位简单浏览一下工作区的一些特别组件：

- **应用工具栏**：这是 Photoshop CS4 新加入的成员，里面存放 Adobe Bridge（下一章介绍）以及视图文件、更换工作区配置的功能按钮。另外，若你的显示器尺寸够大（约 17寸以上），则**应用工具栏**会与**菜单栏**位于同一行中，而非在**菜单栏**之上。

- **工具箱**：此为 Photoshop 各项编修工具的集结场所，要使用某项工具编修图像之前，必须先到这里来选取。
- **选项栏**：此处会显示目前**工具箱**中所选取工具的设置选项，以供调整工具的行为与属性，其内容会随着选取工具的不同而变动。

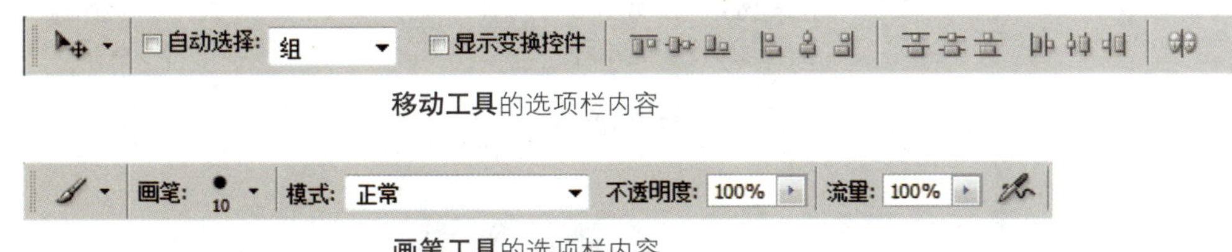

移动工具的选项栏内容

画笔工具的选项栏内容

- **面板**：Photoshop将一些重要功能做成**面板**，例如**图层面板**、**画笔面板**等，这些**面板**可打开放在桌面上，方便使用者就近取用。展开的**面板**会以“面板组”的形式呈现，也可以收合成“图标”减少占用的空间。下一节我们会介绍调配**面板**的技巧，让各位可以依照编修的目的与需求，为自己调配最舒适的工作空间。

打开文件

打开文件要分成 2 种情况：一是打开“已有的文件”，例如打开数码相机拍摄的照片文件来编修或是打开之前存储的半成品来继续完成，这种情况比较单纯，只要通过**“打开”**命令到文件存放的地点将它们打开即可。

另一种情况则是要新建一份“空白文件”，从无到有设计作品的内容，在这种情况下要事先设置较多的信息，例如文件的尺寸、分辨率、颜色模式、位深度等，我们稍后会做详细的说明。

打开已有文件

要打开已存入计算机中的图像文件，请执行**“文件/打开”**命令，弹出**“打开”**对话框：首先将**查找范围**切换到图像文件所在的文件夹，此时**内容窗格**会列出该文件夹中的文件，接着从**内容窗格**中选取你要打开的文件，单击**“打开”**按钮打开即可（或直接双击选取的文件图标来打开）。下面我们试着从Photoshop中打开所附光盘中的01-01.jpg文件：

1 请切换到所附光盘的 Ch01 文件夹
内容窗格
打开
查找范围(I):
Ch01
名称
拍摄日期
标记
大小
最近访问的位置
桌面
计算机
网络
01-01
01-02
01-03
01-04
01-04-编修
3 选取 01-01.jpg
4 单击打开按钮
文件名(N):
01-01
文件类型(T):
所有格式
打开(O)
取消
2 选择所有格式
图像序列
选取文件后，可在
此预览图像内容
文件大小: 402.2K

Photoshop 会利用文件窗口来分隔每一个文件，
所以每一个打开的文件都有自己的文件窗口

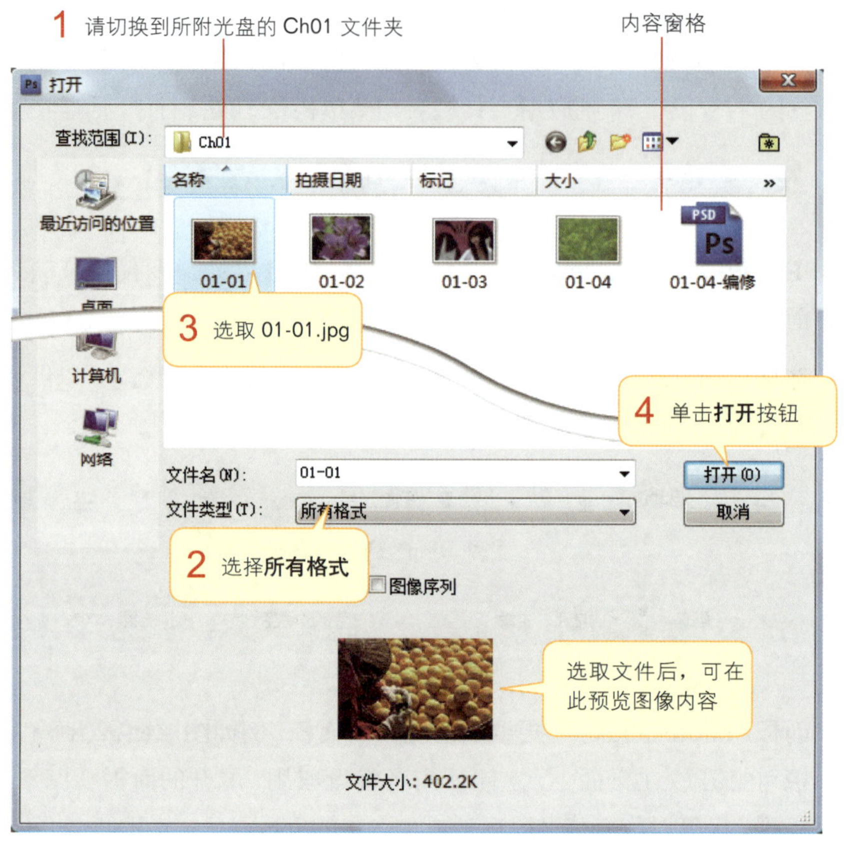

文件打开成功

指定文件类型

在**打开**对话框中，若**内容窗格**没有列出想要的文件，请检查**文件类型**下拉列表的设置：假如你知道所要的文件格式，例如 PSD（Photoshop 的原始文件格式）、JPEG 或 TIFF，可直接指定该格式，如此可避免**内容窗格**列出太多不必要的文件；但是，若你指定的文件格式不对，则会看不到所要的文件，所以如果你不知道要打开的文件格式，请选择**所有格式**，从而列出该文件夹的全部文件来寻找。

指定**JPEG**，文件夹中非 JPEG 格式的文件就会被隐藏起来

新建空白文件

若是要新建一份空白的文件底稿来从头设计，你必须先根据最后要得到的成品，例如一张 A4 纸张的海报、DVD外盒的封面、6×4 的卡片等，设想好所需的文件尺寸、分辨率、颜色模式等，然后才执行“**文件/新建**”命令来设置：

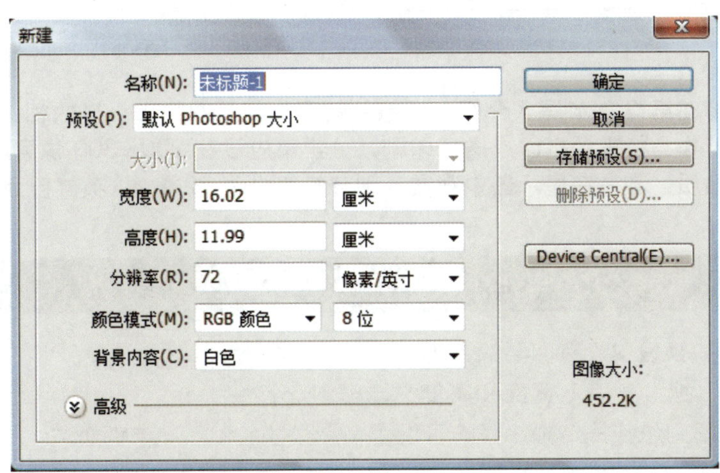

当打开**新建**对话框后，请依照下列步骤进行操作。

1. 设置作品名称

首先请在**名称**文本框中输入这次设计作品的名称，例如：生日卡片、婚宴邀请卡、毕业舞会海报等；你也可以先沿用默认名称，等到存储文件时再命名。

2. 设置图像大小与分辨率

对于图像大小与分辨率的设置，Photoshop 已建立多组现成的**预设**可供挑选，包括各种标准规格的纸张尺寸、照片尺寸，还有网页、移动设备、胶片和视频的规格尺寸。现假设我们新建空白文件是为了设计一张 4×6 照片规格的卡片，就可如下设置：

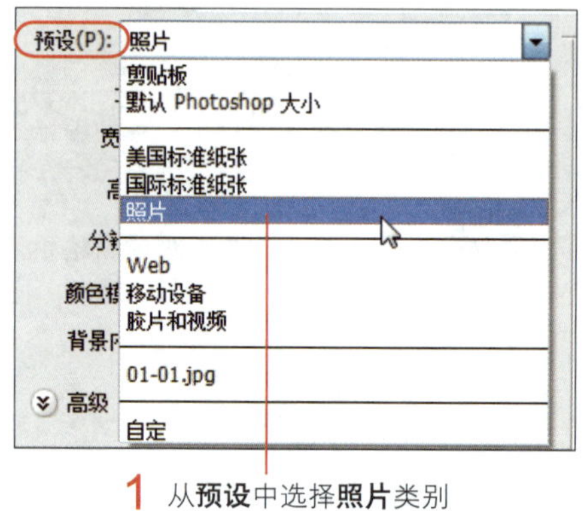

1 从**预设**中选择**照片**类别

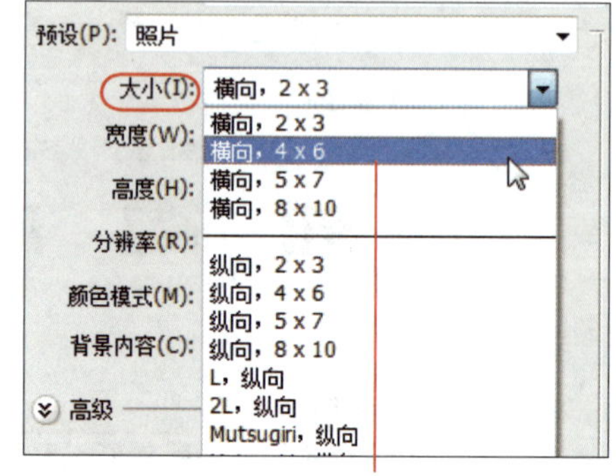

2 **照片**类别有多种大小，所以接着到**大小**下拉列表框选择**横向**，4 × 6

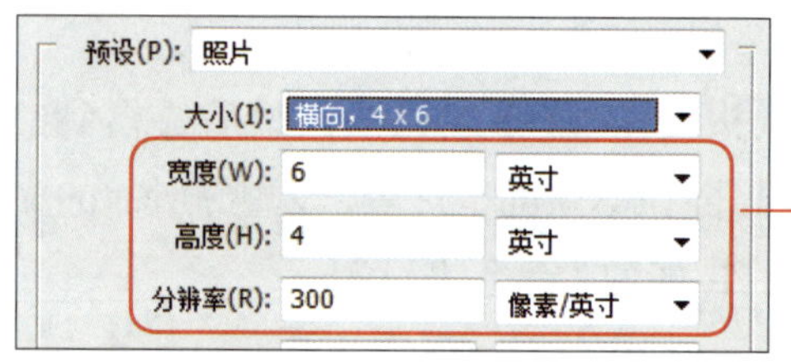

3 Photoshop自动设置好文件的**宽度**、**高度**，同时还会将**分辨率**设为"打印输出"的300像素/英寸（若是选择**网页**、**视频**类别的尺寸，则**分辨率**将自动设为"屏幕输出"的72像素/英寸）

TIP 我们将在第 3-3 节深入介绍"图像分辨率"与"图像大小"的相关内容。这里只要先知道，若作品将来要打印或送厂印刷，分辨率应设在 200~300 像素/英寸之间才能够确保打印品质；若是在显示器中观赏，则分辨率设为 72 像素/英寸已足够。

自定义大小与分辨率

假如**预设**中没有你要的大小，那么就需要自己把大小填入**宽度**和**高度**文本框中，**分辨率**则依作品的输出目的来设置，单位有**像素/英寸**与**像素/公分**。

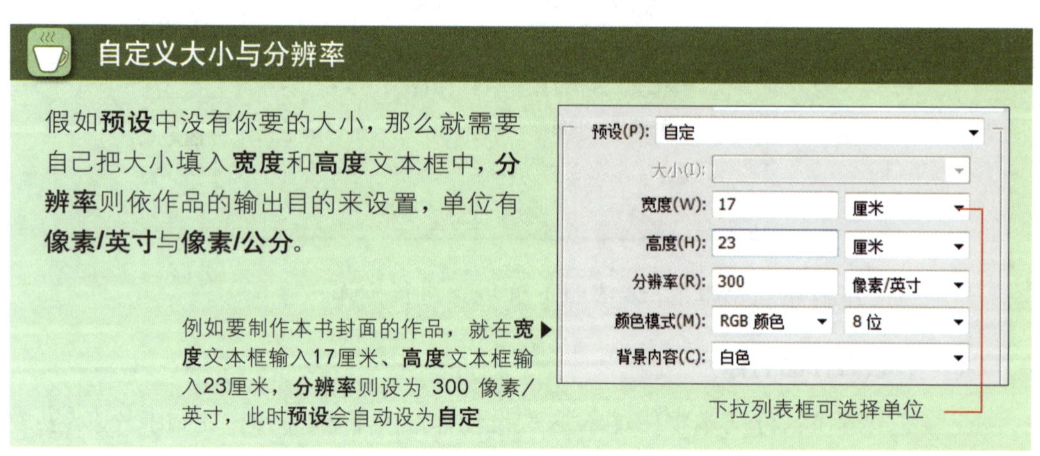

例如要制作本书封面的作品，就在**宽度**文本框输入17厘米、**高度**文本框输入23厘米，**分辨率**则设为 300 像素/英寸，此时**预设**会自动设为**自定**

下拉列表框可选择单位

3. 设定颜色模式与位深度

颜色模式是 Photoshop 记录图像亮度与色彩的方法，用于决定图像可显示的色彩以及数量。若你设计的作品是彩色的，那么一般是选择 RGB 或 CMYK。

- RGB 模式表示每个像素是由**红、绿、蓝**3色组成，和显示器相同，若作品最后采用显示器输出，请选择 **RGB 颜色模式**。
- 印刷使用的是 CMYK 4 色油墨，若作品最后采用印刷输出，那么应选择 **CMYK 颜色模式**，但是，因为 Photoshop 有部分功能无法应用在 CMYK 模式的图像上，所以建议先选择RGB 颜色模式，等到编辑完成后再转换成CMYK 模式。

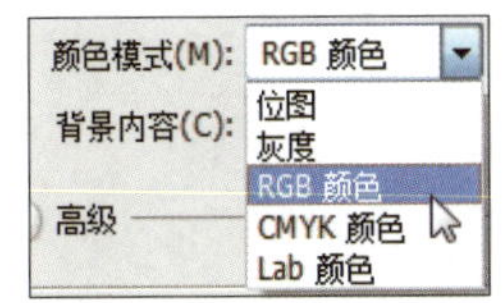

位深度是指“每一个色版所使用的位数（bpc，bits per channel）”，位数愈多，所能表现的色彩也愈多，例如 8 位可产生 256 种变化，16 位可产生 65536 种变化。不同的**颜色模式**可选择的**位深度**并不一样，例如 RGB 模式可选择：8 位、16 位、32 位，CMYK 模式只可选择8位或16位。由于 Photsohop对16位和32位的支持程度比不上8位，所以除非有特别的需求，否则一般选择8位就已足够。

选择RGB颜色模式后，可选择8位、16位、32位深度

> **通道**
>
> **通道**是Photoshop用来存储色彩信息的媒介，每个图像都有一个或多个通道，以其色彩模式而定，例如 RGB 模式有红、绿、蓝 3 个通道，CMYK 模式有青、洋红、黄、黑4 个通道。

4. 设置背景内容

此步骤为选择新文件的背景颜色，有 3 个选项：第 1 个是**白色**，就是将背景填充白色；第 2 个是**背景色**，会以目前 Photoshop 设置的背景色来填充文件背景，假如目前的背景色是黑色，那么新文件背景就会填充黑色；第 3 个是**透明**，也就是不填色，选择此项则新建的文件背景会是一层“透明图层”（有关图层的说明，请参阅第 6 章）。

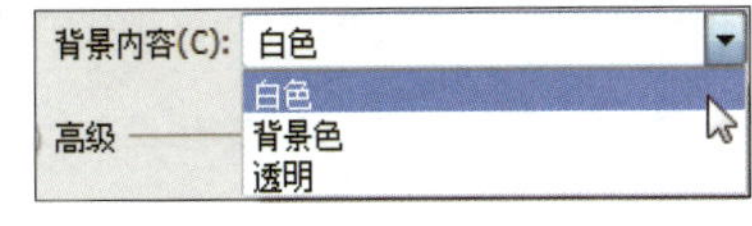

进行**新建**对话框的各项设置后，单击**确定**按钮，Photoshop 便会根据设置新建一个新文件：

关闭 Photoshop

打开文件到此告一段落，接着我们来学习关闭 Photoshop 的方法，你可以执行 Photoshop 的 **“文件/关闭”** 命令或是单击 Photoshop 窗口右上角的**关闭**按钮 来结束。

TIP 关闭 Photoshop 时，若出现询问“是否存储更改”的对话框，请单击**否**按钮略过，我们到第1-5节再介绍如何存储文件。

1-2 调配 Photoshop 工作区

这一节我们将通过实际演练的方式，带各位熟悉 Photoshop 工作区的各项操作。

文件窗口

首先，请再次打开范例文件 01-01.jpg，我们要仔细观察文件窗口并学习相关的操作技巧。

浏览文件窗口

文件窗口是视图与编修图像内容的所在，其上方的**标签**（或称为**标题栏**）会显示图像的相关信息，包括：文件名、显示比例、颜色模式、位深度等，下方的状态栏则可调整图像的显示比例，并提供文档大小、文档尺寸等信息。

拼贴 vs 浮动

Photoshop默认会将打开的文件窗口“拼贴”在 Photoshop 窗口上，其位置是固定的，大小则会随着Photoshop的窗口而变动。不过，我们可以拖曳文件窗口的卷标，让它脱离 Photoshop 窗口的边框，即可变成“浮动式”的文件窗口，浮动的文件窗口将不受 Photoshop 窗口的限制，可任意在屏幕上移动。

变成“浮动式”的文件窗口了

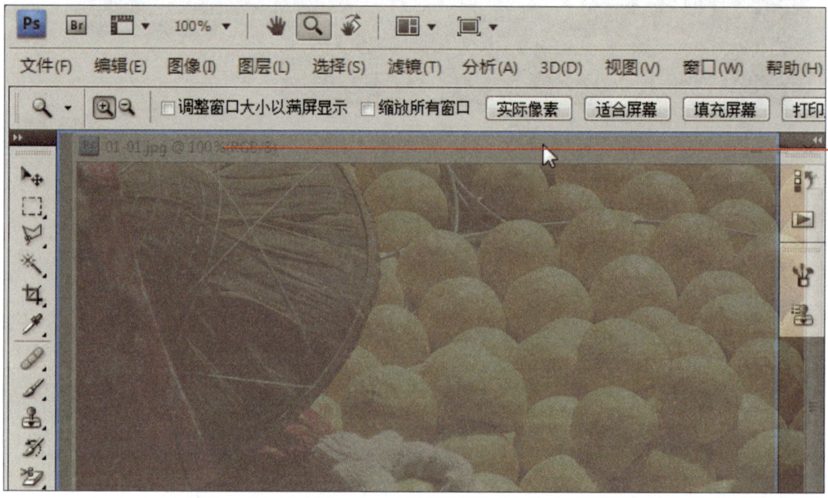

拖曳标题栏，使文件窗口贴齐拼贴的边框（会出现蓝色指示线），即可恢复为拼贴的状态

除了用拖曳的方式操作外，亦可在文件窗口的卷标上单击鼠标右键，执行**“移动到新窗口”**命令，将文件窗口变换成浮动式；而要将浮动式变回拼贴式，则可在最上端的**应用工具栏**上单击**排列文件**按钮 ，再单击**全部合并**按钮 即可。

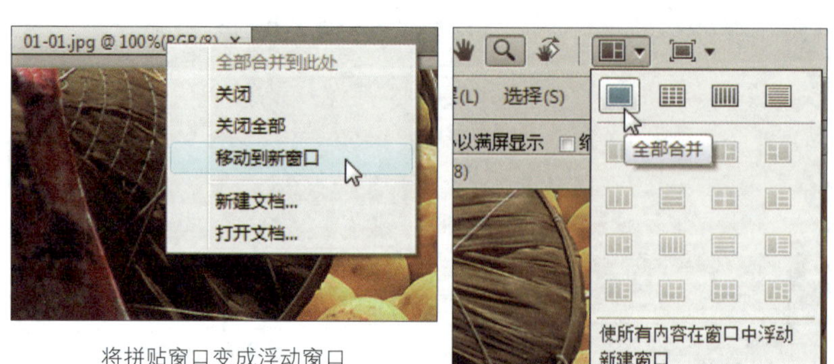

将拼贴窗口变成浮动窗口

将浮动窗口变成拼贴窗口

改用"浮动式"文件窗口为预设模式

之前曾经用过 Photoshop 的人，可能还是比较习惯"浮动式"文件窗口，若希望文件一打开就是"浮动式"文件窗口的形式，可执行**"编辑/首选项 /界面"**命令，在**面板和文档**中取消以**选项卡方式打开文档**复选框：

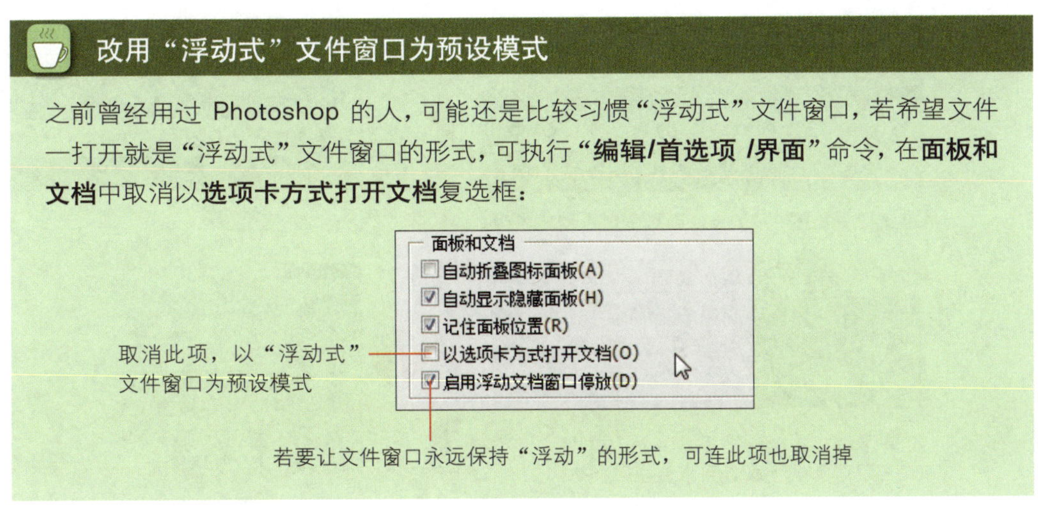

选取工具与设置属性

再来介绍**工具箱**与**选项栏**的操作。要使用**工具箱**（预设在窗口最左边）中的工具，只要移动鼠标到该工具按钮上单击即可；如果工具按钮的右下角有箭头符号，表示里面还有一些隐藏工具，在这种工具按钮上按住鼠标左键不放（或单击右键），就可以弹出工具菜单来选择隐藏的工具。

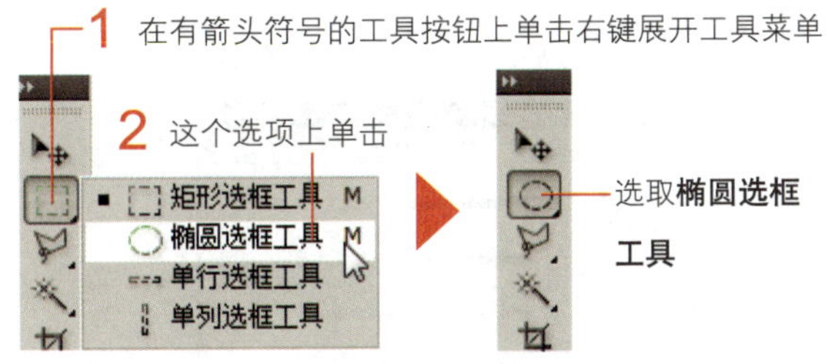

在**工具箱**中选好工具后，**选项栏**（在工具箱上方的那一横排）便会自动显示该工具的设置项目，如刚才选取**椭圆选框工具**后，**选项栏**便显示**椭圆选框工具**的设置选项。我们应先在**选项栏**中做好设置，然后才开始编辑图像，初学者往往选好工具之后就立即埋头苦干，而忘了**选项栏**的设置，这是不好的习惯。

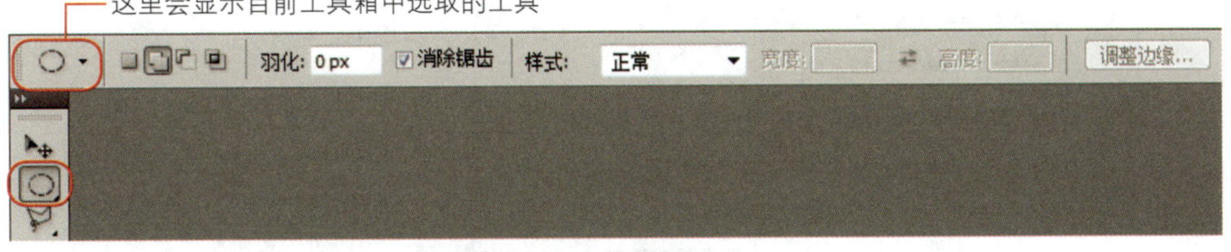

椭圆选框工具的选项栏

调配工具箱与选项栏

工具箱和**选项栏**预设也是拼贴在 Photoshop 窗口上，拖曳它们的**把手**（很多双排小点点），使它们脱离拼贴的边框，即可变成浮动式面板；同样的，拖曳浮动式面板的**把手**，使面板与拼贴边框贴齐（会显现蓝色指示线），即可恢复拼贴状态。此外，**工具箱**还可切换**单栏**或**双栏**模式。

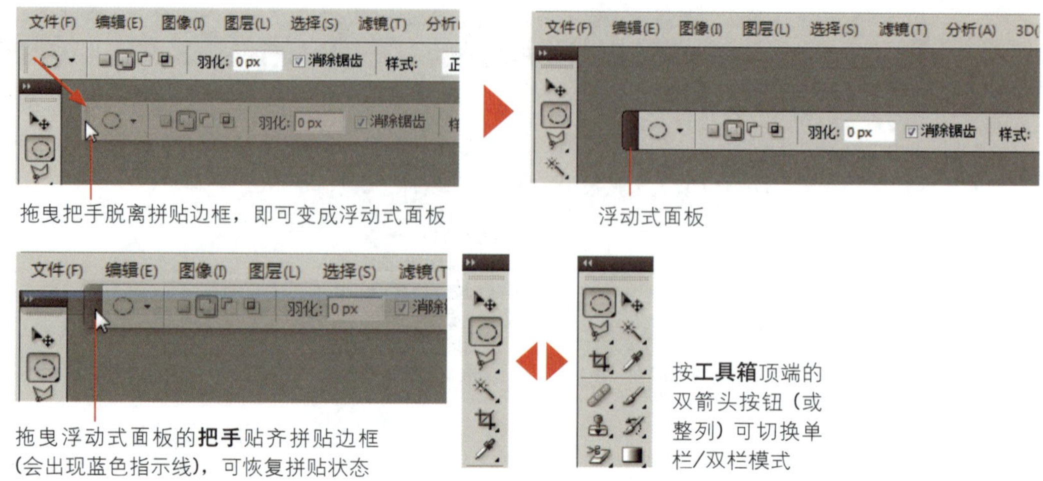

查看面板组

除了**工具箱**和**选项栏**外，Photoshop 另外还有多达二十几种功能面板，这些面板是以“面板组”的形式呈现的，下面我们先来查看面板组的外观：

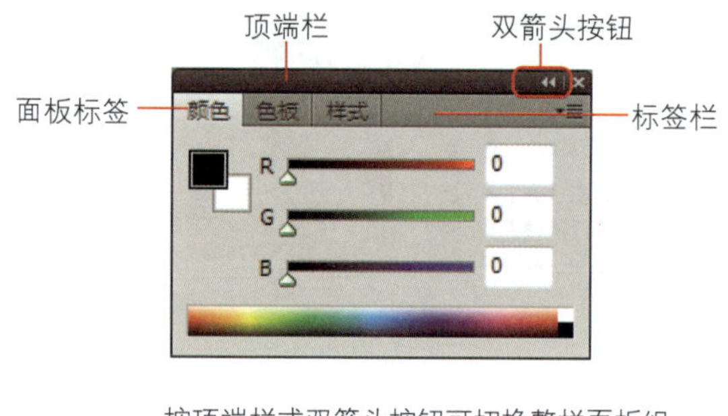

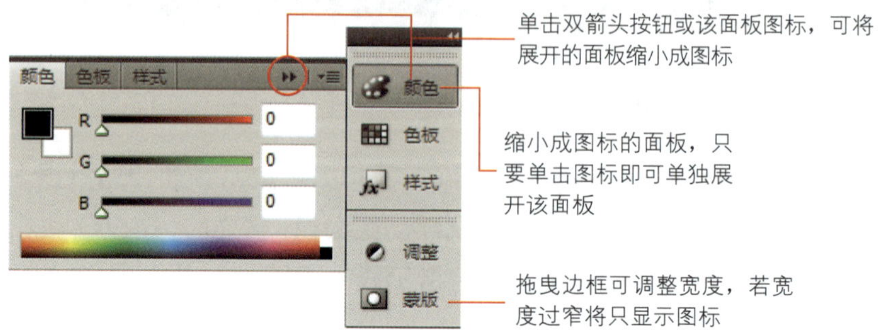

打开/关闭面板

当你要使用某个面板，但在屏幕上却找不到（包括**工具箱**和**选项栏**）时，你可以到“**窗口**”菜单重新将它打开；反之，若屏幕上有些面板暂时用不到，可将它们关闭以免占用屏幕空间，方法如下：

step01 请打开“**窗口**”菜单，此菜单会列出 Photoshop 所有的面板，要打开哪个面板就在哪个面板上打勾；反之，要关闭面板就将打勾取消即可。

窗口(W) 帮助(H)
排列(A)
工作区(K)
扩展功能
3D
测量记录
导航器
动画
动作 Alt+F9
段落
仿制源
工具预设
画笔 F5
历史记录
路径
蒙版
色板
✔ 调整
通道
图层 F7
图层复合
信息 F8
颜色 F6
样式
直方图
注释
字符
✔ 选项
✔ 工具
✔ 1 01-01.jpg

有些面板设有快捷键，可直接按快捷键来打开或关闭（隐藏）该面板

打勾的面板表示已打开

step02 请在“**窗口**”菜单中单击**历史记录**选项，打开**历史记录**面板。

◀ 由于 Photoshop 默认会将某些面板合成一组，例如**历史记录**和**动作**面板为一组，**颜色**、**色板**和**样式**面板为一组，所以只要打开组中的一个面板，整个组就会一起显示

step03 若要关闭面板，一个方法是到“**窗口**”菜单将该面板前面的勾选取消（若面板已收合成图标，则不能用这个方法关闭，必须先将面板打开）；另一个方法是在展开的面板标签上单击鼠标右键，执行其中的“**关闭**”命令即可关闭该面板，若执行“**关闭选项卡组**”命令则会关闭整个面板组。请各位在刚才打开的**历史记录**面板上单击鼠标右键，执行“**关闭**”命令。

执行“**关闭**”命令

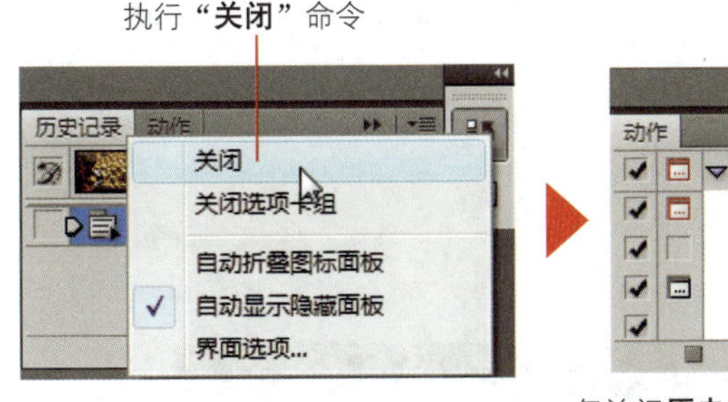

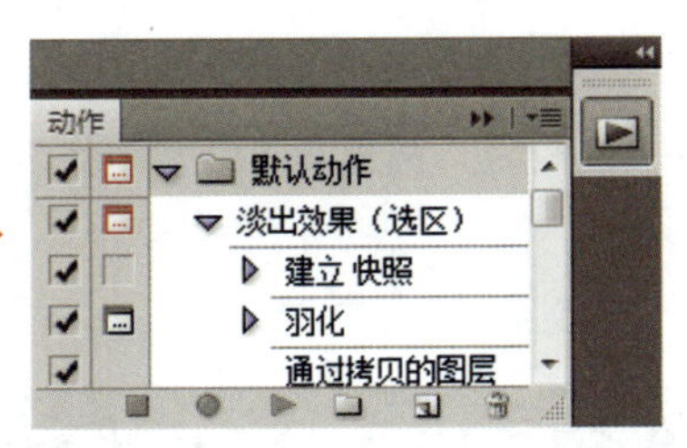

仅关闭**历史记录**面板，**动作**面板仍然打开着

工具箱和**选项栏**只能透过“**窗口**”菜单来打开或关闭。

切换所有面板的显示与隐藏

有时候，我们可能会将所有面板统统隐藏起来，让图像有较多的空间可以利用，在此提供 2个小技巧。

- Tab ：按 Tab 键可切换目前工作区中所有面板（包括**工具箱、选项栏**）的显示/隐藏状态。
- Shift + Tab ：按此快捷键可切换目前工作区中所有功能面板（**工具箱**和**选项栏**除外）的显示/隐藏状态。

TIP 若隐藏面板后，Photoshop 界面的两边并未出现黑色粗框，请执行“**编辑/首选项/界面**”命令，勾选**自动显示隐藏面板**即可打开这项功能。

按 Tab 键隐藏所有面板，此时 Photoshop 窗口的两边会出现黑色粗框，将鼠标移到粗框上停住，即会显示隐藏的面板

调配面板组

虽然 Photoshop 已很体贴地帮我们将二十几个功能面板做好分组，可是这样的分组未必符合每个人的需求，所以接下来我们介绍调配面板组的技巧。

固定 vs 浮动

所有的功能面板默认会被拼贴在“固定区域”(包括 Photoshop 窗口的左、右边框以及下边框)，只要将它们移出固定区域之外，即可变成“浮动式”面板任意移动；反之，将它们移到固定区域上即可恢复拼贴状态。下面我们来试试看：

step01 首先请各位执行“**窗口/工作区/基本功能(默认)**”命令，将 Photoshop 工作区恢复成默认的配置。

step02 拖曳**颜色**面板的标签，将此面板独立成浮动式面板：

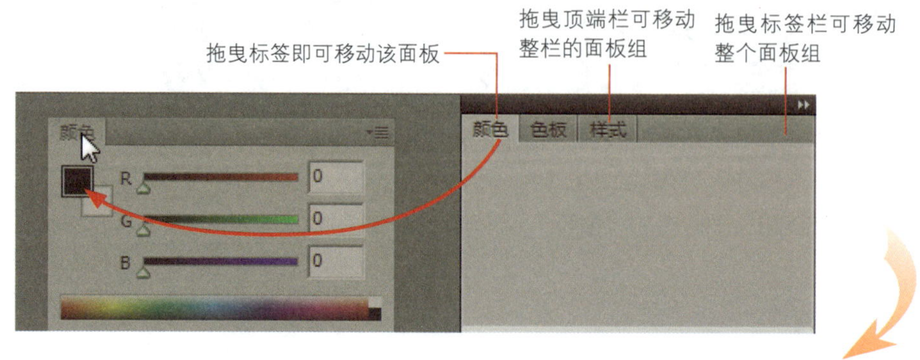

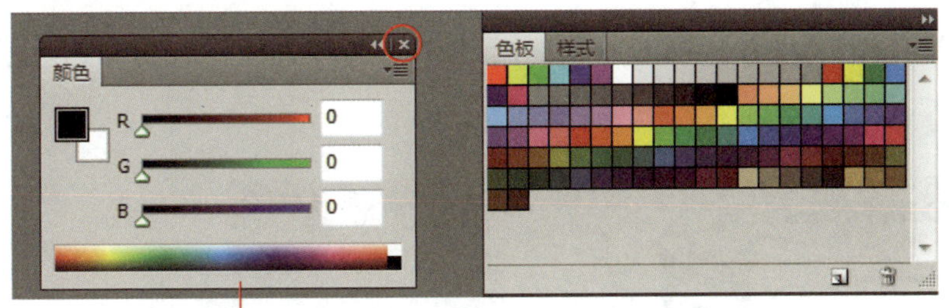

变成浮动式面板了，其顶端栏多了 ✕ 按钮，单击此按钮可关闭此面板

step03 再将**颜色**面板移回固定区域，恢复拼贴状态：

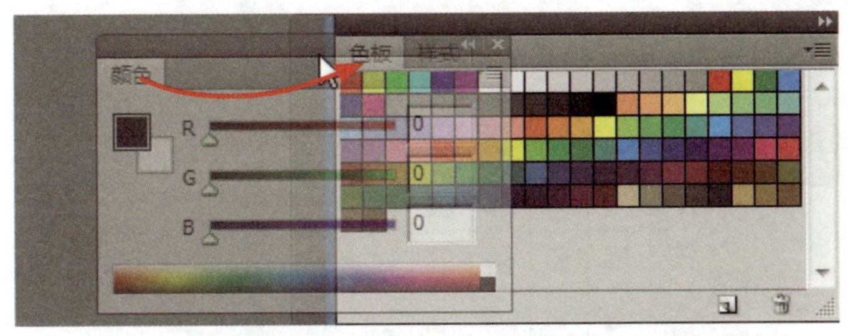

已固定面板的边缘也是固定区域，将面板拖曳到固定区域的边缘，待出现蓝色指示线后放开，即可拼贴到固定区域

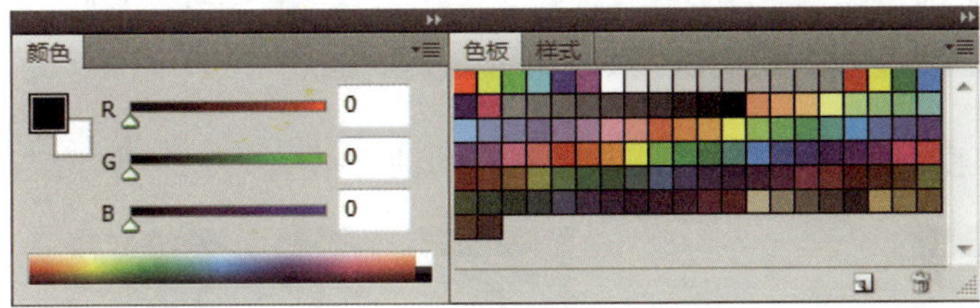

组群与堆栈

虽然 Photoshop 已事先替功能面板做好分组，但我们也可以自己来调配想要的面板组。

step01 请各位再次执行“**窗口/工作区/基本功能（默认）**”命令，将工作区恢复成默认配置，然后将**颜色**和**图层**这两组面板组变成浮动式。需要声明的是，这样的布置只是为了方便说明而已，并不是一定要浮动式面板才能做此调整。

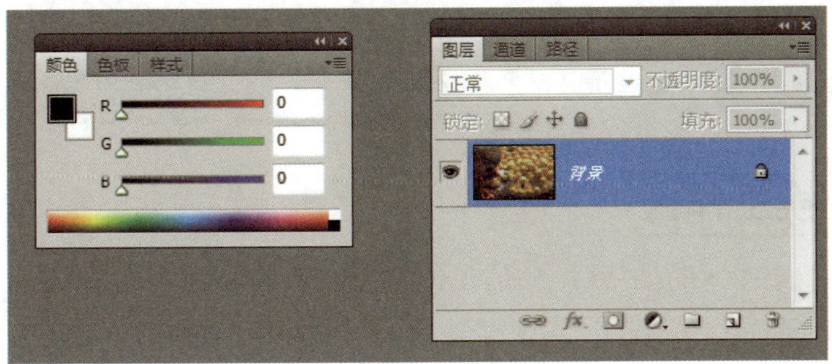

step02 假设我们要将**样式**面板加入到**图层**这组面板组，那就将**样式**标签拖曳到**图层**面板组中。

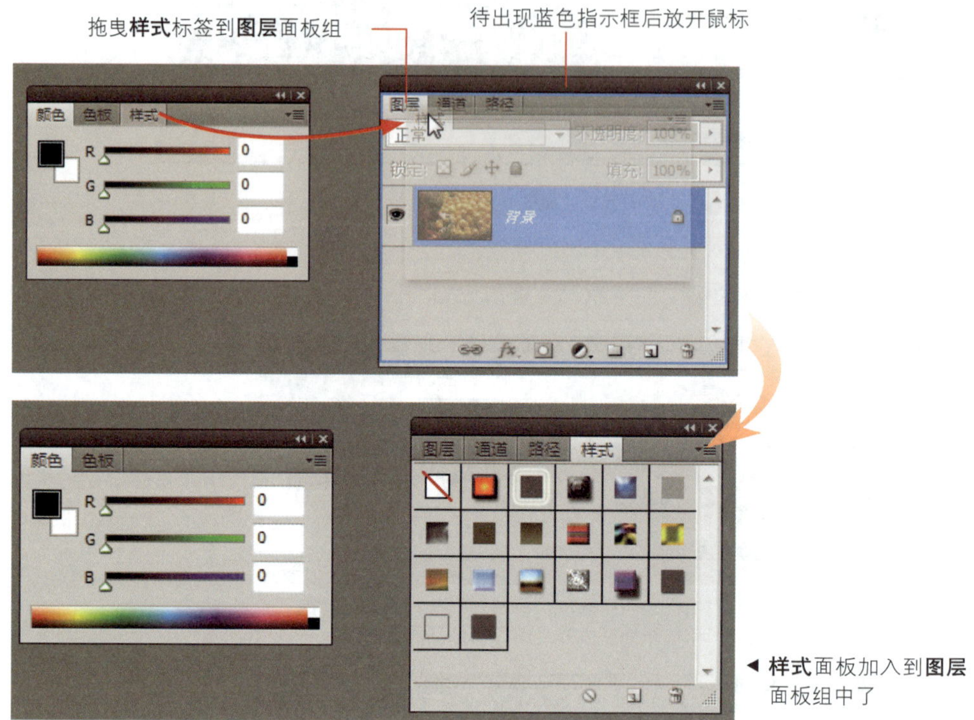

◀ **样式**面板加入到**图层**面板组中了

step03 也可以将面板标签拖曳到面板组的底部或标签栏的顶部放置，形成堆栈组。

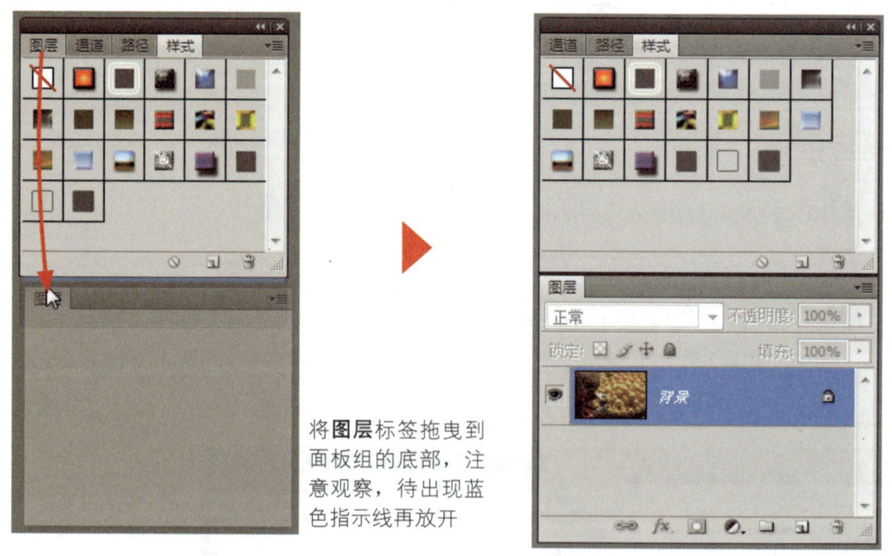

将**图层**标签拖曳到面板组的底部，注意观察，待出现蓝色指示线再放开

自定义与变换工作区

介绍了这么多调配工作区的技巧后，相信各位都有能力调配出自己需要的工作区，接着我们来说明如何将自己调配的工作区存储起来，供以后更换使用。

step01 右图是笔者为了处理照片工作所调配的工作区配置。

step02 执行“**窗口/工作区/存储工作区**”命令（单击**应用工具栏**最末端的**工作区切换器**亦可取得“**存储工作区**”命令），将自定义的工作区配置存储起来。

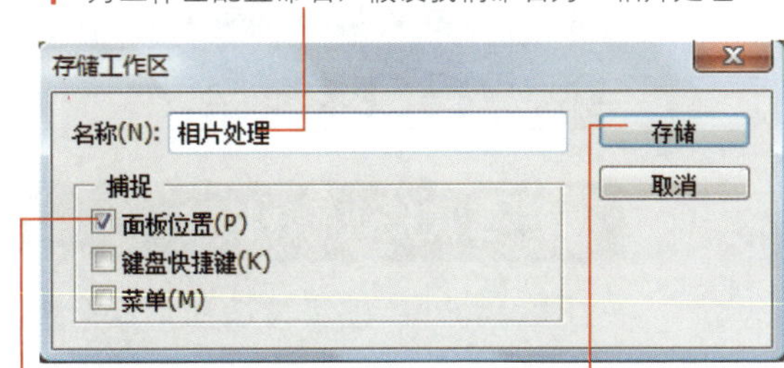

1 为工作区配置命名，假设我们命名为“相片处理”

2 此例我们仅调整面板的配置而已，所以勾选**面板位置**即可

3 单击**存储**按钮完成

step03 再来变换工作区配置。Photoshop 本身亦建立多组工作区供我们使用，选择“**窗口/工作区**”子菜单，或是单击**工作区切换器**即可取得这些现成的工作区以及我们自定义的工作区，要套用哪个工作区就在哪个工作区上单击，例如各位可以试着单击**彩色和色调**看看结果如何。

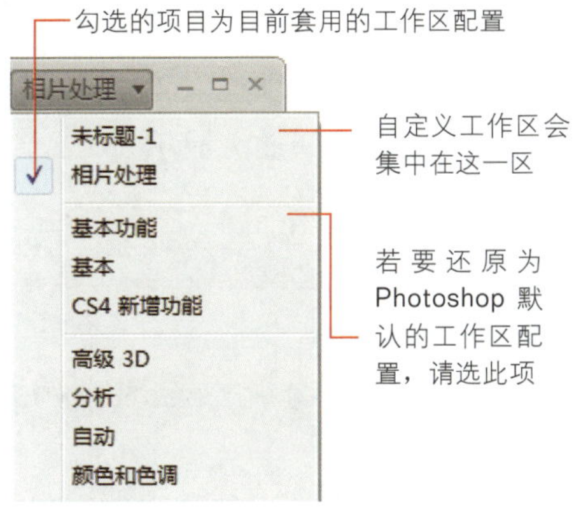

勾选的项目为目前套用的工作区配置

自定义工作区会集中在这一区

若要还原为 Photoshop 默认的工作区配置，请选此项

step04 若自定义工作区不再需要，可以执行“**窗口/工作区/删除工作区**”命令（**工作区切换器**中亦可取得“**删除工作区**”命令）来删除，但是注意，若这个自定义工作区是目前使用的工作区，则无法删除。

只能删除自定义的工作区

1-3 图像查看技巧

在我们开始学习图像的编修技巧之前，应该先知道如何查看图像的内容，这样才能发现问题所在、拟定编修策略。

缩放显示比例

假如已经将范例文件 01-01.jpg 关闭，那么请再次打开，然后跟着下面的步骤练习缩放图像的显示比例，也就是将图像放大、缩小。

step01 首先请到**工具箱**或**应用工具栏**选取**缩放工具** 。

将指针停留在工具按钮上一会儿，指针附近即会出现工具名称提示

工具按钮的快捷键

Photoshop 的工具按钮大部分都设有快捷键，只要单击快捷键便可立即选取工具，相当方便。对于图像设计人员，简便的操作方式可以提高效率，所以不妨将工具按钮的快捷键背下来，可以从工具箱的工具提示中获知**工具按钮**的快捷键。

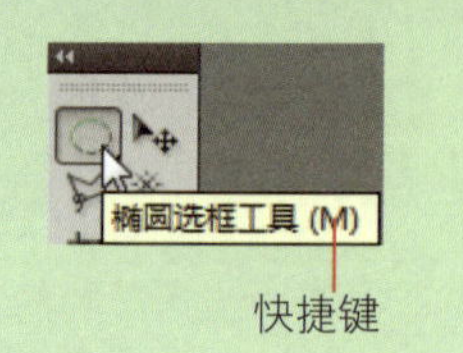

快捷键

step02 接着到**选项栏**设置工具的属性，假设我们要放大比例以便查看图像细节，则单击 按钮选择**放大显示**。

缩放时，文件窗口的大小会跟着调整，适用于浮动式文件窗口

缩小显示

放大显示

同步缩放目前打开的文件窗口

单击这些按钮可立即调到特定的比例

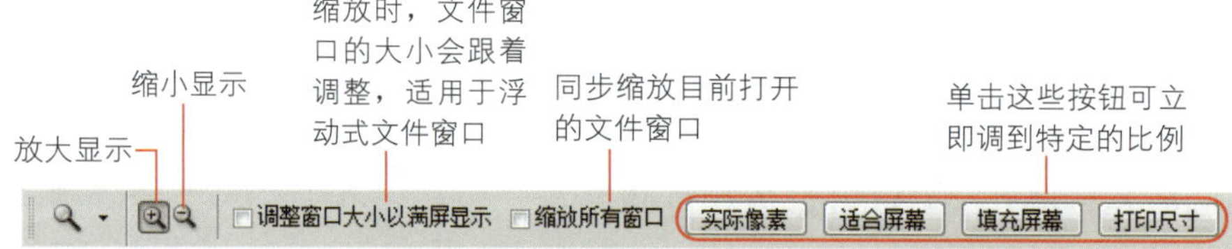

step03 接着将鼠标移到文件窗口上单击，图像就会放大，每单击一下就会放大一段，例如 33.3% 放大为 50%，再单击一下则放大为 66.7%。若要缩小比例，则到**选项面板**单击 按钮，然后同样到文件窗口中单击图像，每单击一下即会缩小一段。

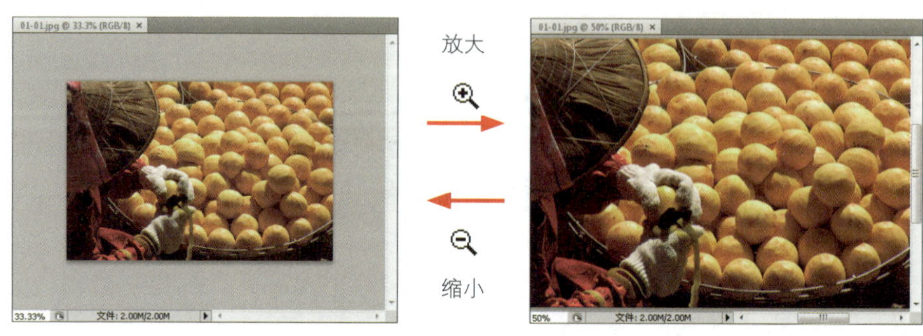

平滑缩放与鸟瞰缩放

Photoshop 的**缩放工具**还包括两种很炫的操作技巧，一是**平滑缩放**，就是使用**缩放工具**按住图像约 0.5 秒，图像就会开始慢慢放大或缩小，类似于摄影机 zoom_in/zoom_out 的效果，待图像缩放到适当的比例后放开鼠标即会停止（此功能需要较新的显卡，您可参照后面的说明）。

TIP 使用**缩放工具**缩放图像的显示比例时，若觉得到**选项栏**切换放大/缩小模式不方便，可改用 Alt 键来切换：例如工具原本是**放大**模式，按住 Alt 键就会切换成缩小模式，放开 Alt 键便又恢复成**放大**模式。

另一个是**鸟瞰缩放**的技巧，当图像放大超过文件窗口的范围时，有一部分图像会被隐藏起来，若你想查看隐藏部分，必须将那个部分拖动到文件窗口的范围内，可是要往哪里拖呢？这时就可利用**鸟瞰缩放**来帮你了。

1 将图像放大到超出文件窗口的范围

2 按住 H 键，鼠标会暂时切换成**抓手工具**，接着用鼠标按住图像拖曳，此时文件窗口会显示全图并出现一个方框让你框选要查看的部分，方框的大小就是文件窗口可显示的范围

3 移动鼠标框好要查看的部分后，放开鼠标和 H 键，则框选的部分便会卷动到文件窗口，同时鼠标亦恢复为**缩放工具**

启动 GPU 加速功能

平滑缩放和**鸟瞰缩放**都是 Photoshop CS4 的 GPU 加速功能之一，你的显卡必须具备 **OpenGL 2.0图形支持**的能力，才能启动 GPU 加速功能。要启动 Photoshop 的 GPU 加速功能，请执行 **"编辑/首选项/性能"** 命令，到 **GPU 设置**选项组勾选**启动 OpenGL 绘图**复选框。

若此区无法使用，你可更新显卡的驱动程序再试试看，否则就要更换较新的显卡才行

TIP GPU 是显卡上专门用于处理图形运算的处理器。

拖动与旋转视图图像

当图像放大到超出文件窗口的范围，我们就可利用**抓手工具**将被隐藏的部分拖动到文件窗口的显示范围中来。另外，若你的 Photoshop 能够启动 GPU 加速功能，则用**抓手工具**拖动图像，图像还会有飘起的感觉然后慢慢停止的效果。

选取**抓手工具**后（可从**工具箱**或**应用工具栏**取得），鼠标会变成 ，接着在图像上拖曳即可拖动图像

使用**抓手工具**时，按住 H 键亦可启动**鸟瞰缩放**的功能。

Photoshop 的**旋转视图工具**可任意旋转图像的视图角度，例如要在图像上涂刷上色时，可以将图像旋转成符合自己习惯的涂刷方向，但是，必须启动 GPU加速功能才能使用这个工具。

step01 你可从**工具箱**（隐藏在**抓手工具**下）或是**应用工具栏**中取得**旋转视图工具**。

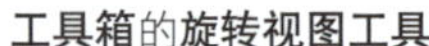

工具箱的**旋转视图工具**

应用工具栏的**旋转视图工具**

step02 选取**旋转视图工具**后，你可直接到图像上拖曳旋转图像，或是利用**选项栏**来设置旋转角度。

旋转时会显现一个半透明的坐标，以供判断旋转的方向与角度

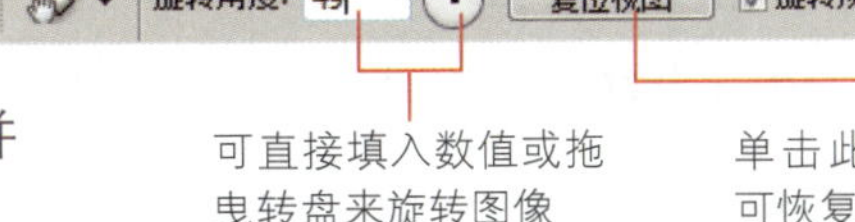

可直接填入数值或拖曳转盘来旋转图像

单击此按钮即可恢复原状

旋转视图工具仅是改变图像的查看角度，并未影响到图像的实质内容，请不必担心。

1-4 还原图像的编辑操作

运用计算机来处理图像最大的方便就是，万一操作错误导致结果不如预期，则我们可以很轻易地把作品还原到之前的面貌，而不用全盘重来，这一节我们便来学习 Photoshop 还原操作的方法。

还原上一步的操作

当你执行某项编辑操作之后，发现结果不是你所要的，可以立即执行 **"还原"** 命令取消这步操作，让图像恢复到原先的状态；还原后如果又反悔了，则可执行 **"重做"** 命令，由 Photoshop 将刚才取消的操作再重做一次。请打开范例文件01-02.jpg，我们来练习如何还原与重做：

step01 执行 **"图像 /调整 /去色"** 命令，将彩色图像变成灰度图像。

原图像

去色后的结果

step02 假设你现在反悔不想将图像变成灰度了，那么请立即执行 **“编辑/还原去色”** 命令，Photoshop 即可取消刚才**去色**的操作，让图像恢复彩色。

这部分会随着操作而改变，假设刚才执行的是“**自动色调**”命令，这里就会变成**自动色调**

step03 假设你觉得还是灰度比较好，那么请再次选择 **“编辑”** 菜单，这时原先的 **“还原去色”** 会变成 **“重做去色”**，你只要执行 **“重做”** 命令，Photoshop 就会自动将刚才取消的操作再重做一次。

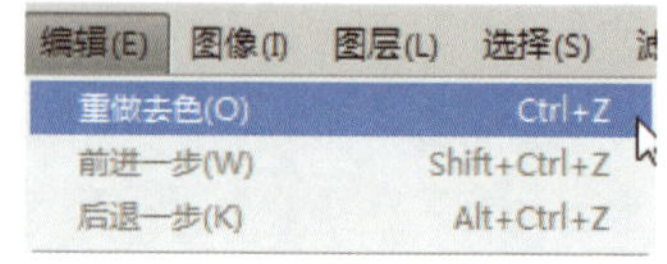

编辑图像时我们常常会利用 **“还原”** 与 **“重做”** 命令来切换图像的状态，以便对照修改前/后的结果。值得一提的是，这两个命令有共同的快捷键 Ctrl + Z （Windows）/ ⌘ + Z （Mac），用 Ctrl + Z （Windows）/ ⌘ + Z （Mac）来切换图像修改前/后的状态更方便：例如去色后，按 Ctrl + Z （Windows）/ ⌘ + Z （Mac）会还原操作，图像恢复彩色后，再按一次 Ctrl + Z （Windows）/ ⌘ + Z （Mac），则会重做去色，图像又变成灰度，请各位亲自动手试试看。

一次还原多步操作

前面的**还原**与**重做**命令只能用在“上一步”的操作，假如你一连做了多个编辑操作才觉得效果不妥，那就要通过**历史记录**面板来还原了。**历史记录**面板会记录我们对图像所做的编辑操作，每一步即称为一次**历史记录**，通过它我们可以一口气将图像还原到多次操作之前的状态。

请打开范例文件 01-03.jpg，并且到 **“窗口”** 菜单将**历史记录**面板打开，我们来看如何利用**历史记录**面板还原操作步骤：

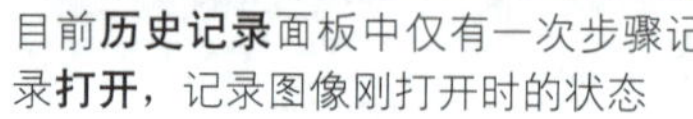

目前**历史记录**面板中仅有一次步骤记录**打开**，记录图像刚打开时的状态

摄影：张宇翔

step01 请依序执行 **“图像/自动彩色”**、**“图像/调整/反相”**、**“滤镜/风格化/查找边缘”** 以及 **“图像/调整/去色”** 命令。

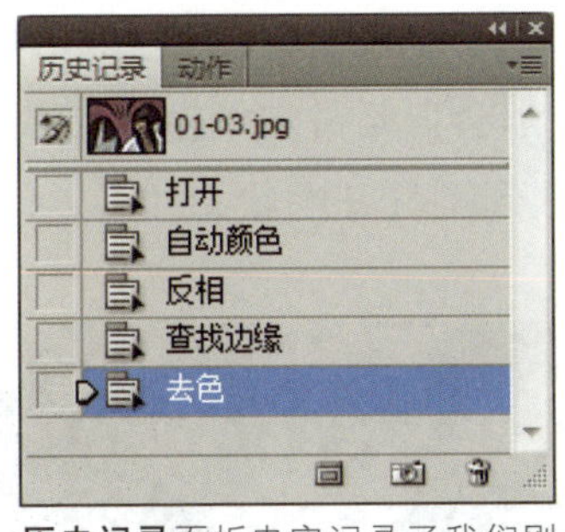

历史记录面板忠实记录了我们刚才执行的操作

step02 假设现在想将图像还原到**反相**的状态，也就是要取消**去色**和**查找边缘**这两步操作，方法是直接单击**反相**这次历史记录。

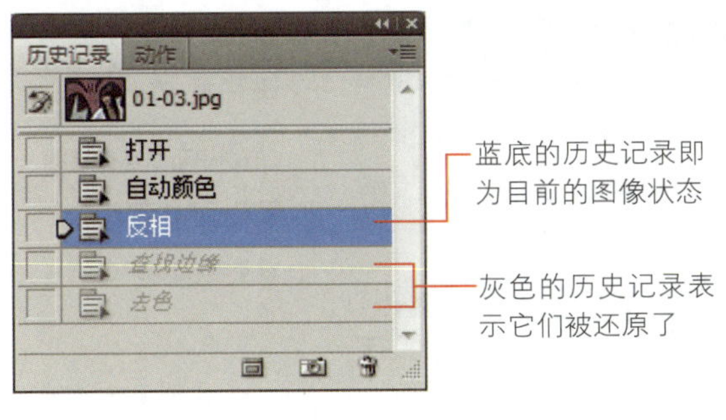

step03 若要重做被还原的步骤，直接单击欲重做的步骤就可以了，例如单击**查找边缘**这次历史记录，图像就又变成套用**查找边缘**滤镜后的效果了。

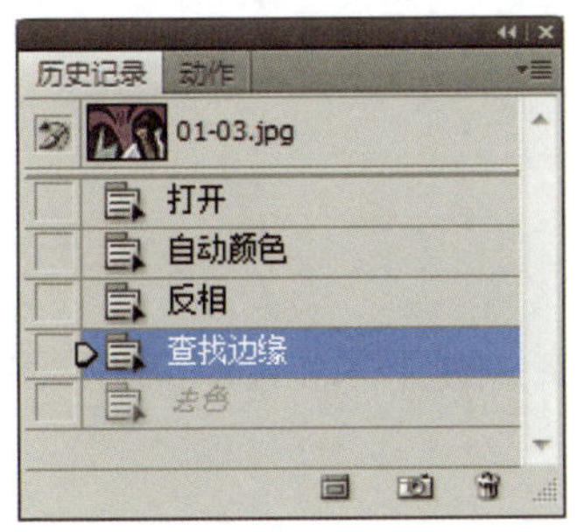

step04 需要提醒的是，假如你现在执行了其他操作，例如套用**“滤镜/像素化/碎片”**命令，则原来在**查找边缘**下那个被还原的**去色**记录将被删除，而由**碎片**这次历史记录取而代之。

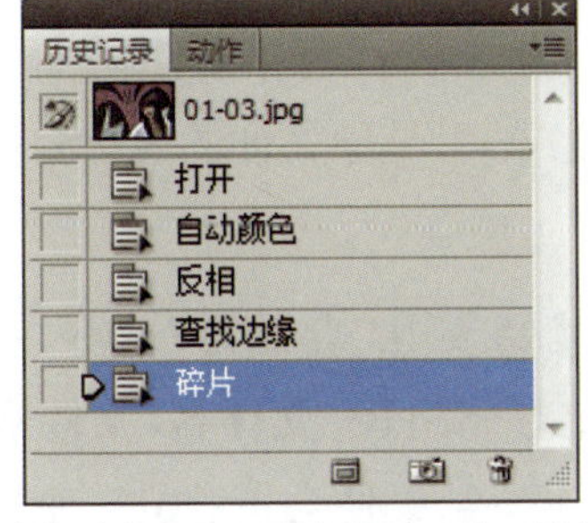

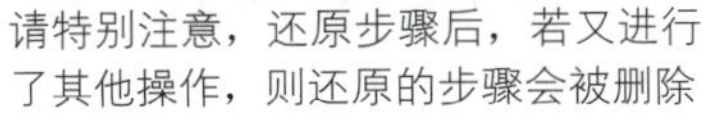

请特别注意，还原步骤后，若又进行了其他操作，则还原的步骤会被删除

step05 最后告诉各位一个小技巧，若要将图像还原到最初打开的状态，只要单击**打开**这次历史记录即可；或者，每次打开文件时，Photoshop 都会自动替它拍摄一张快照，以保存图像原始的状态，单击这张快照亦可将图像还原到刚打开的状态。

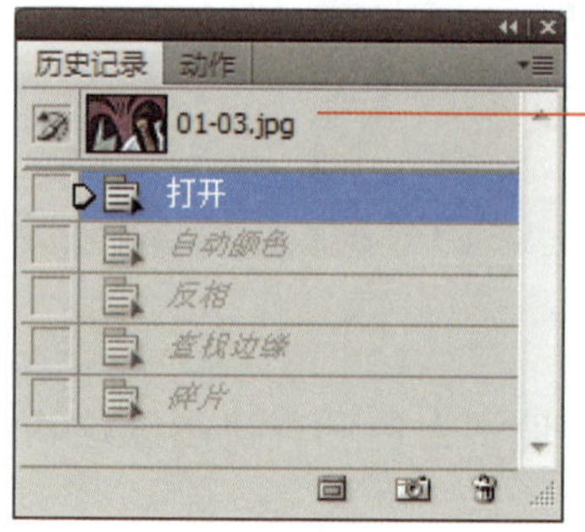

这个缩略图就是文件打开后Photoshop为它所拍摄的第一张快照，单击这张快照或打开**历史记录**，即可将图像还原为刚打开的状态

设置历史记录的保存数量

历史记录面板预设最多可保存 20 次历史记录，因此当你执行的操作超过 20 次时，**历史记录**面板就会从最早的步骤开始替换，被替换掉的步骤当然就无法还原了。假如你觉得保存 20 次还不够，可以执行 **“编辑/首选项/性能”** 命令，在**历史记录状态**文本框中填入你希望保存的次数即可。

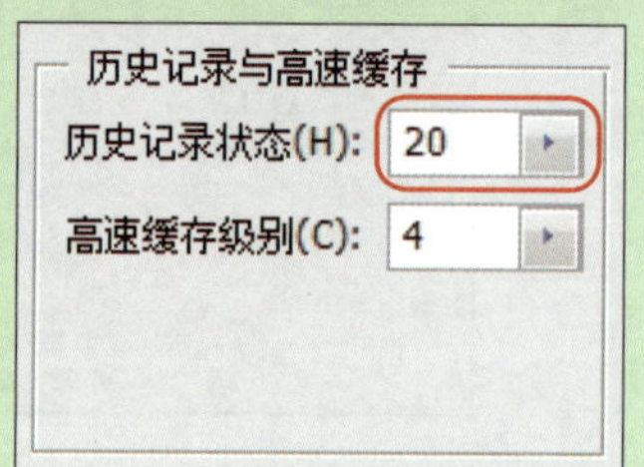

虽然最多可保存 1000 次记录，不过保存的数量越多，所消耗的记忆体也越多，可能会影响执行效率，这点请特别注意

1-5 存储文件

你对图像所做的编修处理，必须经过“存盘”才能保存下来。存储文件要注意哪些事项呢？下面为您细说分明。

存储文件 vs 存储为文件

Photoshop 中负责存储文件的主要有两个命令：**“存储”**和**“存储为”**。假设你处理的是已有文件，想将这次做的修改存回原文件中，那就执行 **“文件/存储”** 命令，Photoshop 会直接以原来的文件名及文件格式存盘，结果是原文件的内容会被新存入的内容覆盖掉。

假如你不想让文件原来的内容被新内容覆盖掉，就要改用**“存储为”**命令。执行 **“文件/存储为”** 命令会先打开**存储为**对话框，让你指定**存储路径**、**文件名**、**文件格式**等信息才进行存盘，三项信息只要其中一项与原文件不同，结果便会再建立一个新文件，如此一来，新、旧文件内容皆得以保存。

比较特别的是，如果是新建空白文件，第一次存储时，不论是执行“**存储**”命令或是“**存储为**”命令，Photoshop 都会强制你用“存储为”的方式来存储。

通常我们若打开数字照片的原始文件来编修，都会建议先用“**存储为**”命令另外再建立一个文件，然后在这个另存的文件上进行编修，以达到保存原始文件又能修补照片的双重目的。下面我们来实际演练一遍：

step01 请打开范例文件 01-04.jpg，这是一张数码照片的原始文件，我们先执行“**文件/存储为**”命令，为它再建立一个相同内容的文件：

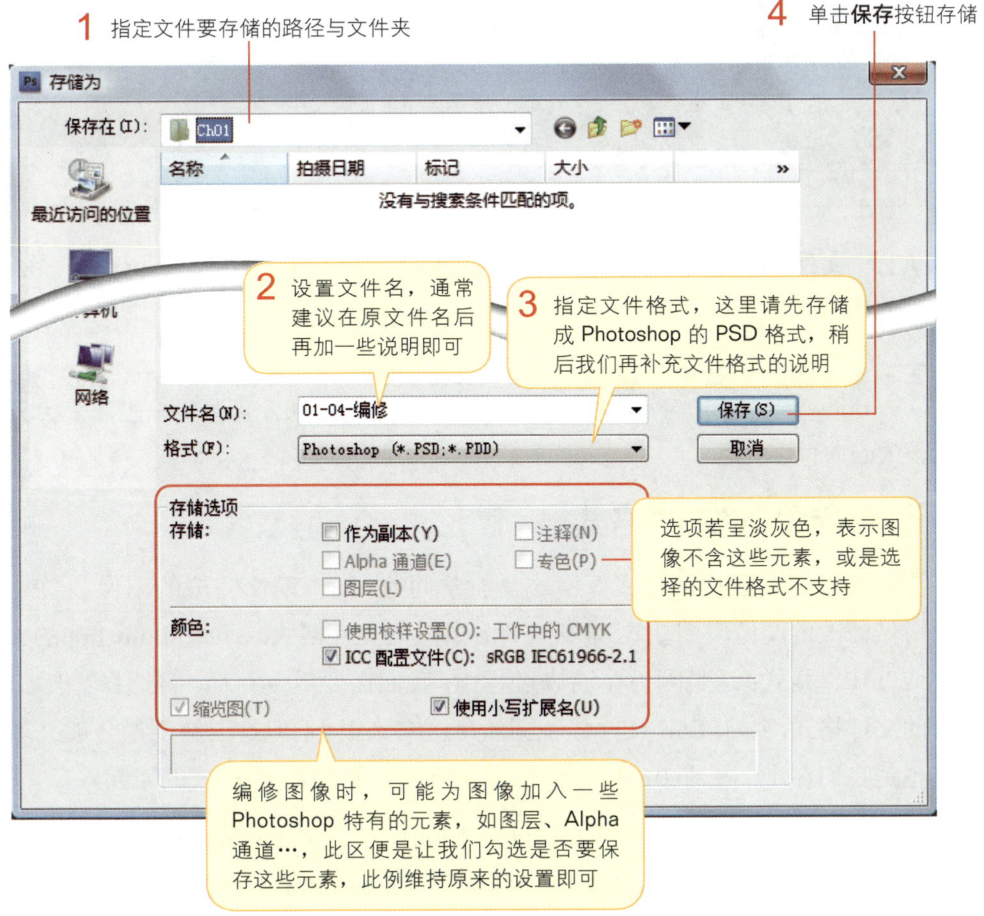

step02 执行**存储为**命令后，在 Photoshop 中的文件就变成是刚才另存的文件了（**01-04-编修.psd**）。接着我们来编辑图像，请执行“**图像/自动对比度**”命令，然后再套用“**滤镜/画笔描边/喷溅**”命令：

step03 执行"**文件/存储**"命令，将刚才做的修改直接存回 **01-04-编修.psd** 中，覆盖掉旧文件的内容。

TIP 在编修图像的过程中，最好每隔一段时间便执行"**存储**"命令（或按 Ctrl + S（Windows）/ + ⌘ + S（Mac）键）来存盘，如此可避免一些突发状况而导致之前的心血付之一炬。

选择存盘的文件格式

存储文件时要选择何种文件格式是有学问的。尚未编修完成的图像，也就是随时会再做修改的图像，应选择"非破坏性压缩"的文件格式，例如 Photoshop的 PSD 格式或 TIFF 格式；这是因为在编修过程中，我们需要重复存档，若选择"破坏性压缩"的文件格式，如 JPEG，文件体积固然可压缩到很小，但是图像质量会被严重破坏，这也是我们在上例另存 01-04.jpg 时，选择 PSD 而非JPEG 格式的原因。

那么 PSD 和 TIFF 又要如何选择呢？假如你都是用 Photoshop 来编修图像，那就选择 PSD，因为PSD 格式才能够完整保存 Photoshop 所有的设置；但若你需要将图像拿到其他的软件编修，则应存成 TIFF 格式，因为大部分的图像软件都能够支持 TIFF 格式文件。

至于完成编修准备输出的图像，我们建议仍先存成 Photoshop 的 PSD 格式，以保留修改的弹性；再来就是要视图像输出的目的而定，另存成输出目的支持的文件格式，例如要输出到网页，就再另存为 JPEG 或 PNG 格式，若要输出到排版软件，则要另存为 TIFF 或 EPS 格式。

文件格式的特有选项

存储文件时，选择不同的文件格式时还需要设置该文件格式特有的选项，例如存为 JPEG 格式，则在**另存为**对话框中单击**保存**按钮，还会出现 **JPEG 选项**对话框用于设置图像文件的压缩程度与压缩方式；存成 TIFF 格式则会出现 **TIFF 选项**对话框，用于设置压缩方式、像素的组织方式等。不同格式的选项不尽相同，必要时请自行到 **Photoshop 帮助**（执行“**帮助/ Photoshop帮助**”命令）文档中查阅文件。

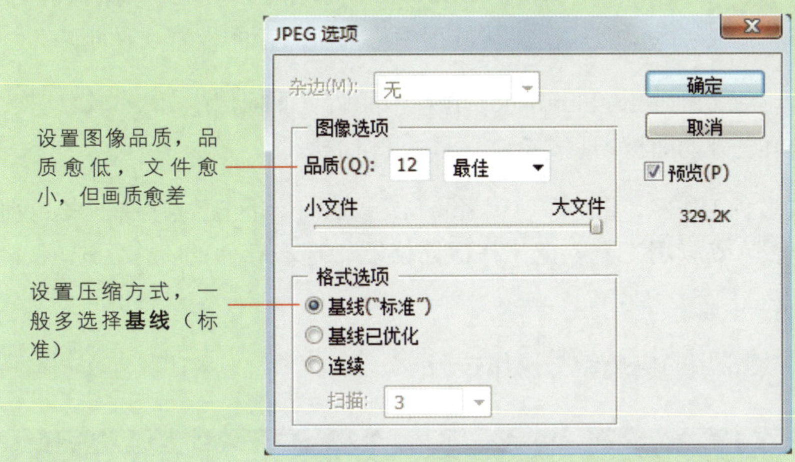

设置图像品质，品质愈低，文件愈小，但画质愈差

设置压缩方式，一般多选择**基线**（标准）

1. 若要将 Photoshop 的首选项和工作区恢复成默认配置，请按住 Ctrl + Alt + Shift（Windows）/ ⌘ + shift + option（Mac）键不放，再执行 **"开始/所有程序/Adobe Photoshop CS4"** 命令启动，然后在启动过程中将前次保存的设置文件删除。

2. 在编辑图像时，若要暂时隐藏 Photoshop 窗口中的所有面板，请按 Tab 键切换；若要暂时隐藏**工具**和**选项**之外的面板，请按 Shift + Tab 键切换。

3. Photoshop 内置多种工作区，且允许使用者将自定义的工作区配置存储下来，我们可在 **"窗口/工作区"** 子菜单或**应用工具栏**的**工作区切换器**中选取存储的工作区选项，随时视情况更换工作区配置。

4. 调整图像显示比例常用的快捷键与操作技巧：

功能说明	Windows	Mac
缩放显示比例	Alt + 鼠标滚轮	option + 鼠标滚轮
放大显示比例	Ctrl + +	⌘ + +
缩小显示比例	Ctrl + -	⌘ + -
显示全页	Ctrl + 0 双击工具箱的 抓手工具	⌘ + 0
实际像素100%	Ctrl + Alt + 0 双击工具箱的 缩放工具	⌘ + option + 0

5. 使用**缩放工具**缩放图像的显示比例时，可按住 Alt（Windows）/ option（Mac）键来切换放大/缩小模式。

6. 显卡必须具备 OpenGL 2.0 图形支持的能力，才能启动 Photoshop CS4 的GPU 加速功能，如：平滑缩放、鸟瞰缩放、旋转视图工具等。

7. 重复按 Ctrl + Z（Windows）/ ⌘ + Z（Mac）键，查看编辑前后的效果。

8. 将编辑的图像还原成刚打开时的状态：

step01 单击**历史记录**面板的**打开**步骤。

step02 单击**历史记录**面板中文件打开时所拍摄的快照，该快照会以文件名称为名。

1. 文件窗口底部为何有两个**文件大小**信息?

由于 Photoshop 支持图层功能(参考第 6 章),可将许多层次的图像重叠起来,若存成 PSD 或 TIFF 文件格式,便可保留图层结构,方便日后编修各个图层的内容;若是将文件存成 JPEG 格式,或是执行 **"图层/拼合图像"** 命令,便会进行图像拼合的处理,将所有图层合并成单一图层(此举会让文件的体积缩小许多)。在文件窗口底部的左边所显示的文件大小就是图像拼合后的文件大小;右边则是未拼合的预计大小。

2. 为何经历多次存盘之后,图像质量越来越差?

图像文件格式又分为"破坏性压缩"与"非破坏性压缩",前者如 JPEG 格式,后者如 TIFF、PSD 格式。虽然"破坏性压缩"会让文件体积较小,但图像质量却会变差。以 JPEG 为例,在存储时可以设置压缩比,如果在编辑图像的过程中多次反复存成 JPEG 格式,且压缩比设的比较低,到最后就会发现图像细节大量流失,质量惨不忍睹,因此若是编修中途要临时存储文件,一定要存成"非破坏性压缩"的文件格式,这点相当重要!

LESSON

第2章 善用Adobe Bridge管理图像

课前导读

Adobe Bridge（后文将简称 Bridge）是 Photoshop 附赠的一套功能强大的图像管理软件，除了可浏览多种格式的图像、视频文件之外，还提供许多实用的查看以及管理功能，包括放大镜、分级、标签、筛选、排序、堆栈、批重命名等。本章的课程将带您学会善用 Bridge 并且做好图像管理。

本章学习提要

- 启动 Bridge
- 熟悉 Bridge 工作区的各项组件
- 调整工作区的配置并建立自己的工作区
- 视情况设置缩略图质量，提升显示效率
- 全屏幕查看图像的方法
- 图像管理工作流程
- 建立堆栈分类整理文件
- 运用批重命名处理功能一次为多个文件命名
- 为文件加星、标签以及关键字
- 排序、筛选、查找文件的技巧
- 建立智能收藏集保存查找结果

估计学习时间 **60分钟**

2-1 启动 Bridge 并认识环境

首先，我们将带各位浏览 Bridge 的窗口环境，并学习一些基本操作，例如切换文件夹、建立收藏夹、对比图像和使用放大镜等。

启动 Bridge

只要安装好 Photoshop，Bridge 便会自动安装完成，然后我们可以透过下面的方法来启动 Bridge：

- **从 Photoshop 中启动：** 如果你正在 Photoshop 中工作，可单击**应用工具栏**的**启动 Bridge** [Br] 按钮或是执行 **"文件/在 Bridge 中浏览"** 命令来启动。
- **独立启动：** Bridge 可以当成是一个独立的文件浏览器来使用，就像Windows 的**文件总管**一样，所以你也可以从 Windows 的**开始**菜单中执行 **"所有程序/Adobe Bridge CS4"** 命令，独立启动 Bridge。

Bridge 工作区

启动后屏幕上会出现如下面所示的 Bridge 窗口，该窗口目前套用的是 **"必要项"** 工作区配置，此为 Bridge 默认的标准工作区，会将 Bridge 窗口分割成 3 栏 5 个窗口菜单，并显示 8 个面板（**收藏夹、文件夹、内容、滤镜、收藏集、预览、元数据、关键字**），下面我们先就这个画面带各位认识 Bridge 工作区的各项组件。

- **应用工具栏**：此为 Bridge CS4 的新成员，其内容可分成 3 段，左侧第 1 段提供“切换前后查看画面”、“显示最近使用的文件或转到最近使用的文件夹”、“从相机获取照片”等功能按钮。第 2 段为工作区切换器，内有多种工作区按钮可供我们变换工作区配置。第 3 段为**快速查找字段**，可输入字符串在目前的文件夹中查找文件。

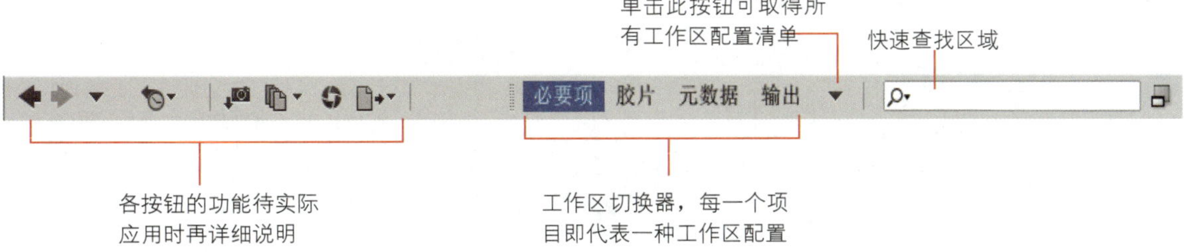

- **路径栏**：此项亦为 Bridge CS4 的新成员之一，其内容可分成 2 段，前半段会显示目前查看文件夹的路径，并可直接从**路径栏**切换到上层或下层文件夹；后半段则提供筛选、排序、旋转、删除文件等工具按钮。

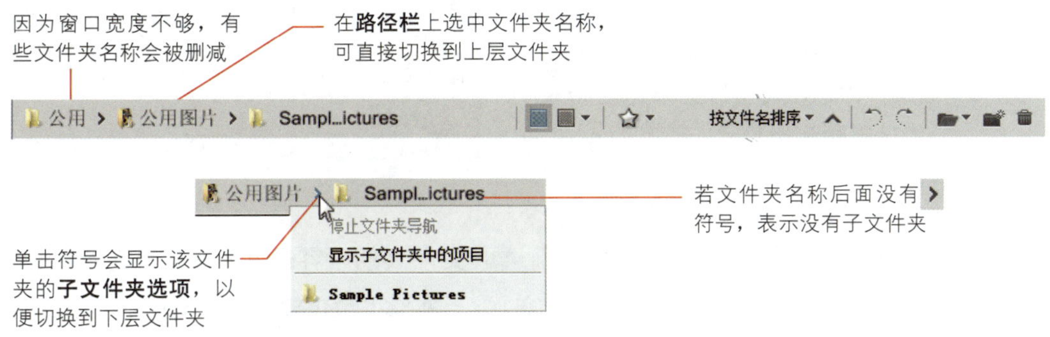

- **收藏夹**面板与**文件夹**面板：这两个面板相当于 Windows 文件夹窗口中的**收藏夹**与**文件夹**，前者可放置常用的“文件夹快捷方式”以便快速切换，后者则会显示“树状结构”的文件系统，可分层切换到任何要浏览的文件夹。现在我们来练习如何切换到所附光盘的 Ch02 文件夹，并将Ch02 文件夹设成**收藏夹快捷方式**：

TIP Bridge 的工作区配置可自由变换，因此若你的画面与书上的不同，请执行“**窗口/工作区/重设标准工作区**”命令，将 Bridge 的工作区恢复为默认的环境。我们也将在下一节介绍变换工作区配置的方法。

1 单击**文件夹**标签，将它切换到上层

2 单击**三角图标**依序展开范例与完成文件（若单击已展开的**三角图标** ▼ 则会变成收合文件夹）

3 选取 Ch02 的文件夹图标或名称即可切换到该文件夹，此时**内容面板**便会显示Ch02 文件夹的内容

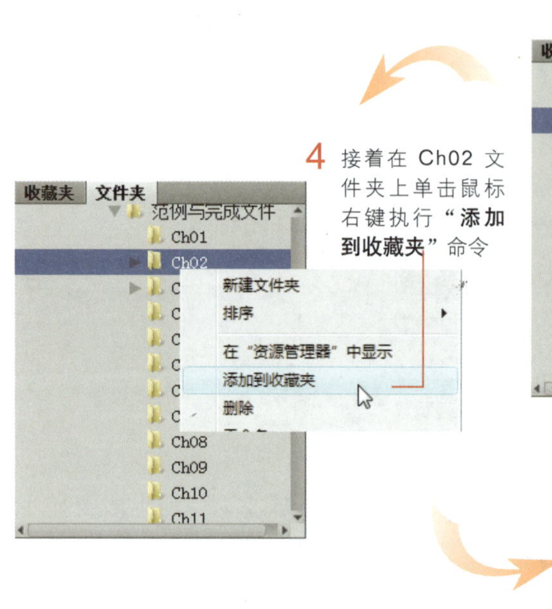

4 接着在 Ch02 文件夹上单击鼠标右键执行"**添加到收藏夹**"命令

5 单击**收藏夹**标签，将它切换到上层

Bridge 内建的快捷方式项目

Ch02 文件夹变成**收藏夹快捷方式**了，以后只要单击这个快捷方式便会立即切换到所附光盘的Ch02 文件夹

将文件夹图标拖曳到此区可直接建立快捷方式

TIP 若要删除**收藏夹**的快捷方式项目，请在快捷方式项目上单击右键执行"**从收藏夹中移除**"命令即可。

- **内容**面板：此面板会显示目前选取文件夹的内容供我们浏览。它提供多种**查看模式**可变换文件夹内容的呈现方式，一般多以**缩略图模式**显示，也就是我们目前看到的样子，此外还有以**详细信息形式**查看内容和以**列表形式**查看内容模式。另外在 Bridge 窗口的底部有两组组件跟**内容面板**有关，其中**缩略图滑杆**可调整**内容面板**的缩略图大小，右侧的 4 个按钮则可变换查看模式。

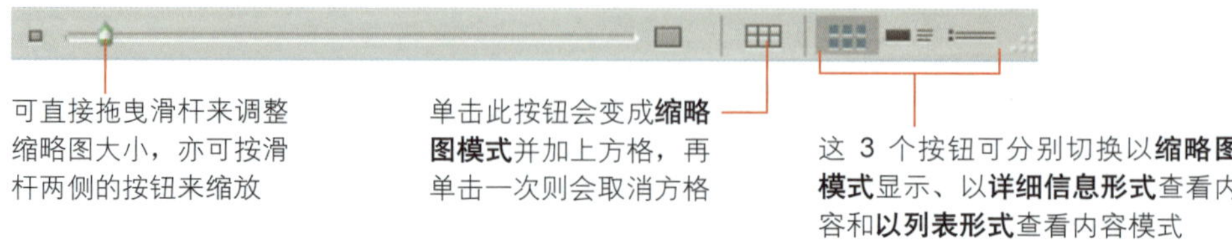

可直接拖曳滑杆来调整缩略图大小，亦可按滑杆两侧的按钮来缩放

单击此按钮会变成**缩略图模式**并加上方格，再单击一次则会取消方格

这 3 个按钮可分别切换以**缩略图模式**显示、以**详细信息形式**查看内容和**以列表形式**查看内容模式

- **预览**面板：此面板可显示**内容**面板中选取图像的较大缩略图，如果选取的是Bridge 可支持的影片文件，则还可播放预览。此外，**预览**面板还提供对比图像、放大镜等功能。

若觉得**预览面板**的缩略图太小，可拖曳窗口的边框加大面板，里面的缩略图就会跟着加大

放大镜的操作：

- 单击**预览**面板中的缩略图即可开启放大镜，每个缩略图都有放大镜
- 拖曳放大镜可移动，按住 Ctrl 再拖曳可同步移动所有放大镜
- 按 + / - 或鼠标可调整放大比例，按住 Ctrl 键可同步调整所有放大镜
- 按下放大镜右下角的 ■ 可关闭放大镜

放大镜的放大比例

在**内容面板**中选取多张图像（配合 Ctrl 或 Shift 键多选），即可在**预览面板**中做对比（最多可同时对比 9 张）

- **元数据**面板：文件的标准化信息，如作者名称、文件大小、制造日期、数码相机的拍摄信息（EXIF）等，皆统称为文件的**元数据**。**元数据**面板除了显示选取文件完整的元数据外，还可让我们修改部分文件项目，例如建立者数据、标题、描述等。

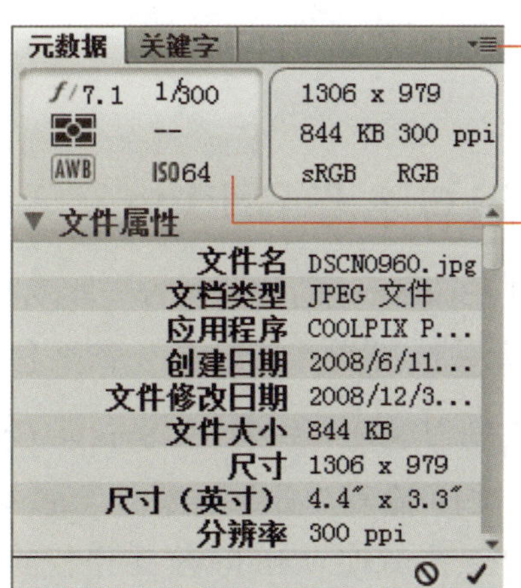

单击此按钮开启**元数据**面板，可调整字体大小、开启或关闭**元数据**信息区

此区为**元数据信息区**，显示数码相片拍摄的光圈、快门、分辨率等设置

- **关键字**面板：此面板可让我们依文件特性附加关键字，例如一张“北海道利尻富士山”的照片，便可将“北海道”、“利尻”、“山”、“风景”设成这张图像的关键字，关键字有助于查找、筛选文件。

元数据 关键字
指定的关键字：北海道；风景照
地点 6
巴黎
北海道
北京
东京
旧金山
纽约
类型 1
风景照
人物 2
事件 3

- **滤镜**面板：此面板可设置筛选条件，让**内容**面板只列出符合条件的文件，例如仅显示特定日期、直幅、且标识“3*”（3颗星）的文件。我们后面会有详细的介绍。

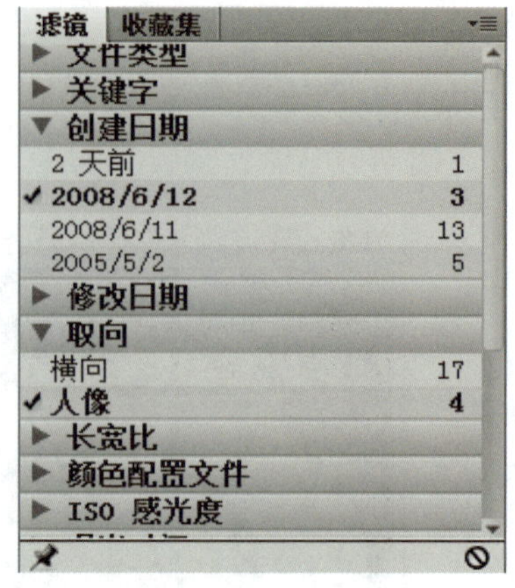

滤镜面板中的项目是根据**内容**面板中的文件和关联数据而动态产生的

- **收藏集**面板：这是Bridge CS4 的新成员，此面板可让我们将有共同点的文件，例如动物类、花卉等，搜集在一起成立一个**集合**以便查看，即使这些文件分散于不同的文件夹中。等到待介绍**查找**文件时我们再说明**收藏集**面板的用法。

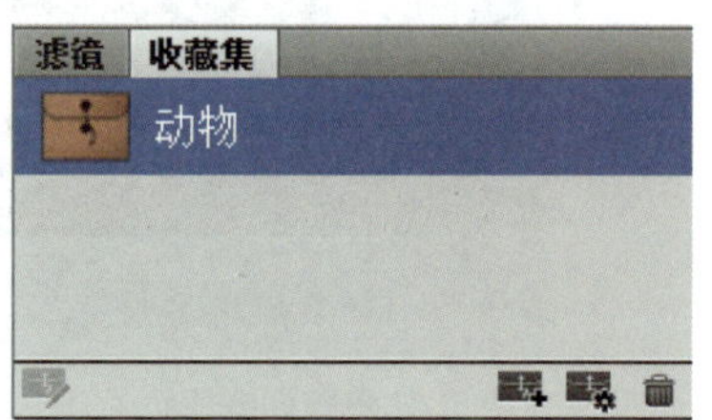

例如将有动物的照片都放进**动物收藏集**中，以后需要动物的照片就打开这个收藏集即可

关闭与隐藏 Bridge

当在 Bridge 中的作业暂告一段落时，可执行“**文件/退出**”命令或按 Bridge窗口的**关闭** [×] 按钮关闭 Bridge，下次要使用时再重新启动。

如果觉得这样有些麻烦，Bridge CS4 还新增了**隐藏**功能，暂时不用 Bridge时，可执行“**文件/隐藏**”命令（或按 Ctrl + H （Windows）/ ⌘ + H （Mac）键），将 Bridge 隐藏在 Windows 工作栏的通知区域，减少占用的屏幕空间和计算机资源；等到要再用 Bridge 时，只要双击通知区域的 Bridge [Br] 图标就可立即开启 Bridge 窗口了。

图标出现在此处

2-2 调配工作区

若想善用 Bridge 管理图像，第一件事便是按照“工作目的”调配适当的工作区配置，否则工作区充斥太多不必要的组件，用起来反而有障碍，这一节我们就来介绍调配 Bridge 工作区的方法。

更换工作区配置

Bridge 本身即提供多种工作区配置供我们视情况来做变换，我们可从**“窗口/工作区”**子菜单或是**应用工具栏**的**工作区切换器**中取得 Bridge 中已建立的工作区配置：

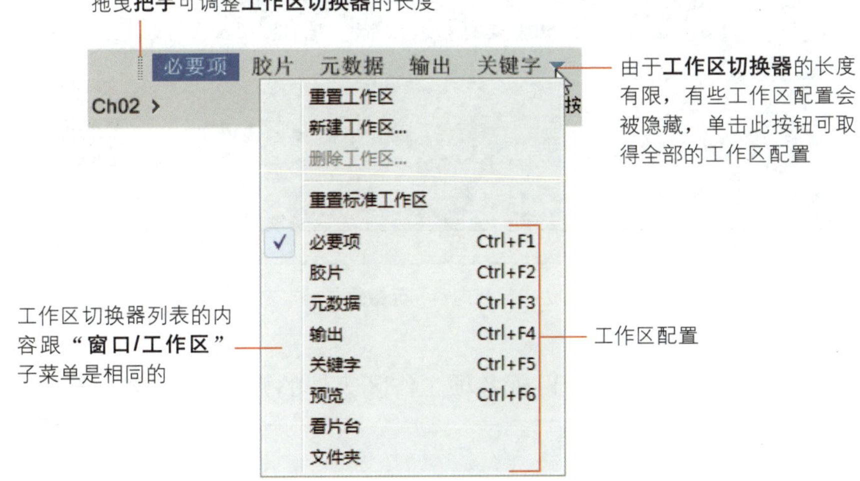

从“名称”应该不难看出该工作区配置适合什么样的场合，举例而言，要查看大型缩略图观察图像细节，换成**胶片**或**预览**工作区配置就相当适合；若想模拟 Windows 文件夹窗口的界面，则可换成**文件夹**工作区配置；如果要恢复Bridge 预设的工作区配置，请选择**重置标准工作区**，Bridge 窗口便会重新套用**必要项**工作区配置。现在就请各位亲自动手换换看吧。

自定义工作区

虽然 Bridge 很贴心地提供多种工作区配置，但这些配置未必百分百符合你的需求，如**文件夹**工作区配置让人很有亲切感，但如果有显示**预览面板**就更好了，或者面板安排的位置你不喜欢、窗口太小等，这些你都可以自行调整。下面我们就来学习如何调整工作区配置并建立自己的工作区。

请先单击**工作区切换器**的**必要项**，重新套用**必要项**工作区配置，接下来进行改造，将它调整成如下的模样，方便浏览数码照片：

调成 2 栏，右边仅显示**内容**和**元数据**面板，左边**预览**面板独立一栏

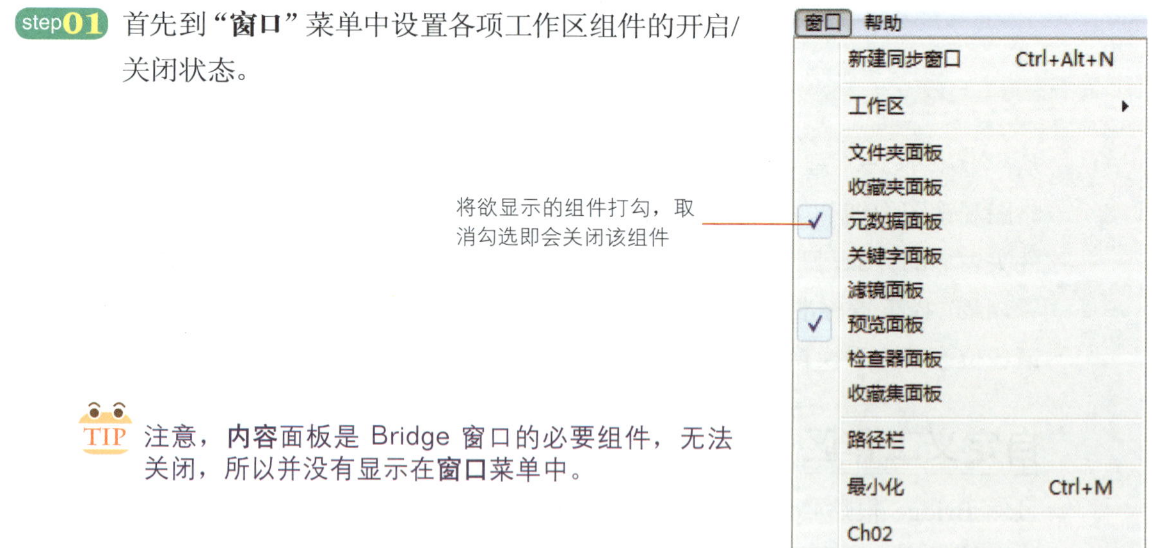

step01 首先到“**窗口**”菜单中设置各项工作区组件的开启/关闭状态。

将欲显示的组件打勾，取消勾选即会关闭该组件

TIP 注意，**内容**面板是 Bridge 窗口的必要组件，无法关闭，所以并没有显示在**窗口**菜单中。

step02 接着调整面板的位置及窗口大小。拖曳面板标签即可移动面板，拖曳窗口的边框则可调整窗口大小（调整窗口时，里面的面板也会跟着变大或变小）。

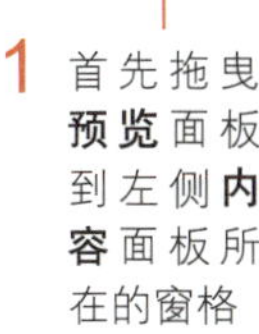

1 首先拖曳**预览**面板到左侧**内容**面板所在的窗格

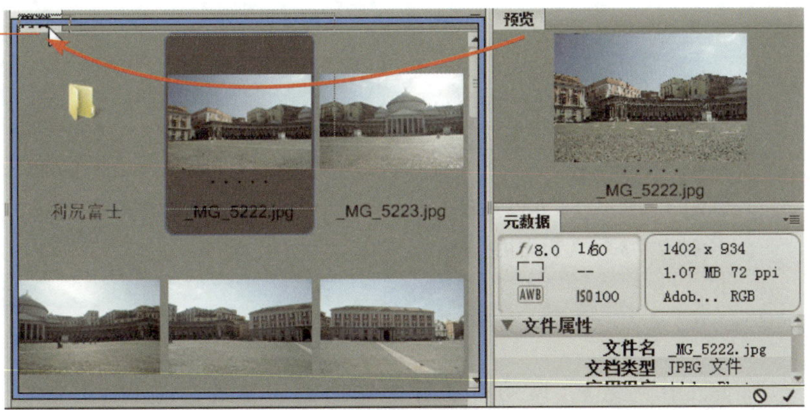

2 接着将**内容**面板拖曳到右侧窗格的上边界，Bridge会新增窗口来存放**内容**面板

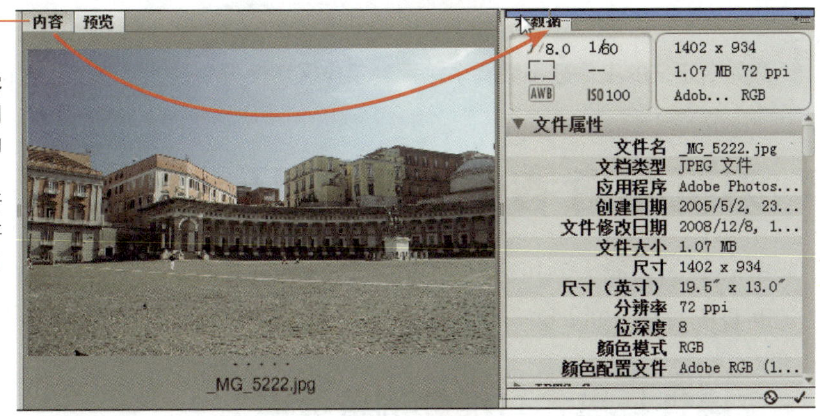

3 最后拖曳窗口的边框，将各窗格调整为适当大小

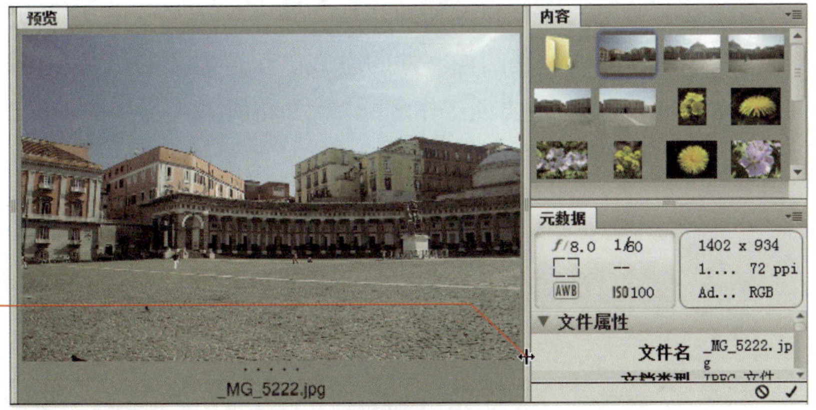

step03 调好工作区配置之后，请从“**窗口/工作区**”子菜单或**工作区切换器**中执行“**新建工作区**”命令来存储，这样以后就可以在“**窗口/工作区**”子菜单以及**工作区切换器**中选取这个工作区配置来套用了。

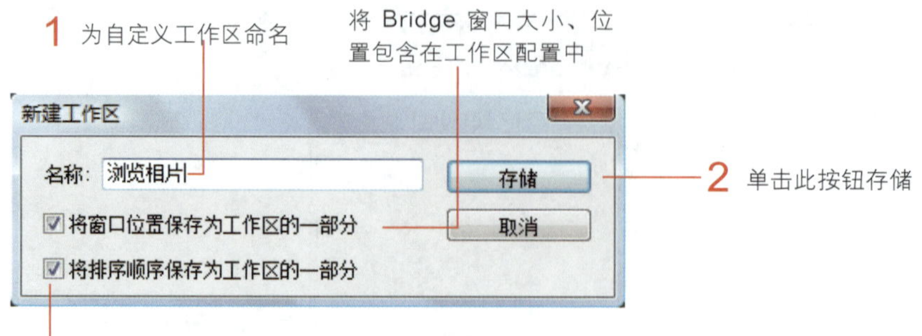

存储工作区之后，即可在**工作区切换器**中看到存储的工作区名称，并切换到该工作区配置。

假如自定义的工作区不需要了，可到**工作区切换器**中执行“**删除工作区**”命令将它删除。

2-3 浏览与查看图像的技巧

Bridge 的功能大致可分成两类：一是方便我们查看及浏览文件夹的内容，另外则是协助我们管理文件，这一节先带各位来探讨“浏览”及“查看”图像的技巧。

变换查看模式与提升浏览效率

在第 2-1 节已大致介绍过如何切换文件夹来浏览图像文件，这里我们进一步说明如何变换**内容**面板呈现图像文件的方式以获得需要的信息和提升浏览效率的技巧。请先为 Bridge 套用**必要项**工作区配置，并将所附光盘中的 Ch02 文件夹复制到您的硬盘中，然后切换到该文件夹：

从上一节自定义的**浏览相片**工作区切换到**必要项**工作区进行配置

step01 套用**必要项**配置，**内容**面板默认会用**缩略图模式**呈现文件夹的文件内容，假如你需要的是每个文件更详细的信息，请按Bridge 窗口右下角的 按钮，切换成以**详细信息形式**查看内容模式。

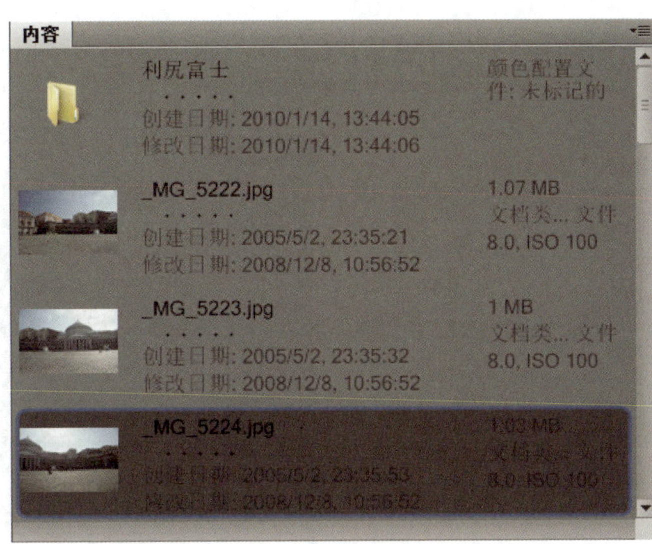

以**详细信息形式**查看内容模式除了显示缩略图之外，还附加制作日期、文件大小等信息

step02 再单击 Bridge 窗口右下角的 按钮，则会切换成以**列表形式**查看内容模式，此模式可显示出更多的文件信息，并可自定义字段。

单击列名即可按该字段来排序，例如单击**名称**栏即会依照“名称”来排序

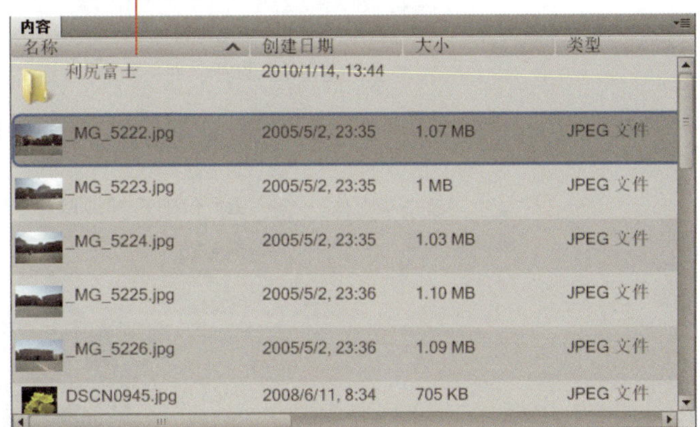

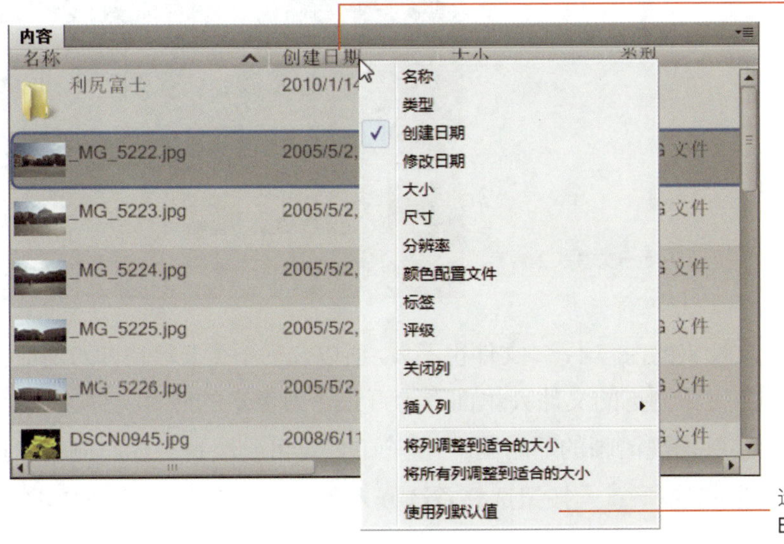

在列名上单击鼠标右键，在快捷菜单中还可以变更要显示的信息、关闭列/插入列、设置列宽等

选择此项会恢复Bridge的列的默认值

step03 单击 Bridge 窗口右下角的 [图标] 按钮，此按钮会将**内容**面板切换回**缩略图模式**并加上方格锁定，让每个缩略图的范围更易辨别（再单击 [图标] 按钮即会取消方格）。

step04 Ch02 文件夹内有一个子文件夹，我们可用这里的方法将子文件夹的内容一并提到上层来显示，这样就不用一一切换到子文件夹中去浏览了。

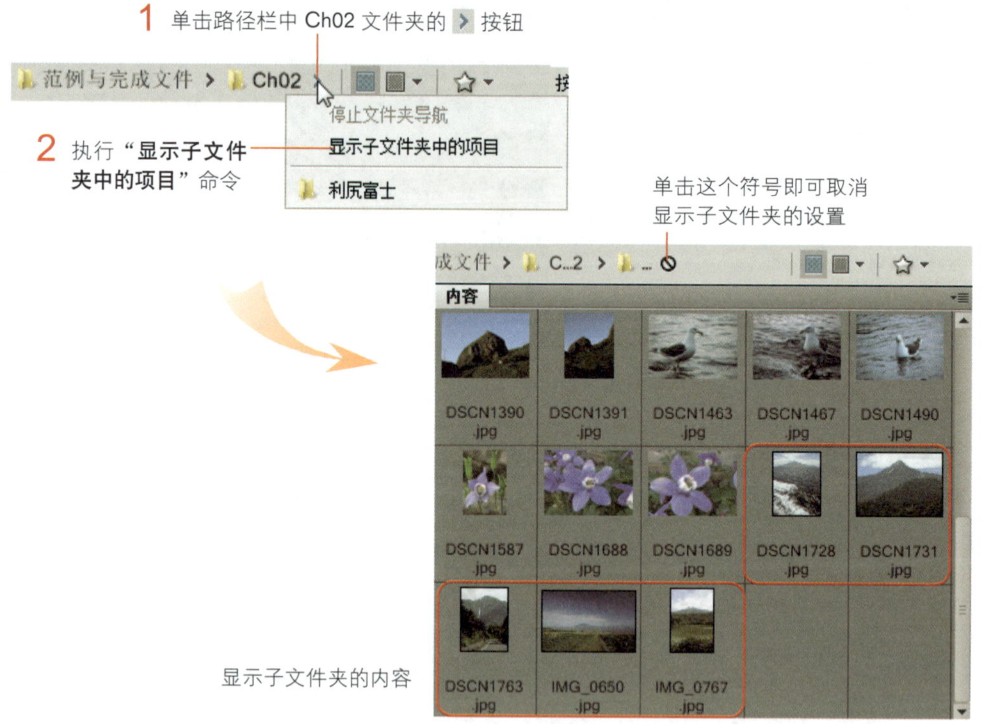

step05 由于 Ch02 文件夹的内容不多，文件也不大，所以几乎不需要等待即可看到清晰的缩略图；但假如你现在浏览的文件夹里面有上百张千万像素的照片文件，那么可能要等一段时间才会陆续出现清晰的缩略图。不想等的人，可到路径栏的右侧单击按下**缩略图质量和预览生成选项** [图标] 按钮选择**首选嵌入式图像**，以加快显示缩略图的速度。

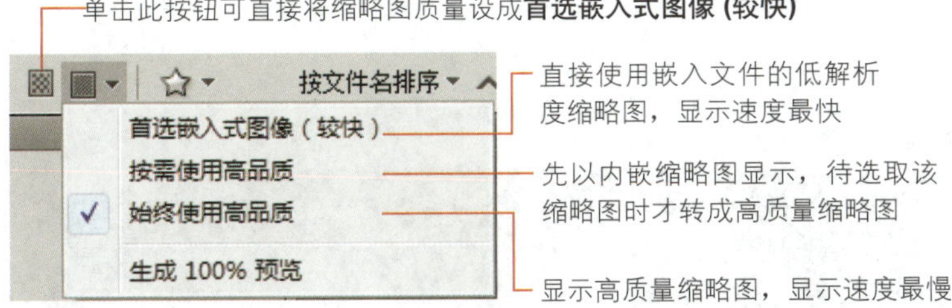

全屏查看图像

如果觉得预览面板怎么调都不够大，Bridge 还提供**全屏预览模式**和**旋转预览模式**，让我们可以利用“整个屏幕画面”来查看图像。

全屏幕预览

全屏幕预览很单纯，它的用意就是利用屏幕最大的空间来显示图像。在**内容**面板中选取一张图像然后按 Space 键，即可切换到**全屏幕预览**模式来查看图像，再单击一次 Space 键或 Esc 键，则可退出**全屏幕预览**模式。

全屏幕预览模式的操作：

- 单击 + / - 键可放大/缩小图像
- 单击 ←、→ 方向键可切换到上一张或下一张图像
- 放大图像后，可拖曳图像平移

审阅模式

审阅模式很特别，它是同时将所有选取的图像环状排列在屏幕上，让你可以依序或随机将图像抽取到前面来查看进行对比，而且还可以执行一些编辑操作，例如加标签、分级、旋转图像等。

在**内容**面板中选取要查看的图像（若仅选取一张图像，表示要查看整个文件夹内容），然后按 Ctrl + B （Windows）/ ⌘ + B （Mac）键即可启动**审阅模式**。

审阅模式的操作：

- 按屏幕左下角的左右箭头或键盘的 ←、→ 方向键，可依序切换到上一张或下一张图像
- 单击或左右拖曳背景图像，可直接将它切换到前景图像
- 按屏幕左下角的向下箭头或向下拖曳图像，会在此模式中删除该图像
- 按屏幕右下角的 按钮或单击前景图像可开启放大镜
- 在前景图像上单击鼠标右键可开启功能列表执行编辑操作
- 按 H 键会显示**审阅模式指令清单**
- 按屏幕右下角的 按钮或 Esc 键即可结束**审阅模式**

2-4 图像管理功能

Bridge 提供许多功能，例如附加标签、关键字、星、堆栈等来协助我们做好图像管理的工作。这一节我们就按照以下建议的图像文件整理顺序（假设文件已传输到计算机中）介绍这些实用的图像管理功能。

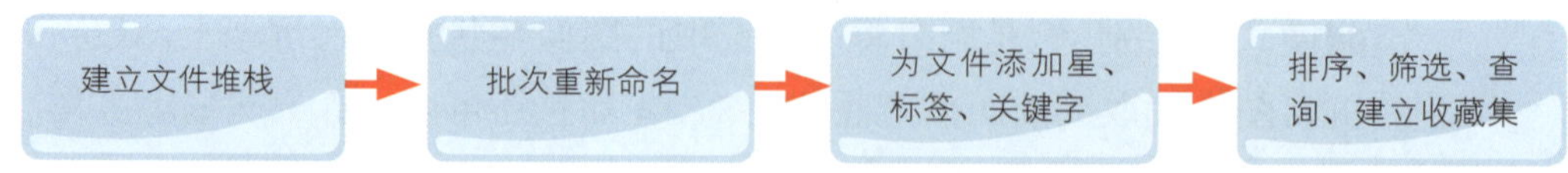

建立文件堆栈

将图像文件传输到计算机中并经过初步的去芜存菁后，对这些留下来的文件进行分类整理的工作。将相关的图像整理成**堆栈**，例如将预备用来接图的连续图像整理成一组、将包围曝光连拍的图像整理成一组等，这样做不仅可让**内容**面板看起来更井然有序，在选取操作上也会更便利。

建立堆栈

在**内容**面板中选取要组成堆栈的图像，然后执行 **“堆栈/归组为堆栈”** 命令（或按 Ctrl + G （Windows）/ ⌘ + G （Mac）键），即可将它们归成一组，这是手动的做法。另外 Bridge CS4 还新增了**自动堆栈**功能，可自动将预备用来接图或合成 HDR （高动态范围）的图像文件组成堆栈，我们现在就来试一试。

step01 请切换到 Ch02 文件夹，其中准备了一组预备用来接图的图像。

step02 执行 **“堆栈/自动堆栈全景/HDR”** 命令，则 Bridge 便会开始评估图像的相关性，若有适合的文件，一段时间后就会得到结果。

这个数字代表堆栈的文件数

Bridge 的确判断出来了，但还不够精确，将应该是一组堆栈判断成两组了，我们稍后再来调整

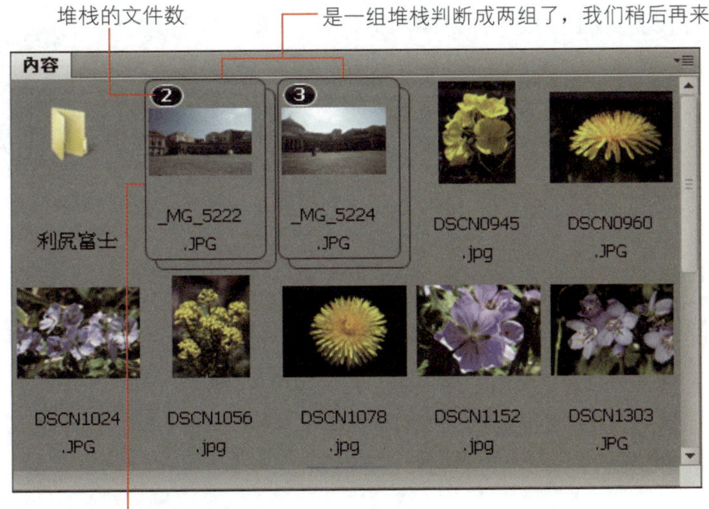

组成堆栈后会自动收合

管理堆栈

建立堆栈后，我们来练习管理堆栈的技巧。假设我们要将刚才建立的 3 张图像堆栈放到 2 张图像的堆栈中。

step01 请单击 3 张图像堆栈左上角的数字标签，将堆栈展开（再单击一次则会收合堆栈）：

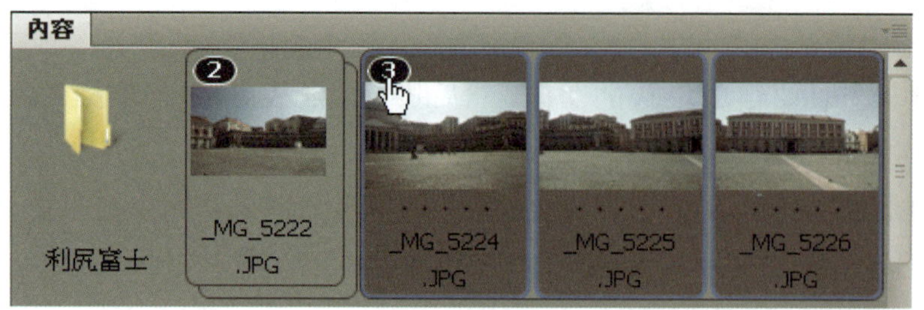

TIP 若要同时展开或收合多个堆栈，可执行“**堆栈/展开所有堆栈**”或“**堆栈/折叠所有堆栈**”命令。

step02 展开后，接着选取堆栈中的所有文件，然后拖曳到 2 张图像的堆栈上即可加入。

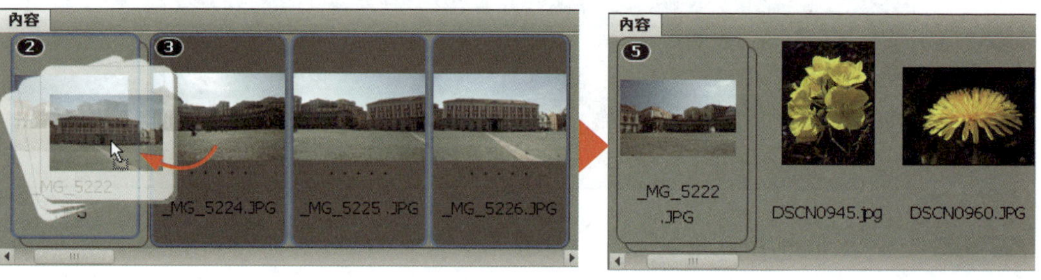

step03 若要取消堆栈，请先选取堆栈中的所有文件，然后执行“**堆栈/取消堆栈组**”命令。若仅选取其中一个文件，则只会将该文件移出堆栈之外。

要选取折叠堆栈中的所有文件，单击底框即可

批重命名

一般情况下，数码相机默认是以“相机品牌或型号再加上流水号”来为文件命名的，例如DSCF8719、IMG_7112，这类名称对我们来说并没有意义。在为文件分类建立堆栈之后，接着我们要告诉各位，如何利用 Bridge 的**批重命名**功能，一次为大量的文件完成更名的工作。假设我们要为刚才组成堆栈的 5 张全景图像重新命名（已将堆栈取消的，请再次组合堆栈）。

step01 首先选取欲更名的文件。本例建议可以先折叠堆栈，然后单击底框来选取整个堆栈。

底框变成蓝色框线才表示选取堆栈中的所有文件

step02 执行“**工具/批重命名**”命令进行文件名称的设置。

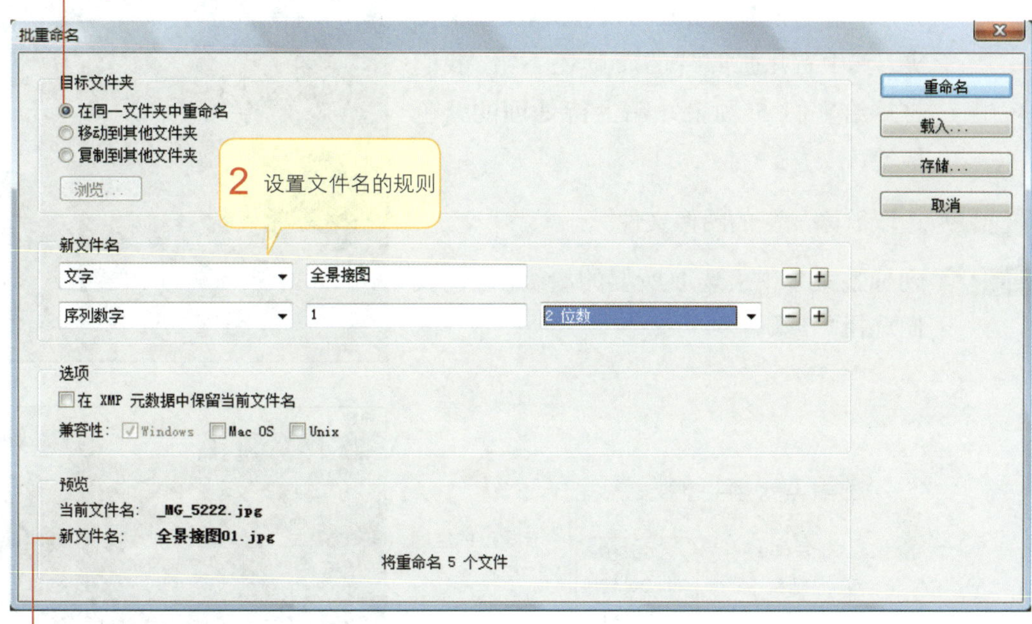

3 这里会显示更新后的文件名以供预览

step03 设好规则后单击对话框右侧的**重命名**按钮，之前选取的 5 个文件便迅速更换成新名称。

为文件添加星、标签、关键字

在 Bridge 中，我们可以为文件附加一些额外信息，例如加上星为图像分级、贴上颜色标签做注记、加上关键字等，这些信息除了可协助文件的分类排序外，更可提升筛选、查找文件的效率。

加上星与标签

首先我们来说明为文件添加**星**以及**标签**的方法。请切换到 Ch02 的**利尻富士**子文件夹，其中有几张照片的质量还不错，我们打算给它们 5 颗星并贴上**待处理**的紫色标签。

step01 选取欲添加星的图像文件。

step02 到**标签**菜单中去选取所要的星级，本例我们选择“ 5 颗星”。

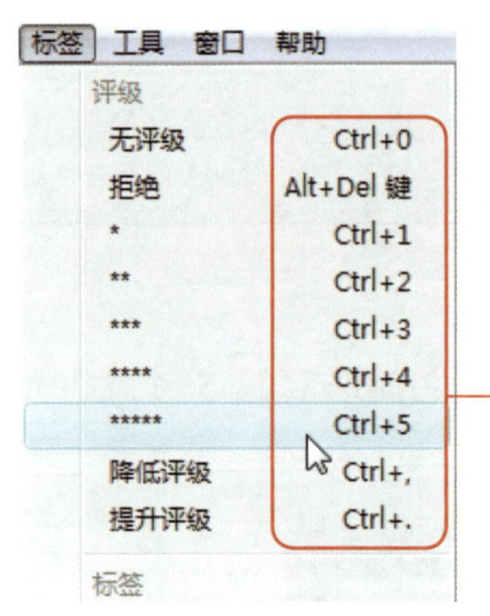

记下各分级的快捷键，以后直接按快捷键分级更方便

若显示的空间不足，星号会改用“5*”表示

选取的图像文件都变成“ 5 星级”了

step03 贴标签的方法和添加星一样，仍旧选取相同的文件，再次到**标签**菜单中去选取所要的标签即可。

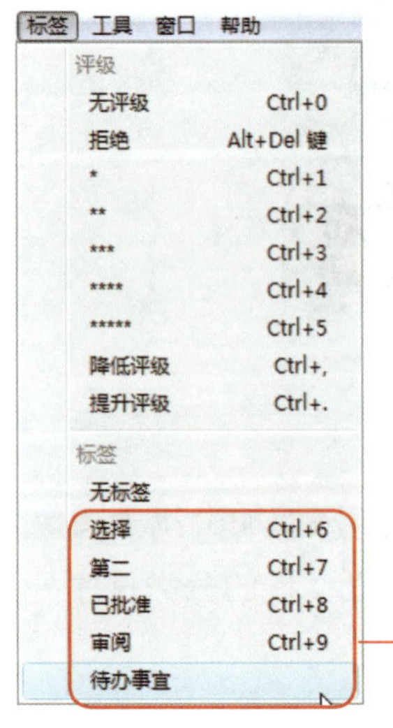

贴上“代办事宜”的紫色标签了

Bridge 已经事先设好各颜色标签的用途了，不过我们可执行“**编辑/首选项**”命令，到**标签**页去更改

添加**星**有一个更简便的方法，就是选取图像后，直接单击星出现的位置，例如要 3 颗星就点在第 3 颗星上。

单击此处会将星移除

TIP 若要移除文件的星，请选取文件，然后按 Ctrl + 0 （Windows）/ ⌘ + 0 （Mac）或执行“**标签/无分级**”命令；要取消标签则执行“**标签/无标签**”命令。

加上关键字

根据文件的“特性”来加上**关键字**，以后就可以透过**关键字**来查找、筛选文件，这比起用文件名称、文件类型来找会方便许多。请各位先将**关键字**面板显示出来（选择“**窗口/关键字面板**”命令），我们来说明如何建立与套用关键字。

step01 **建立关键字组合**。**关键字组合**相当于关键字“分类”的意思，例如我们打算建立**红色**、**黄色**、**紫色**等滤镜，便可将它们归类在**颜色**关键字组合中。由于我们可能建立很多关键字，先替它们分类以后找起来也比较方便。

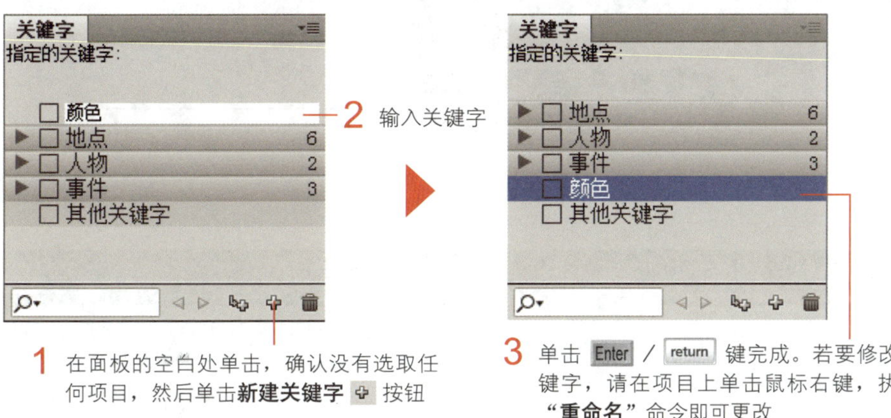

1 在面板的空白处单击，确认没有选取任何项目，然后单击**新建关键字** 按钮

3 单击 Enter / return 键完成。若要修改关键字，请在项目上单击鼠标右键，执行“**重命名**”命令即可更改

step02 **建立子关键字**。接着建立**颜色**关键字组合下的子关键字：**红色**、**黄色**、**紫色**。

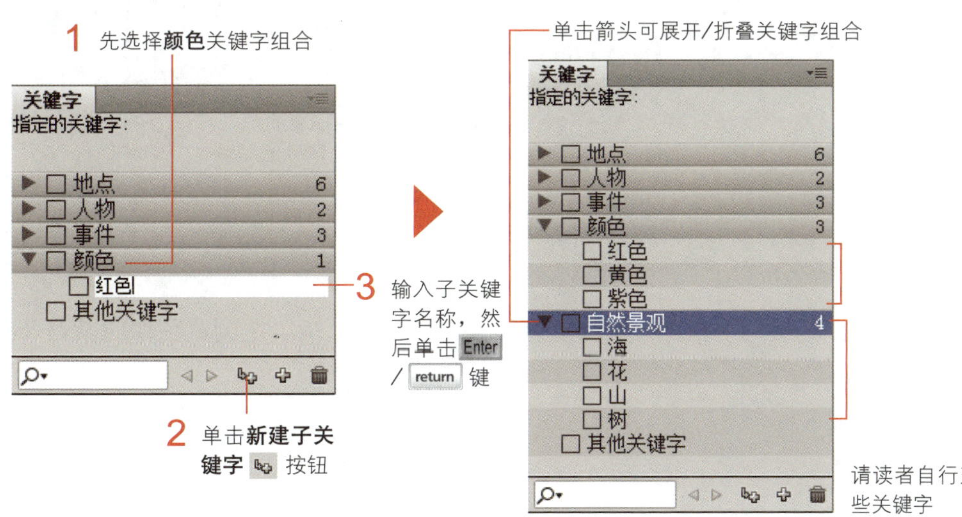

2 单击**新建子关键字** 按钮

欲移除某关键字，请选取该关键字再按下方的**删除关键字** 按钮，若选取的是关键字组合，则会连里面的子关键字也一并移除。

step03 **套用关键字**。现在我们来为 Ch02 文件夹中的 4 张黄色花朵的图像套上**黄色**和**花**关键字。

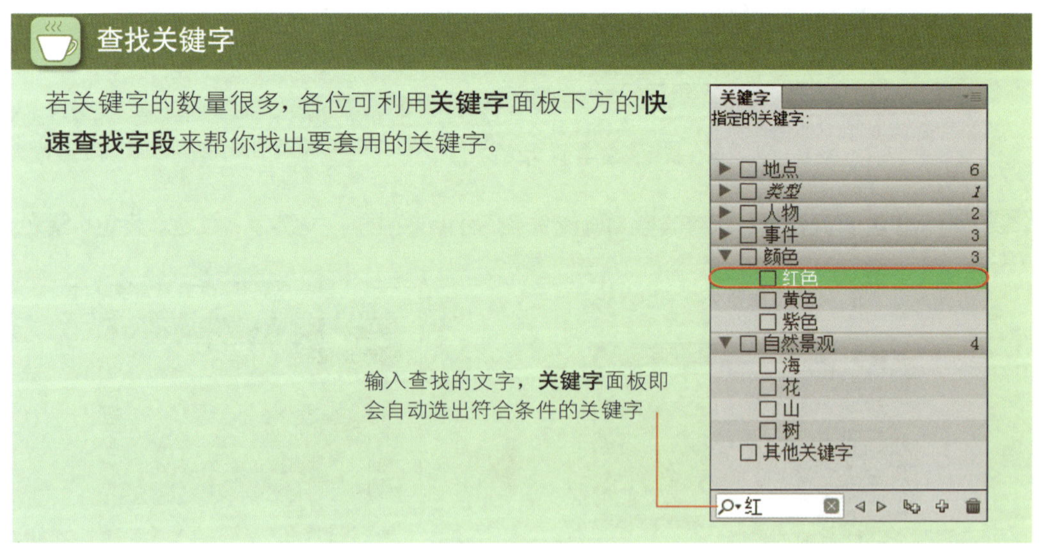

在各位都了解了加上星、标签、套用关键字的方法后，在浏览图像时就可顺手替图像加上这些信息了。

排序与筛选

替文件加上标签、星、关键字，可让管理文件变得更方便，例如我们想要将图像文件依照星数由高到低排列下来，只要按 **“分级”**、**“递减”** 排序即可；又如想要将同色标签排在一起，那就改按 **“标签”** 排序。请各位先从所附光盘中拷贝Ch02A 文件夹（此文件夹内容已添加星、标签、关键字）到硬盘中，并切换到该文件夹，然后跟着下面的说明来练习排序与筛选文件的方法。

建议各位换成**文件夹**工作区配置，并在路径栏单击 Ch02A 的 > 按钮执行 **“显示子文件夹中的项目”**，从而显示所有子文件夹的内容

step01 请在**排序**下拉列表中选择**按评级**排序，并将右侧的按钮切换成**递减排序** ⌄，图像文件即可依照星数由高到低排列。

step02 再次单击**排序**下拉列表选择按**标签**排序，这次采用**递增排序** ，则同色标签的文件便排在一块儿了。

搭配**滤镜**面板我们可指定更多的显示条件，例如只显示“5*”级的图像或是“5*”级且贴上“紫色标签”的图像，或是“3* 级以上”并有“花”关键字的图像等。请选择**“窗口/滤镜面板”**命令将**滤镜**面板打开。

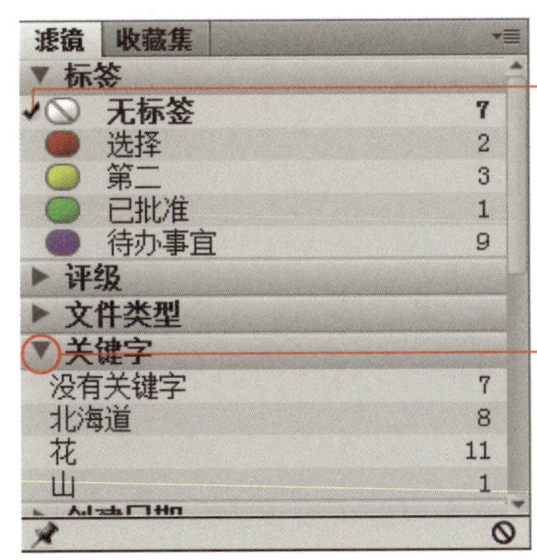

TIP 在**滤镜**面板中设置筛选条件时，请记住一个原则：勾选同类别的条件，取并集；勾选不同类别的条件，取交集。

step01 请在**滤镜**面板中勾选**分级**类别中的“3*”和“5*”条件项目。

其他非 3* 或 5* 的图像都被隐藏起来了

step02 再勾选**关键字**类别中的“花”条件项目。

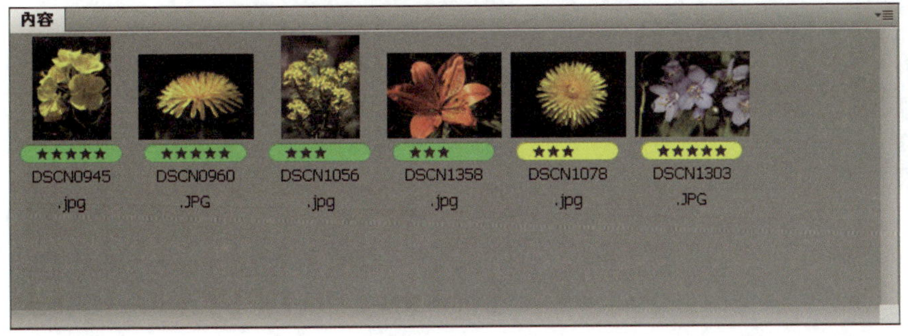

从刚才的图像当中再筛选出加上“花”关键字的图像

step03 若要清除筛选条件，让所有的图像重新显示出来，请单击**滤镜**面板下方的**清除滤镜**按钮 。

查找文件与建立集合

我们也可以利用星、标签、关键字来协助查找文件。假设我们想从 Ch02A文件夹中找出含有“黄色”、“花”关键字且“大于 3*”级的图像文件，请执行 **“编辑/查找”** 命令开启**查找**对话框。

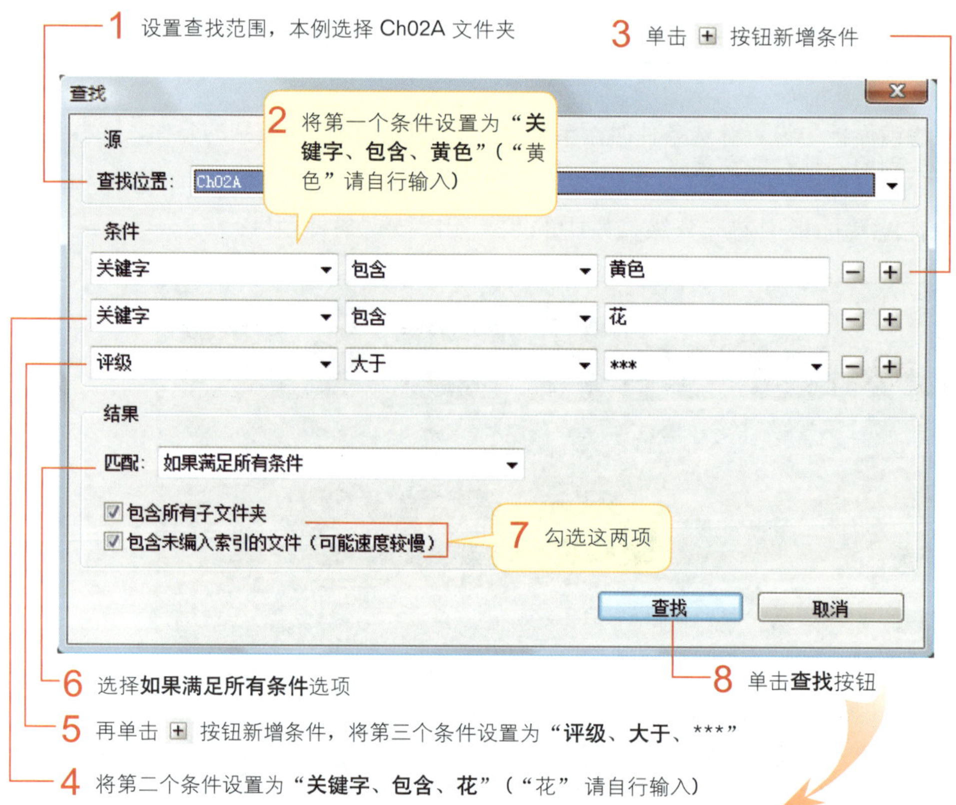

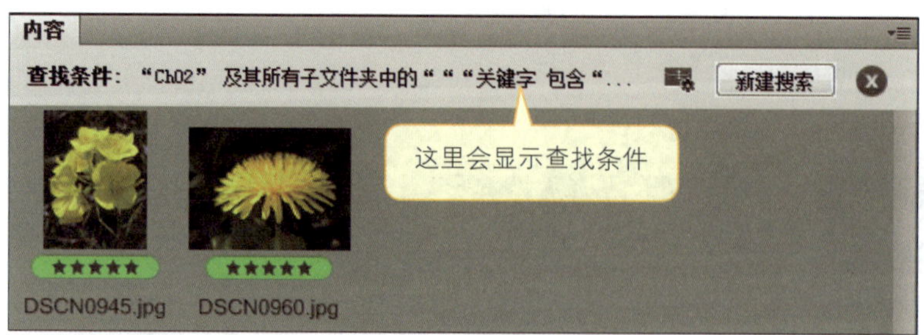

查找结果，只有两个文件符合条件

Bridge CS4 可以让我们将“查找条件”存储成**智能型集合**，以后只要开启这个集合，Bridge 就会自动按照设置的条件再次进行查找，其好处是：不用重复输入相同的查找条件，还有就是可自动更新数据，即假如新加入的数据符合条件，立即会出现在**集合**中。

请先勾选“**窗口/收藏集面板**”命令将**收藏集**面板打开，然后将刚才的查找条件建立成**智能收藏集**。

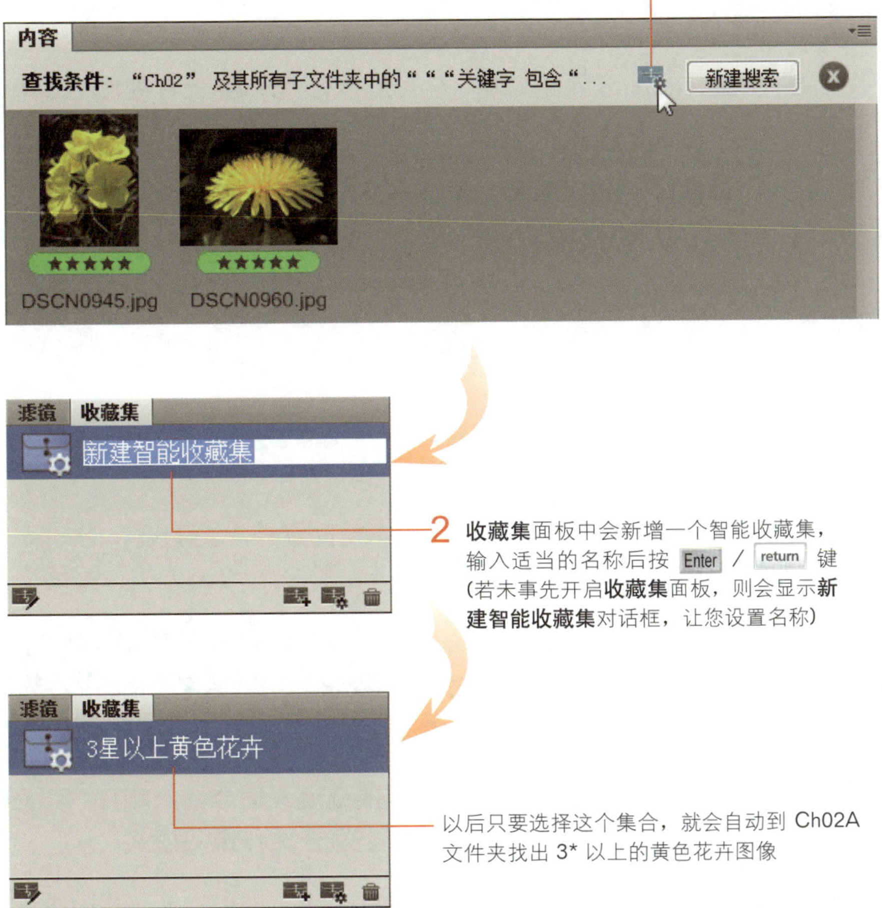

TIP 若要删除收藏集，请在**收藏集**面板中选取该集合，然后单击下方的**删除集合**按钮。

1. Bridge不用依靠 Photoshop 可独立启动，方法是执行“**开始/所有程序/Adobe Bridge CS4**”命令。

2. 暂时不用 Bridge 时，可执行“**文件/隐藏**”命令（或按 Ctrl + H （Windows）/ ⌘ + H （Mac）键），将 Bridge 窗口隐藏在 Windows 工作栏的通知区域。

3. 善用 Bridge 管理图像的工作流程：

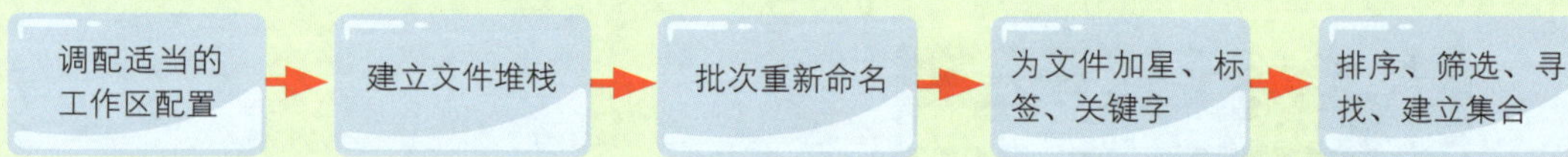

4. 自定义工作区配置，除了可包含各面板的显示状态及位置外，亦可包含 Bridge 窗口的大小、位置以及文件的排列顺序。

5. **内容**面板在显示图像缩略图时，有 3 种缩略图质量可选，其中以“质量”高低而言：**始终使用高品质>按需使用高品质>首选嵌入式图像（较快）**；以“效率”而言：**首选嵌入式图像（较快）>按需使用高品质>始终使用高品质**。

6. Bridge 有两种全屏幕查看图像功能，其中**全屏幕预览**模式适合依照顺序、一次显示一张图像来浏览文件夹内容；若要同时比对多张图像，则适合选择**审阅模式**。

7. 在路径栏中单击**子文件夹**，选择“**显示子文件夹中的项目**”，即可在同一界面查看目前文件夹与其子文件夹的所有内容。

8. 若要分类整理文件夹中的文件，建议使用**文件堆栈**而不要用**子文件夹**，因为前者的操作较为便捷。

9. **滤镜**面板会将筛选条件分类，记住，同类别的条件是取“并集”，不同类别的条件是取“交集”。

10. 替图像套用适当的关键字，可让我们用较直观的语言来设置查找文件时的条件，例如查找“红色花朵”、“黄色蝴蝶”的图像。

11. 将查找条件建立成智能收藏集有两大好处：一是不用重复输入相同的查找条件，二是若文件夹内容有更新，查找结果也会自动更新。

1. 如何复原 Bridge 的首选项，并重设为默认的工作区配置？

先按住 Ctrl + Alt + Shift （Windows）/ ⌘ + option + shift （Mac）键再执行**“开始/所有程序/Adobe Bridge CS4”**命令启动 Bridge，则在启动过程中会出现一个**重新设置**对话框，让你重设首选项及还原为预设工作区配置。

2. 如何新增 Bridge 窗口，以便能够同时查看多个文件夹的内容？

执行**“文件/新建窗口”**命令（或按 Ctrl + N （Windows）/ ⌘ + N （Mac）键）即可再开启一个 Bridge 窗口，然后将新开启的 Bridge 窗口切换到另一个文件夹中去，就可以同时查看多个文件夹的内容。

3. Bridge 有全屏幕自动播放功能吗？

若要用全屏幕自动播放图像，可执行**“视图/幻灯片放映”**命令（或按 Ctrl + L （Windows）/ ⌘ + L （Mac）键），启动 Bridge 的幻灯片播放功能。

幻灯片播放模式的操作技巧：

- 利用鼠标滚轮或按 + / - 可调整放大倍数
- 按 ←、→ 键翻页
- 按 H 键可取得幻灯片播放模式的指令提示
- 按 Esc 键即可结束幻灯片播放模式

4. 在 Bridge 中找到要编辑的图像文件后，如何载入 Photoshop？

若图像的文件类型与 Photoshop 有关联，则双击图像缩略图就可加载到 Photoshop中；或者直接将图像缩略图拖曳到 Photoshop 窗口中即可。

5. 在 Bridge 中，如何将 JPEG 和 TIFF 文件载入 Photoshop 的 Camera RAW中编辑？

选取文件后，单击**应用工具栏**的 按钮或执行**“文件/在 Camera RAW 中开启”**命令即可。

LESSON

第3章 数码照片基础编修

课前导读

本章将介绍 Photoshop 编修数码照片的方法。编修照片不仅要学习操作技巧，更重要的是要懂得分析、评价照片的好坏，然后才能对症下药改善缺失。本章提供多组问题照片，我们将带您一一审视、编修，还给它们应有的风华以及光影之美。

本章学习提要

- 基本照片编修工作流程
- 使用**标尺工具**搭配**图像旋转**功能，转正歪斜照片
- 使用**矩形选框工具**搭配**裁剪**功能，按固定比例裁剪照片
- 使用**镜头校正**功能修正图像的透视变形
- 使用**内容识别比例**功能缩放图像不变形
- 图像大小、分辨率的观念与调整技巧
- 从**直方图**解析图像的曝光状况
- 使用**亮度/对比度**、**色阶**、**曲线**功能修正图像曝光
- 判断与修正色偏的技巧
- 调整颜色饱和度与修正过红的肤色
- 使用**USM锐化滤镜**提高图像清晰度

估计学习时间 **120分钟**

3-1 照片编修工作流程

虽然数码相机愈来愈进步，但也许是天公不作美，也许是相机本身的缺陷，也许是测光的误差，也许是构图的不良…，以致照片的质量不甚理想！不过这些照片未必是失败的作品，经过 Photoshop 的一番整修之后，或许仍可还它一个清新的面貌！这一节我们先带各位认识基本的照片编修工作流程，有了一个通盘的概念后，再一一解析各步骤的详细内容。

有关照片编修的基本工作流程我们可归纳成下列 5 个步骤：

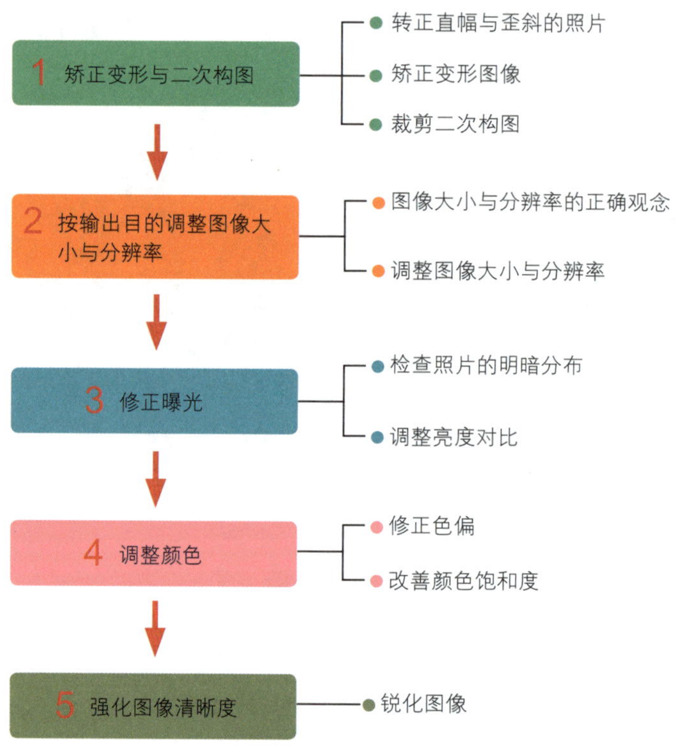

每张照片所发生的问题可能都不一样，有的只需调整曝光，而颜色没有问题；有的可能同时有歪斜、过暗、色偏的情形…；在编修照片时，我们只要遵循上述 5 个步骤一路检查下来，并确实达到每一步骤的要求，就能解决绝大部分的问题，让照片起死回生！

3-2 矫正变形与二次构图

编修照片我们会先检查图像内容是否有变形或其他构图上的缺失，例如水平线歪斜、建筑物明显变形、右边界出现截成一半的垃圾筒等，并加以修正，其目的是为了确保照片的内容，这样后面在调整图像的亮度、对比度或颜色时，才能根据正确的文件做出适当地修正。

转正直幅与歪斜的照片

有些数码相机没有**自动转正**功能，以致其拍摄的直幅照片载入到 Photoshop 后变成是横躺的，横躺的图像虽然不影响编修的操作，但看起来很不习惯，我们可利用“**图像/图像旋转**”菜单中的命令将它转正。

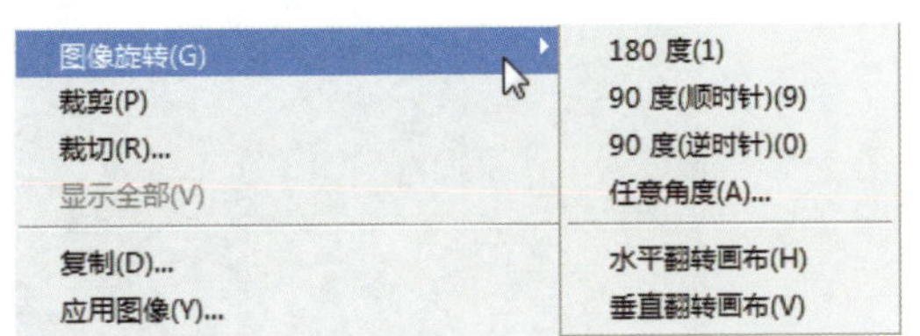

图像旋转菜单内有多个旋转命令，请视图像转正的方向来选择，转正直幅照片最常用的是**顺时针 90 度**或**逆时针 90 度**

03-01.jpg

这是一张直幅照片，但因相机没有**自动转正**功能，所以加载 Photoshop 后变成横向的图像，我们执行“**图像/图像旋转/ 90 度（逆时针）**”命令将它转正 ▶

03-01A.jpg

另一种需要转正的情况是，拍摄时相机没有保持水平或垂直，使得照片中的水平线或垂直线歪掉了，这对构图而言是很明显的缺失。要将这种歪斜的照片转正，我们要拿出**标尺**先算出角度，然后再旋转，请按照下面的说明进行操作：

step01 打开范例文件 03-02.jpg，这张照片的水平线明显歪到了一边，我们来将它转正。请到**工具箱**中选取**标尺工具** ，然后沿着画面中应该呈水平的线条，如天空与水面的交界线，拖曳出直线。此举在告诉 Photoshop “这是一条水平线”，让 Photoshop 借此算出照片歪斜的角度。

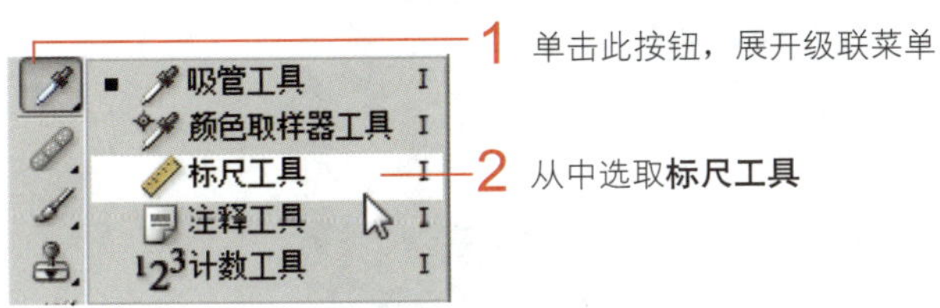

03-02.jpg

3 将指针移到此，然后沿着交界线拖曳出一条直线

若没拉好，可拖曳线条两端的十字调整位置

step02 接着执行“**图像/图像旋转/任意角度**”命令，从**旋转画布**对话框中可看到 Photoshop 测量的结果，我们只要单击**确定**按钮照片即可转正。

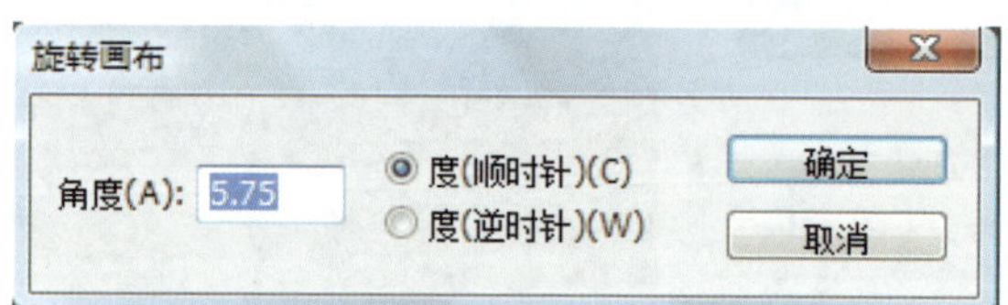

Photoshop 已算出将照片往顺时针方向转 5.75 度即可转正

03-02A.jpg

转正后，相片四周会多出一些白边，稍后我们会将它裁掉

裁剪二次构图

旋转照片后，还要裁掉四周多余的白边才算完成，但是**裁切**不仅仅只是去掉白边而已，它还肩负着“改变宽高比例”、“二次构图”的任务。假设编修好的照片最后要冲印成 6×4 的照片（宽高比为 3:2），但原照片的宽高比是 4:3，则我们可先透过**裁剪**将照片裁成符合相纸的比例，这样拿去冲洗时才不会有白边或是被去头去尾的情况。而如果你想要的是作品而非到此一游的照片，也可利用**裁剪**来“二次构图”，把照片中杂乱、不相干的物体一并裁掉，或是把主体调到符合构图原则的焦点位置上（例如三分之二的地方）。

下面我们就来说明如何将范例文件 03-02A.jpg 的白边裁掉，并同时进行二次构图以及将宽高比改成 3:2。

step01 请从**工具箱**中选取**矩形选框工具** ，接着到**选项栏**中将**样式**设成**固定比例**，并在**宽度**和**高度**文本框中输入 3:2 的比值。

羽化值请设为 0 像素

选择**固定比例**即会按照用户设置的宽高比例来拖曳选取框

因为要印成 6×4 的照片，所以将宽高比设为 3:2

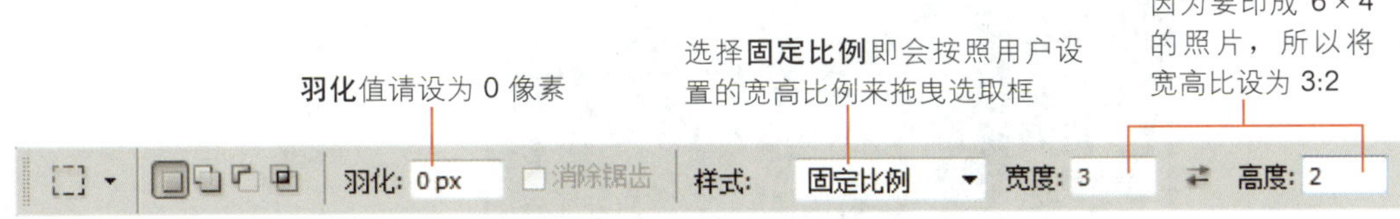

step02 接着在图像上拖曳出选取框。拖曳选取框时按住 Space 键可以调整选取框的位置（注意，鼠标左键不能放开），调好位置后放开 Space 键继续拖曳，可调整选取框的大小。

拖曳出选取框后，还可以移动选取框（请拖曳选取框内部）找出最佳构图

03-02B.jpg

step03 确定选取框框选的画面后执行“**图像/裁剪**”命令，即可完成裁白边、二次构图以及变更宽高比的工作。不过执行裁剪后选取框还在，请按 Ctrl + D （Windows）/ ⌘ + D （Mac）键取消选取框。

修正变形

拍摄高耸的建筑物时，由于近距离并使用广角镜的关系，往往会发生“透视变形”的现象，也就是呈现头小底大、向后倾倒的梯形，我们可利用 Photoshop的**镜头校正**功能来修正这类的图像变形。请打开范例文件 03-03.jpg，然后执行“**滤镜/扭曲/镜头校正**”命令。

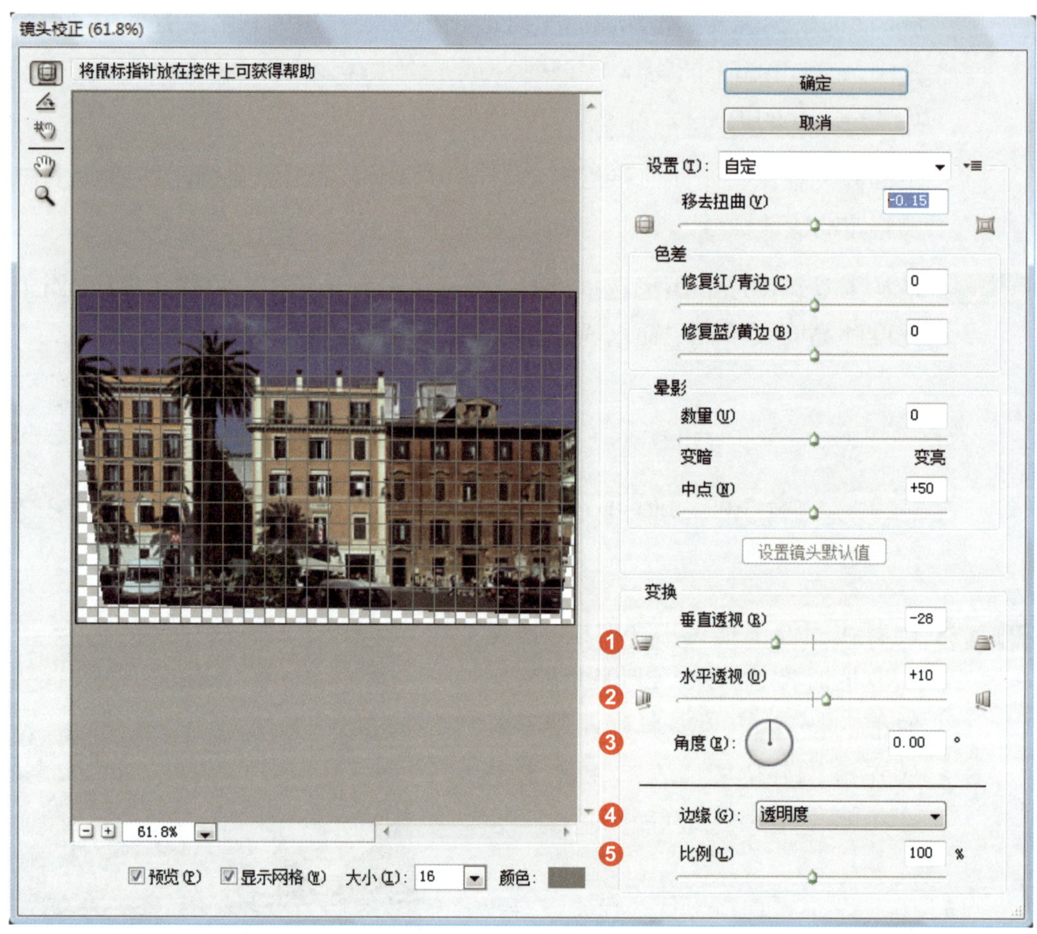

可选取**移除扭曲工具** 直接拖曳网格线来修正变形，或是调整右侧**变换**选项组的选项来修正

“**变换**”选项组说明：

1. 调整垂直透视，设置为负值会往下收缩变形、设置为正值会往上收缩变形
2. 调整水平透视，设置为负值会往右收缩变形、设置为正值会往左收缩变形
3. 调整图像角度
4. 设置扭曲后填补边缘多余空间的方式（**边缘延伸**：重复图像边缘像素；**透明度**：透明背景；**背景色**：填入背景颜色）
5. 图像内容缩放比例，但图像大小维持不变

修正建筑物后，画布四周会根据**边缘**窗口的设置来填补多余的空间。调整好“变换”选项组后，照片若要送洗，按照需要裁出一个符合冲印尺寸（或设计所需尺寸）的宽、高比例。基本上，只要比例正确，冲洗店的机器就会印出我们要的尺寸，即使像素数不足，质量也不会太差，因为冲洗店会帮我们填补像素。

03-03.jpg

照片中的建筑物有透视变形的现象

03-03A.jpg

用**镜头校正**修正变形并做裁剪后的效果

缩放图像不变形

假若我们需要缩放图像来改善构图，但又不希望其中的建筑、人像因此而失真变形，Photoshop CS4 新增的**内容识别比例**功能正好符合这样的需求。下面我们就利用**内容识别比例**功能将范例文件 03-04.jpg 调成宽景图像。

03-04.jpg

原始画面

03-04A.jpg

使用**内容识别比例**调整的 03-04A.jpg，只有海岸线的部分拉长，而右侧的小屋几乎没有变形

03-04B.jpg

用一般缩放变形调整的 03-04B.jpg，除了海岸线连右侧小屋都变形

step01 打开范例文件 03-04.jpg 后，先请到**图层**面板中将**背景**图层拖曳到下方的**创建新图层** 按钮上再复制一层**背景**图层。

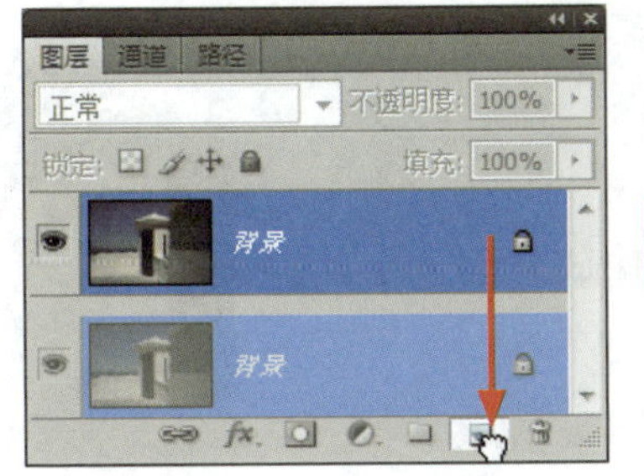

拖曳**背景**图层到**创建新图层**按钮上

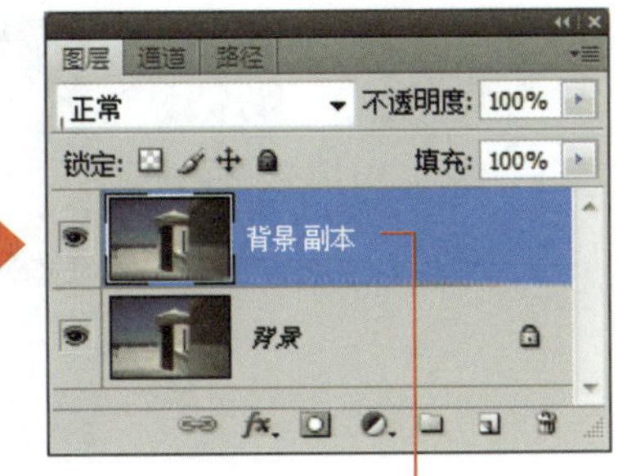

另外复制一层**背景**图层了

TIP “**图层**”是 Photoshop 处理图像中的一个相当重要的功能，详细的介绍请参阅第 6 章。

step02 执行“**图像/画布大小**”命令，我们要将图像版面的宽度加大为宽景图像所需的宽度。

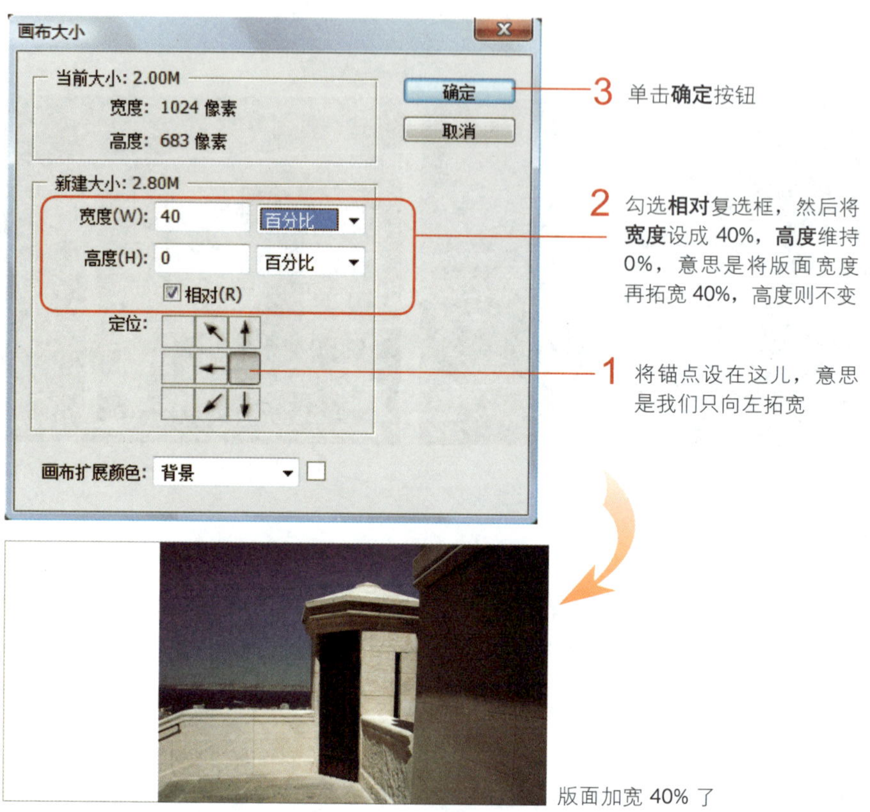

版面加宽 40% 了

step03 再到**图层**面板选取**背景副本**图层，然后执行“**编辑/内容识别比例**”命令，此时图像上会显示变换框。

step04 拖曳变换框左边中间的控制点到画面的左边界，你会发现只有海岸线的部分慢慢延伸，右侧房屋的部分几乎不变，最后按 Enter / return 键完成操作。

这就是**内容识别比例**神奇的力量，它可保持图像中重要的部分在缩放时不会变形。刚才是放大，我们再来看一个缩小的例子。

03-05.jpg

03-05A.jpg

宽度缩减，但人像几乎没有变形

1 打开范例文件 03-05.jpg 后，按 Ctrl + A (Windows) / ⌘ + A (Mac) 键选取整张图像，因为我们要直接缩减图像宽度

2 执行“**编辑/内容识别比例**”命令显示变换框，然后拖曳右边框中间按钮缩小宽度

3 缩小到适当的宽度后，按 Enter / return 键完成操作

用**内容识别比例**来缩放图像是有限度的，若拖曳变换框后，发现图像稍有变形，可试着单击**选项栏**上的**保护皮肤**按钮，让 Photoshop 帮你进行修复。假如修复结果还是不理想，就表示调过头了，请减少缩放的程度。

3-3 按输出目的调整图像大小与分辨率

前面我们曾经提到，必须先确定图像内容，然后才能根据正确的数据调整图像的亮度、对比度。上一节的矫正变形、裁剪二次构图只是确定图像内容的第一步，再来还要调整图像的大小与分辨率，整个图像内容才算真正调整完成。而图像要调成多大的尺寸与分辨率，是由图像将来的输出用途（如大型海报、传单、网页图片、照片等）来决定的，这一节我们便要讲解图像大小与分辨率的观念以及调整的方法。

图像大小

在 Photoshop 中，**图像大小**包含**像素大小**与**文档大小**两种信息。打开文件后，只要执行 **“图像/图像大小”** 命令打开**图像大小**对话框，即可得知这两项信息。

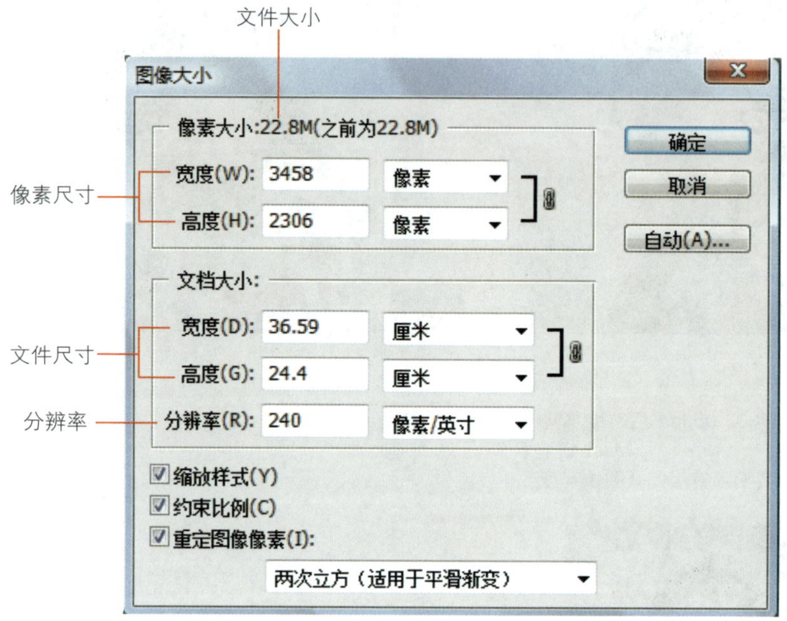

其中，**像素大小**是以像素为单位来表示图像的大小，属于**数字的记录**方式；而**文档大小**则是实际将图像打印出来的大小，单位为厘米或英寸，属于**实体的呈现方式**。先分清楚这两种尺寸的含义之后，我们接着再继续说明分辨率与文档大小之间的关系。

分辨率

在**文档大小**选项组中有个**分辨率**设置，它是像素大小和文档大小之间的桥梁，用来建立两者的关联，因为：

像素大小 / 分辨率 = 文档大小

举例来说，一张像素大小为 2480×3508 的图像，若分辨率设为 300 像素/英寸（Pixels Per Inch，以下简写为 ppi），则打印出来的宽度就是 2480 /300 = 8.27 英寸，高度就是 3508 / 300 = 11.69 英寸，换算成“厘米”约等于一张 A4 纸张（21×29.7厘米，1 英寸 = 2.54 厘米）的大小。

明白了这个计算公式之后，应该知道：不仅是像素大小的变化，还有分辨率的高低，都会影响实际打印出来的文档大小。

你需要多少分辨率

这里所说的分辨率，指的是输出时每英寸要打印出多少像素（ppi），因此分辨率愈高，每英寸上面所印的数据愈密集，印出来的质量就愈细致。不过，可别因此以为分辨率一定要设的愈高愈好，实际上还是要根据你的图像、作品用途来决定才是。以下是我们对于 3 种输出方式的分辨率的建议设置。

用于打印机打印或送照相馆冲洗

若是要用一般打印机打印，分辨率只要 240 ~ 360 ppi（以彩色喷墨打印机为例）就差不多了，再高也看不出差异，低于 240 ppi 则在渐变颜色的部位容易出现颜色不连续的现象，或者有轻微马赛克的状况。不过若做大图输出，则因为观赏距离较远，因此分辨率还可再降低。

用于印刷厂印刷

如果你的作品要做平面印刷，则必须配合印刷网的分辨率。印刷网的分辨率是以 lpi（每英寸的网线数）为单位，每一 lpi 的分辨率约等于 1.4ppi。一般印刷品的网片分辨率依质量的不同，约在 150 ~ 175 lpi 之间，换算成 ppi 则是在 210 ~ 250 ppi 之间。

用于显示器查看

若图像要输出到显示器上，则要设置的不是分辨率而是像素大小。由于显示器画面的实体尺寸是固定不变的，因此分辨率就和像素大小呈一一对应的关系，所以一般业界习惯就直接用像素大小来代表显示器的分辨率，例如 1024×768、1280×1024、1440×900。假如你希望图像填满整个屏幕（例如桌面背景），那就将图像的像素大小调成屏幕的分辨率，例如 1280×1024；若希望图像填满屏幕 1/4 的画面，就将图像的像素大小设成屏幕分辨率的 1/4（例如：640×512，长宽各 1/2）。

调整图像大小与分辨率

有了图像大小与分辨率的观念后，我们来看实际的做法。范例文件 03-06.jpg的像素大小为 1590×1060，将来我们打算用 240 ppi 的分辨率输出成 6×4的照片，怎么调呢？

step01 执行 **“图像/图像大小”** 命令打开**图像大小**对话框。Photoshop 默认会勾选最下方的**重定图像像素**复选框，请先将它取消。

取消**重定图像像素**复选框表示维持图像的**像素大小**不变，所以**像素大小**选项组将无法变更

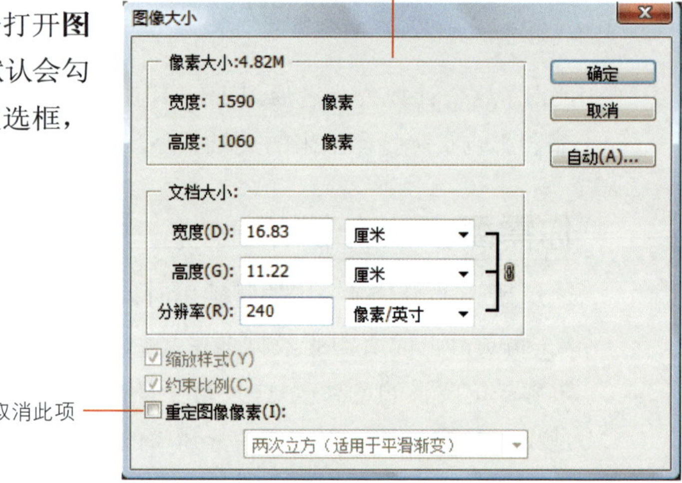

取消此项

step02 接着在**文档大小**选项组的**宽度**文本框中输入“6”，单位为**英寸**，几乎同时**高度**和**分辨率**都会根据新的宽度重新计算好，计算的结果告诉我们，这张图像若印成 6×4 英寸，则分辨率是 265 ppi。

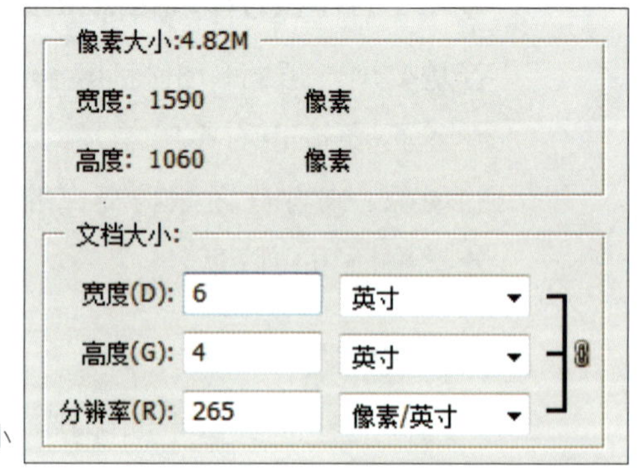

设置新的文档大小

step03 步骤 2 的结果透露的信息是，1590×1060 的像素大小对于要输出成 240 ppi的 6×4 照片太多了！过多的像素对于提升质量没有帮助，只是增加文件大小而已，所以现在我们要运用**重新取样**来调整像素大小，替它瘦身。

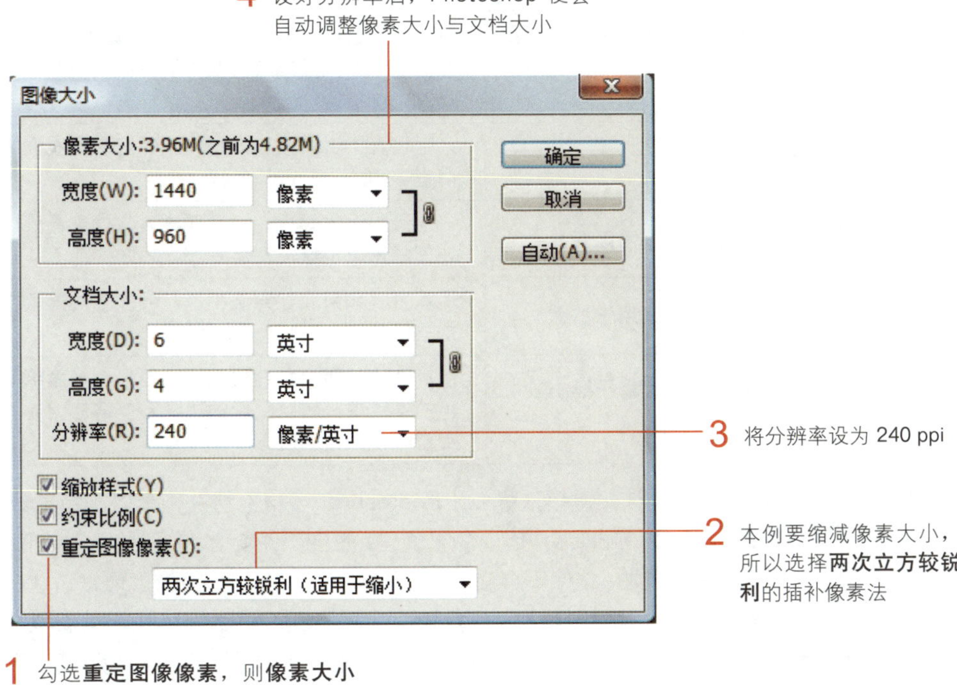

step04 单击**确定**按钮后，图像即会调成我们所要的大小与分辨率。

假如照片最后要输出到显示器上，做法比较简单，勾选**重定图像像素**复选框并选择适当的插补像素法之后，直接到**像素大小**选项组中去设置所要的宽度和高度即可。

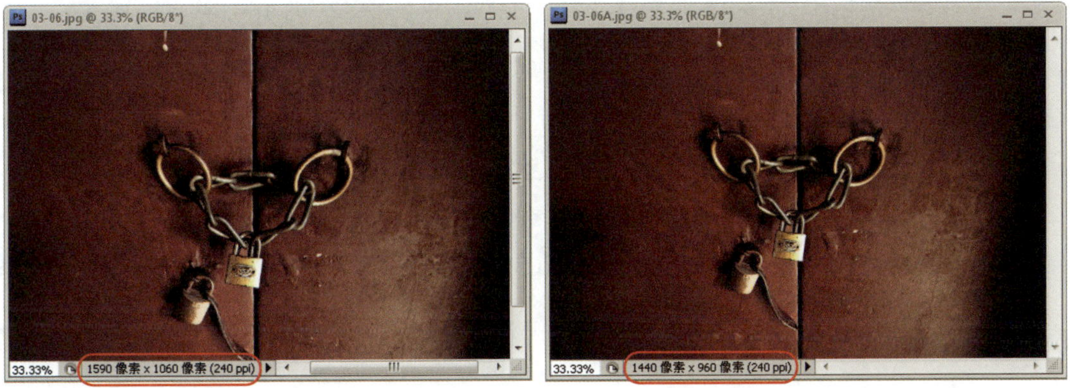

重定图像像素

当更改像素大小时，图像会发生“重新取样”，也就是增/减像素，Photoshop 提供下列 5 种插补像素法，以供重新取样时运用。

运算方式	说明
邻近（保留硬边缘）	直接以舍弃或复制邻近像素的方式来重新取样，运算速度最快
两次线性	产生较为平滑的效果，是介于**邻近**和**两次立方法**两者中间的一种取样方式
两次立方（适用于平滑渐变）	产生最平滑的效果。这种取样方法效果最好，但处理的速度也最慢
两次立方较平滑（适用于扩大）	运算方式和**两次立方法**相同，但颜色的连续性会加强，很适合增加像素时使用
两次立方较锐利（适用于缩小）	运算方式和**两次立方法**相同，但是会稍微降低颜色的连续性，所以图像的边缘会变得较为锐利，适合减少像素时使用

在放大文档大小时，若使用重新取样，则 Photoshop 会帮你增补像素以维持高分辨率，但是这些像素是“创造”出来的，因此质量变差，而且文件变大。若不使用重定图像像素功能，则像素数没有增加，文件不会变大，但分辨率降低，会让图像出现锯齿状，所以只适合在大型海报、广告牌中使用。上例我们是在缩小图像的情况下使用重新取样，此时 Photoshop 并不会创造像素，而是删除像素，因为输出尺寸也同时变小，所以并不影响视觉质量。一般而言，放大尺寸时重定图像像素会降低图像的视觉质量，缩小尺寸时则否。

3-4 修正曝光

确定图像的内容后，接着我们进入**修正曝光**的步骤，此步骤在调整图像的明暗与对比度。拍摄时，可能因为环境光线不足、测光表误判、没开闪光灯等因素，导致照片太暗或太亮，所幸我们可以使用 Photoshop 还它一个清晰、明亮的面貌。

查看直方图了解曝光状况

在调整曝光之前，我们先带各位观察图像的**直方图**，以了解图像的曝光状况。请打开范例文件 03-07.jpg，并打开**直方图**面板（勾选“**窗口/直方图**”命令），即可观察到该图像的直方图。

03-07.jpg

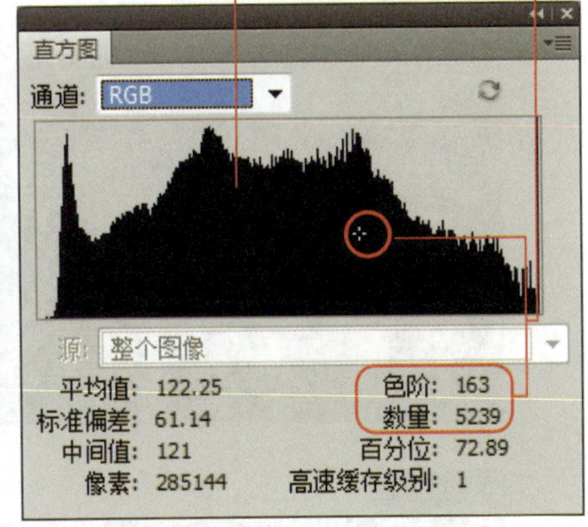

直方图将亮度按照强弱分成 0 (最暗) ~ 255(最亮) 阶，每一阶的高度越高代表像素越多

TIP 若您的**直方图**面板与上图不同，请单击 按钮选择**扩展视图**，并将**通道**下拉列表切换到 **RGB** 通道。

当照片的色阶分布很密，且亮部及暗部都延伸到最亮与最暗处，表示图像的细节充足、对比鲜明，应不需要再做亮度/对比度的调整。下面，我们就以各种类型的直方图来剖析图像的曝光状态。

03-08.jpg

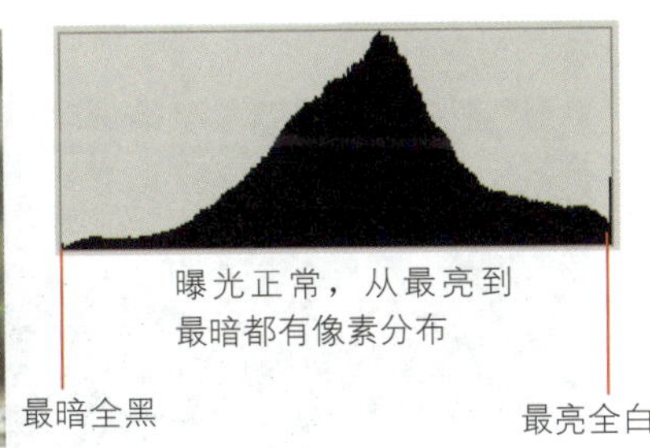

曝光正常，从最亮到最暗都有像素分布

最暗全黑

最亮全白

03-09.jpg

曝光正常，像素虽然大部分集中在亮部，但这是盐田的景色，像素集中在亮部是很正常的

03-10.jpg

曝光正确，但图像的最亮、最暗点没有达到全白、全黑，可以把最亮点调到全白，最暗点调到全黑让图像更突出

图像最暗点　　图像最亮点

03-11.jpg

曝光不足，像素集中在暗部，但如果摄影者刻意要安排这样的氛围，则无须修正

03-12.jpg

图像最亮点

曝光不足，图像最亮的部分没有达到全白，但这是加拿大的哥伦比亚冰原，地上的冰雪应该有些会达到全白才对，显然是相机的测光系统被冰原的反射光骗了，而做出误判，因此这是一张曝光不足的照片，必须加以修正

03-13.jpg

图像的最暗点并未到达全黑，有曝光过度的问题，需要修正

图像最暗点

自动调整亮度与对比度

Photoshop 提供多种调整亮度/对比度的功能，我们先来试试它的自动调整功能。请打开范例文件 03-14.jpg，从它的直方图可以发现图像有曝光过度的问题，我们分别利用 Photoshop 的 3 个自动调整功能来为它修正。

03-14.jpg

原图像

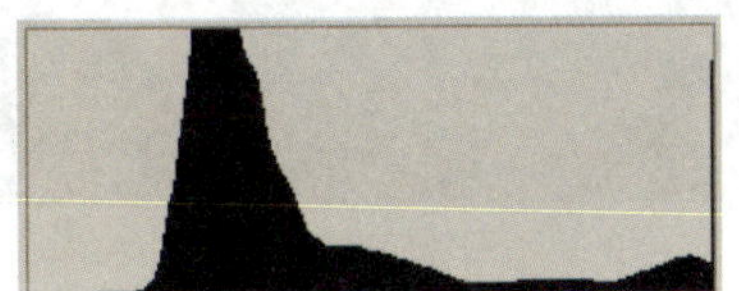

图像最暗点未达到全黑，有曝光过度的问题

03-14A.jpg

执行“**图像/自动色调**”命令的调整结果

03-14B.jpg

执行“**图像/自动对比度**”命令的调整结果

03-14C.jpg

执行“**图像/自动颜色**”命令的调整结果

一般我们不建议使用自动调整功能，因为这些功能不提供任何调整选项，无法按照我们的要求去修正，结果难以预料。可是，如果时间很紧迫，用来应急倒无可厚非，3个自动调整功能的结果不尽相同，可以都尝试一下再挑出其中最好的。

手动调整亮度与对比度

若希望 Photoshop 能够按照自己的要求来调整亮度/对比度，还是使用具有设置选项的手动功能来调整比较好，下面我们依序介绍**亮度/对比度**、**色阶**以及**曲线**这3 个手动调整功能的用法。

亮度/对比度：调整整张图像

亮度/对比度是 3 个手动功能中最简单也是最直观的，它只有两个选项：**亮度**和**对比度**，调整**亮度**就可以让图像变亮或变暗，调整**对比度**则可增、减对比度的强弱。不过它是针对整张图像来调整，弹性较为不足。

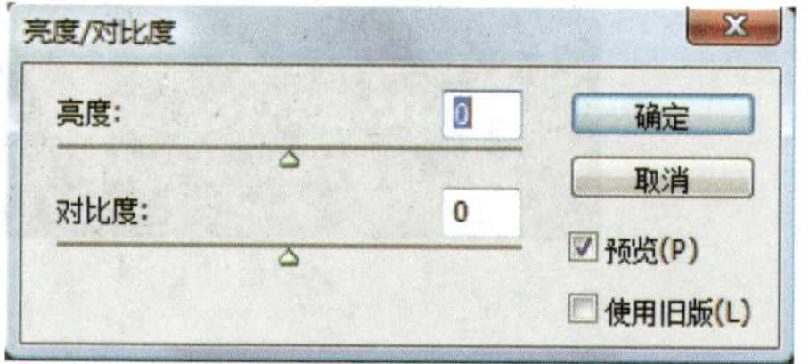

亮度/对比度对话框

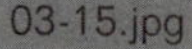
step01 请打开范例文件 03-15.jpg，分析其直方图可以发现亮部的信息很少，有曝光不足的问题。

03-15.jpg

step02 执行“**图像/调整/亮度/对比度**”命令，拖曳对话框的**亮度**滑块和**对比度**滑块来增加图像的亮度与对比度。

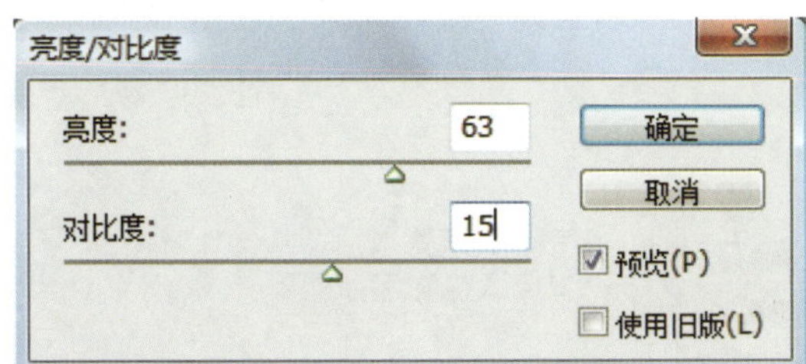

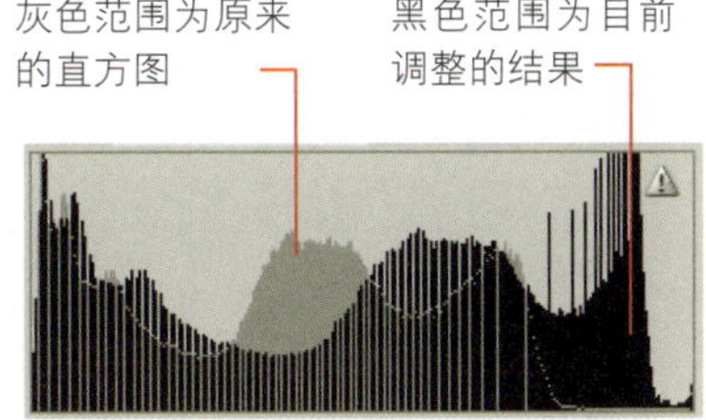

调整时请同时观察直方图的变化，以免调整过头

step03 调好后单击**确定**按钮关闭对话框。

03-15A.jpg

色阶：针对亮部、中间调、阴影做调整

色阶功能比**亮度/对比度**更先进，它将图像色阶调整分成**亮部**、**中间调**、**阴影** 3 部分，每个部分都可个别调整，例如将阴影调暗但亮部不变，或是调整中间调但亮部和阴影都不变。

请打开范例文件 03-16.jpg，分析其直方图可以发现图像的最亮点和最暗点皆未达到全白和全黑，以致图像对比度不足，看起来灰蒙蒙的，我们利用**色阶**功能来替它改善一下。

03-16.jpg

图像的最亮点、最暗点没有达到全白、全黑

step01 执行 **"图像/调整/色阶"** 命令打开**色阶**对话框。在**输入色阶**选项组可看到黑、灰、白 3 个滑块，这 3 个滑块分别代表阴影、中间调和亮部，我们将黑色滑块 ▲ 拖曳到分布图的最左端，表示**将图像的最暗点对应到全黑**，所以阴影会变得更暗，但亮部不受影响。

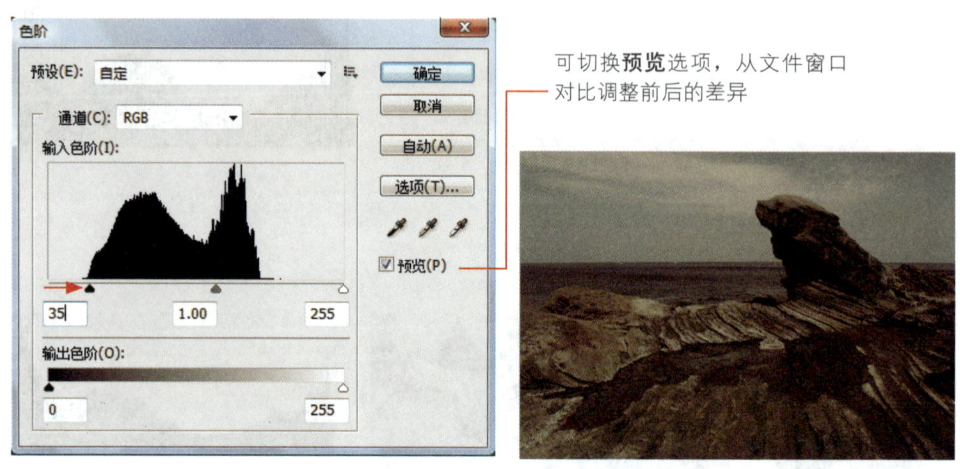

step02 接着把白色滑块 △ 拖曳到分布图的最右端，此举表示将**图像的最亮点对应到全白**，所以亮部会变得更亮，但阴影不受影响。

step03 灰色滑块 ▲ 代表中间调，当我们调整黑色和白色滑块时，灰色滑块也会跟着移动，目的是在保持亮部和阴影的均衡。本例我们希望图像再亮一些，但最亮点和最暗点不变，可将灰色滑块往左移，使亮部区的像素变多，所以图像变亮（若向右移，则阴影区的像素变多，图像会变暗）。

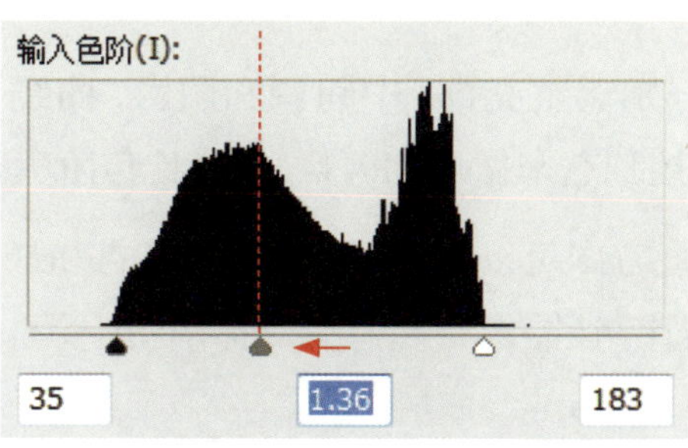

将灰色滑块往左移，亮部的像素(虚线右侧)会变多，所以图像变亮

03-16A.jpg

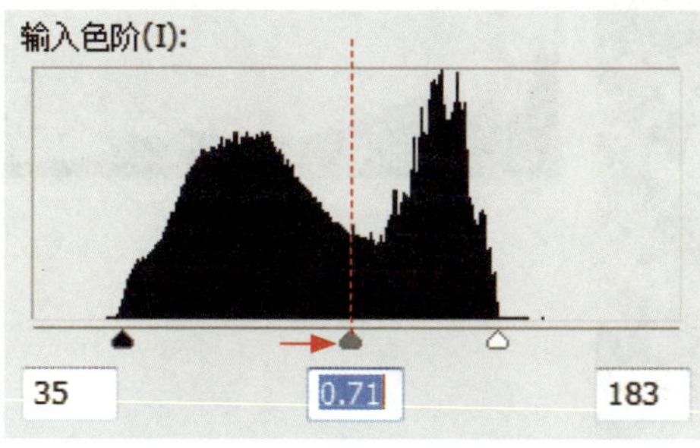

将灰色滑块往右移，阴影的像素(虚线右侧)会变多，所以图像变暗

step04 调好后单击**确定**按钮，即可在图像上套用所做的色阶调整了。

调整后的直方图

调整亮度/对比度之后，再回头去观察图像的直方图，你会发现像素的分布没有原来那么紧密，虽然有些色阶的像素变多了，但有些色阶出现空隙，完全没有像素，这意味着图像的细节变少了，所以做任何的调整都不能过头，否则导致直方图的空隙加大，图像将会出现断阶、色调不连续的问题。

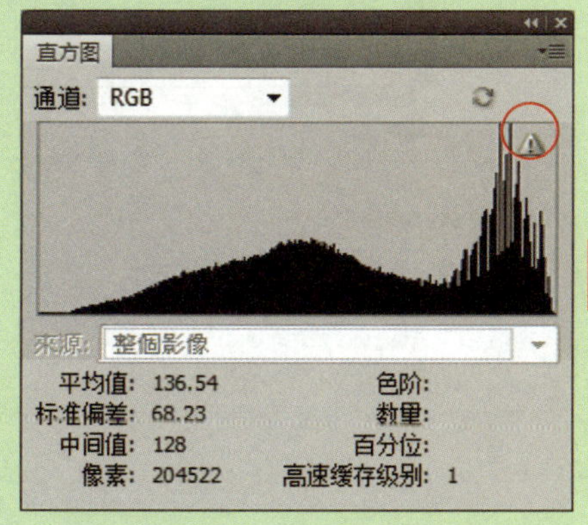

出现 ⚠ 符号表示目前的直方图是用快取绘制的，速度快但可能有误差

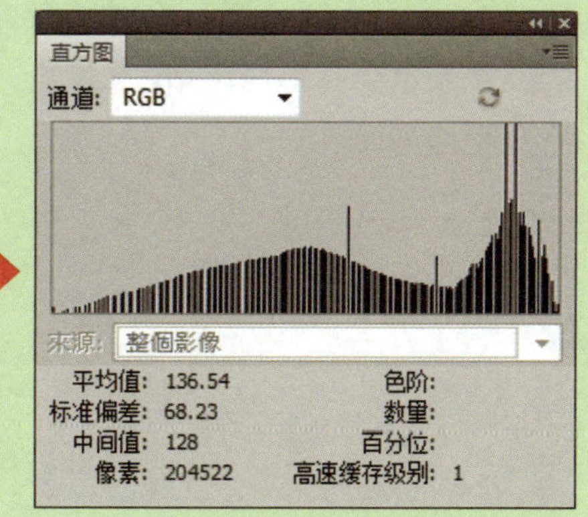

单击 ⚠ 即可改用实际像素数来描绘直方图，反映真实状况

曲线：针对 256 色进行个别调整

曲线功能又比**色阶**更进步了，**色阶**可分别调整**亮部**、**中间调**和**阴影**，**曲线**则可针对 256 色的每一阶来调整，此外还可附加**控制点**来做局部调整，弹性比**色阶**大得多。

请打开范例文件 03-17.jpg，从图像的直方图可以看出，图像的最亮点和最暗点都已达到全白和全黑，但我们希望再强化对比，让图像看起来更立体，这就要靠**曲线**才能办得到。

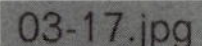

step01 请执行"**图像/调整/曲线**"命令打开**曲线**对话框。曲线图的 X 轴代表**输入值**，也就是原来的色阶值，Y轴代表**输出值**，指的是调整后的色阶值。一开始我们会看见一条 45° 角的直线，它的含义是**输出等于输入**（y=x），表示图像尚未调整，而当我们改变曲线的形状，X 轴与 Y 轴的转换关系也会产生变化，图像就会变亮或变暗了。

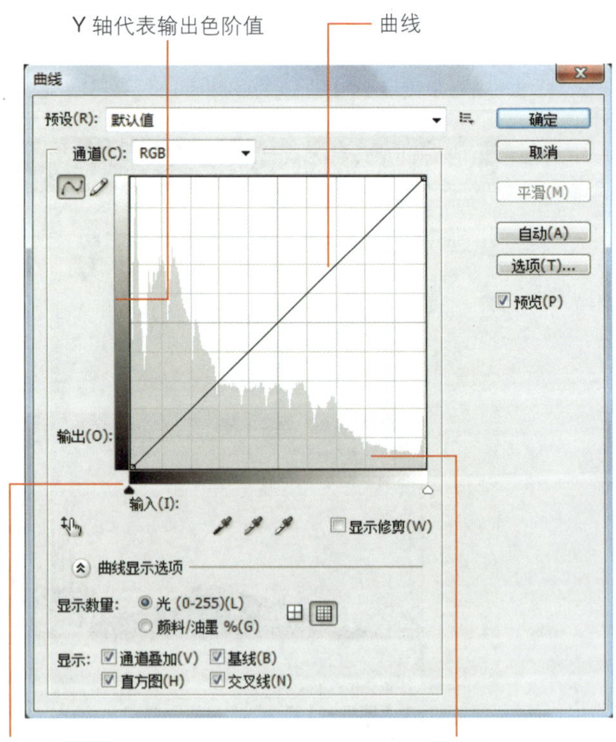

step02 首先我们要让图像的阴影处再暗一些。请在曲线的 1/4 处单击设置控制点，然后往下拖曳，这个动作会让输入色阶值对应到较低的输出色阶值，所以图像会变暗。

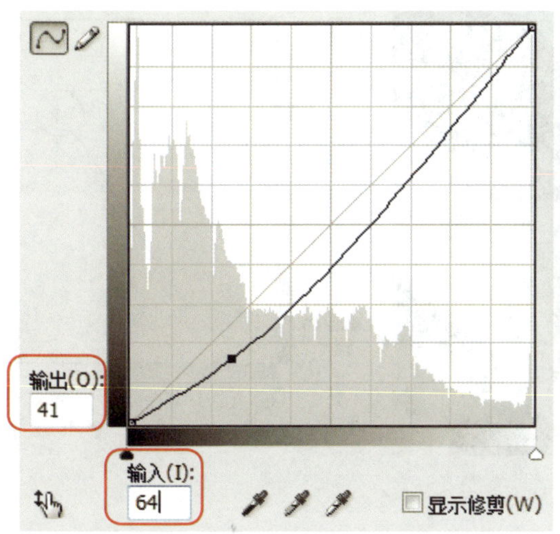

调整后，输入色阶值对应到较低的输出色阶值

TIP 若觉得拖曳曲线调整的不精确，可以直接在**输入**及**输出**文本框中输入你想转换的输入、输出数值，例如分别输入 64、41，就表示要将输入色阶 64 转换成输出色阶 41。

step03 再来我们要让图像的亮部再亮一些。请在曲线的 3/4 处单击设置控制点，然后往上拖曳，这次会让输入色阶值对应到较高的输出色阶值，所以图像就变亮了。

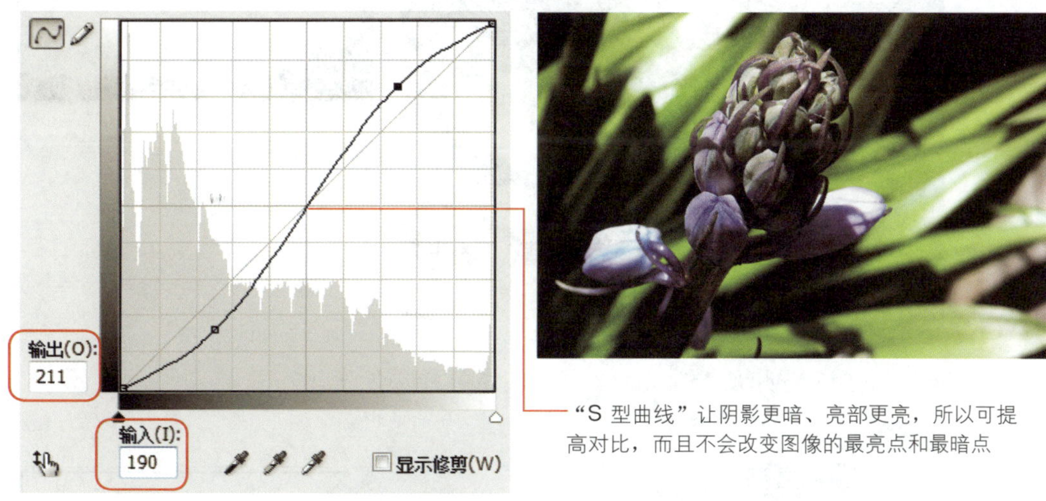

"S 型曲线"让阴影更暗、亮部更亮，所以可提高对比，而且不会改变图像的最亮点和最暗点

调整后，输入色阶值对应到较高的输出色阶值

step04 假设我们想让花朵的部分更亮一些，要调哪里呢？别担心，Photoshop CS4为**曲线**功能新增了一个**图像调整工具**，让我们可以直接在图像上调整曲线，请在**曲线**对话框中单击按钮，然后将鼠标移到花朵上往上拖曳，此时曲线会自动在对应的位置设置控制点并同步调整。

假如还要让背景的叶子再暗一些，那就指到叶子的地方往下拖曳

TIP 若要清除曲线上的控制点，只要将控制点拖曳到曲线图之外就可以了。另外，若要将曲线恢复成最初的 45° 直线，请按住 Alt （Windows）/ option （Mac）键，此时**曲线**对话框的**取消**按钮会变成**复位**按钮，单击**复位**按钮即可将曲线恢复原状。

step05 调好后，单击**确定**按钮套用即可。

03-17A.jpg

曲线除了调整明暗/对比之外，还可创造各种颜色变化。

03-17B.jpg

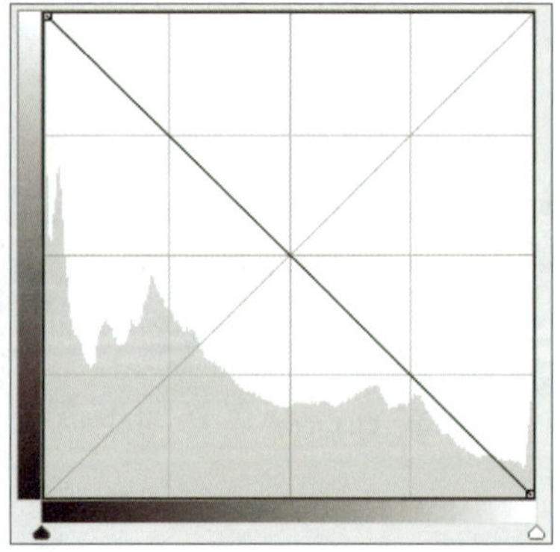

将 45° 直线反转可创造**负片效果**

03-17C.jpg

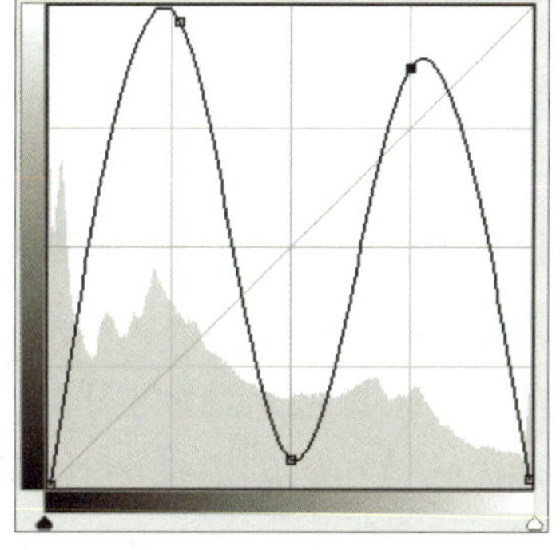

M 型曲线创造有如金属质感的色彩

03-17D.jpg

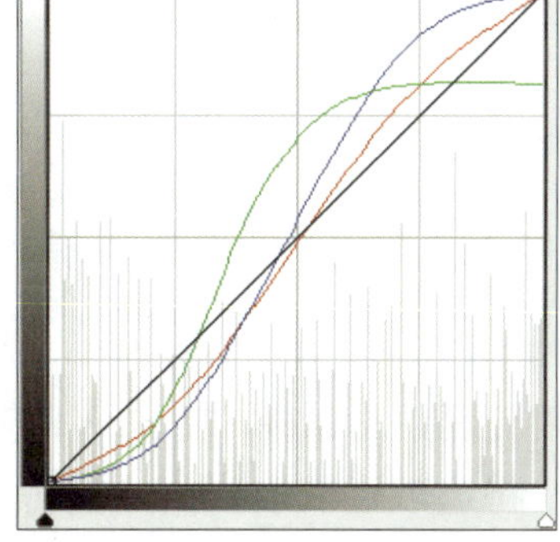

调整各通道的曲线营造正片负冲效果

3-5 调整颜色

调整颜色这个步骤我们要做两件事：一是修掉难看的色偏，还有一件是调整颜色的饱和度，让图像更鲜艳或是减轻颜色浓度。

校正色偏

数码相机不像人的眼睛和大脑一样会自动调节在不同光线环境下的颜色感知，因此需要设置适当的**白平衡模式**，如日光、阴天、荧光灯、钨丝灯…，才能拍出色调和真实颜色接近的照片。但有时即使设置了**白平衡模式**，效果还是不尽理想，幸好我们还可以利用 Photoshop 来做调整。

如何判断色偏

通常在阳光充足的户外拍摄，照片可能会有偏蓝的问题，而在室内钨丝灯下拍摄的照片，则往往容易偏黄或偏红。要确认照片有没有色偏，我们可以观察照片中应该是黑、灰、白的“中性色”区域，例如白色墙壁、上衣、灰色路面、石头…，假如这些区域看起来蓝蓝的、黄黄的，就可能出现色偏的问题。

TIP “中性色”是指 R、G、B 值皆相等的意思，黑色、灰色、白色都是中性色，所以若查看灰色路面的 R、G、B 值，发现 B 值较 R、G 值高，可判断照片有偏蓝的问题。相同的道理，若 R值比 G、B 值高出许多，表示偏红；G 值比 R、B 值高出许多，表示偏绿。

不过仅是用眼睛看不太准确，如果计算机显示器又没校色的话也看不出所以然，下面我们介绍一个客观的方法来做判断。请打开范例文件03-18.jpg，这张在傍晚街道拍摄的人像照片，用肉眼看，似乎没什么问题，我们来检查照片中的灰色路面是否真是如此。

03-18.jpg

摄影：张宇翔

step01 请打开**信息面板**，接着到**工具箱**选取**吸管工具**并将**选项栏**的**取样大小**设置为 **3×3 平均**，也就是选取 9 个像素的平均值，这会比只取样一个像素的结果准确。

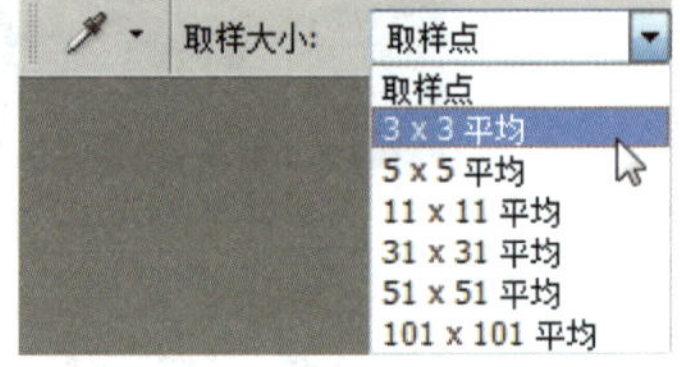

step02 再将**吸管工具**移到照片右下的灰色路面上，并观察**信息**面板的 R、G、B值，正常来说应该相当接近，不过本例的 B 值远比 R、G 值高，所以照片其实有稍微偏蓝的问题。

将鼠标指针移到灰色的路面上

信息

R:	210	C:	21%
G:	217	M:	12%
B:	223	Y:	10%
		K:	0%
8 位		8 位	
X:	591	W:	
Y:	786	H:	

蓝色 (B) 比红色 (R) 和绿色 (G) 高

至于修改色偏，其实就是运用颜色互补关系来调节各颜色的浓度，以达到平衡状态，如“蓝色”的互补色是“黄色”，所以要平衡偏蓝的图像有下列两种做法：

- 增加黄色的量，或是增加红色和绿色的量（因为红+绿会变成黄色），那么蓝色就会减少。

- 直接减少蓝色的量，或是减少青色和洋红的量（因为青色+洋红会变成蓝色），那么黄色就会增加。

有关颜色的互补关系，请参考色轮图，其中位于对角位置的两色即为互补色。

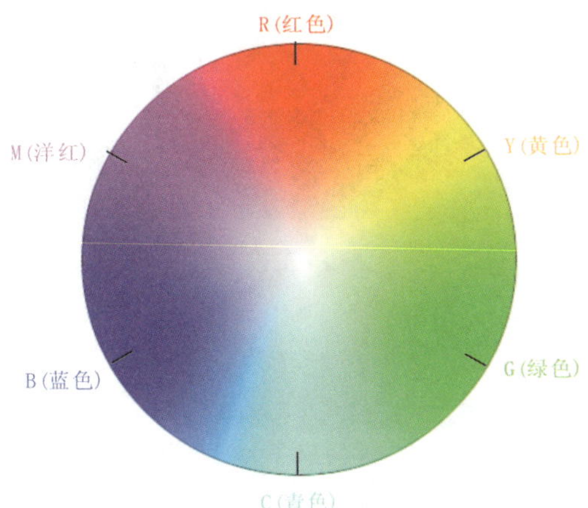

使用照片滤镜修正色偏

检查出色偏的问题，再来要如何移除呢？有很多方法，最简单的就是执行 **"图像/自动颜色"** 命令，但自动调整的结果往往参差不齐、无法保证。比较好的方法还是手动调整，我们将介绍两种手动修正色偏的方法，首先介绍**照片滤镜**的做法。

照片滤镜功能是模仿摄影上用来平衡色温的彩色滤镜，现在我们已经判断出来03-18.jpg 这张照片有偏蓝的问题，可以运用**暖色滤镜**或**红色**、**橙色滤镜**来平衡。

step01 首先请到**工具箱**中选取**颜色取样器工具**，然后到右下的灰色路面上单击，设置一个**颜色取样点**，以作为修正色偏的参考依据。

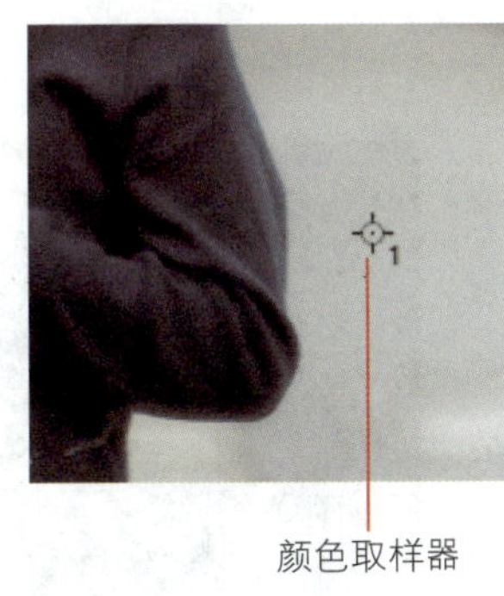

颜色取样器

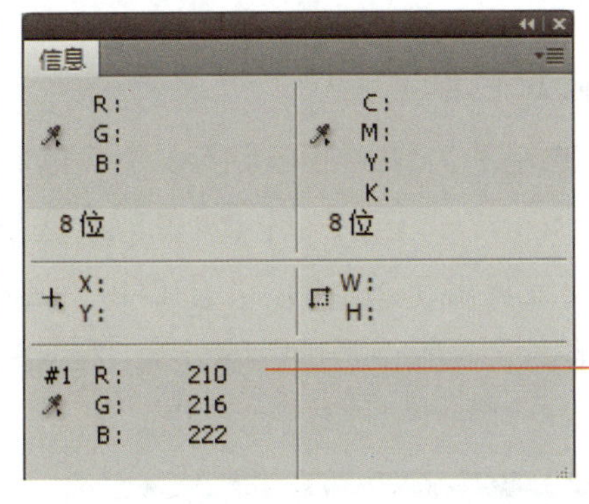

信息面板会显示**颜色取样器**的数据，一张图像最多可设置4个颜色取样点

TIP 若要移除**颜色取样点**，只要将**颜色取样器**拖曳到图像范围之外即可。

step02 执行 **"图像/调整/照片滤镜"** 命令，本例我们选择用**加温滤镜（85）**来移除偏蓝的问题，然后调整**浓度**，让颜色取样器的 R、G、B 值趋向相等。

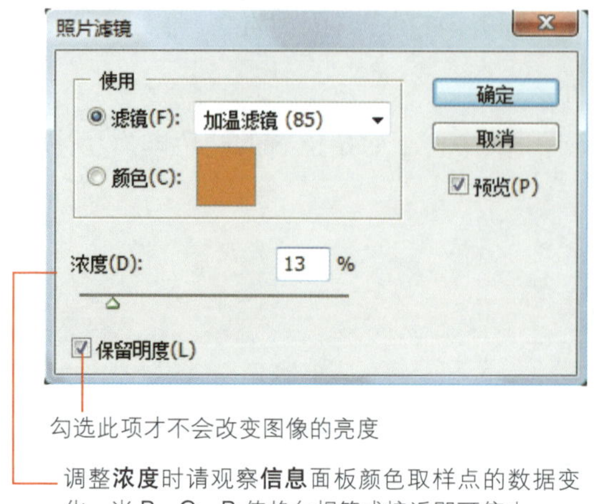

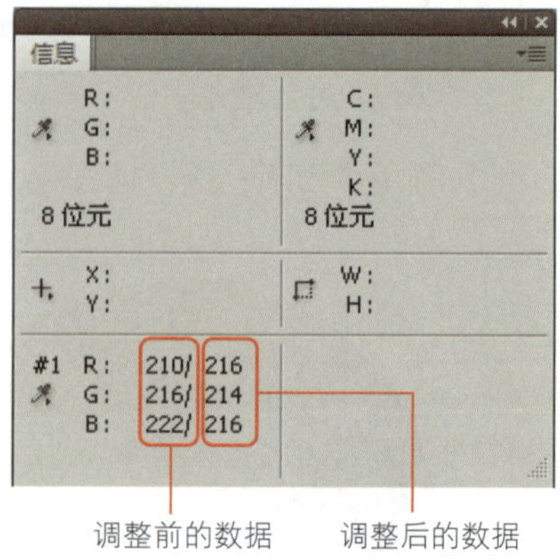

勾选此项才不会改变图像的亮度

调整**浓度**时请观察**信息**面板颜色取样点的数据变化，当 R、G、B 值趋向相等或接近即可停止

调整前的数据　　调整后的数据

step03 让 R、G、B 值达到平衡后单击**确定**按钮即可。

03-18.jpg

03-18A.jpg

摄影：张宇翔

使用色彩平衡修正色偏

若有人觉得**照片滤镜**的方法还不够精确，那么**色彩平衡**应符合你的需求。请打开范例文件 03-19.jpg，这张照片是在室内钨丝灯光环境下拍摄的，可看出照片明显偏黄，用**吸管工具**单击选取应该是白色的外套，发现蓝色（B）值偏低，所以可判断照片有偏黄的问题。

B 值比 R、G 值低很多

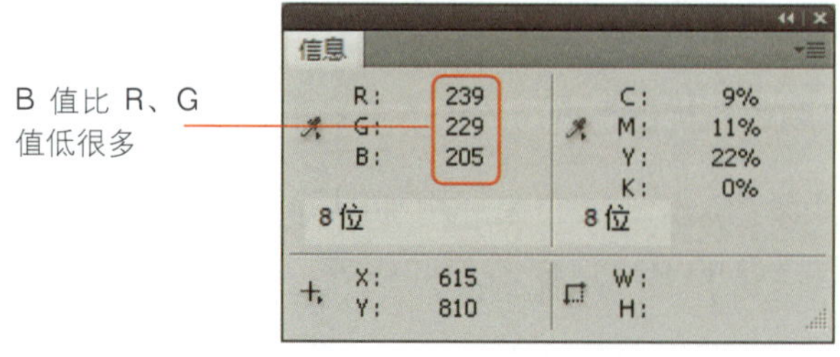

03-19.jpg

摄影：张宇翔

现在我们就利用**色彩平衡**功能来帮它去除黄色色偏：

step01 首先请用**颜色取样器**工具分别在图像的中间调、高光、阴影等地方设置颜色取样器，作为修正色偏的参考依据。

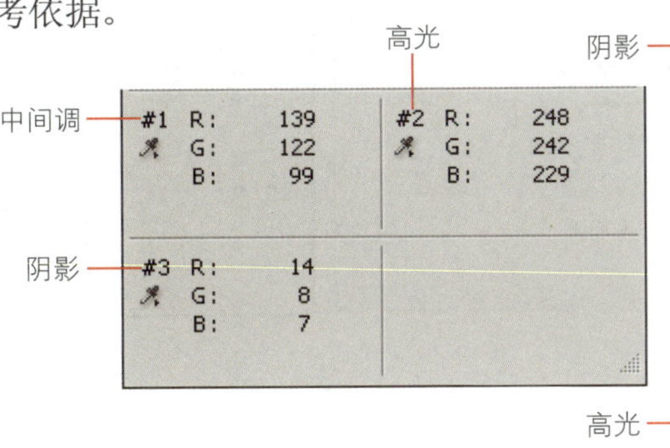

step02 执行“**图像/调整/色彩平衡**”命令打开**色彩平衡**对话框，首先我们调整中间调的部分，请在**色调平衡**选项组中选取**中间调**，然后调整上面的 3 个滑块，降低红色并增加蓝色。

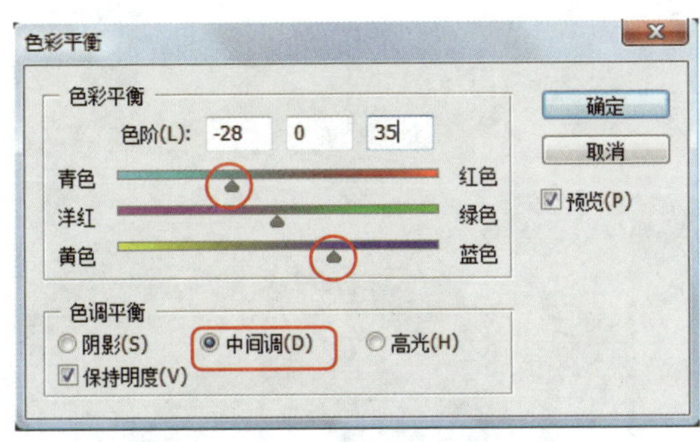

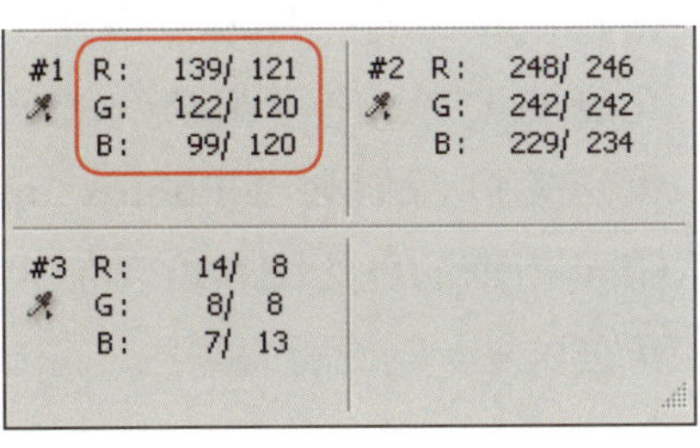

请参考中间调的颜色取样点来调整

step03 再来调整高光，请在**色调平衡**选项组中选取**高光**，然后参照高光的颜色取样点数据来调整 3 个滑块，让 R、G、B 值接近。

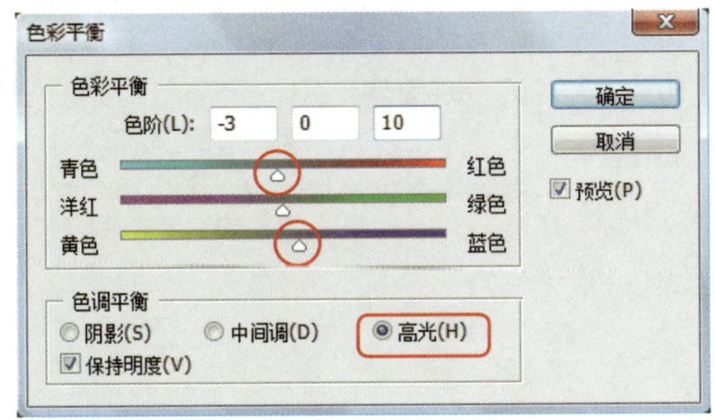

step04 检查阴影的颜色取样点，发现蓝色好像过多了，所以请在**色调平衡**选项组选取**阴影**，并将蓝色稍微降低，然后单击**确定**按钮完成修正色偏的工作。

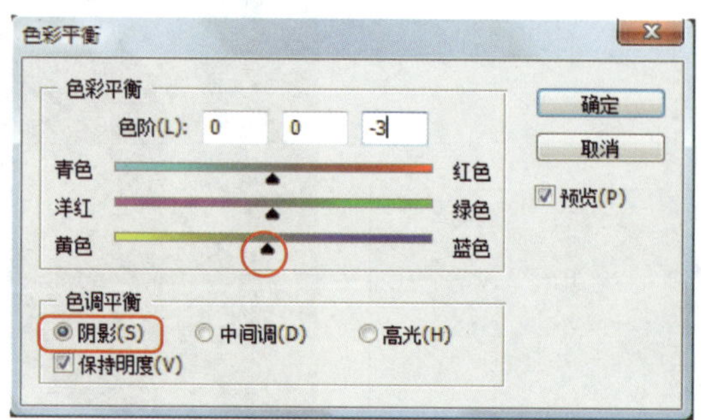

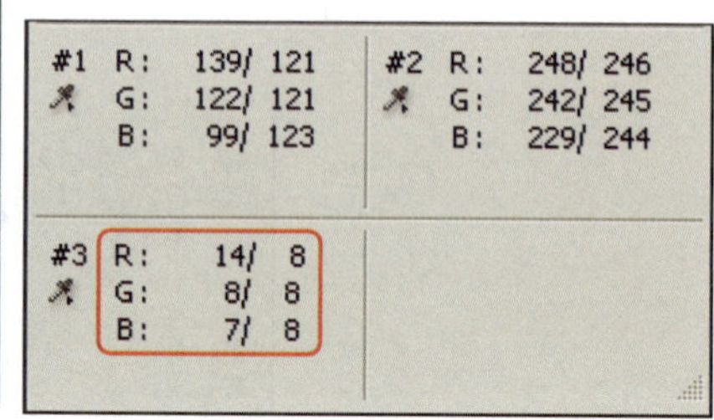

改善颜色饱和度

有些照片在提高亮度后颜色也跟着变淡了，这时我们可以调整图像的饱和度，让它变得更鲜艳一些。除了增艳之外，有些肤色的问题，例如偏红、偏黄，我们也常凭借调整饱和度来修正。

自然饱和度

请打开范例文件 03-20.jpg，这张紫色花田的照片因为提高了亮度的关系，使得花朵的颜色也变淡了，我们利用 Photoshop CS4 新增的**自然饱和度**功能来帮它恢复一些艳丽的颜色。

03-20.jpg

step01 请执行“**图像/调整/自然饱和度**”命令，其中有两个控制滑块：调整**饱和度**滑块表示所有颜色都做等量的调整；调整**自然饱和度**滑块则会分辨颜色目前饱和度的状况，仅针对饱和度较低的颜色增加饱和度，避免趋近饱和的颜色发生剪裁（也就是过度饱和，到达最亮点 255 的意思）而丧失细节。

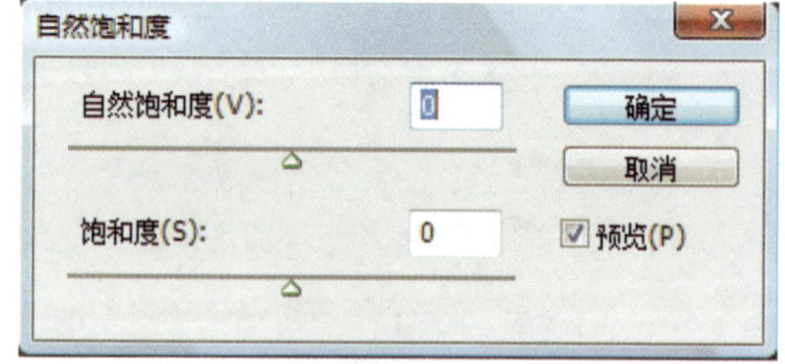

自然饱和度对话框

step02 分别将**自然饱和度**滑块和**饱和度**滑块提高到 60，结果发现，使用**自然饱和度**滑块可降低颜色发生剪裁的概率。

颜色剪裁程度变动不大　　颜色剪裁程度大幅增加

step03 通常我们会先提高**饱和度**滑块，并同时观察直方图以便在颜色发生剪裁前停止，此时如果觉得图像还不够饱和，则再调整**自然饱和度**滑块来提高饱和度。本例我们的设置如下。

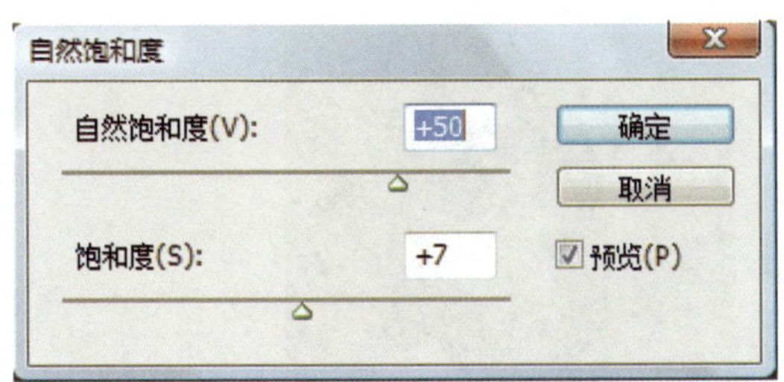

色相/饱和度

自然饱和度功能是对图像的所有颜色进行调整，假如只想针对某特定颜色调整饱和度，可利用**色相/饱和度**功能。请打开范例文件 03-21.jpg，这张人像照片经过色偏修正之后，肤色变得有些偏红，下面我们利用**色相/饱和度**功能针对肤色的部分来降低一些饱和度。

03-21.jpg

修正色偏之后，肤色变得偏红

摄影：张宇翔

请执行 **“图像/调整/色相/饱和度”** 命令打开**色相/饱和度**对话框，然后进行如下操作。

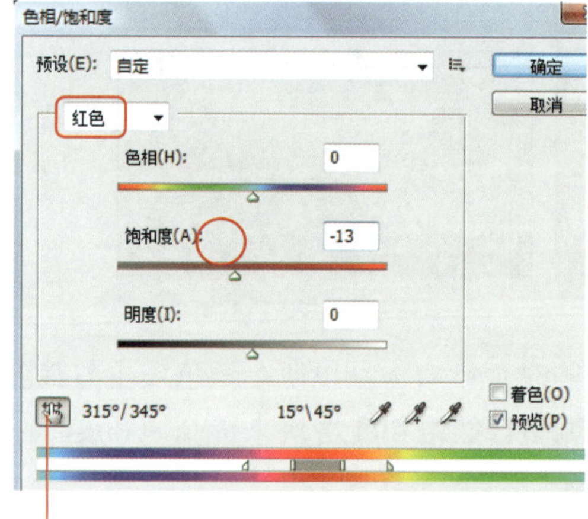

1 单击此按钮，使用在图像上调整的方式

2 移动鼠标到脸部的地方左右拖曳，即可针对脸部的肤色调整饱和度（**色相/饱和度**对话框会自动切换到**红色**，因为肤色属于红色范围）

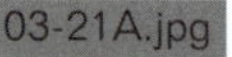
03-21A.jpg

3 调好后单击**确定**按钮完成

肤色变淡了

3-6 强化图像清晰度

数码照片因为数码相机设计的先天因素，看起来会有些模糊的感觉，所以要凭借“**锐化**”的命令来提升清晰度。所谓的“**锐化**”就是强化图像边缘像素的对比，借此让图像看起来更清晰。必须强调的是，进行锐化处理会严重破坏图像的细节，所以我们都是留待最后准备输出之前，才替图像做锐化处理。

USM锐化调整

Photoshop 提供多种锐化功能，其中以**USM锐化调整**功能最为实用，我们来看它的用法。

step01 请打开范例文件 03-22.jpg，并将显示比例调成 100%。这是为了让图像的每个像素刚好可对应到屏幕上的一个点，以真实呈现锐化的结果，避免锐化过度让图像变得更糟。

step02 执行“**滤镜/锐化/USM锐化**”命令，在**USM锐化**对话框中提供了 3 个控制滑块来调整锐利度。

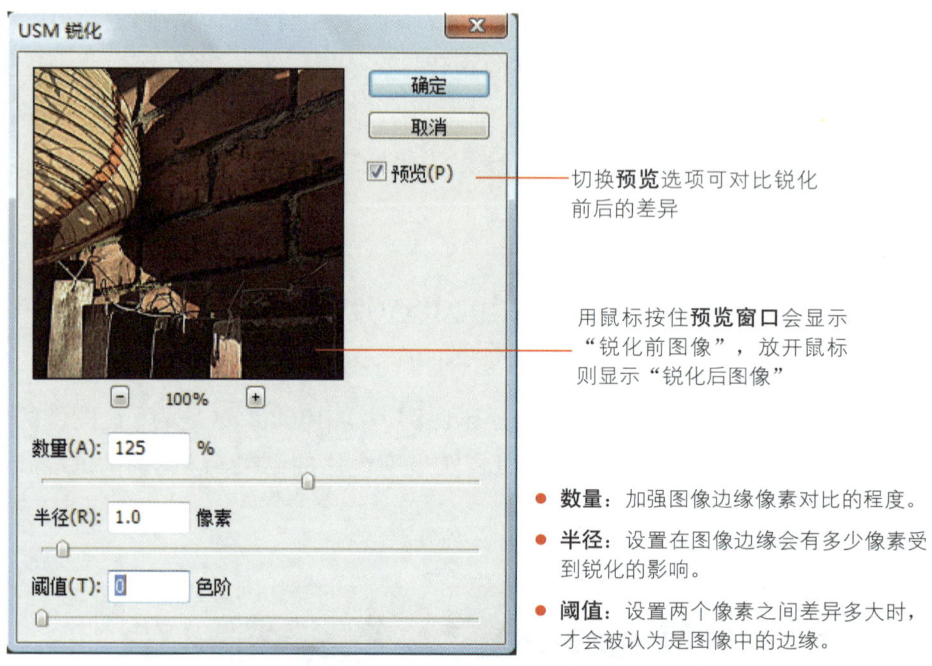

- **数量**：加强图像边缘像素对比的程度。
- **半径**：设置在图像边缘会有多少像素受到锐化的影响。
- **阈值**：设置两个像素之间差异多大时，才会被认为是图像中的边缘。

step03 调整顺序一般是先替**数量**和**阈值**设置一个初始值，例如**数量**可以设在 100 ~ 300% 之间，**阈值**则先设成 0，让图像保持最敏感的状态，比较能够看出变化。再来调整**半径**，通常具有明显轮廓的图像，如机器、建筑…，可以使用较高的**半径**，如 1 ~ 2 像素；人物、植物等轮廓较为细致、柔软的图像，**半径**就不宜太高，约介于 0.5 ~ 1像素。然后再去调整**数量**和**阈值**直到满意为止。

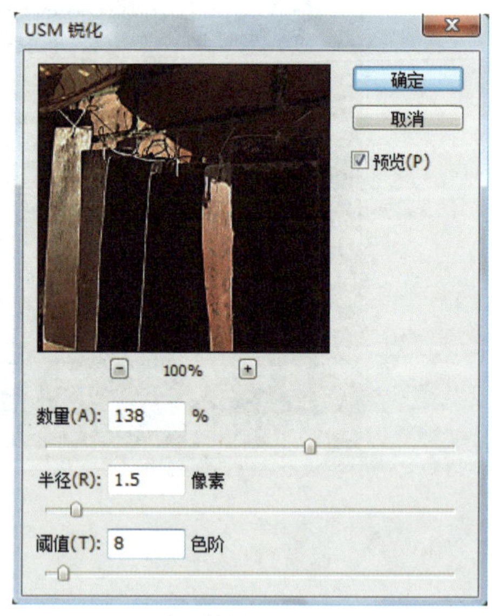

本例的锐化设置

step04 单击**USM锐化**对话框中的**确定**按钮即可套用。

03-22.jpg

锐化前

03-22A.jpg

锐化后

锐化参考设置

锐化图像最困难的地方就是锐化度的拿捏，到底什么样的程度是适当的？什么样的程度是过度？这是需要经验累积来判断的。下面我们提供各类照片锐利化的数据参考，希望能够帮助你快速掌握锐化图像的诀窍。

图像内容	柔和的人像	风景照片花朵、动物	有明显轮廓的建筑、机械、汽车	适用于一般各种图像
数量	80~120%	100~200%	80~150%	120%
半径	1~2	0.7~1	1~4	1
阈值	10	3~5	5~10	4

需要提醒的是，这些数据仅供参考，必要时要根据实际状况进行调整。

1. 编修照片的基本工作流程，共分成 5 大步骤：

2. 要使图像的宽高符合特定比例，可使用**固定比例裁剪法**：即选取**矩形选框工具**，并到**选项栏**中将**样式**设成**固定比例**，在**宽度**和**高度**文本框中输入比值，然后到图像上拖曳选取范围，最后执行 **"图像/裁剪"** 命令完成。

3. **镜头校正**滤镜可修正图像透视变形（即头小底大、向后倾斜）的问题。另外在**镜头校正**对话框中的**晕影**功能可用来修正有暗角的照片（照片周围比中央还要暗的情况）。

4. **内容识别比例**与一般缩放图像大小的方法不同，它可保持图像中重要的部分，例如建筑、人像等，在缩放时不会变形。

5. **像素大小**、**文档大小**以及**分辨率**三者之间的关系，可用如下的公式来表示：

像素大小 / 分辨率 = 文档大小

6. **亮度/对比度**功能仅能针对整张图像来调整亮度和对比度。**色阶**功能可分别针对图像的**阴影**、**中间调**、**高光**来调整曝光。**曲线**则可针对 256 阶的每一阶来调整，并可设置14 个控制点，针对特定色阶范围来调整。

7. 修正色偏的基本概念就是运用**颜色互补**关系来调节各颜色的浓度，以达到平衡状态，例如图像偏红表示青色太少，可增加青色、绿色及蓝色来修正，亦可减少红色、黄色及洋红色来修正。

8. 当图像编修完成，准备输出或打印图像时，可以使用**锐化**功能以提升图像的清晰度，但是千万不要在图像编修完成前就做锐化的动作，因为锐化处理会破坏图像的画质。

1. 直方图上若出现空隙代表什么意思呢？

直方图上若出现空隙，代表有些阶调完全没有像素分布，图像的细节减少了。若空隙过大，图像会出现阶调变化不连续的情况，即所谓的“色调分离”，所以调整图像曝光及颜色时，尽量减少次数，以免造成直方图的空隙扩大，出现色调分离的现象。

2. 假如照片有多种用途，例如输出成大型海报、封面、传单、书签、网页图像等，该如何确定图像大小呢？

我们的建议是根据“最大尺寸”来设置，假如大型海报所需的尺寸最大，那就先设置成大型海报所需的尺寸；待图像处理完毕后，再利用重新取样、调整分辨率的技巧，将图像缩小成其他用途需要的尺寸，这样视觉质量才不会降低。如果一开始像素大小设得太低，后来再重新取样来放大，则质量就不好了！

第4章 图像的修补与美化

课前导读

有时照片中难免会出现一些破坏画面的瑕疵，像是杂乱的电线或是拍照时难以避开的杂物等，使画面看起来很零乱。这些瑕疵照片先别急着丢弃，经过 Photoshop 修图工具的处理后，就可以将所有瑕疵通通扫除一空了。此外，编修完成的照片还能套用各种滤镜效果，模拟出艺术风格或是怀旧氛围。

本章学习提要

- 图层的概念
- 使用**仿制图章工具**复制、修补图像的技巧
- 以**污点修复画笔工具**快速移除图像上的污点或杂物
- 使用**修复画笔工具**复制、修补图像中的杂物或瑕疵
- 使用**修补工具**以圈选的方式来修饰图像瑕疵
- 搭配**海绵工具**、**加深工具**和**减淡工具**，使照片更艳丽动人
- 使用**锐化工具**做局部锐化处理
- 将图像处理成水彩画、黑白及复古照片

估计学习时间 **120分钟**

4-1 Photoshop 的图层观念

在 Photoshop 中，**图层**扮演着相当重要的角色，不论是修补或合成图像都少不了它，所以在进行图像的修补前，我们要先了解一下图层的观念。底下是一张由 4 个图层所堆栈起来的图像，每个图层都是独立的图像组件，可以随心所欲地编修任一个图层中的组件，编修时不用担心会影响到其他图层中的组件，就算编修后把图像弄得乱七八糟也没关系，单独删掉该图层就可以了，其他图层的组件不会受到影响。

由 4 个图层所堆栈起来的图像

将各个图像组件分别独立在不同图层里

可以打开范例文件 04-01.psd，再执行“**窗口/图层**”命令，打开**图层**面板来实际感受一下。

图层面板中有 4 个图层

在此单击，可选取该图层进行编辑

若想更进一步了解图层的操作与应用，请参考第 6 章的说明。

4-2 使用仿制图章工具来覆盖图像

我们第一个要学习的修补工具是**仿制图章工具** ，它可以复制图像中的局部内容，覆盖到图像中的其他部分，很适合用来修补图像中的瑕疵或是复制物体。请打开范例文件 04-02.jpg，这张照片在拍摄时打开了相机的显示日期功能，所以左下角会印上拍照日期，为了整体的美观我们想清除拍照日期，这时候就可以使用**仿制图章工具**来消除。

step01 首先请在**背景**图层之上建立一个空白图层，接着选取这个空白图层，再到工具箱中选用**仿制图章工具** 来进行仿制工作，这样万一仿制的结果不理想，只要删除此图层就可以了，完全不会影响到原来的图像。

请单击**图层**面板的**创建新图层**按钮，建立一个空白图层

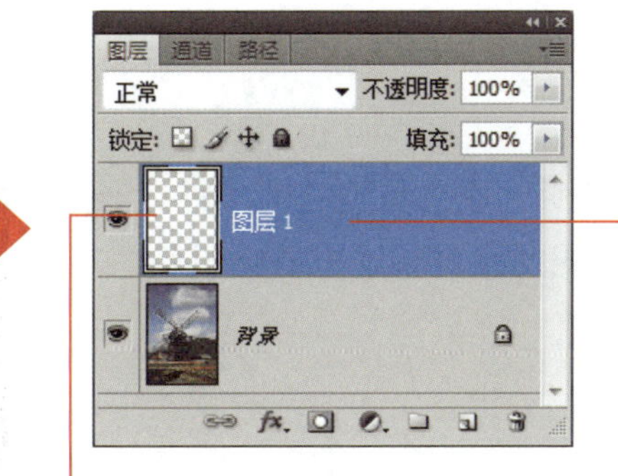

新建的空白图层会自动移到**背景**图层之上

图层缩略图有双框线，且图层底色为蓝色，表示此图层为**使用中图层**（也就是目前的作业都将在此图层中进行）

step02 选取**仿制图章工具**后，请在**选项栏**中**设置画笔大小**、**不透明度**和**流量**以及**取样来源**。

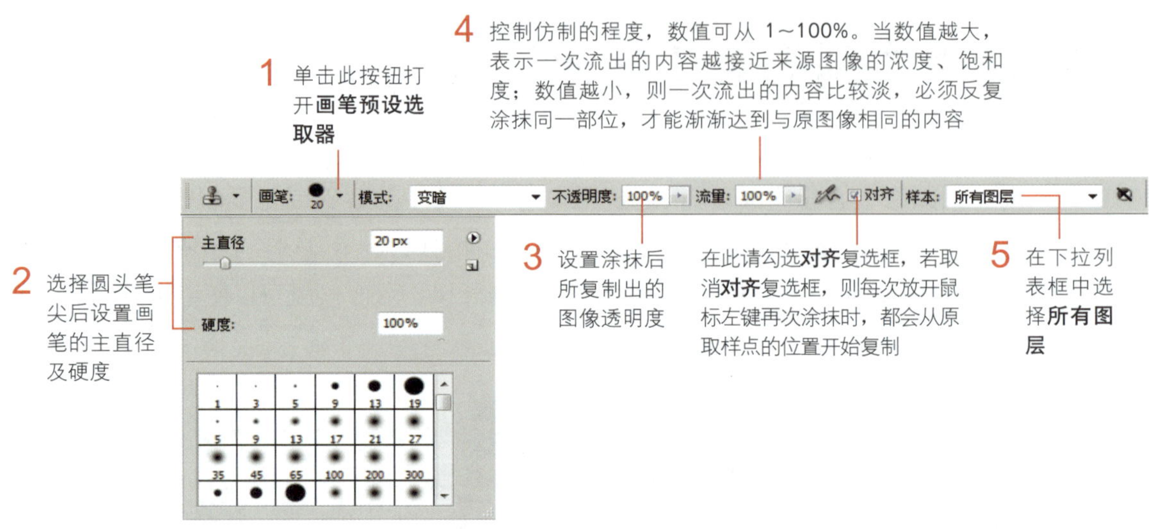

TIP 在此之所以选择**样本**下拉列表中的**所有图层**选项，是要让**仿制图章工具**从“全部图层合并后的图像”里取得图像信息，然后将仿制作业所产生的信息存储在刚刚新建的空白图层里；若是沿用默认的**当前图层**选项，则不管怎么涂抹，仿制的结果都是空白的。

step03 要仿制图像最重要的关键就是设置取样点（也就是指定图像的复制来源），以本例而言，我们要消除照片中的日期，所以取样点可以设置在日期附近的路面。请按住 Alt （Windows）/ option （Mac）键，然后在日期附近的路面单击鼠标左键，设置取样点（这时鼠标指针会变成 ⊕ 形状）。

在此设置取样点

TIP 建议将图像的显示比例放大，以方便设置取样点及待会儿的涂抹操作。

step04 接着在日期上按住鼠标左键涂抹，便可将取样点的图像复制过来盖掉日期。

复制目的地　复制来源（取样点）

TIP 假如不满意修补的结果，可随时按 Ctrl + Z（Windows）/ ⌘ + Z（Mac）键还原至上一个步骤，若是已经执行多次复制作业，则要按 Ctrl + Alt + Z（Windows）/ ⌘ + option + Z（Mac）键做多次还原，或打开**历史记录**面板，直接单击要恢复的步骤记录名称来还原。

step05 可以在每个日期数字附近重新设置新的取样点作为复制来源，让新产生的路面自然不露痕迹；也可以随时调整**选项栏**的画笔大小来涂抹。

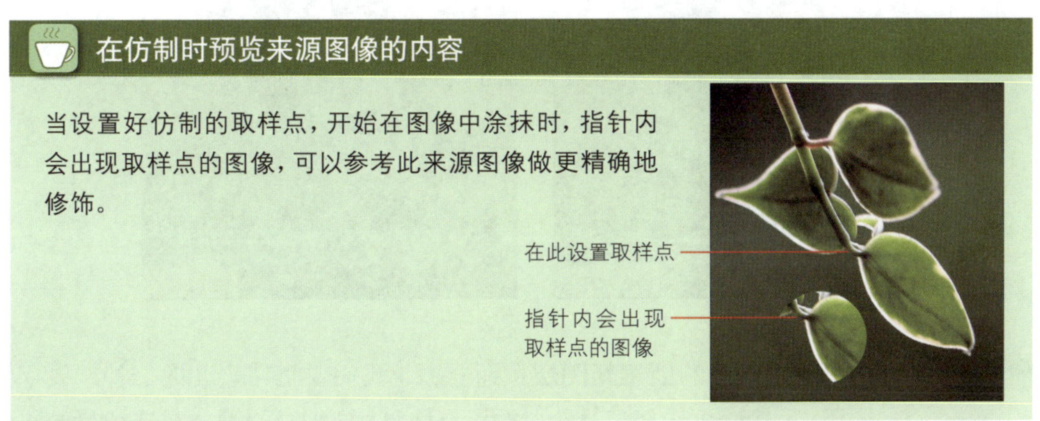

仿制图章工具其实并不限定在同一张图像中进行，也可以把某张图像的局部内容复制到另一张图像之中。在做不同图像之间的复制时，可将两张图像并排在Photoshop窗口中，以便对照来源图像的复制位置以及目的图像的复制结果。

4-3 使用修复工具来修复纹理

仿制图章工具很好用，但它有个缺点，就是当来源区域与目的区域的亮度稍有差异时，修补的结果就会很突兀，变得不自然。本节将介绍的 3 个修复工具就可以克服这个缺点，它会修复目的图像的纹理，还会让被修复区域的明暗度与周围像素相近，使修补的效果更为自然。

修复工具组

使用污点修复画笔工具快速修补

污点修复画笔工具 相当神奇，可以移除照片中的脏点、污渍或杂物，只要在想修补的地方画一下，此工具便会自动以被修补区域周围的图像内容作为修复依据，快速覆盖掉脏点或杂物，同时也能保留被修补区域的明暗度，使修补的结果不留痕迹。请打开范例文件 04-03.jpg，我们以修补墙壁上的脏点作为示范。

04-03.jpg

墙壁上的脏点

04-03A.jpg

补修后的结果

step01 请单击**图层**面板中的**创建新图层**按钮，我们要将待会儿的修补结果存储在新的空白图层中。接着再选择**工具箱**中的**污点修复画笔工具**，在**选项栏**中将**画笔**设为“20”、**模式**为**正常**、**类型**选择**近似匹配**，并勾选**对全部图层取样**复选框。

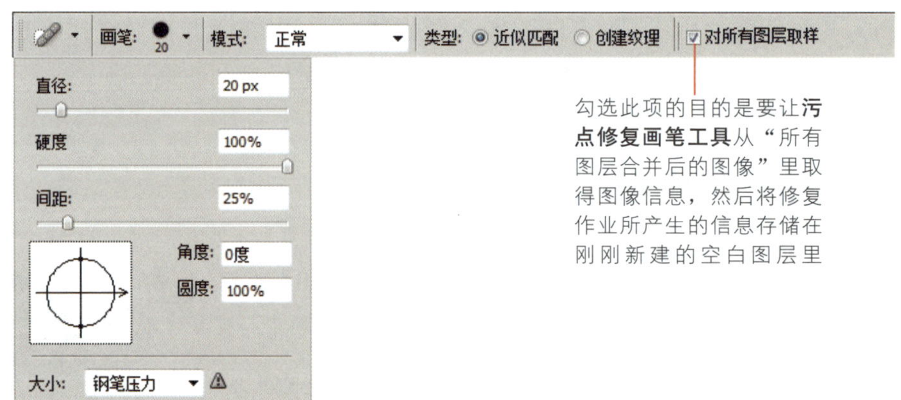

勾选此项的目的是要让**污点修复画笔工具**从“所有图层合并后的图像”里取得图像信息，然后将修复作业所产生的信息存储在刚刚新建的空白图层里

step02 使用**污点修复画笔工具**不用事先设置取样点，直接在墙壁的脏点上涂抹（若脏点较小，可用点、按鼠标的方式），就能立即修掉脏点；若脏点较大，可在**选项栏**中调整画笔大小再涂抹。

在脏点上涂抹

修掉墙上的脏点了

若某个小瑕疵的修补结果不理想，我们还可以再次涂抹这个瑕疵，Photoshop就会以周围不同区域的纹理来修补该瑕疵。若某个瑕疵的周围区域没有适当纹理可供取样，那么请在**选项栏**上改选**建立纹理**项目，让 Photoshop 依据该瑕疵区域中的所有内容建立适合的纹理来填入瑕疵区。

污点修复画笔工具适合用来修掉明显的污点或杂物，例如皮肤上的痘痘、斑点或是照片上的小刮痕等。不过由于此工具会自动抓取周围图像来填补被修补区，因此假如要修复的区域较复杂，就不适合用此工具来做修补。

修复画笔工具

继续刚才的范例，将墙上的脏点修掉后，现在我们要继续修掉墙上的扶手，由于拍摄角度的关系，使得扶手刚好从人像的头部经过，造成不好的感觉，又因为修补的范围较大，在此要使用**修复画笔工具**来清除。

before

04-03B.jpg

after

修复画笔工具和**仿制图章工具**的操作类似，都必须先按住 Alt （Windows）/ option （Mac）键并以鼠标左键来定义取样点，然后把图像复制到要修饰的区域上。你可以继续刚才的操作，或是打开范例文件 04-03A.jpg进行以下的练习。

step01 请先建立一个新图层，然后选取工具箱中的**修复画笔工具**，在**选项栏**中将**画笔**设为“30”、**模式**设为**正常**、**源**设为**取样**，勾选**对齐**复选框，在**样本**下拉列表中选择**所有图层**。

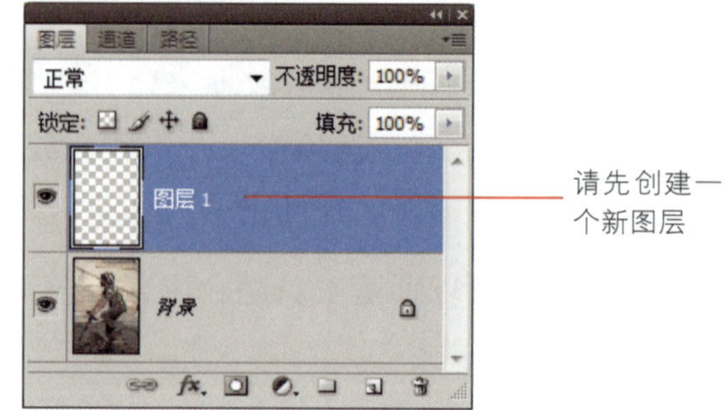

请先创建一个新图层

这样才可以取样到**背景**图层的内容

step02 在此要删掉墙上的扶手，请按住 Alt （Windows）/ option （Mac）键，在扶手附近的区域单击鼠标左键设置取样点，然后在扶手上涂抹，即可将扶手遮盖掉。

在扶手附近设置取样点，作为复制来源

在扶手上涂抹

放开鼠标左键，目前清除的结果还不是很理想

step03 请继续在扶手周围设置新的取样点，然后涂抹扶手，就可以让修过的地方完全不着痕迹，也可以交替使用之前学过的**仿制图章工具**及**污点修复画笔工具**来做修饰。

在此要提醒你，在修饰脸部附近的扶手时，请将图像的显示比例放大，并调小画笔的大小，这样在进行涂抹时会比较精确。

可以打开范例文件 04-03B.jpg 来浏览修饰后的结果

放大显示比例，以方便修饰

修补工具

利用**修复画笔工具**将扶手修掉后，左侧的墙面上还有一些斑驳的情形，右下角也有一块明显的黑影，虽然这些区域都可以使用刚才所学的工具来修补，不过一次一次涂抹很累人，现在我们改用**修补工具**，以圈选的方式圈出想修饰的区域，然后再将圈选范围移到仿制的来源区域，即可完成修补。请打开刚才修掉扶手的 04-03B.jpg进行以下操作。

04-03B.jpg

墙上有明显的斑驳及黑影

04-03C.jpg

修补后的结果

step01 请选取**工具箱**中的**修补工具**，**选项栏**的设置都维持默认值。

默认就是以圈选的区域作为要修补的范围

step02 到图像上以**修补工具**圈选墙上斑驳的区域，然后拖曳到干净的墙面上，即可自动以干净的墙面区域填补圈选的区域。

按住鼠标左键，圈选斑驳的区域

将指标移到圈选范围内，按住鼠标左键将圈选范围拖曳到干净的墙面上，再放开鼠标左键

step03 继续使用 工具，修补右下角的墙面整个图像看起来更干净。修补后的结果可以打开范例文件 04-03C.jpg 来浏览。

继续修掉右下角的墙面

使用**修补工具**同样可以保持被修复区的明暗度与周围相邻像素相近，通常适用于范围较大、较不细致的修复区域。而除了将圈选区设置为来源图像区外，也可以反过来，在**选项栏**中设置为**目标**，即可移动圈选区的内容来覆盖另一块欲遮蔽的区域。

4-4 使用编修工具做细节美化

处理完照片的小瑕疵或杂物后，可以再利用**工具箱**中的编修工具，针对局部颜色、明暗、清晰度做细节处理，让图像更加完美。本节的范例图像“日本青森县特产的苹果”因为饱和度和清晰度不够，看起来比较平凡不起眼，在此将利用编修工具来加强苹果的饱和度及清晰度，并教你将红苹果换成青苹果，使整张照片的视觉效果更强烈。

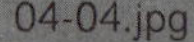

before

04-04C.jpg

after

改变图像的局部色彩及提高饱和度

首先要利用**颜色替换工具**将红苹果变成青苹果，让视觉焦点更集中，并用**海绵工具**来加强图像的饱和度。

step01 请打开范例文件 04-04A.psd 来操作。为避免在使用**颜色替换工具**时涂抹到其他苹果，在此要先进行选取的工作。请单击**工具箱**的**磁性套索工具**，并将**选项栏**中的值依下图进行设置，即可开始在图像中进行选取的工作。

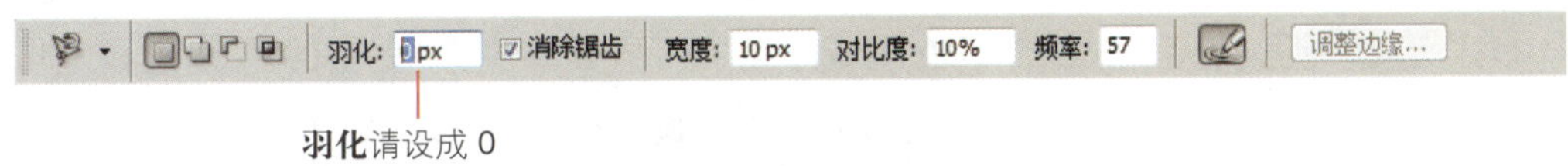

羽化请设成 0

按住鼠标左键，顺着苹果的边缘拖曳，选取完成后，单击起始点的控点，即可形成一个选取区

请将图像的显示比例调到 100%，以方便选取

如果对选取工具的操作不熟练，请执行“**选择/载入选区**”命令，载入我们事先存储好的选取区，再继续进行以下的练习

TIP 若不小心选到不想选的范围，可随时按 Backspace 或 Delete 键，删掉前一个控点，再继续进行选取；或是等到全部选取完成后，再利用**选项栏**的按钮来增加或减少选取范围。

step02 选取苹果后，请单击**工具箱**的**颜色替换工具**，然后在**选项栏**中设置**画笔**大小为"80"、**模式**为**颜色**、**容差**设为"35%"，并单击按钮，表示在涂抹图像做色彩取代时，要不断取样作为要取代颜色的标准，**限制**下拉列表设为**查找边缘**，以保留形状边缘的锐利度。

容差的值越低，表示必须要越接近取样的颜色才会被取代

step03 单击**工具箱**中的**设置前景色**色块，打开**拾色器**对话框，先在**颜色**滑杆上拖曳滑杆来选取颜色，再到左边的**颜色区域**单击鼠标左键来选择所要的色彩饱和度与亮度，单击**确定**按钮后，**前景色**的颜色就是稍后**颜色替换工具**所要替换上的颜色了。

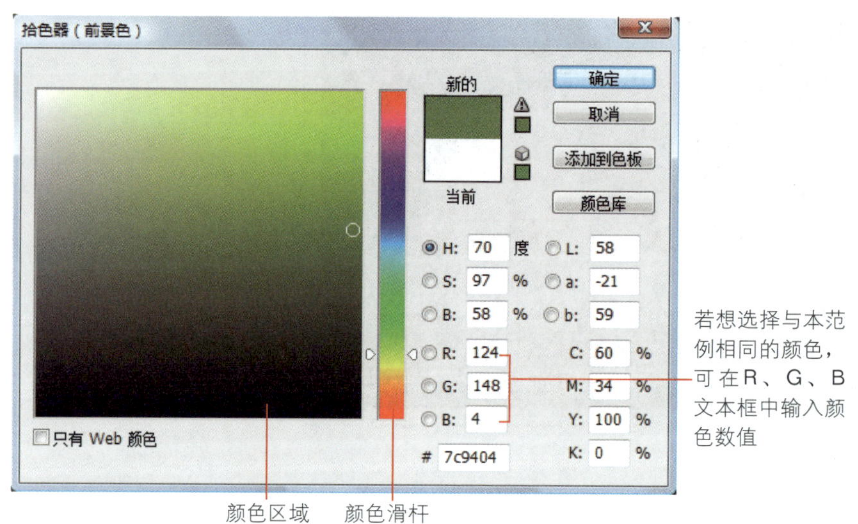

若想选择与本范例相同的颜色，可在R、G、B文本框中输入颜色数值

颜色区域　颜色滑杆

step04 用**颜色替换工具**在苹果上涂抹，即可将苹果涂上步骤 3 所选取的前景色彩。因为之前已经使用**磁性套索工具**选取了要上色的苹果范围，所以涂抹时不小心超越苹果的范围也没关系，其他苹果并不会涂上绿色。

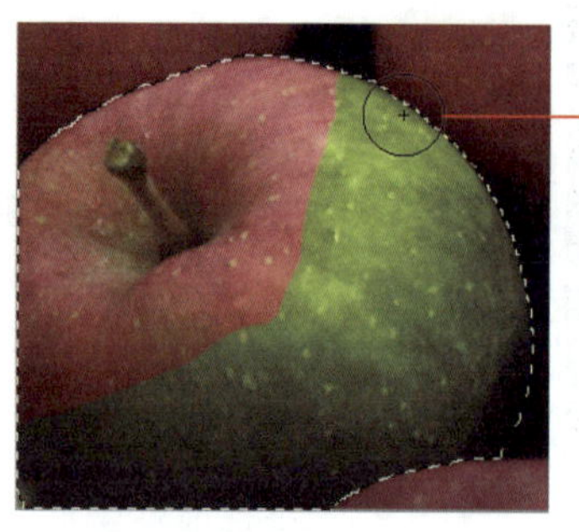

涂抹的过程中超出选取范围，对其他苹果不会有影响

将原本红苹果变成青苹果

TIP 在涂抹时，请注意不要连苹果的梗也涂上绿色哟！建议涂抹到苹果梗附近时，将画笔大小调小一点（约 20 px 左右），比较好涂抹。

step05 请单击 Ctrl + D（Windows）/ ⌘ + D（Mac）键取消选取范围，然后选取工具箱中的**海绵工具**，我们要利用此工具提高苹果的饱和度。请在**选项栏**中设置**画笔**大小为“180”（以大范围来涂抹即可）、**模式**为**饱和**、**流量**为“90%”。并在苹果上涂抹，以提高色彩饱和度。

画笔：180 模式：饱和 流量：90% 自然饱和度

以大画笔在苹果上涂抹，提高苹果的饱和度

step06 选取**工具箱**中的**加深工具**，**画笔**大小设为“170”、**范围**设为**中间调**、**曝光度**调至“50%”，然后涂抹苹果与苹果之间较暗的地方，以提升立体感。可以打开文件 04-04B.jpg 来观看涂抹的结果。

画笔：170 范围：中间调 曝光度：50% 保护色调

勾选此项，可防止涂抹图像时，发生色相偏移

04-04B.jpg

在这几个地方涂抹，加强暗部

加强亮度与清晰度

经过刚才的调整，整张照片看起来已经增色不少了，接着继续利用**减淡工具**与**锐化工具**来强调苹果上光源反射的地方，使苹果看起来更立体。

step01 选取**工具箱**中的**减淡工具**，在**选项栏**中将**画笔**大小设为“90”、**范围**设为**中间调**、**曝光度**调为“50%”，然后涂抹苹果上有反光的地方。

曝光度可控制每次涂抹时的加亮强度

涂抹这些区域

step02 最后，请选取**工具箱**中的**锐化工具**，在**选项栏**中将**画笔**大小设为“180”、**模式**设为**正常**、**强度**设为“70%”，然后在青苹果上涂抹。可以打开范例文件 04-04C.jpg 来观看最后的效果。

画笔: 180 模式: 正常 强度: 70% 对所有图层取样

04-04C.jpg

适当地以锐化工具在图像中涂抹，可加强清晰度

4-5 制作水彩画效果

编修完成的图像还可进一步制作成多样化的艺术效果！如处理成油画、水彩画、素描等特效，模拟出不同的笔触与画风。而图像艺术化处理的入门快捷方式，就是套用 Photoshop 所提供的滤镜特效，只要打开“**滤镜**”菜单，就可以看到各种滤镜名称。其中**滤镜库**更是将大部分的滤镜整合在一个窗口中，方便预览滤镜套用效果。请打开范例文件 04-05.jpg按照以下的说明将图像处理成艺术作品。

原图

模拟水彩画效果

step01 首先，请执行“**滤镜/转换为智能滤镜**”命令，之所以先执行这个命令是因为以往套用滤镜效果后，就无法再针对套用的效果做修改；而转换成智能对象后再套用滤镜的好处是，可以随时修改滤镜的设定值，直到满意为止。

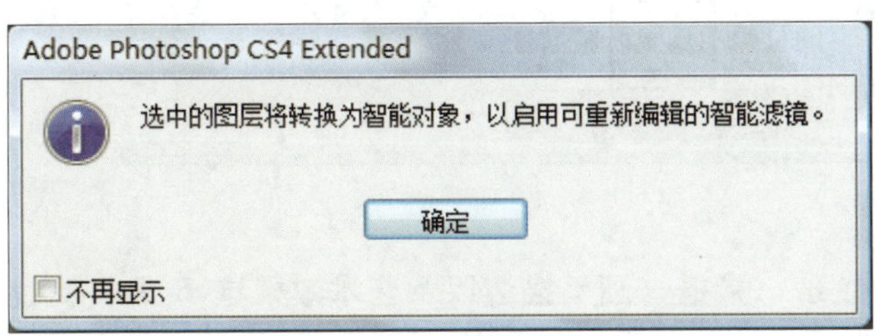

执行命令后会出现此对话框，提醒目前的图层会变成智能对象，请单击**确定**按钮

step02 执行刚才的命令后，请打开**图层**面板，就可以看到原本的**背景**图层已转换成**图层 0**，而图层缩略图也多了一个代表智能对象的图标。

转换前

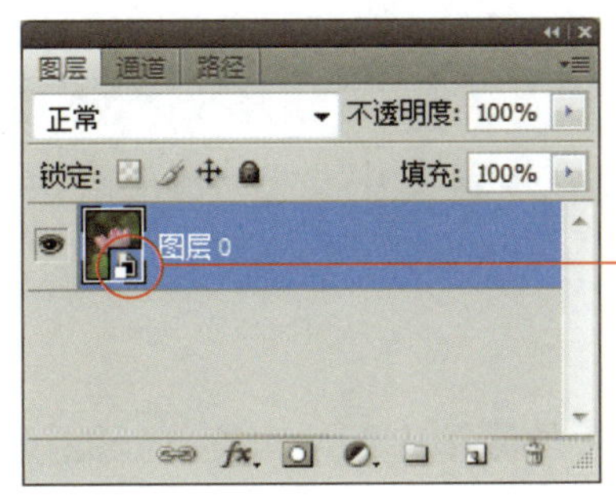

转换后

在图层缩略图的右下方会显示智能型对象的图标

TIP 目前我们还没套用任何滤镜，所以还感觉不出智能对象的妙用在哪里，套用滤镜后就可以体会了。

step03 接着，执行“**滤镜/滤镜库**”命令打开**滤镜库**对话框，展开**艺术效果**文件夹，并选择**调色刀**的效果缩略图，于窗口的右侧设置描边大小、描边细节及软化度等。**描边大小**的设置值越大会使图像的细节越简化、模糊；**描边细节**只有 3 个数值可调整，数值越高物体的边缘越明显细致。这个步骤是影响水彩效果是否逼真的关键，请一边观察预览窗口的效果一边做调整。

TIP 滤镜库将**扭曲**、**风格化**、**纹理**、**素描**、**画笔描边**以及**艺术效果**这 6 大类滤镜整合在一起。当直接从“**滤镜**”菜单选择这 6 种类型的滤镜时，也会自动打开**滤镜库**对话框。

step04 单击**确定**按钮关闭**滤镜库**对话框时，即可看到图像套用**调色刀**滤镜的效果。套用滤镜后在**图层**面板中会自动新建一个**智能滤镜**图层，双击其中的**滤镜库**即可再度打开**滤镜库**对话框，重新修改**调色刀**滤镜的设置值，这也就是在**步骤 1** 中要先将图层转换为智能滤镜的用意。

在此双击，即可再度开启**滤镜库**对话框

step05 双击**图层**面板的**滤镜库**图层再度打开**滤镜库**对话框后，单击右下角的**新建效果图层**按钮，此时 Photoshop 会自动复制前一个效果图层，并迭在所有图层的最上方。请选择**艺术效果**下的**绘画涂抹**效果缩略图，并参考下图调整**画笔大小**、**锐化程度**及**画笔类型**等参数。

锐化程度的数值越高，图像的边缘会越明显

预览窗口无法完整显示图像时，可以按住图像拖曳，移动到想要显示的区域

目前有两个图层堆栈在一起，如果希望查看单一图层的滤镜效果，可选择前面的眼睛图标，切换图层的显示或隐藏

TIP 在**滤镜库**对话框中若要删除某个滤镜图层，可在选取图层后，单击下方的**删除效果图层**按钮。

step06 套用**绘画涂抹**滤镜后，请再次单击**新建效果图层**按钮，然后选择**艺术效果**下的**水彩**效果缩略图，并按如下图所示设置相关的参数。

为了不使图像的边缘产生较深的线条，请将**阴影强度**及**纹理**设置到最小

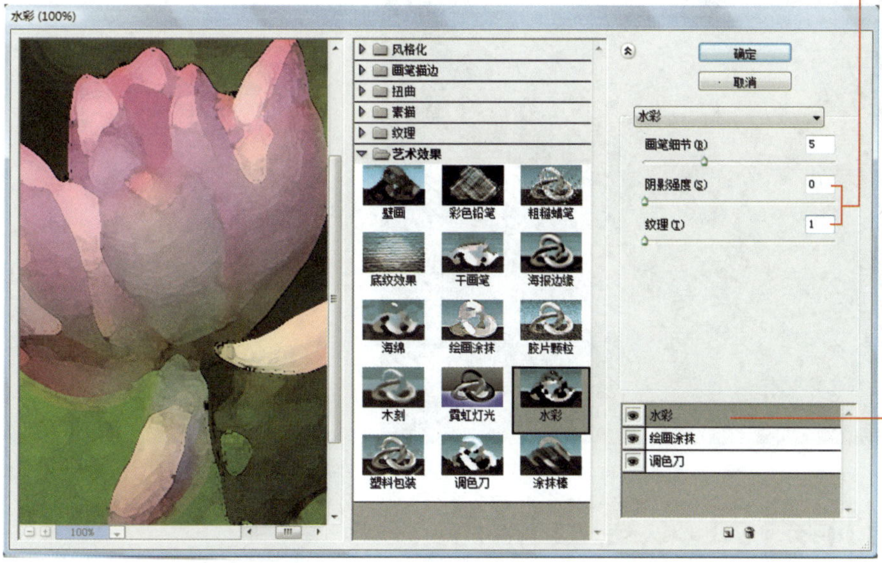

新建一层**水彩**滤镜

step07 再次单击**新建效果图层**按钮新建一层滤镜图层，选择**纹理**下的**纹理化**滤镜缩略图，将**纹理**选项设成**画布**，并调整**缩放**及**凸现**的设置，让完成后的效果就像水彩画一样。

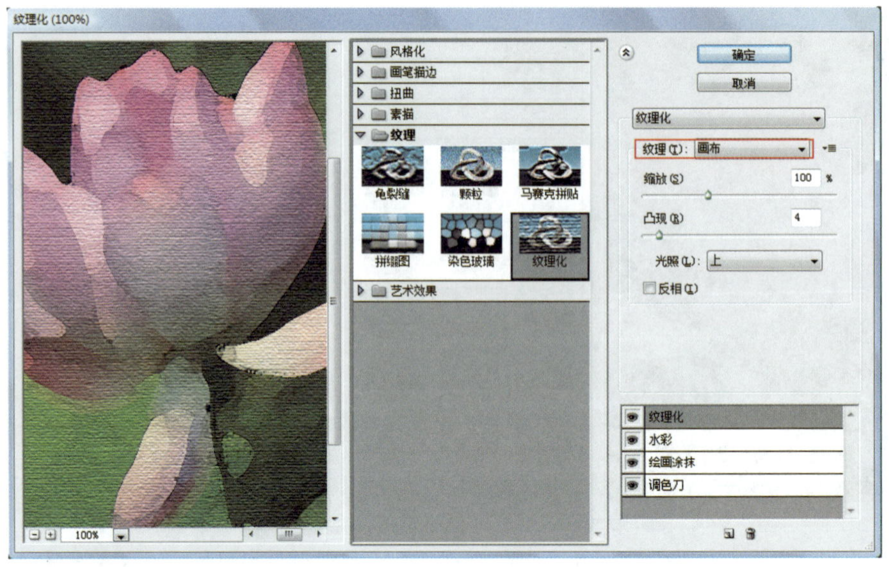

step08 调整好滤镜的参数后，请单击**确定**按钮，就完成水彩画的效果了。

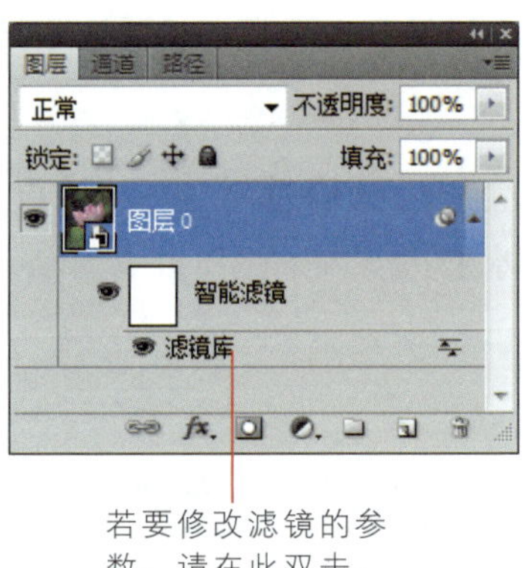

若要修改滤镜的参数，请在此双击，即可再度打开**滤镜库**对话框进行调整

4-6 制作黑白及复古照片

黑白照片或复古照片有时候比彩色照片更有韵味，尤其是拍摄具有历史意义的建筑物、人像、淳朴的乡村景色等都很适合处理成黑白或是复古怀旧的风格。

制作黑白照片

在 Photoshop 中要转换成黑白照片的方法很多，常用的有以下几种：

- 执行“**图像/模式/灰度**”命令。
- 执行“**图像/调整/色相/饱和度**”命令，将**饱和度**的值调到 -100。

以上的方法都可以快速制作黑白照片，不过没办法做细节的调整，所以下面我们要使用**黑白**功能来制作黑白照片。

step01 请打开范例文件 04-06.jpg，然后执行“**图像/调整/黑白**”命令，打开**黑白**对话框，图像也立即呈现为黑白状态。

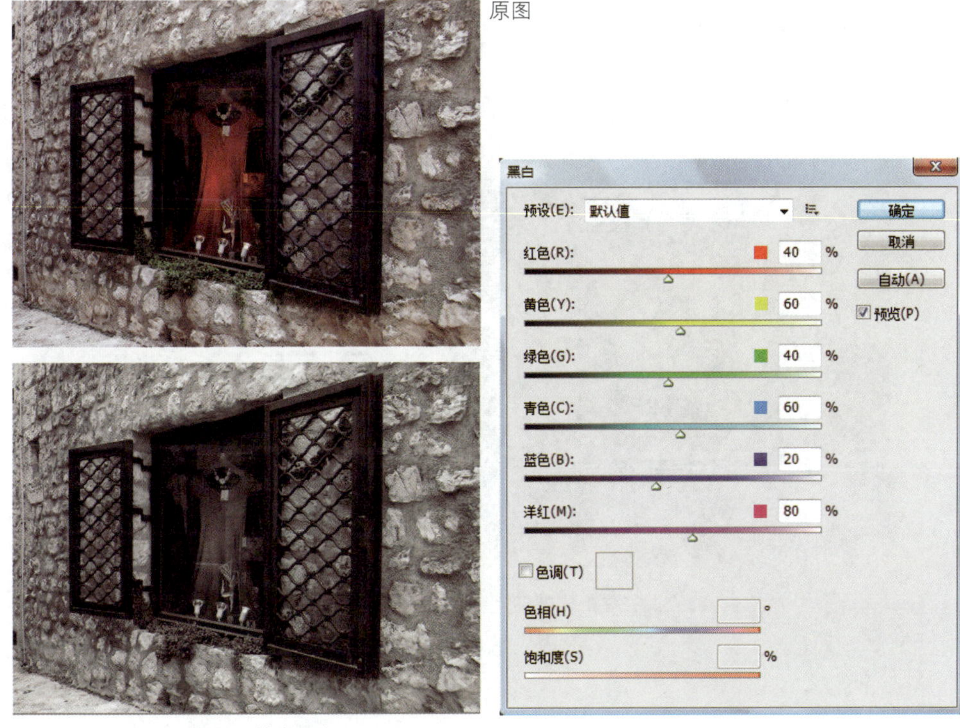

图像立即转为黑白

step02 此时单击**自动**按钮，让 Photoshop 自动运算出最佳的黑白效果。不过在套用**自动**效果后，原本窗内的红衣服反而变得太暗。这时可以进一步拖曳颜色滑杆来调整图像中特定色彩的亮度，向左拖曳可加深灰色调，向右拖曳则会调亮灰色调，例如将红色由 21% 调至 122%，就可使窗内的红衣服变亮，调整后若觉得效果不错，就可单击**确定**按钮，完成黑白照片的转换。

单击**自动**按钮后，**红色**数值为 21%

将**红色**数值调为 122%，窗内的红衣服会变亮

以更直观的方法调整照片明暗

在刚才的**黑白**对话框中，要调整黑白图像的亮度，还有一个更直观的方法，请将鼠标移到图像中想要调整的地方，此时鼠标指针会变成滴管状，按住鼠标左键在图像中左右拖曳（指针会呈状），此时**黑白**对话框中对应的颜色滑杆也会跟着移动，以调整图像的明暗度。

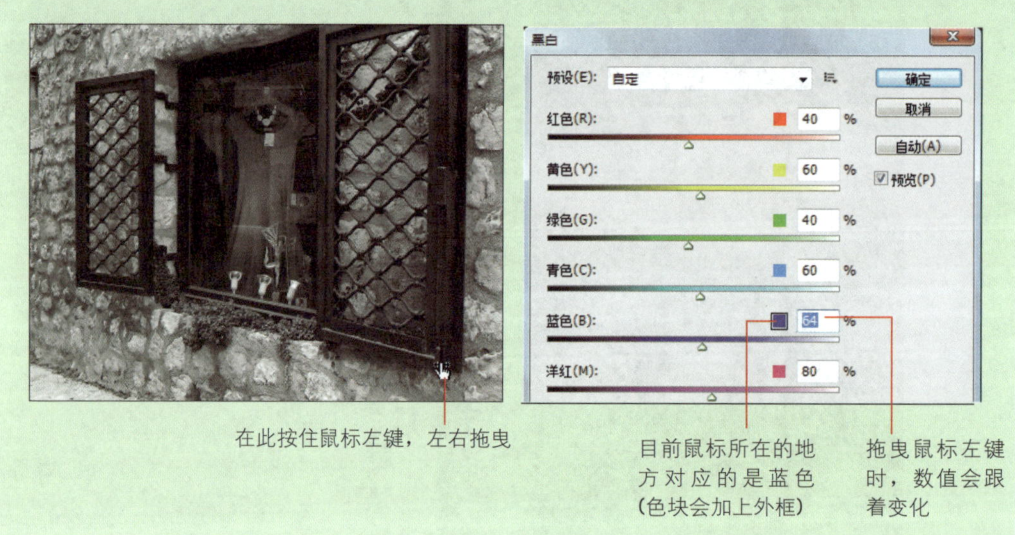

制作复古照片

刚才我们完成黑白照片的制作，现在将继续制作成复古怀旧的照片。请打开范例文件 04-06A.jpg，并再度打开**黑白**对话框：

step01 进入**黑白**对话框后，请勾选**色调**复选框，此时图像即会套上默认的色调。可以拖曳**色相**滑杆来改变色彩，拖曳**饱和度**滑杆调整色彩的浓淡。

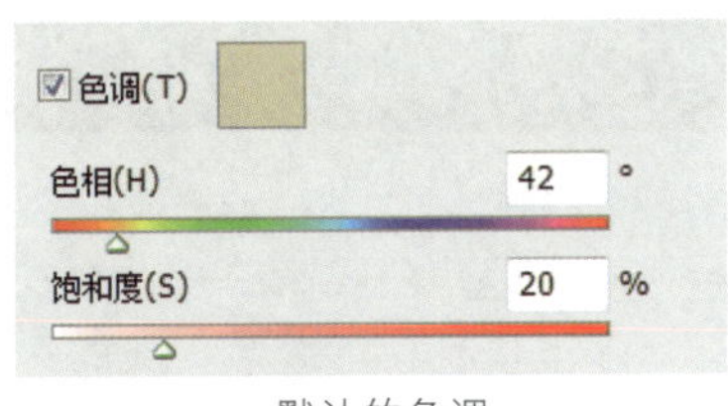

默认的色调

step02 在此将**色相**滑杆调至“39”，**饱和度**滑杆调为“34%”。

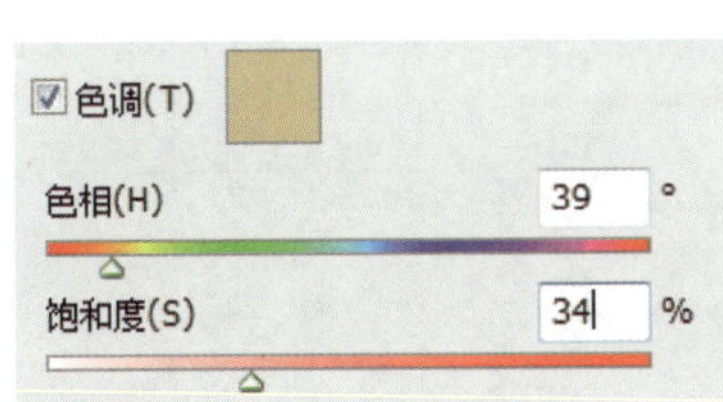

04-06B.jpg

step03 调整好照片的色调后，请执行“**滤镜/杂色/添加杂色**”命令，为图像加上杂点，仿真传统底片的颗粒效果，使图像看起来更有复古的感觉。

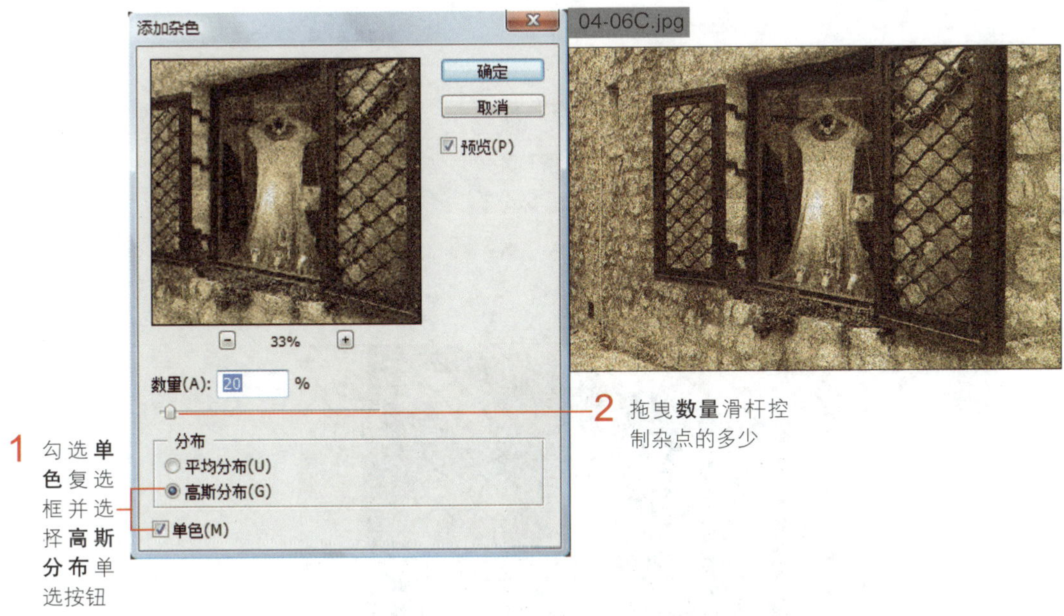

使用“通道混和器”也能制作黑白、复古照片

执行“**图像/调整/通道混和器**”命令，打开**通道混和器**对话框后，在**预设**下拉列表框中提供了许多营造不同黑白效果的设置。

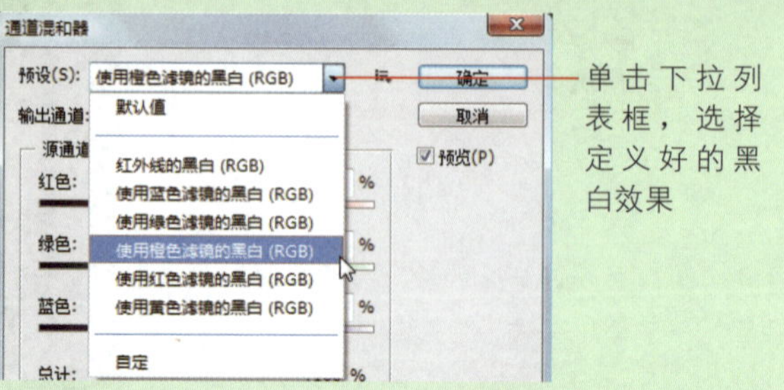

如果觉得效果不理想，请在**预设**下拉列表框中选择**自定**选项，然后勾选对话框左下角的**单色**复选框，再分别调配**红色**、**绿色**、**蓝色**的百分比值，以 3 者的总和不超过 100% 为原则来调整（以维持原来的亮度），即可将彩色图像调整为黑白图像。

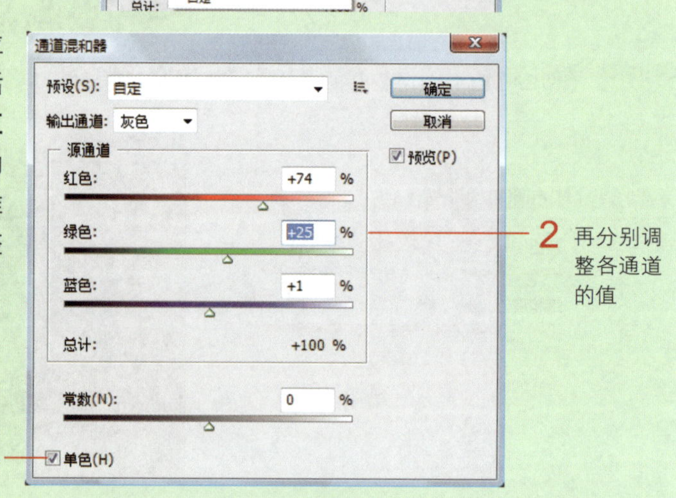

若要利用**通道混和器**调出复古色的照片，只要取消勾选对话框中的**单色**复选框，再分别调整红、绿、蓝的**输出通道**即可，以下是范例文件 04-06.jpg 分别调整各通道后的效果。

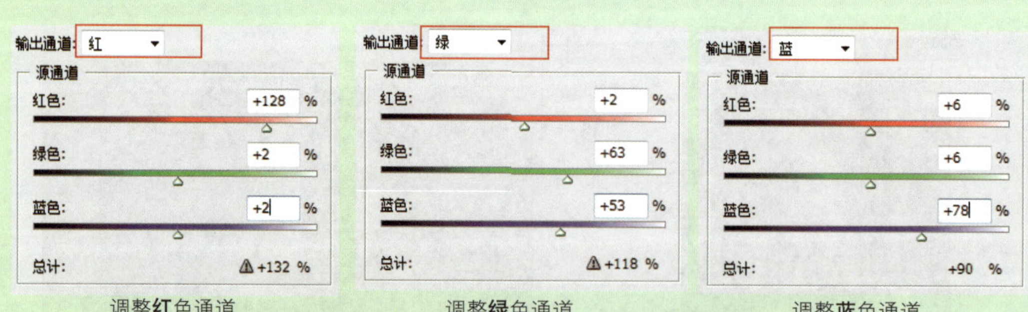

调整**红**色通道　　调整**绿**色通道　　调整**蓝**色通道

04-06D.jpg

重点整理

1. 图像修复工具整理：

工具名称	作用	使用时机	效果
仿制图章工具	会根据取样点来复制图像	复制图像或修补照片的瑕疵	
污点修复画笔工具	不用设取样点，直接在要修补的地方涂抹，Photoshop 会自动以周围的图像纹理来填入修补区，并保持与周围区域的亮度相近不突兀	适合修补小范围且背景单纯的瑕疵，例如：污渍、脏点、刮痕、去疤、去痘等	
修复画笔工具	会根据取样点来修复图像的瑕疵，并且保留被修补区的明暗度与外围邻近像素相近	用来移除照片中的杂物、修补瑕疵	
修补工具	以圈选的方式圈出想修补的区域，再移到指定来源区域完成修补，并保留被修补区的亮度	适用于在背景单纯且范围较大的修补区，可节省涂抹的时间	

2. 要对图像做局部的亮度、色彩调整，可使用如右表所示工具来完成。

工具名称	作用
海绵工具	以涂抹的方式，加强图像中局部区域的饱和度
加深工具	以涂抹的方式，调暗图像中的局部区域
减淡工具	以涂抹的方式，调亮图像中的局部区域
锐化工具	以涂抹的方式，使图像中的局部区域更清晰

3. 套用滤镜的注意事项：

- 如果没有事先创建选区，滤镜效果会套用到整张图像上。
- 在图层中直接套用滤镜效果，就无法再针对套用的效果做修改；而转换成**智能对象**后再套用滤镜，则可随时修改滤镜的设置值，直到满意为止。
- **滤镜库**整合了**扭曲**、**风格化**、**纹理**、**素描**、**画笔描边**以及**艺术效果**这6大类滤镜，可以快速切换到不同的滤镜。

4. 在 Photoshop 中制作黑白照片的方法：

- 执行“**图像/模式/灰度**”命令。
- 执行“**图像/调整/色相/饱和度**”命令，将饱和度的值调到 -100。
- 执行“**图像/调整/黑白**”命令，在**黑白**对话框中，单击**自动**按钮由 Photoshop 自动调整，或是拖曳各颜色滑杆来调整。
- 执行“**图像/调整/通道混和器**”命令，在**通道混和器**对话框中，使用**预设**下拉列表框中现有的黑白效果或是勾选**单色**复选框后再调整各通道。

1. 在**修复画笔工具**中还有一个**红眼工具**，其用途是什么？

使用**红眼工具**可快速修正人物或动物的红眼现象，只要在**选项栏**中调整**瞳孔大小**及**变暗量**选项，就可在红眼的部位单击鼠标左键，快速去除红眼。

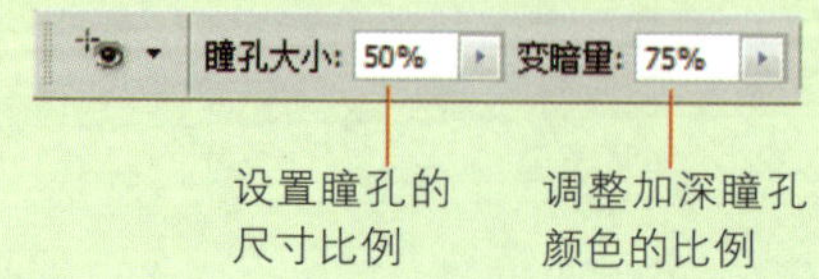

2. 拍摄人像时，假如皮肤毛孔粗大、有鱼尾纹、唇色不够丰润的情况，该怎么修补呢？

毛孔、痘痘、斑点这些问题，通常也是使用 Photoshop 的**修复画笔工具**或**仿制图章工具**进行修复，复制漂亮的皮肤来覆盖有瑕疵的部位，范围较大的地方也可尝试使用**修补工具**以圈选的方式来修复。至于唇色则可使用**海绵工具**来增加色彩饱和度。

3. 和仿制图章工具同一组的图案图章工具，其功能是什么？

图案图章工具和**仿制图章工具**的用法类似，只不过它的复制来源是**图案**。可以在选用**图案图章工具**后，从**选项栏**中选择要复制的图案，就可以在图像上填涂选取的图案了。

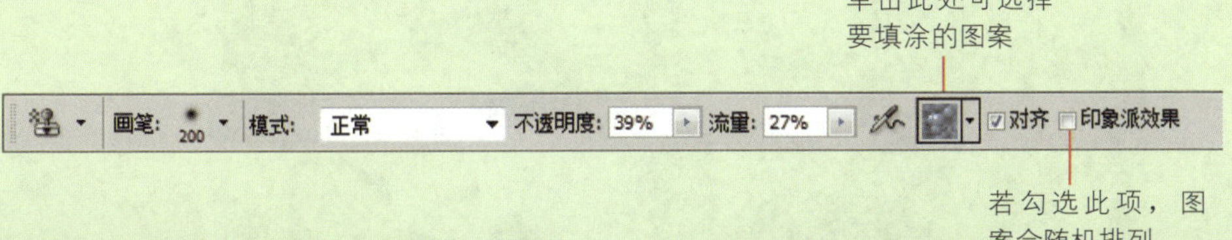

原图

局部创建选区

填入不同图案的效果

LESSON

第5章 范围的选择

法式艺术风格海报

课前导读

本章将教大家使用各种选择工具，并将选定的对象透过移动或复制的动作完成一幅作品。您可以通过本章了解各种选择工具的用法及使用时机，并且学习移动和复制对象的方法。Photoshop 提供许多选择工具，每个工具都有其特性及使用时机，用对和用错工具对于您使用 Photoshop 的效率和质量将有很大不同，因此，对于不同的场合使用适合的选择工具是使用 Photoshop 必备的技能。

本章学习提要

- 认识各种选择工具及其用法
- 移动或复制选区中的图像
- 反选或取消选区
- 增减选区
- 一边创建选区一边修正选区边缘的位置

估计学习时间 **120分钟**

5-1 认识各种选择工具

在设计或编修图像时，我们经常会需要针对图像中的某个部分进行处理，而要处理图像的局部区域，就必须学好选择工具的使用方法。Photoshop 提供了多种选择工具，使我们面对各种场合都能迅速且精确地做好选择工作。

本章将示范利用如下的选择工具，从不同图像中选择所需的部分，最后合成为一张具有艺术风格的作品。

❶ 选框工具，适合用来选取几何形状的范围

❷ 套索工具，适合用来选取不规则的形状

❸ **快速选择工具**及**魔棒工具**，适合用来选择颜色相近的范围

Ⓐ 利用**矩形选框工具**框选所需的背景范围

Ⓑ 利用**魔棒工具**选择摩天轮

Ⓒ 利用**快速选择工具**选择鸟

Ⓓ 利用**多边形套索工具**选择建筑物

Ⓔ 利用**磁性套索工具**选择花朵

Ⓕ 利用**椭圆选框工具**选择时钟

5-2 使用矩形选框工具来创建选区

Photoshop 提供了 4 种几何选择工具，包括：**矩形选框工具**、**椭圆选框工具**、**单行选框工具**和**单列选框工具**。其使用方法都相当类似，其中以**矩形选框工具** 用法最简单，也是经常使用的选择工具之一，因此我们就先来介绍**矩形选框工具**的选择方式。

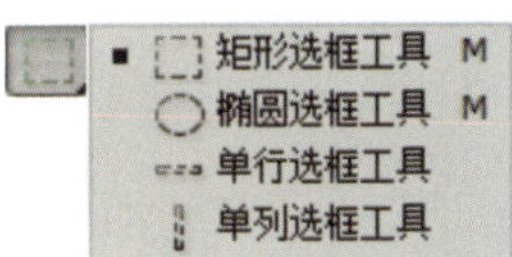

选择矩形范围

以下我们要利用**矩形选框工具** ，在图像中选择一个矩形范围，作为作品的背景图像。

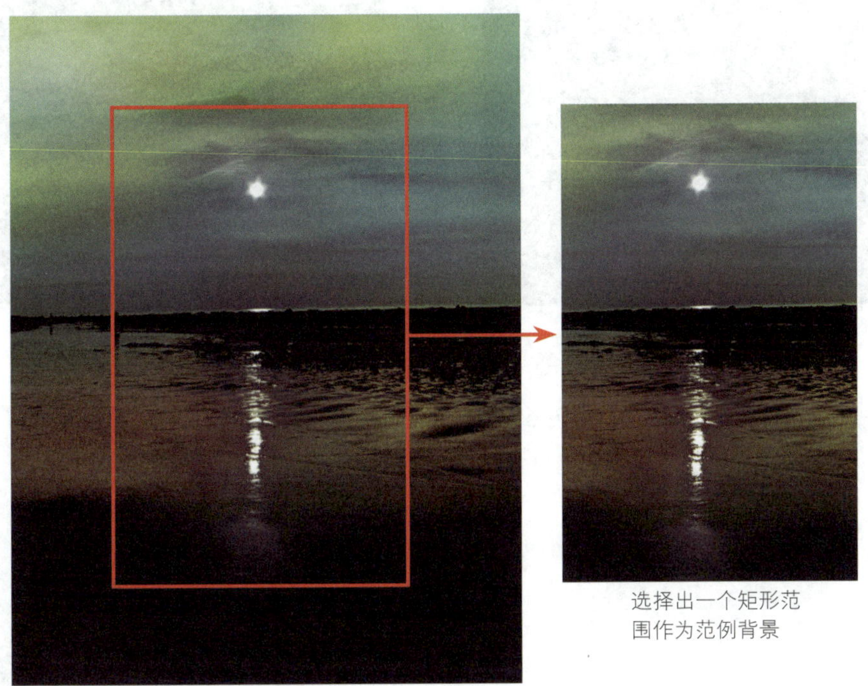

选择出一个矩形范围作为范例背景

原始图像

TIP 一般情况下实际从事图像设计的工作者，会将搜集到的相关图像素材（网络购买、专业图库、扫描图像…）通通打开至 Photoshop，然后根据作品的用途新建适当大小的空白文件之后，再开始选择需要的素材内容，放置到空白文件中做处理。本章主要是让读者练习各种创建选区的技巧，因此省去新建空白文件的步骤，直接选择一张图像的局部矩形范围来作为背景底图。

step01 请打开范例文件 05-01.jpg，选择**工具箱**中的**矩形选框工具** ，在图像上选择起始点并按住鼠标左键拖曳出选择框。在尚未放开鼠标左键前，都可以随时缩放该选框的大小。

在左上角按往左键建立选区的起始点然后往右下拖曳

step02 放开鼠标左键后，闪烁的虚线框内即表示选定的范围。

step03 接着执行“**图像/裁剪**”命令，Photoshop 便会将选区外的图像裁切掉，而将选区内的图像保留下来。

TIP 若要取消选区，可以在选择框以外的地方单击鼠标左键，或是按 Ctrl + D (Windows) / ⌘ + D (Mac) 键。

在创建选区时，搭配不同的按键，拖曳出选择框的方式也略有不同，请参考表格的说明，自行体会各种不同的效果。

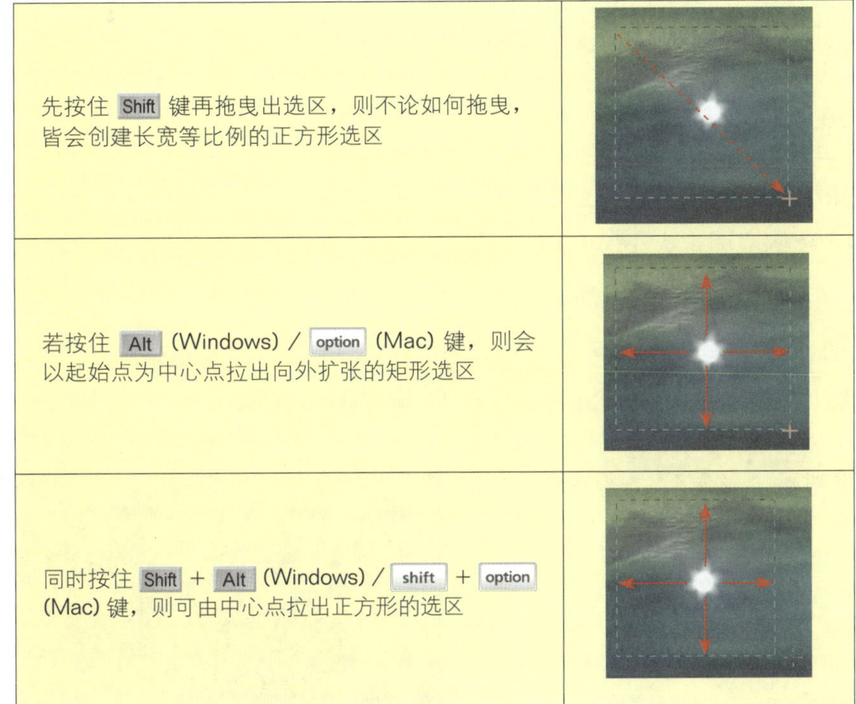

说明
先按住 Shift 键再拖曳出选区，则不论如何拖曳，皆会创建长宽等比例的正方形选区
若按住 Alt (Windows) / option (Mac) 键，则会以起始点为中心点拉出向外扩张的矩形选区
同时按住 Shift + Alt (Windows) / shift + option (Mac) 键，则可由中心点拉出正方形的选区

在接下来的练习中，我们还会陆续打开多个文件，并利用不同选择工具将部分图像合成到此图像中，因此请不要关闭 05-01.jpg 这个文件。

调整选区的位置

使用选择工具时，常常无法单靠一次拖曳就选对所要的范围，因此需要透过一些技巧来调整选择的范围。假如想取消目前选择的范围，重新做选择，可在图像上的任一处单击鼠标左键（或执行“**选择/取消选择**”命令）取消选区。若是不小心取消了选区，只要执行“**选择/重新选择**”命令，就可以恢复到最后一次选择的状态。

如果想要移动选区的位置，只要任选一种选择工具，然后单击键盘上的 ↑、↓、←、→ 方向键，即可微调选区的位置；或者是将指针移到选区内，当指针变成 的样子，直接按住鼠标左键拖曳来移动选区即可。

若切换至**工具箱**中的**移动工具**，将指针移到图像中，指针会变成的样子，表示拖曳时并不是移动选区，而是将目前选区内的图像剪切下来。

设置选区的大小

矩形选框工具默认选择的方式是完全依照拖曳的结果来决定选区。如果想选择的范围是固定比例或固定大小，可在**选项栏**的**样式**列表框中加以设置，便可以按照固定比例或固定大小来选择所要的范围。

- **固定比例：**在**样式**下拉列表框中选择**固定比例**，即可设置选区的宽高比例，当在图像上拖曳选区时，便会根据设置的比例来创建选区。

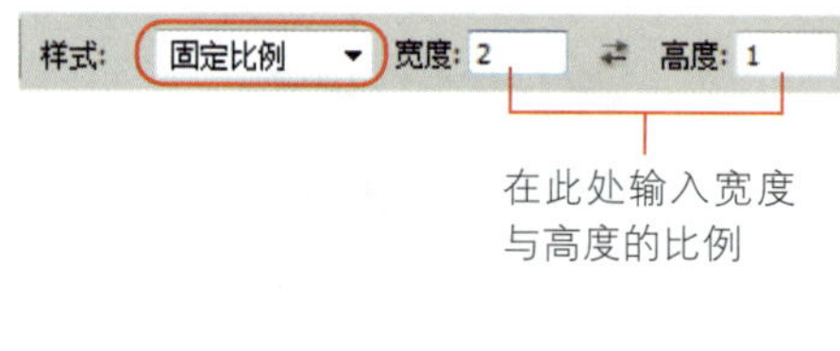

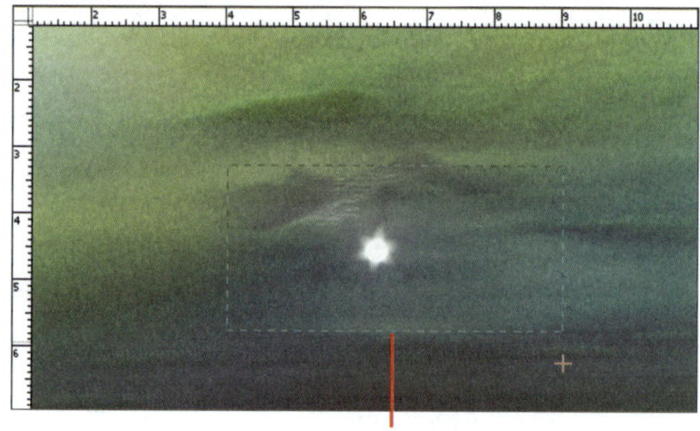

不论怎么拖曳，宽度、高度的比例都会固定不变

TIP 可以执行“**视图/标尺**”命令，在文件窗口的上方及左方显示标尺刻度，以方便进行对比。

- **固定大小：**假设想在图像中选择特定尺寸的矩形范围，只要在**样式**下拉列表框中选择**固定大小**，然后在**宽度**与**高度**文本框中输入所要的大小，接着在图像上单击，便会出现固定大小的选区。

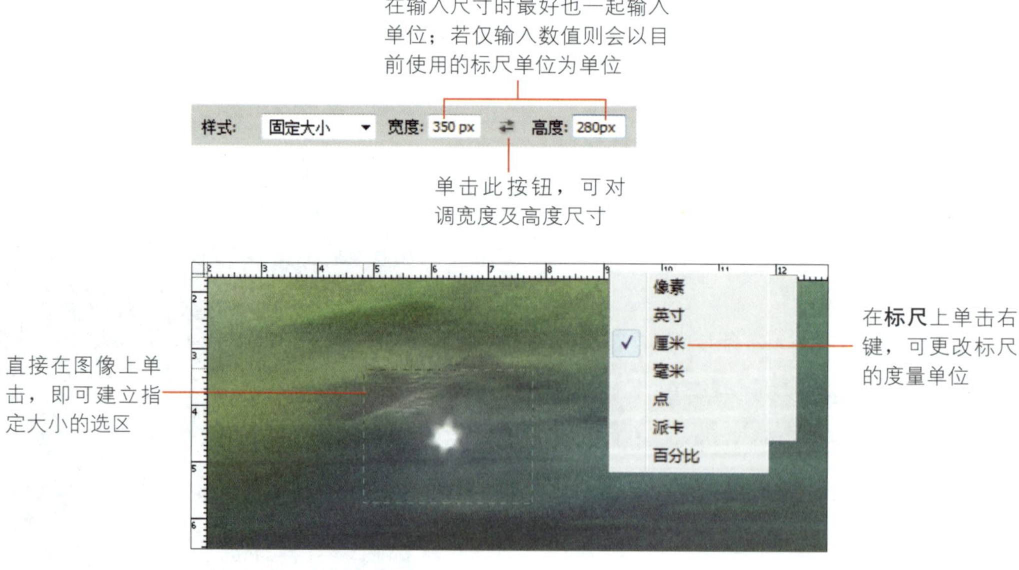

5-3 使用魔棒工具来创建选区

对于图像中有明显的颜色差异，且所要选择的范围中颜色很相近时，**魔棒工具** 是最合适的选择工具。**魔棒工具**在创建选区时，会依据所选取像素的颜色来选择颜色相近的邻近像素。而颜色的相近度则是由**选项栏**中的**容差**数值来决定的。

根据图像颜色选区

当所要选择的图像范围的外观非常复杂，这时候可能会很伤脑筋，不知道该怎么选择才好，别急！请先观察一下图像中的颜色，看看图像中是否有相似的颜色，如果图像中的颜色很单纯或相近，那么不管外观线条有多复杂，都可以使用**魔棒工具**快速选择。

step01 请打开范例文件 05-02.jpg，图像中的摩天轮由许多线条结构组成，但是其颜色非常单纯，这时候就很适合利用**魔棒工具**来创建选区。

step02 请单击**工具箱**中的**魔棒工具** ，然后在摩天轮图像上单击鼠标左键，此时摩天轮会被闪动的虚线框所围绕，这就表示已经选择好图像范围了。选择好摩天轮后，请先不要关闭文件，待会儿还会派上用场。

魔棒工具的选项设置

刚才的摩天轮图像只有白色与淡褐色 2 种颜色，因此使用**魔棒工具**任意单击淡褐色的部位即可创建选区。若是遇到颜色构成比较复杂的图像，在使用**魔棒工具**时，就必须依据图像的情况来调整**选项栏**中的设置，以便正确选择需要的颜色范围。

容差: 20 ☑消除锯齿 ☑连续 □对所有图层取样

魔棒工具的选项栏设置

- **容差**：可输入 0~255 间的数值，数值大小必须根据选择图像中的颜色差异来调整。若所要选择的范围颜色较相近，可将数值设小一点，以排除选到颜色差异大的部分；反之，数值较大则选择的颜色范围会较广。

选择蓝天的部分

容差 = 20，颜色较淡的蓝色未被选择

选择蓝天的部分

容差 = 100，整个天空都被选择

- **连续**：若图像中有多个不连续区域都为相近的颜色，取消此项可一次将选取颜色相近的范围全部选择起来；勾选此复选框则只有和选取像素同一颜色的区域才会被选择。

选择蓝天的部分

勾选**连续**复选框，树枝之间的天空未被选择

选择蓝天的部分

未勾选**连续**复选框，树枝之间的天空也能一并选择

- **对所有图层取样**：勾选此项可同时对所有可见图层进行选择，否则只对目前所在的图层做选择（关于图层的说明，请参阅第 6 ～ 12 章）。

复制与粘贴选区

刚才已经选择了摩天轮的范围，接下来要将摩天轮复制到 05-01.jpg 文件中，以便进行合成的操作。

step01 在范例文件 05-02.jpg 中按 Ctrl + C （Windows）/ ⌘ + C （Mac）键复制选区内的图像（或者执行 **"编辑/拷贝"** 命令）。

step02 执行 **"窗口/ 05-01.jpg"** 命令，便可切换至已经打开的范例文件 05-01.jpg。

step03 按 Ctrl + V （Windows）/ ⌘ + V （Mac）键，刚才复制的图像便会粘贴到目前所在的图像中（也可以执行 **"编辑/粘贴"** 命令），如右图所示。

完成以上的操作之后，请执行 **"窗口/图层"** 命令打开**图层**面板，会发现面板中有一个**背景**图层和**图层 1** 图层。其中**背景**图层就是我们的底图图像，而迭在上面的**图层 1** 则是我们复制到底图上的摩天轮图像。

对于图层的概念我们已经在上一章中提过了，现在可能对图层还是觉得很陌生，没关系，第 6 章我们会再详细说明图层的使用。

图像的变换与移动

当我们将 A 图像复制到 B 图像中，可能会发生两种情形：一是复制过来的图像太大，不是我们想要的结果；二是图像的位置可能不是我们想摆放的地方，这时候你就可以将图像做旋转或变换处理，最后再使用**移动工具**来调整图像的位置。

step01 将刚才的摩天轮图像复制到 05-01.jpg后，其大小及角度都不是我们想要的结果，现在我们要进一步进行调整。请执行 **"编辑/变换/旋转"** 命令，在**选项栏**的 △ 0.0 度 文本框中输入"26"，再单击**选项栏**的 ✓ 按钮或 Enter （Windows）/ return （Mac）键完成顺时针旋转 26°。

TIP △ 0.0 度 的数值是依照本范例的需求来设置的，当自行设计作品时，旋转的角度请根据实际需求来设置。当然，可能需要经过多次的实验才能得到满意的结果。

step02 调好角度后，再来调整摩天轮的大小。请执行**"编辑/变换/缩放"**命令，然后单击**选项栏**的按钮以维持长、宽的比例，接着在 W 文本框中输入 90%（H 文本框也会跟着变化），我们要将摩天轮缩小 10%，输入完毕后，请单击按钮。

也可以拖曳四周的控点来缩放图像的大小

step03 最后再选用**工具箱**中的**移动工具**将摩天轮图像移到合适的地方即可。

5-4 使用快速选择工具来创建选区

快速选择工具可让我们用画笔直接在图像上涂抹，将相近的颜色范围创建为选区。当要选择的图像轮廓较复杂时，就可以利用此工具轻松地选择特定图像范围。

选择图像中的特定区域

请打开范例文件 05-03.jpg，我们要选择图像中的鸟，并将其复制到 05-01.jpg 中。

step01 打开 05-03.jpg 文件后，我们先使用**缩放工具**来放大欲选择的部分，以便清楚地查看图像的边缘，也利于接下来的选择操作。

step02 单击**工具箱**中的**快速选择工具** 后，我们要根据预备选择的图像来调整画笔大小，请在**选项栏**中将画笔大小设为“10”，并勾选**自动增强**复选框，让**快速选择工具**做更精准的选区侦测。

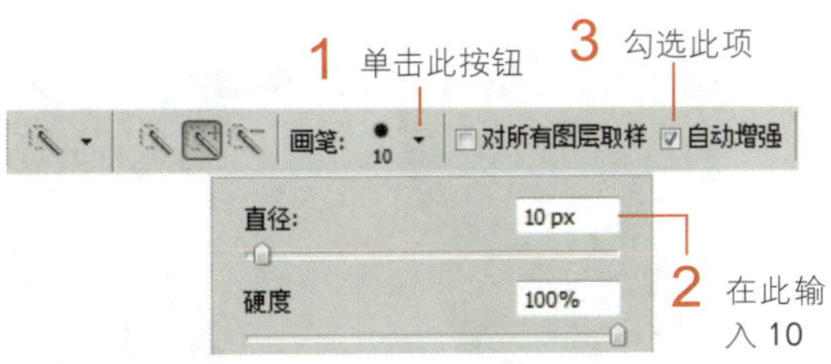

step03 设置完成后，就可以按住鼠标左键开始在图像上涂抹，此时**快速选择工具**会自动侦测物体的边缘，而颜色层次较多的部分，只要小心的描绘边缘就可以顺利选取。

step04 在此我们按住鼠标左键，从鸟的头部开始顺着身体的方向涂抹，涂抹完毕后就可以顺利选择整只鸟了。

step05 按 Ctrl + C （Windows）/ ⌘ + C （Mac）键，复制刚才选择好的鸟，再切换到 05-01.jpg中按 Ctrl + V （Windows）/ ⌘ + V （Mac）键，将鸟的图像粘贴进来。同样地，可以利用变换功能及**移动工具**调整鸟的大小并移到适当的位置。

增加或减少选区

快速选择工具会自动判断边界，然而有时也会出现偏差，让选区不够精确，例如下图中脚掌的部位就选得不够仔细，不仅指尖没有选择到，部分绿色背景也选进来了。

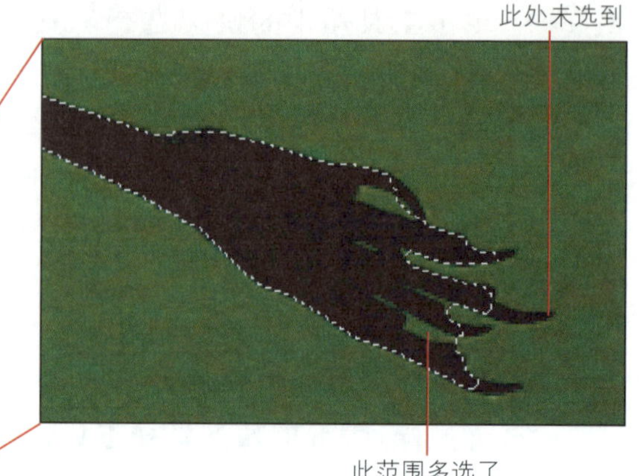

此时，不需要全部重新来过，只要利用**选项栏**中的按钮，即可修改目前图像中的选区。

创建新的选区

从选区中减去

添加到选区（当开始选择后，会自动切换为此项，方便用户继续增加选区）

在选择图像范围时并不限定只能用一种选择工具来选择，可以交替使用各种选择工具来增加或减少选区，例如先用**魔棒工具**选好某个色块范围，再使用**矩形选框工具**增加选择某个矩形物体等）。以下我们就来练习增减选区的技巧。

step01 请重新打开范例文件 05-03.jpg，然后按照刚才所学的方法使用**快速选择工具**选择鸟的部分，再使用**缩放工具**放大图像的显示比例，并选用**应用工具栏**中的**抓手工具**将图像移动到脚趾的部分。

step02 接着单击**选项栏**上的**添加到选区**按钮，因为我们要选择的图像范围很小，请再将**画笔**大小调整为 2。

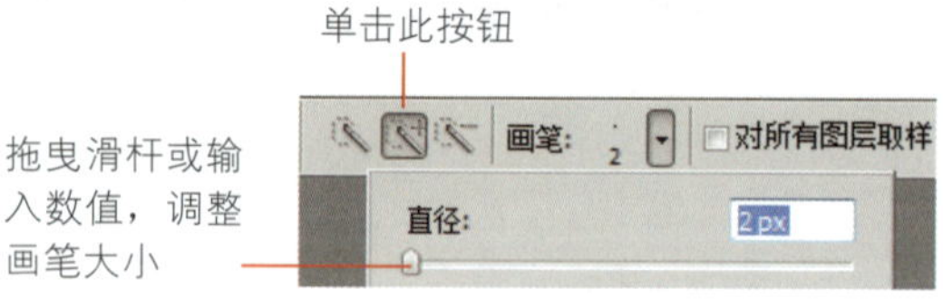

step03 使用**快速选择工具**涂抹未选择到的脚趾部分，添加到选区。

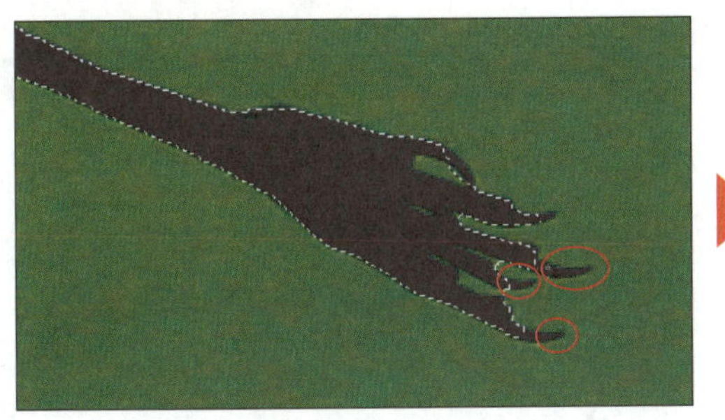

有部分脚趾没选到

step04 单击**选项栏**上的**从选区中减去**按钮，然后涂抹脚趾之间绿色背景的部分，即可将原本多选的范围删掉。

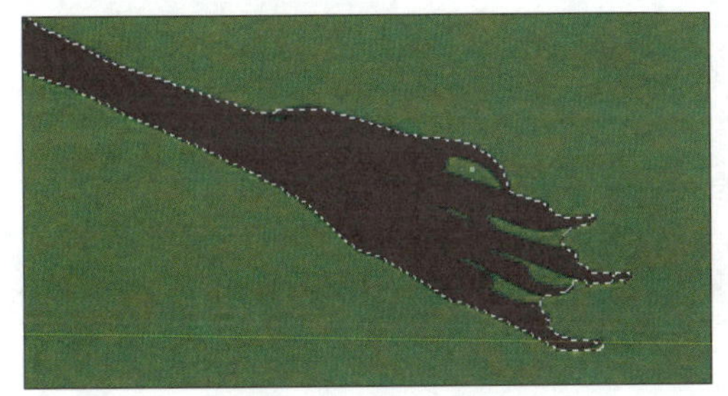

趾缝间多选了绿色的背景

step05 在选择脚趾间的小空隙时，会发现不太好选择，很容易就多选了其他的部分。此时请改选**工具箱**中的**套索工具**并单击**选项栏**的**从选区中减去**按钮，直接用鼠标拖曳的方式来圈选出要减去的范围。

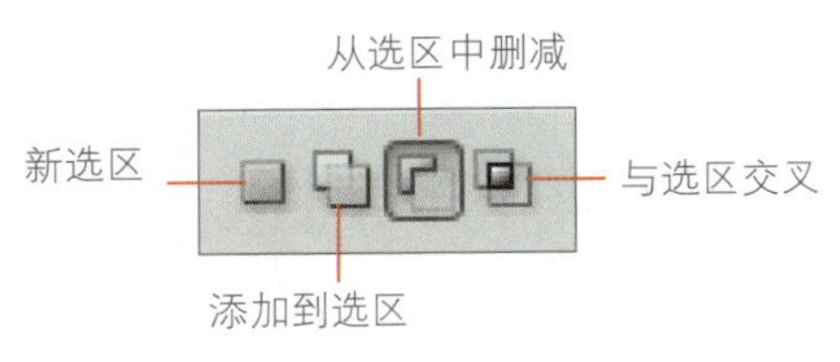

利用**套索工具**选择脚趾的间隙

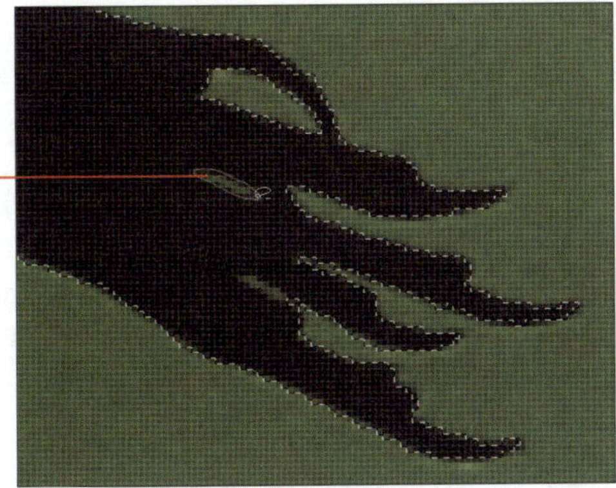

在此将图像放大至 600%

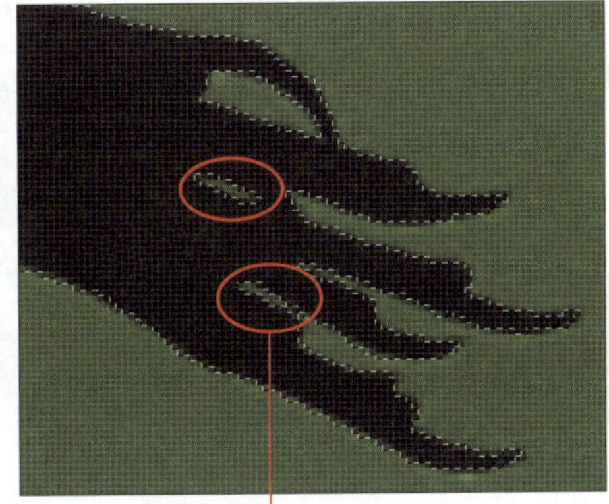

删去脚趾间的间隙

运用**添加到选区**或**从选区中删减**的功能，可以将图像精确地圈选出来，这在进行图像合成时是相当必要的处理，因为精确的选择会使得合成后的结果更加逼真且细腻，因此，千万别觉得选择差不多的范围就好了，待您学会其他选择工具的操作后，灵活运用这些技巧，将可以更快也更精准地选择各种对象。

修改及预览选择结果

使用选择工具选择图像后，单击**选项栏**的**调整边缘**按钮，可查看选择的结果，若是选择的结果不理想，可以在**调整边缘**对话框中直接修饰选区的边缘。

文件窗口中会显示图像去背景后的结果，如果去背景的结果不理想，再由**调整边缘**对话框中来微调

复制与排列对象

本范例的海报中一共要排列 4 只大小不同的鸟，营造出远近不同的距离感，因此我们要利用刚刚粘贴到 05-01.jpg 的鸟，再继续复制出 3 只鸟，并调整彼此间的位置与大小关系。

step01 如果刚才鸟的选择工作没有顺利完成，可以打开范例文件 05-04.psd，再执行“**窗口/图层**”命令打开**图层**面板，查看目前的图层分布情况。

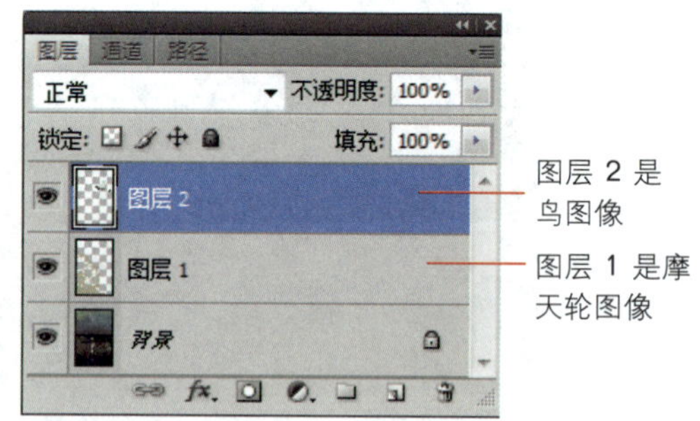

step02 请在**图层 2** 上面按住鼠标左键不放，拖曳到下方的**创建新图层** 按钮上再放开左键，即可复制一份完全一样的图层，并自动命名为**图层 2 副本**。

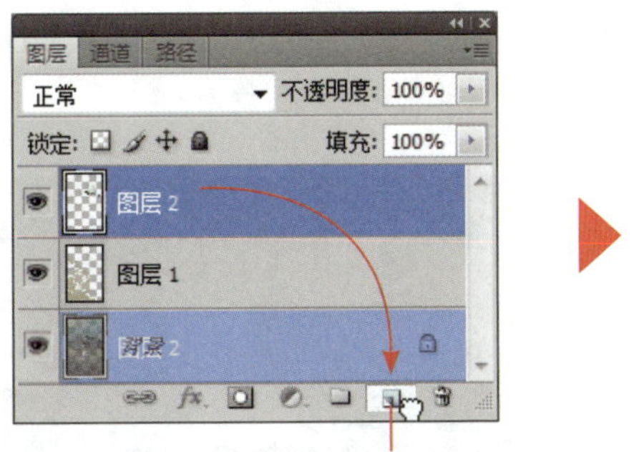

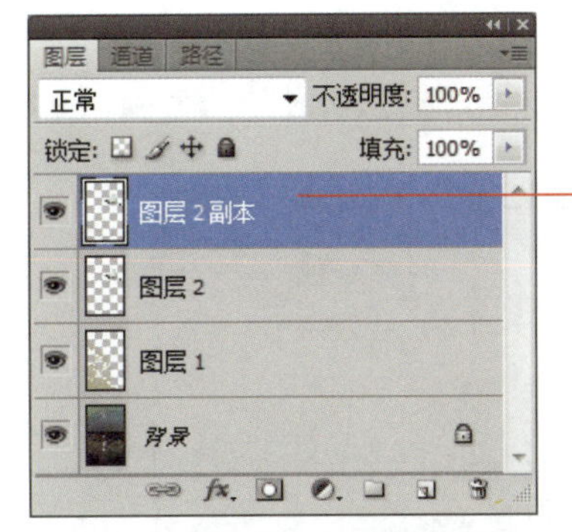

step03 重复步骤 2 的操作，再复制出 2个鸟图层，分别为**图层 2 副本 2**、**图层 2 副本3**。

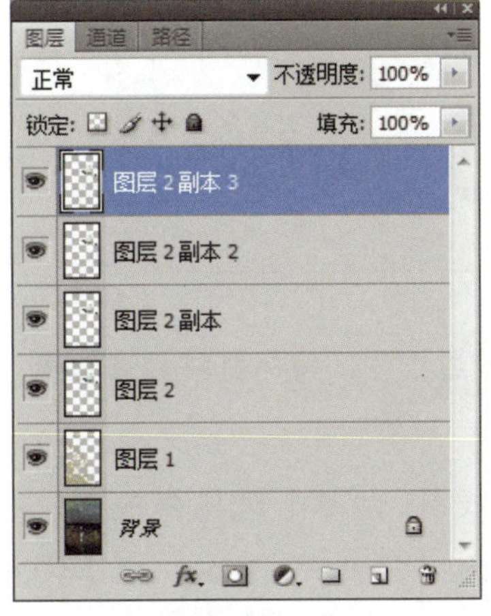

Photoshop 的每个图层都是各自独立的，将其内容堆栈起来就会变成我们所看见的图像

step04 目前**图层 2**、**图层 2副本**、**图层 2副本2**、**图层 2副本3** 这 4 个图层中都有鸟图像，我们逐一从图层面板中选择每个图层，利用**工具箱**中的**移动工具**，调整每只鸟的位置。

1. **图层 2** 的鸟放置于此
2. **图层 2 副本**的鸟放置于此
3. **图层 2 副本 2** 的鸟放置于此
4. **图层 2 副本 3** 的鸟放置于此

step05 选择**图层 2 副本**图层，执行“**编辑/变换/缩放**”命令，接着拖曳选框的控制点来缩小物体的大小。拖曳时，若配合按住 Shift 键，可等比例缩放图像大小。

选择**图层 2 副本**图层

拖曳周围的控制点调整鸟的大小

TIP 在缩放的过程中，将指针移到选框里，再单击鼠标左键拖曳，即可移动对象的位置。

step06 调整完成后，请单击**选项栏**的 ✓ 按钮或 Enter（Windows）/ return（Mac）键，确认变换操作。

step07 重复步骤 5、6，将**图层 2 副本 2** 的鸟也缩小一些，就可营造出我们所要的远近距离感了。

5-5 使用多边形套索工具来创建选区

上一节我们提到**套索工具**可直接在图像上拖曳来创建选区，本节我们要再进一步说明**多边形套索工具** 的用法，**多边形套索工具**是以单击的方式来完成选取，适合用来选择线条笔直的物体。请打开范例文件 05-05.jpg，我们要练习使用**多边形套索工具**来选择图像中的红色建筑物。

step01 请放大图像的显示比例，再单击**工具箱**中的**多边形套索工具**，在要选择的范围边缘上，单击鼠标左键，设置选区的起始点。

step02 接着沿着建筑物的边缘在下一个转折的地方单击鼠标左键。

在此单击鼠标左键建立一个节点

step03 依此方式，在红色建筑物边缘以单击鼠标的方式来创建选区，最后双击鼠标左键以接合起始点与终点。本范例我们选择如右图所示的形状即可。

TIP 使用**多边形套索工具**时，单击 Shift 键不放，可以 45° 的倍数角度（45 、90 、135…）单击选择下一个选择点；按 Delete 键则可擦除最近绘制的线段。

step04 接下来请自行将选择好的建筑物按 Ctrl + C （Windows） / ⌘ + C （Mac）键，再到 05-04.psd 的文件窗口中按 Ctrl + V （Windows）/ ⌘ + V （Mac）键把它复制到图层中。

step05 接着再执行“**编辑/变换/扭曲**”命令，并拖曳建筑物四周的控制点来扭曲外形，以配合后面摩天轮的倾斜方向，如右图所示。

在套索工具与多边形套索工具间切换

使用**套索工具**与**多边形套索工具**时，可以按住 Alt (Windows) / option (Mac) 键在这 2 种工具间做暂时性地切换。举例来说，当使用**套索工具**在拖曳选区时，如果遇到适合用**多边形套索工具**的情况（例如直线的区域），可以先按住 Alt (Windows) / option (Mac) 键再放开鼠标左键，此时鼠标指针会变成 （不要放开 Alt / option 键），改用单击的方式来选择。若要切换回**套索工具**，请先按住鼠标左键，再放开 Alt (Windows) / option (Mac) 键即可。

柔化选区边缘

假如将选择好的对象复制到另外一张图像做合成时，发现物体的边缘过于明显，好像无法与目的图像融合在一块，此时可凭借**选项栏**中的**羽化**及**消除锯齿**设置来柔化对象的边缘，让合成的效果看起来更为自然。

羽化: 0 px ☑消除锯齿

套索工具的选项栏
皆有这 2 个设置

- **羽化**：在选择前先在**选项栏**的**羽化**文本框中输入想要羽化的程度，接着再进行选择即可。羽化的数值越大，则选区的图像边缘会越模糊，但请注意！羽化值不可大于选区，否则会出现错误信息。

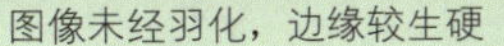
图像未经羽化，边缘较生硬

图像经过羽化处理，边缘较模糊

TIP 如果已经创建好选区，仍然可以执行**“选择/修改/羽化”**命令来制造羽化效果，或是在任一选择工具的**选项栏**中单击**调整边缘**按钮，在对话框的**羽化**选项中设置羽化程度。

- **消除锯齿**：勾选此复选框可使选区的边缘较为平滑。

未勾选**消除锯齿**复选框的复制效果

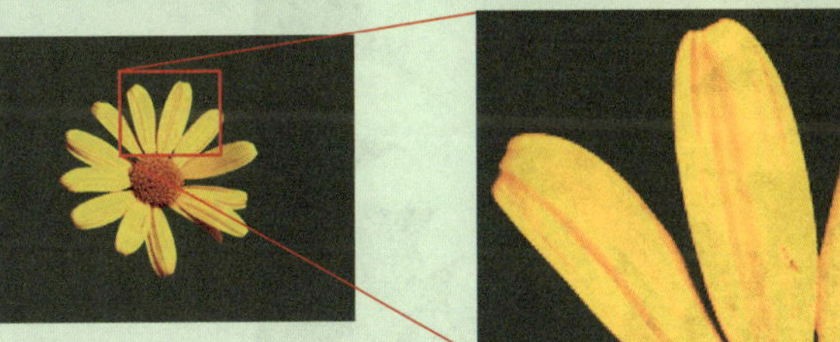
勾选**消除锯齿**复选框后的复制效果

5-6 使用磁性套索工具来创建选区

磁性套索工具 会根据图像相邻像素的对比来选取图像，让我们在选择时，感觉像是有磁性般地自动贴齐图像边缘的功能。这个功能非常适合用于圈选在颜色或亮度上有明显边界差异的图像，例如范例文件05-06.jpg 中的白色花朵，与暗绿色的背景形成强烈的对比，就很适合使用**磁性套索工具**来创建选区。

step01 打开范例文件 05-06.jpg 后，使用**磁性套索工具** 在花朵的边缘单击鼠标左键，指定选区的起始点。

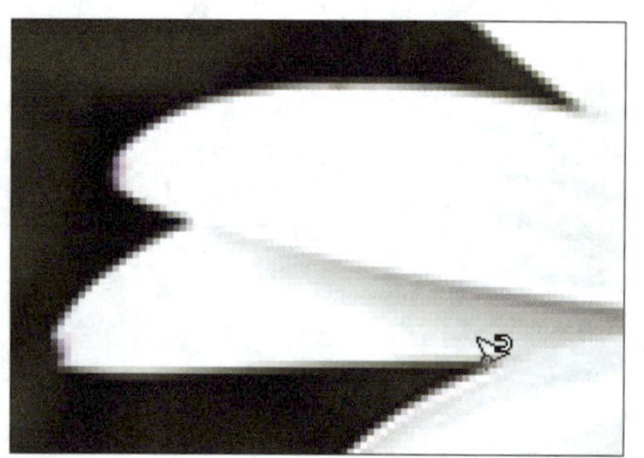

step02 接着只要沿着物体边缘慢慢移动鼠标，**磁性套索工具**便会自动产生节点。

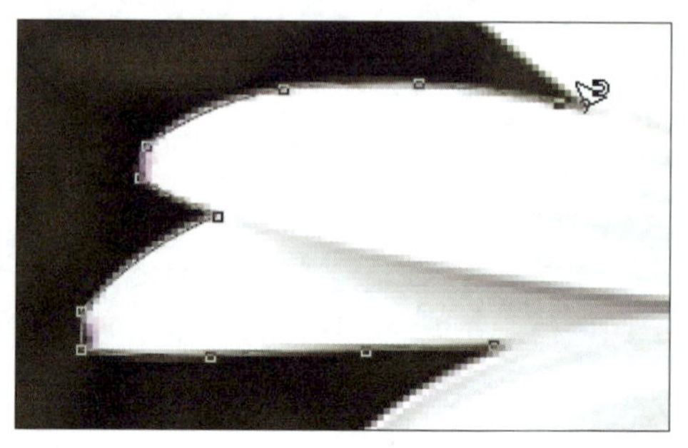

TIP **磁性套索工具**在沿着对象边缘选择时，对于有明显转弯角度的部分，无法精准地产生节点，因此当使用**磁性套索工具**时，请在转折处自行单击鼠标左键，以手动的方式产生节点。

step03 将指针移到起始点的位置单击，便可创建好选区。

step04 最后将所选择的花朵复制到 05-04.psd 中，并放置在如右图所示的位置。

TIP 使用**磁性套索工具**时，按住 Alt (Windows) / option (Mac) 键拖曳，可暂时切换为**套索工具**来圈选范围；如果按住 Alt (Windows) / 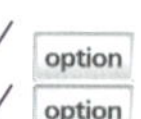 (Mac) 键后在图像上单击，则会暂时变成**多边形套索工具**。

磁性套索工具专属的参数设置

在**磁性套索工具**的**选项栏**中，除了**羽化**与**消除锯齿**功能外，还有 4 个专属的设置选项，我们一起来了解一下：

宽度: 10 px 对比度: 10% 频率: 57

- **宽度**：**磁性套索工具**是以鼠标指针为中心，侦测某一距离内的图像，以便找出物体边缘。改变**宽度**设置值（以像素为单位）便可改变侦测的范围。若要看清楚侦测范围，可以在选用**磁性套索工具**时，先单击 Caps Lock 键，将指针切换成显示侦测范围的状态，再开始圈选，圈选结束后，再单击 Caps Lock 键便可切换回来。

TIP 请注意：若是将**宽度**设得太大，侦测速度会变得较慢。

- **对比度**：设置物体边缘反差的程度，以作为侦测标准。此处是以百分比为单位，可填入 1～100%的值。当物体的边缘很清晰时，请将百分比值调高，此时 Photoshop 会以较高的对比值来判断是否为物体边缘；反之，若物体边缘不易判断时，则请将百分比值调低以提高敏感度。
- **频率**：设置圈选时节点的密度。可填入 0～100 的值，值越大节点越密，也越能精确地选择物体边缘。
- **绘图板压力**：当计算机装有光轮笔时，可单击 按钮启动光轮笔的感压功能，越用力时侦测范围越小，反之就越大。

5-7 反向选区

当要选择的对象，其颜色或形状较为复杂，而背景却是单纯的颜色时，我们可以利用**魔棒工具**先选择背景，之后再反向选区，便可以轻松选择图像的主体。

step01 请打开范例文件 05-07.jpg，选用**魔棒工具** ，并勾选选项栏的**连续**复选框，以避免选到花蕊中的黑色部分，接着在黑色的背景上单击，就可以一次将背景选择起来。

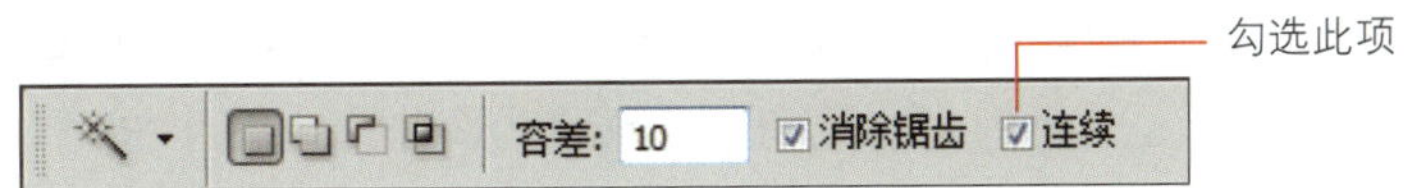

在黑色背景单击

立即选择黑色背景

step02 执行“**选择/反向**”命令，便可以轻松选择花朵部分。最后请将选好的花朵同样复制到 05-04.psd 中进行合成的操作，如右图所示。

利用反向的技巧选择花朵部分

合成后的效果

5-8 使用椭圆选框工具来创建选区

利用**椭圆选框工具** 可以拖曳出椭圆或圆形的选区，其使用方式与**矩形选框工具**大同小异，但这里我们将教您在选择椭圆形时的一些小技巧。

一边选择一边修正选框的位置

使用**椭圆选框工具**和**矩形选框工具**最大的不同之处在于，我们比较不容易正确地选择所要的椭圆形范围，经常需要一边选择一边调整选框的位置。下面以范例文件 05-08.jpg 为例来选择图像中的圆形时钟。

step01 请选择**椭圆选框工具**，从右图所示的 A 点开始拖曳到 B 点，屏幕上会出现圆形的选择框，此时请先不要放开鼠标左键。

step02 查看圆形选区是否完整地罩住我们所要选择的钟，如果不是的话，请在未放开鼠标左键前，按住 空格键，再拖曳鼠标就可以移动选框的位置。在按住鼠标左键的情况下放开 空格键，可继续调整圆形选区的大小，直到选区符合我们所要的范围为止。

step03 之后再将选区复制，粘贴到 05-04.psd 文件的右下角位置，合成效果如右图所示。

加强图像效果

本章范例进行到最后，我们想要让整个合成的图像风格更强烈一些，因此再利用**亮度/对比度**功能来强化整体图像的对比度。请打开我们事先做好合成的 05-09.psd 来做以下的练习：

step01 进行到此，本例的图像已经包含相当多的图层，请先执行“**图层/拼合图像**”命令，将所有复制过来的个别图像与背景图像合并成一张图像，以便对整个图像加强亮度、对比度。

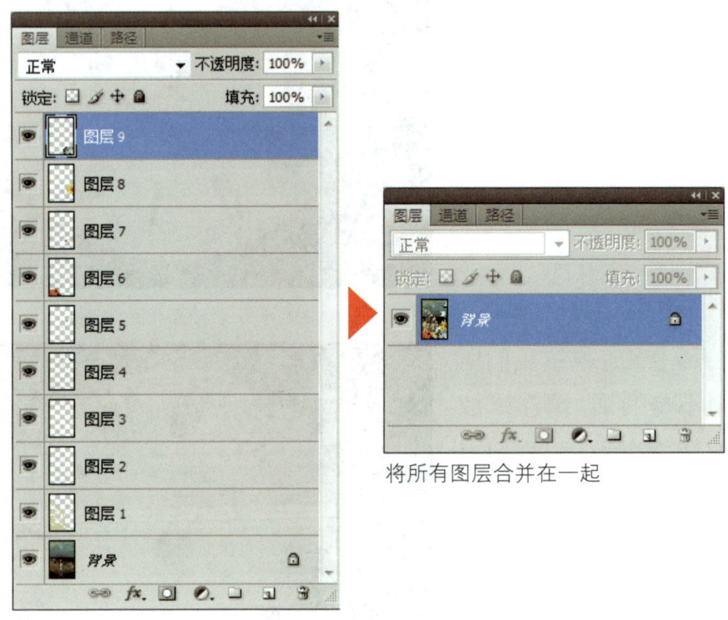

将所有图层合并在一起

step02 执行“**图像/调整/亮度/对比度**”命令，将**亮度**值降低为“-20”，将**对比度**的值增加至“20”。

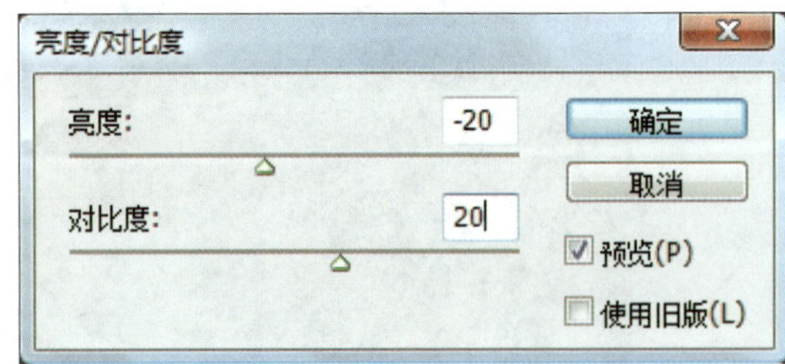

step03 最后单击**确定**按钮，一幅法式艺术风格的作品便完成了。

1. 在选择图像中的特定范围时，可按照选区的形状、颜色、边界明显度等来选择最适合的选择工具。当选区很复杂时，还可交互使用不同的选择工具来增减选区，以创建最精确的选区。以下列出各种选择工具的功能及使用时机。

工具名称	功能	使用时机
矩形选框工具	可拖曳矩形选区	适用于选择矩形范围
椭圆选框工具	可拖曳圆形或椭圆形选区	适用于选择圆形或椭圆形范围
单行选框工具	可选择1像素高的水平线条	适用于在图像上选择水平线
单列选框工具	可选择1像素宽的垂直线条	适用于在图像上选择垂直线
套索工具	用拖曳方式来框选出选区	适用于选择不规则形状或手绘图像
多边形套索工具	以连续单击的方式创建多边形来选择图像	适用于选择由直线所构成的图像
磁性套索工具	可自动沿着图像的边缘进行选择	适用于选择图像边缘颜色有明显差异的图像范围
魔棒工具	以单击方式选择颜色相近的范围	适用于选择颜色单纯的图像范围或背景
快速选择工具	以拖曳涂抹的方式侦测图像边缘	适用于选择颜色多样、轮廓明显的图像范围

2. 使用任何一个选择工具时，只要按住 Shift 键，可暂时切换为**添加到选区**模式。

3. 使用**套索工具**或**多边形套索工具**时，可按住 Alt （Windows）/ option （Mac）键暂时相互切换这两个工具。

4. 使用**磁性套索工具**时，按住 Alt （Windows）/ option （Mac）键拖曳，可暂时切换为**套索工具**来圈选范围；如果按住 Alt （Windows）/ option （Mac）键后在图像上单击，则会暂时变成**多边形套索工具**。

5. 使用**磁性套索工具**时，可单击 Caps Lock 键将指针切换为显示侦测范围的状态，方便我们选择图像。

1. 在 Photoshop 里，还有什么方法可以根据颜色来调整选区呢？其做法是什么？

当图像上已经有选区时，Photoshop 提供 2 种方法让我们根据颜色来增加选区。可以在“选择”菜单中找到以下 2 个命令，其用法说明如下。

- **扩大选取**：执行此命令时，Photoshop 会按照颜色的相似程度，由相邻的点来扩增原有的选区。

原选区

执行“选择/扩大选取”命令后的选区

- **选择相似**：执行此命令时，Photoshop 会选择所有跟原选区相近的颜色。和“**扩大选取**”命令不同的是，“**选择相似**”命令可以选择不相邻区域的相似颜色。

原选区

执行“**选择/选择相似**”命令后的选区
（其他的白色花朵也会一并选择起来）

2. 怎样选择整张图像并为图像加上细细的黑色外框?

可以先按 Ctrl + A（Windows）/ ⌘ + A（Mac）键选择整张图像，然后执行“**编辑/描边**”命令，将选区边缘填上指定粗细与颜色的线条。

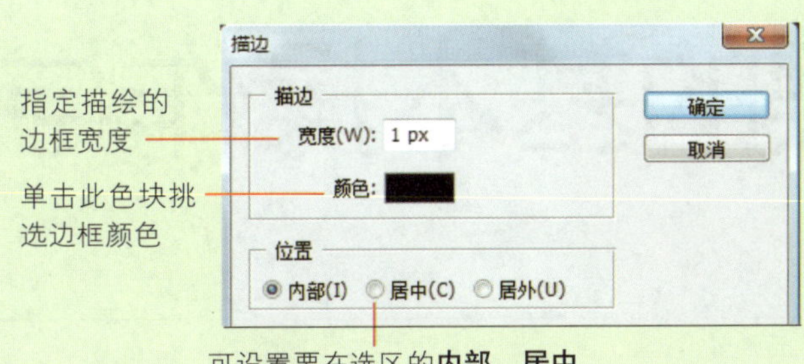

选择整张图像

加上细边框效果

LESSON

第6章 图层的基本操作与编辑

结合点阵与矢量图的封面设计

课前导读

Photoshop 之所以能够成为艺术设计、图像合成领域中首屈一指的知名软件，**图层**功能扮演着相当重要的角色。在实际应用上，几乎所有的作品都是由许多图层构成的，它提供给设计者相当大的编修弹性，是不可或缺的重要功能。本章的范例一共由 10 个图层（古堡、镜头、菊花…）上下相叠而成，透过此范例的操作演练，将能熟悉图层的使用方式，从而奠定日后从事图像创作的良好基础。

本章学习提要

- 深入认识图层
- 学习如何使用图层来设计作品
- 将其他格式的图像置入 Photoshop 中成为智能对象
- 利用**图层复合**记录图像中每个图层的设置
- 使用**拼合图像**功能来合并图层

估计学习时间 **120分钟**

6-1 认识图层

下面我们先为您介绍图层的功能与使用概念，之后再以实例来演练图层的操作技巧。

图层的功能

在第 4 章替图像进行修补前我们已经简单使用过图层的功能，因此大家应该对图层有个初步的概念。现在我们就正式为您介绍图层的用法。首先可以将图层想象为一张张透明的塑料片，而您正在这一堆透明塑料片的正上方由上至下地看穿它。Photoshop 的每个图层皆是各自独立的个体，可以任意修改某一图层的内容，不需要担心会破坏到其他图层里的图像，并且借此调整图层的透明程度、混合模式，就能创造出各式各样的效果。以本章的范例来说，它就是由以下这10 个图层所叠加而成的。

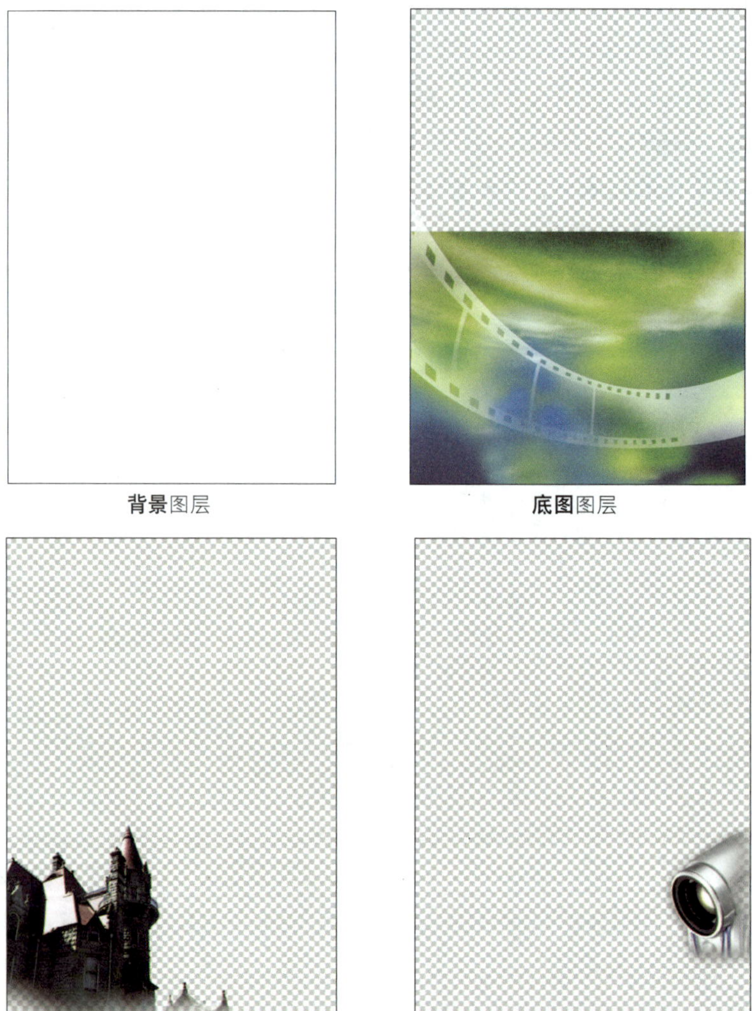

背景图层

底图图层

古堡图层

镜头图层

菊花 1 图层　**菊花 2** 图层　**矢量图 1** 图层

矢量图 2 图层　**旗景数码图像公司**图层　**Wonder View** 图层

解读图层面板

在 Photoshop 中，关于图层的各项操作，如：查看图层分布情况、增加/删除图层、调整图层的透明程度等，都要在**图层**面板中操作。首先，我们来了解一下图层面板。请打开范例文件 06-01.psd，执行 **“窗口/图层”** 命令，打开**图层**面板。

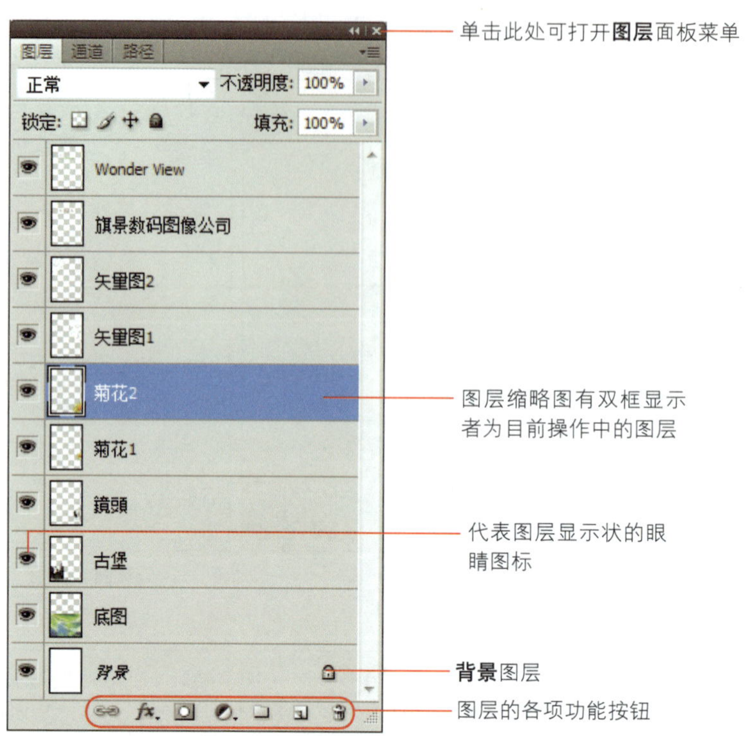

当要编辑某个图层的内容时，只要单击图层名称（例如上图中的背景或古堡等字样），该图层就会成为操作中的图层，且图层的名称还会显示在文件窗口的标签中，告诉我们现在编修的就是这个图层。

图层的种类

Photoshop 的图像图层可区分为 2 种，一种是**背景**图层，另一种是普通图层。**背景**图层就好比是图像的画布或背景图，永远都要放置在最底层，而且不能更改图层的透明度或混合模式；至于普通图层则没有这些限制，还可自由地调整上下堆栈的顺序。

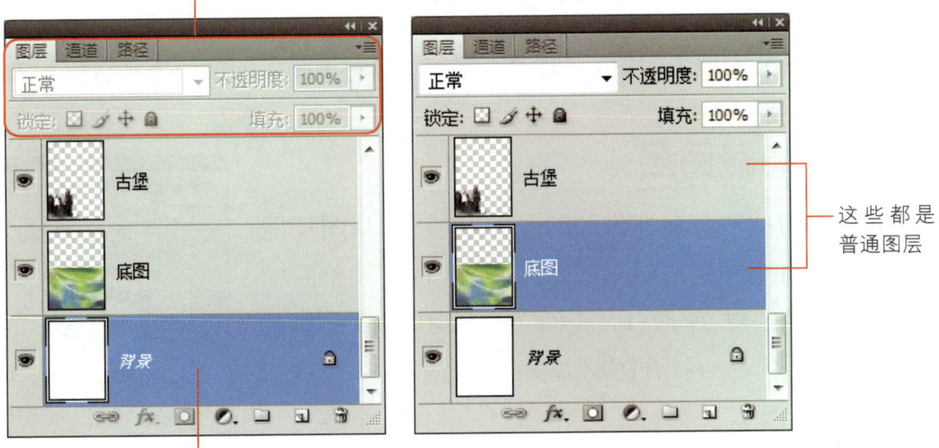

TIP 一个图像中仅能有一个**背景**图层，不过也可以完全没有**背景**图层，只由普通图层来构成。

当打开已有图像时，Photoshop 默认会将此张图像设为**背景**图层，之后所新建的图层都会成为普通图层。新建文件时，若是将**背景内容**设为**背景色**或**白色**，就会被设成**背景**图层；若是将**背景内容**设为**透明**，则会建立成普通图层，并且自动将图层命名为**图层 1**。

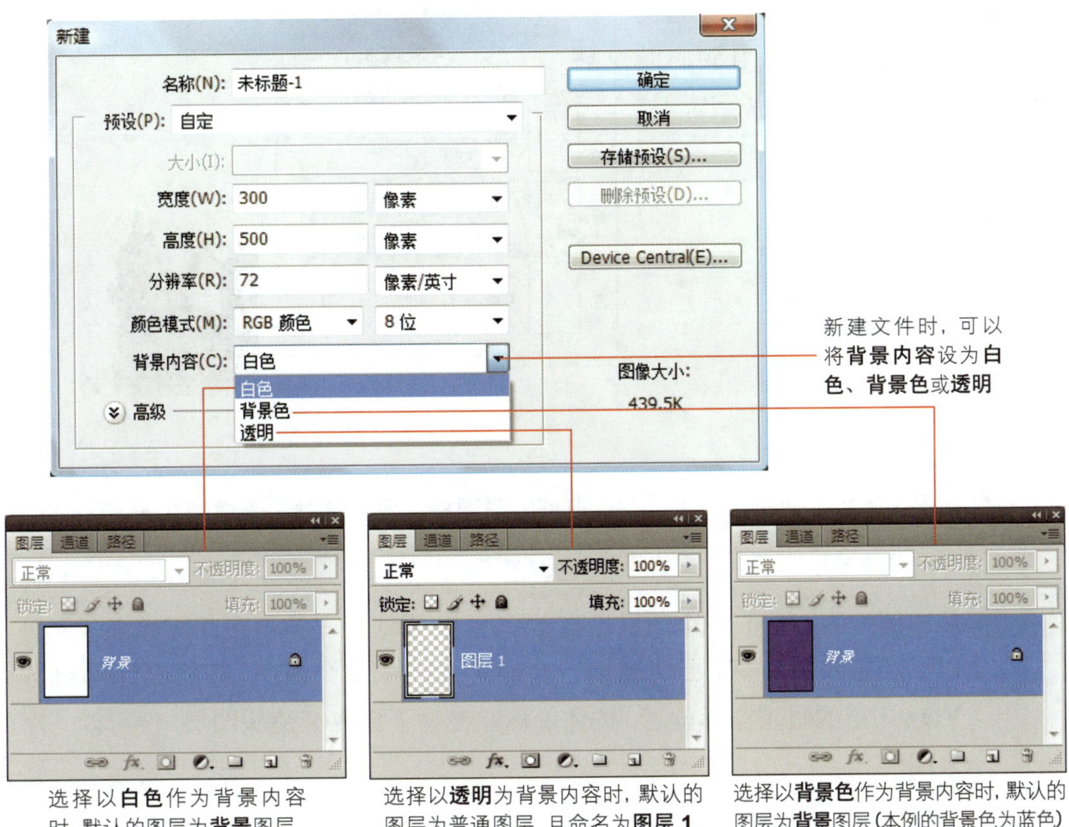

选择以**白色**作为背景内容时，默认的图层为**背景**图层

选择以**透明**为背景内容时，默认的图层为普通图层，且命名为**图层 1**

选择以**背景色**作为背景内容时，默认的图层为**背景**图层（本例的背景色为蓝色）

6-2 图层的基本操作演练

下面我们就要实地练习图层的基本操作，让您对于图层的使用方法有更清晰地了解。

显示或隐藏图层

一张图像可能包含相当多的图层，我们可以从**图层**面板中控制每个图层的显示或隐藏，这样便可调整图像中所要呈现的内容。请打开范例文件 06-02.psd 并执行 **"窗口/图层"** 命令打开**图层**面板来做练习。

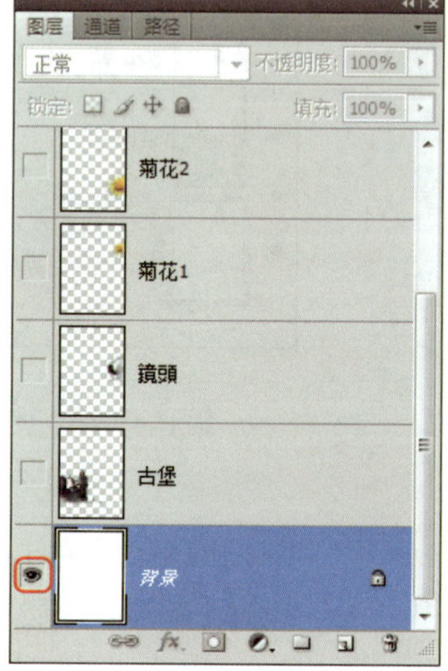

目前只有白色的**背景**图层出现眼睛图标，其余图层皆处于隐藏状态，因此图像中空无一物，只有白色的背景

step01 请试着在**古堡**图层左边的位置单击，即可看到眼睛图标，且图像上也会出现城堡图像。

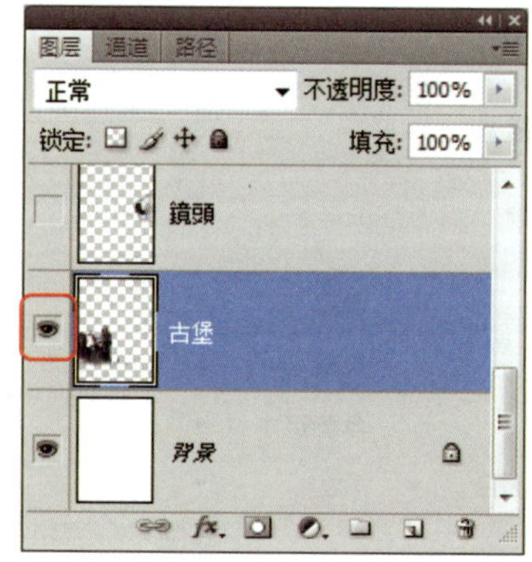

TIP 在眼睛图标上再单击一下，则会取消眼睛图标，表示该图层被隐藏起来。

step02 以本例为例，还有 5 个图层没有显示出来，除了逐一单击眼睛图标来显示外，还可以利用拖曳的方式，更快速地一次显示或隐藏多个图层。请将指针移到**Wonder View**图层的眼睛图标位置，按住鼠标左键往下拖曳至**镜头**图层，便可以一次显示 5 个图层。

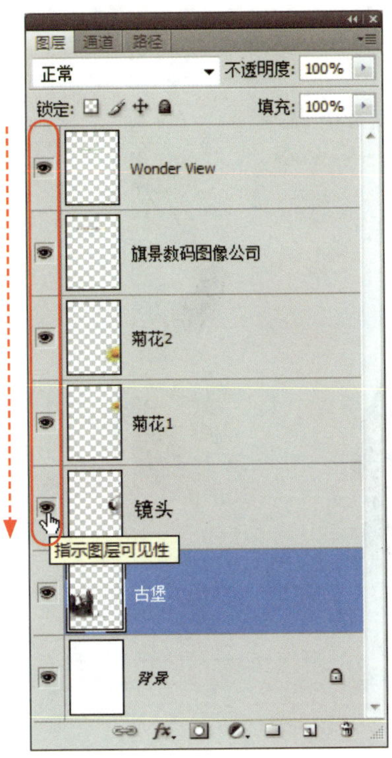

选择操作中的图层并移动图层图像

当图像中包含多个图层时，在做任何操作之前，一定要先确认目前的操作中图层为哪一层，以免执行的操作套用到错误的图层上。下面以移动图层中的对象位置为例，练习选择操作中的图层。

step01 首先移动**古堡**图层中的图像。请先将鼠标移到**图层**面板中的**古堡**图层上单击，让**古堡**图层切换成操作中的图层。

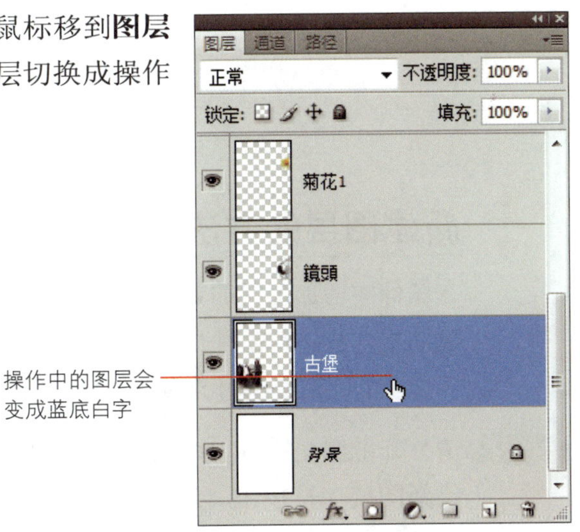

step02 使用**工具箱**中的**移动工具**，直接在文件窗口中将城堡图像往左下拖曳，直到贴齐画面的左下角。

step03 根据上述的方法，请试着将各图层中的图像移动至合适的位置，以显示出如右图所示的样子。

新建图层的方法

在图像中增加图层的方法主要有 3 种，第 1 种是先建立全新的空白图层，然后再绘制图层内容；第 2 种是将已有的图层复制出一个来做应用；第 3 种则是直接将另一图像中的图层复制过来使用。下面分别练习这 3 种方式。

step01 请打开范例文件 06-03.psd，选择 **Wonder View** 图层，然后单击**图层**面板下方的**创建新图层** 按钮，便会在目前操作中的图层的上方创建一个空白图层。

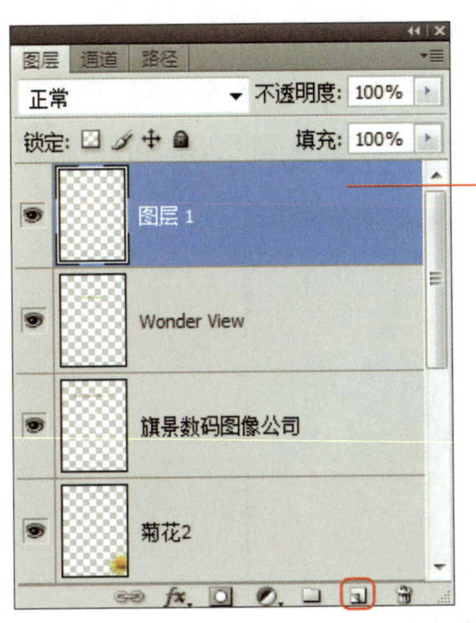

新建的图层默认是以**图层 1**、**图层 2**、**图层 3**…来命名，但可以在图层名称上双击，自行更改图层名称

step02 选定**菊花 2** 图层，直接拖曳到**创建新图层**按钮上，便可以复制一个**菊花 2**图层，并自动命名为原图层名称加上“副本”两字。

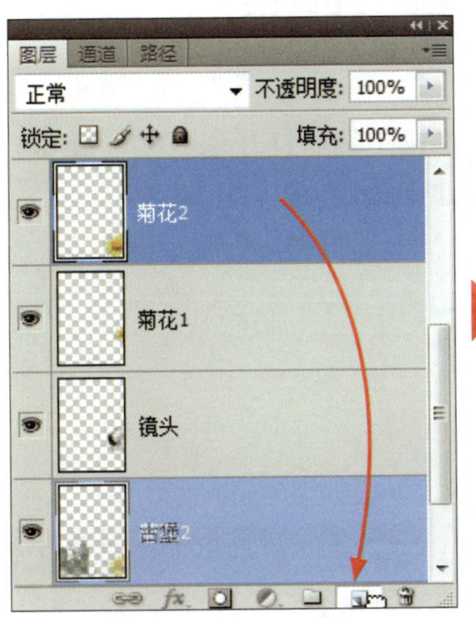

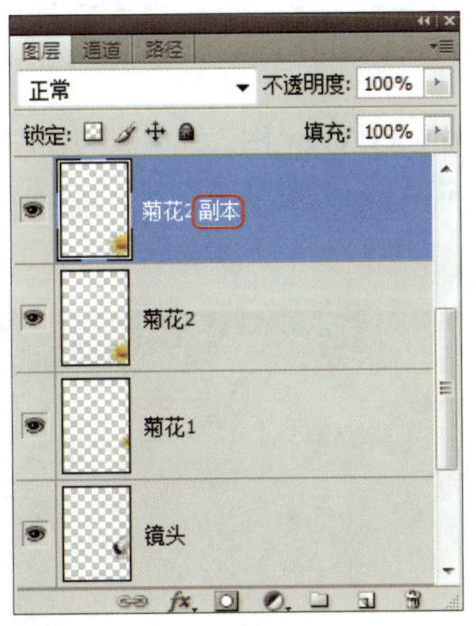

复制的图层内容会跟复制来源的图层内容显示在相同的位置上（也就是两朵菊花会叠在一起），只要用**移动工具**移开即可

step03 接着我们来练习把刚刚新建的图层删掉。请选定**图层 1** 再按住 Ctrl（Window）/ ⌘（Mac）键选定**菊花 2 副本**图层，即可同时选择这 2 个图层。再单击**图层**面板下方的 按钮，在打开的对话框里单击**是**按钮，确认删除后即可删除图层。

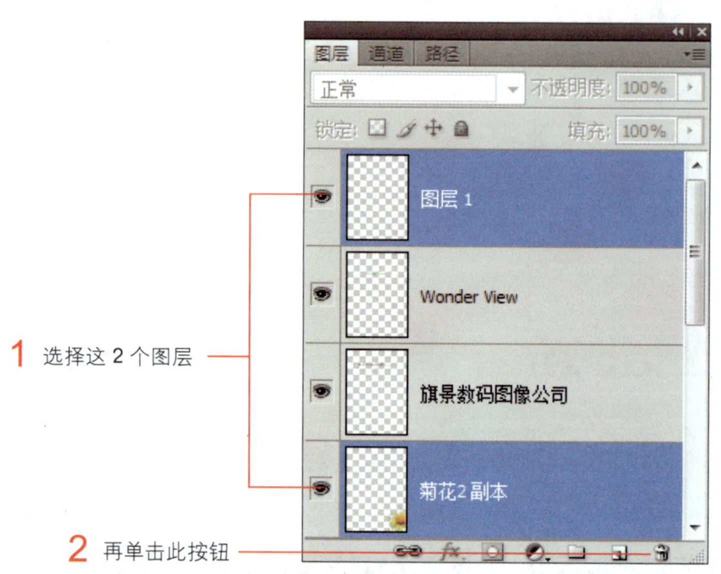

step04 选择 **Wonder View** 图层使其成为操作中的图层，然后打开范例文件 06-04.jpg，我们要把 06-04.jpg 的**背景**图层复制到 06-03.psd 中使用。

step05 选择**移动工具** ，将指针移到 06-04.jpg 的文件窗口中按住鼠标左键，然后直接拖曳到06-03.psd 的文件窗口中放开，复制的图像会放置在原本操作中图层的上方，并成为目前操作中的图层。

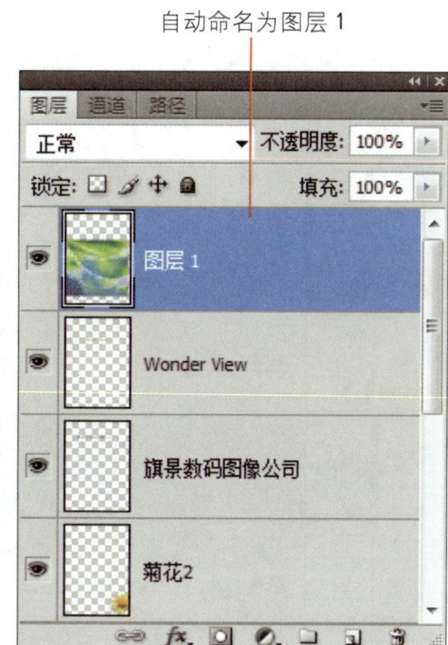

复制图层中的部分图像成为一个新图层

若想复制原有图层中的某一部分成为另一个图层时，可先建立好选区，再执行"**图层/新建/通过拷贝的图层**"命令来复制图层；或是执行"**图层/新建/通过剪切的图层**"命令，将选区内的图像剪下，贴到一个新的图层中。

调整图层的堆栈顺序

图像的显示和图层的堆栈顺序有着密切的关系，可以从刚才复制图层的操作中发现，复制过来的图像由于堆栈顺序在上面，因此会遮盖住下方的图像。其实只要在**图层**面板中拖曳图层，即可改变图层上下的堆栈顺序，以达到想要的效果。

step01 请按住**图层 1** 不放，拖曳至**背景**图层和**古堡**图层之间，当出现一条粗黑线时再放开鼠标。

step02 请同样利用**移动工具** 将**图层 1** 的图像贴齐图像最下边的位置。

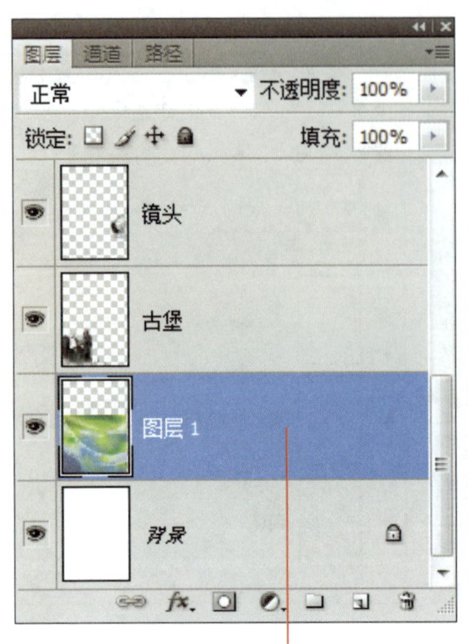

图层 1 移到**背景**图层之上

调整**图层 1** 的位置

6-3 建立与编辑智能对象图层

在 Photoshop 中想要汇入 Illustrator 所绘制的矢量图形，可以使用**置入**的方式，将矢量图形建立为**智能对象**，这么做的好处在于可以保留原本矢量图形的特性。当想再度修改图形内容时，只要双击**智能对象**就能打开Illustrator 来修改，修改完成 Photoshop 后便会自动更新图形内容，大大提升工作效率。

本范例目前的版面稍嫌空洞，因此想再加入几个花朵图形来充实版面。而为了不让缩放图形时造成失真，我们事先在 Illustrator 中绘制好矢量格式的花朵，待会儿将置入到Photoshop 中成为**智能对象**来使用。

目前的范例版面

欲置入到范例中的 Illustrator 文件

将外部文件置入为智能对象

请打开范例文件 06-05.psd，然后跟着下面的步骤一起练习，将 Illustrator 的文件 06-06.ai 置入为 Photoshop 的智能对象。

step01 执行"**文件/置入**"命令，在**置入**对话框中选择 06-06.ai 文件，然后单击**置入**按钮。

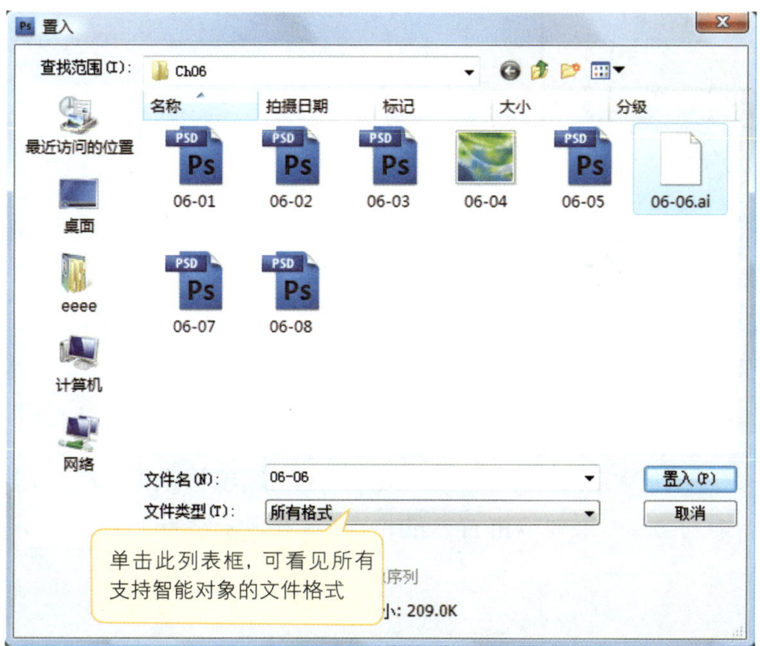

step02 在**置入PDF**对话框中，可预览要置入成为智能对象的文件内容，确认无误后即可单击**确定**按钮。

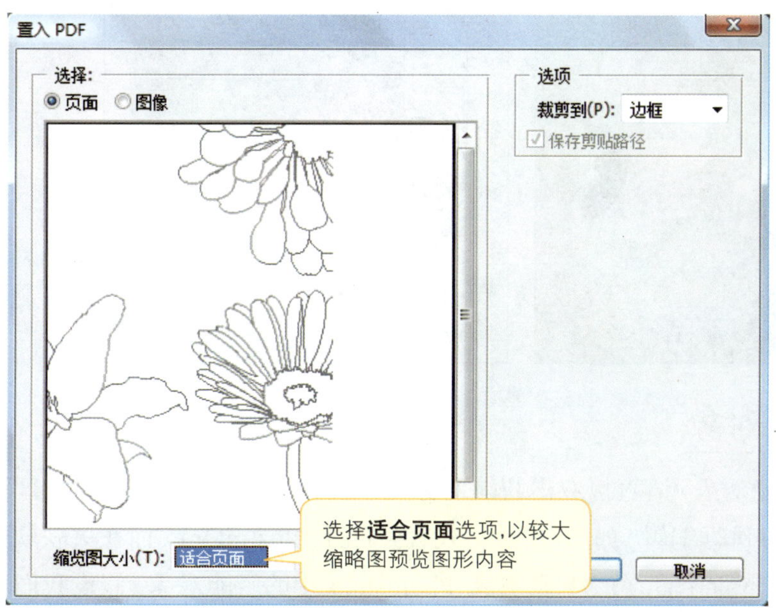

step03 将文件置入文件窗口后，可直接在对象上按住左键来调整位置，或拖曳角落的控制点来缩放对象大小。

step04 调整完毕后请按 Enter （Window）/ return （Mac）键或**选项栏**上的 ✓ 按钮，表示确定要置入成为智能对象（如果要取消置入的话，只要按 Esc 键即可）。

编辑智能对象

若要编辑智能对象，请直接双击智能对象的缩略图，则智能对象便会自行打开该格式的关联软件进行编辑（如 .ai 文件格式就会打开 Illustrator）。而在关联软件修改完毕之后，只要重新存储，就会自动更新 Photoshop 中的智能对象。假设我们现在想修改 06-06.ai 的内容，只想留下某个花朵图案，便可进行如下操作。

TIP 由于 06-06.ai 是用 Illustrator 所绘制的，因此稍后需要在 Illustrator 中编辑文件，若计算机中没有安装 Illustrator，可链接到 Adobe 网站下载试用版，如 http://www.adobe.com/twdownloads网页，在**主要产品下载**区中选择 **Adobe Illustrator CS4**，注册为 Adobe 会员后便可进行下载。

step01 请在智能对象的缩略图上双击，此时会先出现说明窗口，告知您编辑内容后应如何处理（假如没有安装智能对象的关联软件，便会出现无法打开关联程序的警告信息，也就是无法使用智能对象的原始软件来做编辑，您就只能先略过此处的练习步骤了）。

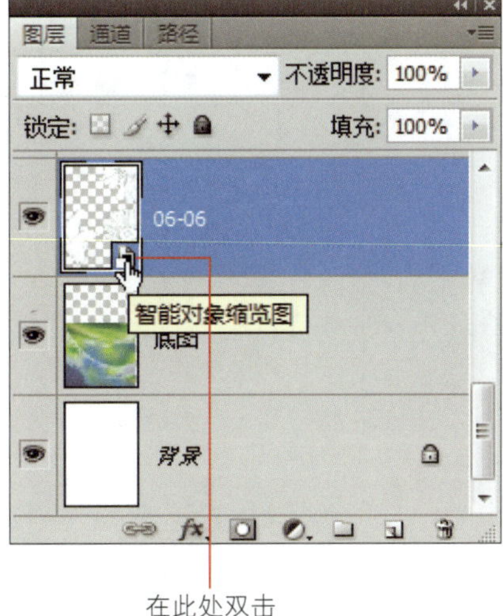

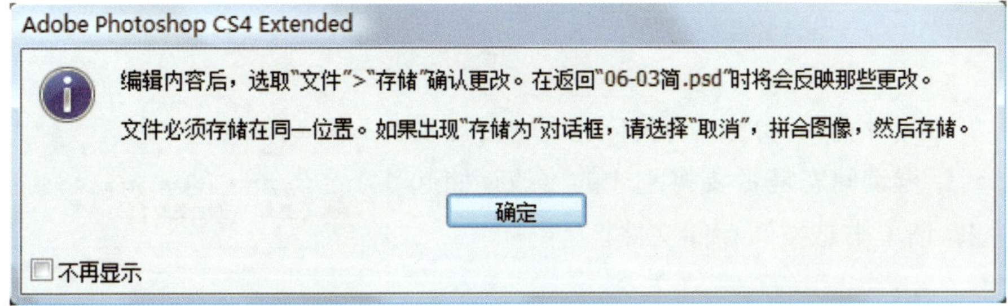

step02 单击**确定**按钮后，就会将该文件在 Illustrator 中打开，您可编修图像内容。

step03 在 Illustrator 中，选择左侧**工具箱**中的**选择工具** 将下面的两朵花移动到矩形框线之外，然后将右上角的菊花拖曳到矩形框线之内，矩形框线所标识的就是图像的实际范围。

图像的实际范围

step04 单击文件窗口标题栏的**关闭**按钮，会出现对话框询问您是否要将刚才的修改存储起来，请单击**是**按钮存储文件。

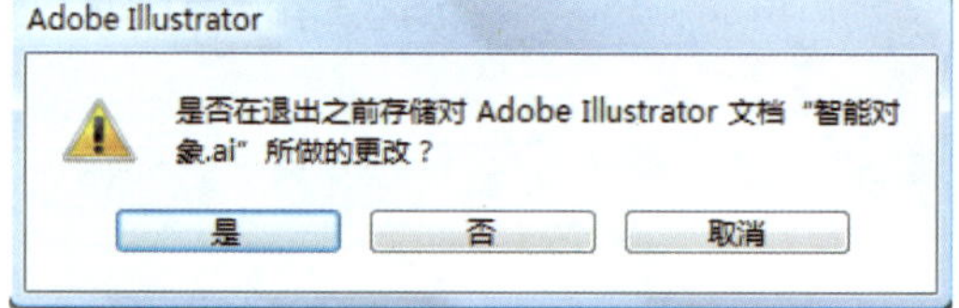

step05 返回到 Photoshop 之后，会自动进行智能对象的更新，稍等片刻便可看到修改后的结果。要移动该图层的内容，只要使用**移动工具** 即可；或者也可以使用**变换**功能来调整图像大小或旋转角度。

自动更新图层内容

移动图像位置

step06 最后将此图层移动到**菊花 2** 与**旗景数码图像公司**图层之间，即可让花朵图形叠在文字下面。

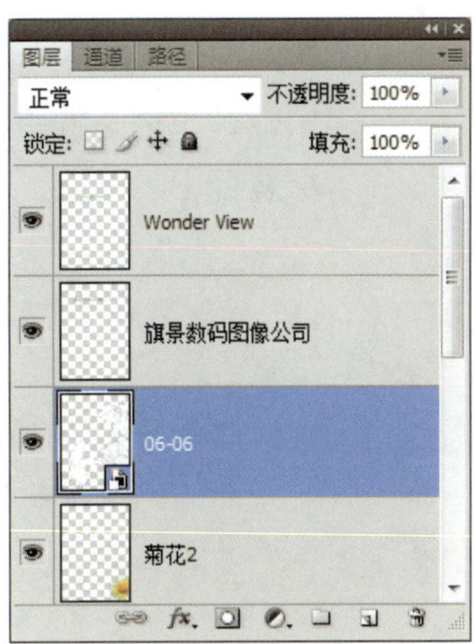

将智能对象转换成普通图层

若确定智能对象不再需要使用原始软件做编辑时，可将智能对象转换成普通的图层，如此也有助于缩小文件体积。只要先选定目前智能对象所在图层，执行 **"图层/智能对象/栅格化"** 命令即可。

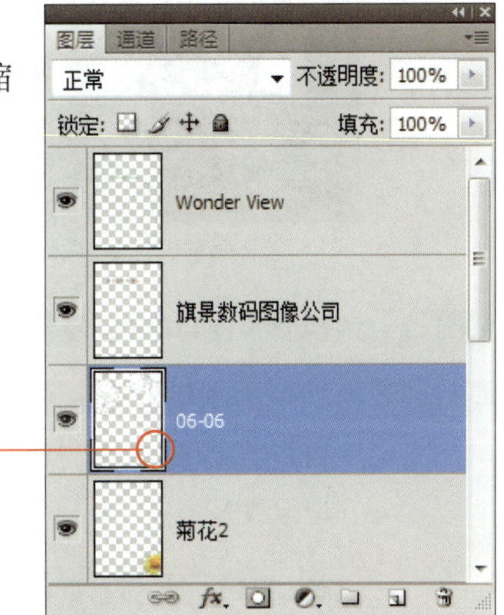

智能对象的小图标不见了

6-4 使用"图层复合"记录图层设置

Photoshop 提供**图层复合**功能，可以帮助我们在编辑图像时，记录图像中不同图层的设置。当想要查看不同的图层效果时，只要在**图层复合**面板中切换记录即可。

建立新的图层复合

在上一节中，我们已经大致设计好一张海报，但希望能多做一些不同的版本来比较看看哪个效果好，此时可以多加利用图层复合的功能。

第一份图层复合

请打开范例文件 06-07.psd，按照以下的步骤，先将第一份设计出来的版本新建至**图层复合**中。

目前设计好的版面

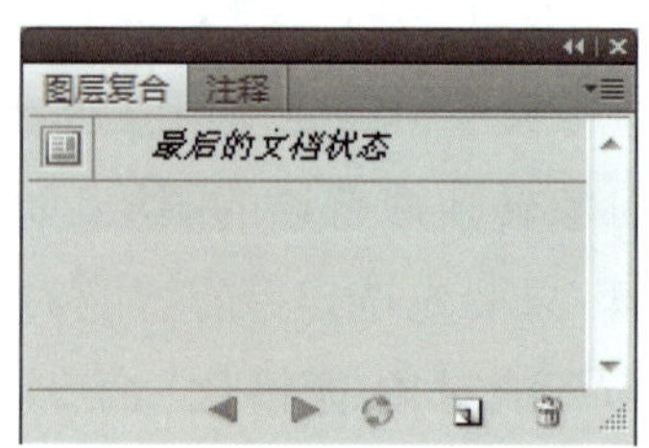

打开**图层复合**面板

step01 请执行“**窗口/图层复合**”命令，显示**图层复合**面板。

step02 接着单击**图层复合**面板下方的**创建新的图层复合**按钮，在**新建图层复合**对话框中可以选择要记录的选项，在此勾选**可见性**（记录图层的显示/隐藏状态）以及**位置**（记录图层在图像文件中的位置）复选框。

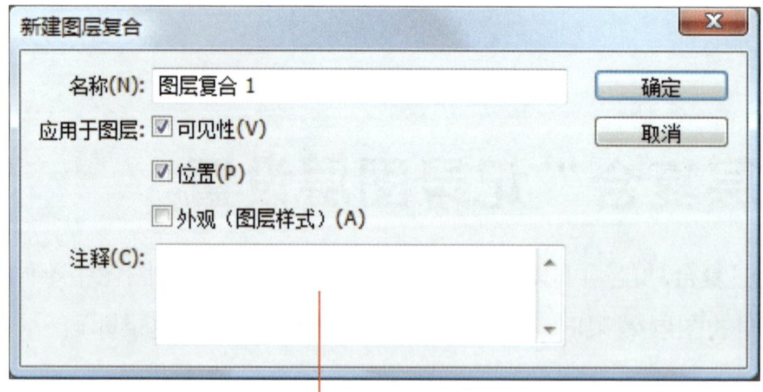

step03 单击**确定**按钮后，Photoshop 便会根据目前**图层**面板中图像位置的状态新建一个图层复合。

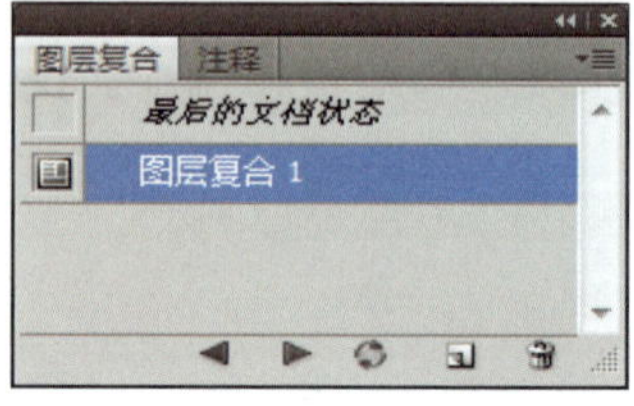

第二份图层复合

接着我们要重新配置版面，并调整**底图**图层的外观，以营造不同的设计风格。

step01 请利用**移动工具** 重新配置图像的位置，如右图所示。

step02 选定**底图**图层，拖曳至**创建新图层** 按钮，复制一个底图图层，名称为**底图副本**。

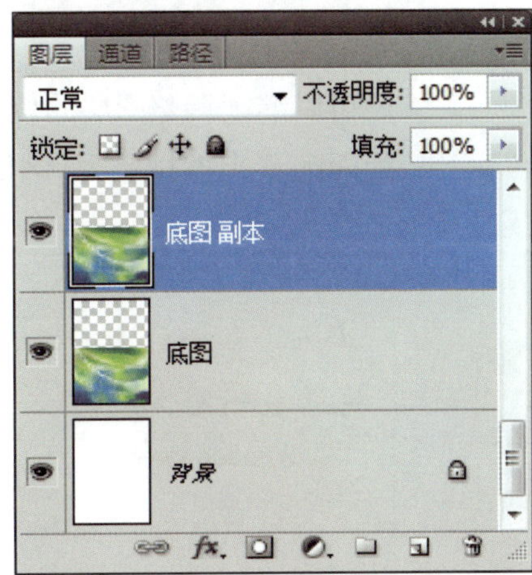

step03 隐藏**底图**图层，并切换**底图副本**图层为操作中的图层，然后选择**工具箱**中的**橡皮擦工具**，在图像上擦除底图右半边的部分。过程中可改变笔刷大小及硬度，也可凭借**选项栏**上的**不透明度**和**流量**比例，控制底图被擦除的程度。

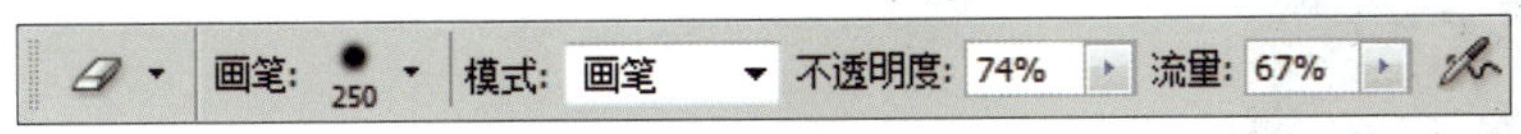

橡皮擦工具的选项栏

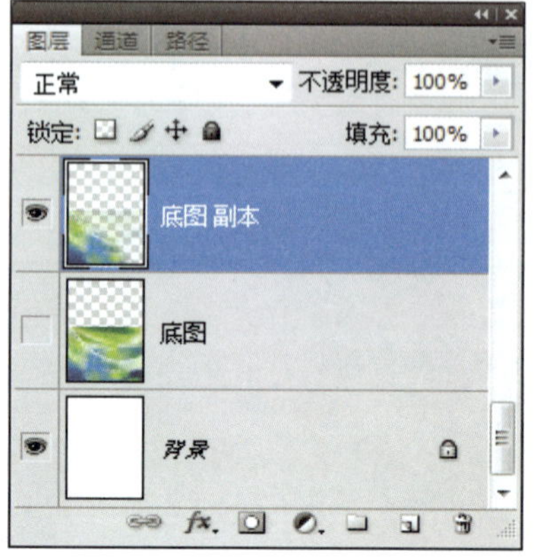

擦拭底图的效果

step04 再次单击**图层复合**面板下方的 按钮，并在**新建图层复合**对话框中勾选**可见性**及**位置**复选框，单击**确定**按钮完成作品的第二份设计。

第三份图层复合

还可以继续调整图层的位置来改变版面配置，然后再复制一个**底图**图层，并根据新的版面配置来擦拭底图，例如调整成如下图所示的样子，然后增加第三个图层复合。

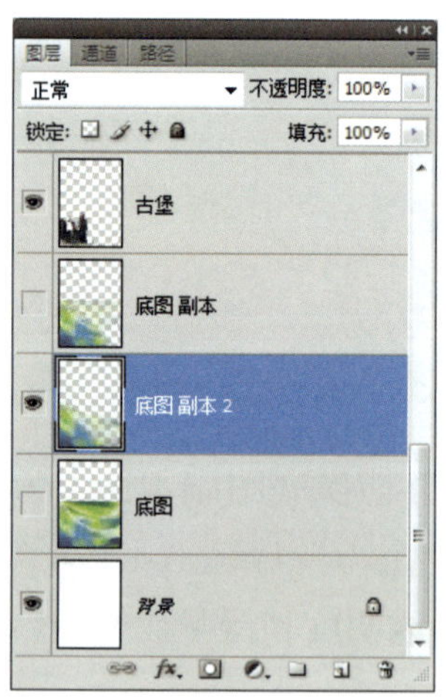

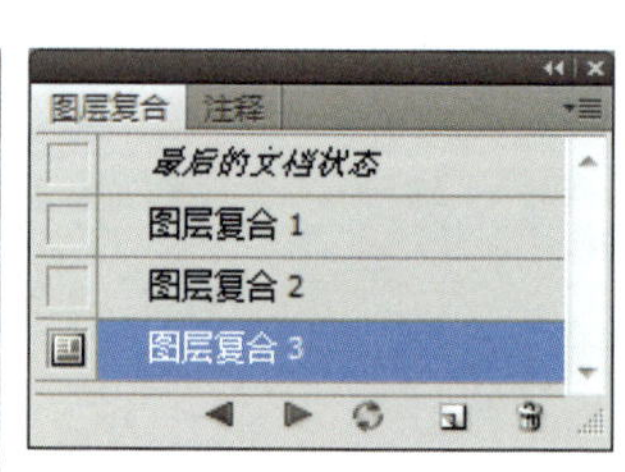

TIP 若要删除图层复合，只要拖曳该图层复合至**图层复合**面板下方的**删除图层复合** 按钮即可。

使用图层复合来查看各种不同的方案设计

新建几组图层复合之后，只要单击**图层复合**面板中各个图层复合前面的选项，即可查看图层配置效果，可以打开范例文件 06-07A.psd来浏览。

利用图层复合功能，就可以在同一个文件中安排多种不同的图层配置方式，尤其当要

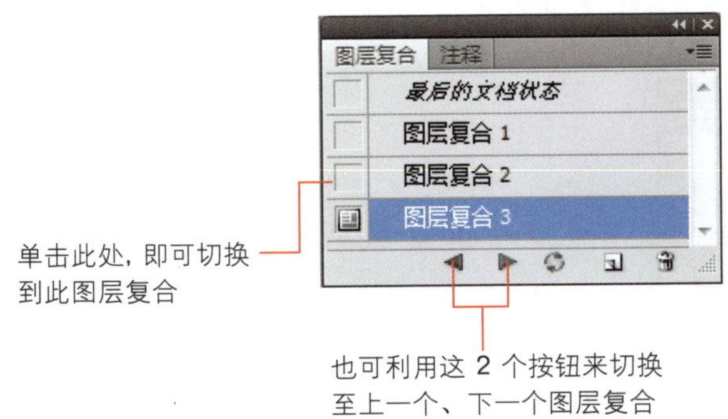

图层复合 1

图层复合 2

图层复合 3

把作品展示给别人观看时，只要打开一个文件就可做多种展示，不必每种图层配置都存成一个文件，可大大提高工作效率！

6-5 图层的合并

使用图层会让文件的体积大幅增加，当完成所有的编辑与设计之后，除了保留一份包含图层的设计稿，以备日后修改或做其他应用外，也应进行合并图像的操作，也就是合并所有的图层内容，另存一份作品图，以缩小文件体积方便对客户做展示。下面我们就来介绍拼合图像的操作。

合并所有图层

在 Photoshop 中执行**拼合图像**的操作，会将所有可见的图层合并在一起，舍弃隐藏的图层，并将结果存入至**背景**图层中，操作如下。

step01 请打开范例文件 06-07A.psd，在**图层复合**面板中选择**图层复合 1**，接着再执行“**文件/存储**”命令，将包含图层复合的文件以原文件名存储下来。

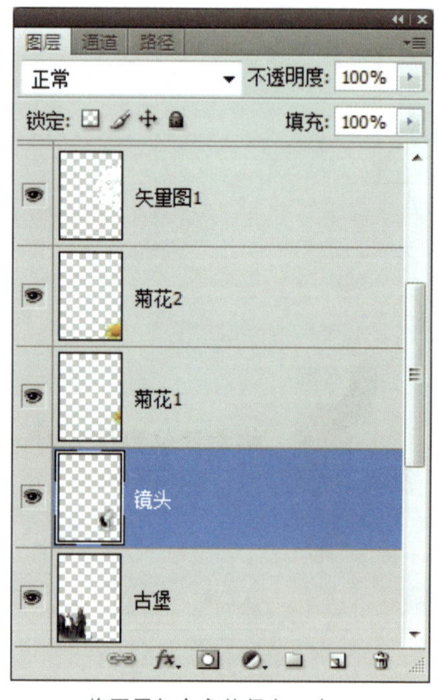

将图层复合完整保存下来

图层中的图形日后仍然可以再做移动与编修

TIP 若是第一次存储该编辑中的文件，则执行“**文件/存储**”命令时，会打开**存储为**对话框，让你指定存储的位置、文件名、格式等，此时也要选择 PSD、TIFF 等支持保存图层的格式，并确认已勾选**存储为**对话框中的**图层**复选框，才能把图层保留下来。

step02 执行“**图层/拼合图像**”命令，将所有图层合并在一起。

全部内容都合并到**背景**图层了

step03 执行“**文件/存储为**”命令，将拼合之后的图像另外再取一个文件名存储起来。

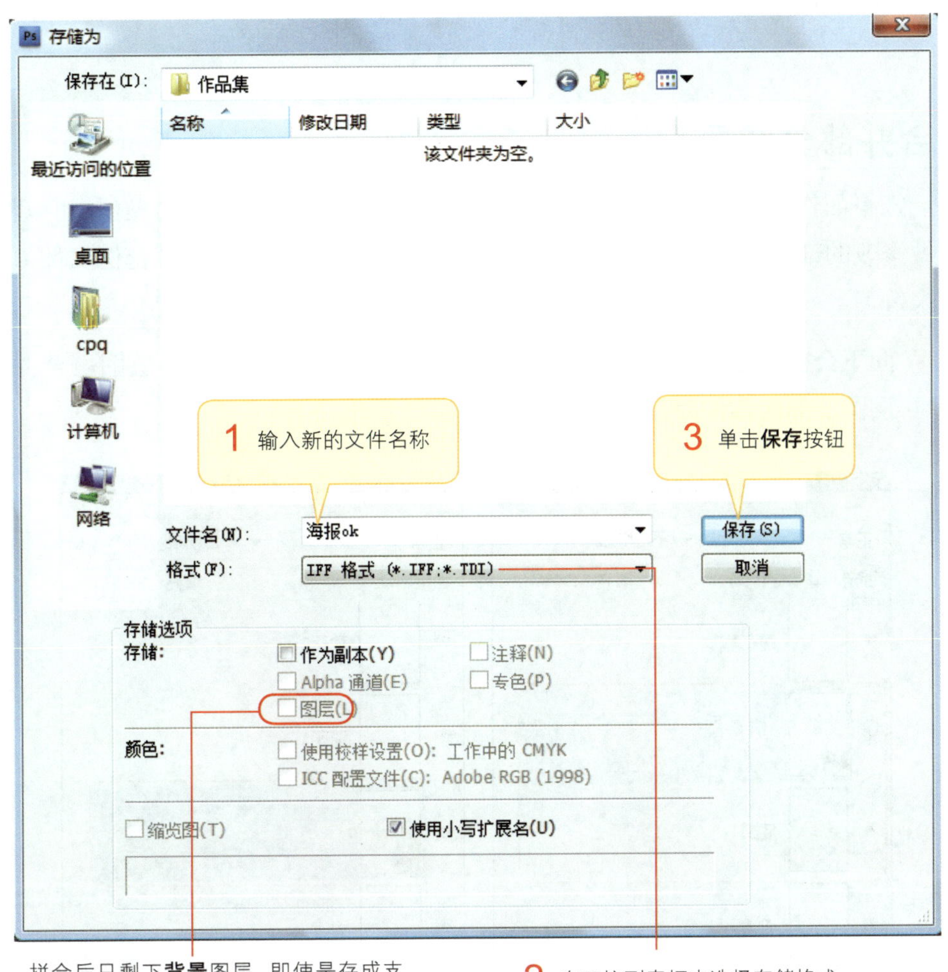

TIP 假如没有执行拼合图像操作，直接在存盘的时候存成不支持图层结构的 JPG 格式；或者是在存成 PSD、PDF、TIF 等格式时，取消勾选**存储为**对话框中的**图层**复选框，则存盘时也会自动完成拼合图像。

在此要特别提醒您！当想保留一份包含图层的原始文件以及一份拼合后的作品文件时，请优先存储原始文件，进行拼合图像之后，务必执行“**存储为**”命令以不同的文件名来存储作品文件，否则直接存储文件的话，拼合后的文件会取代之前含有图层的文件！

合并部分图层

一张平面作品在设计阶段通常会产生许多图层，为了方便后续的操作，可以将不须再做修改的部分图层合并起来。合并的方法有以下 2 种，可以打开范例文件 06-08.psd 来练习。

- **向下合并图层：**这个命令可以直接将目前操作中的图层和下层图层合并，并以下层图层的名称作为合并后的图层名称。

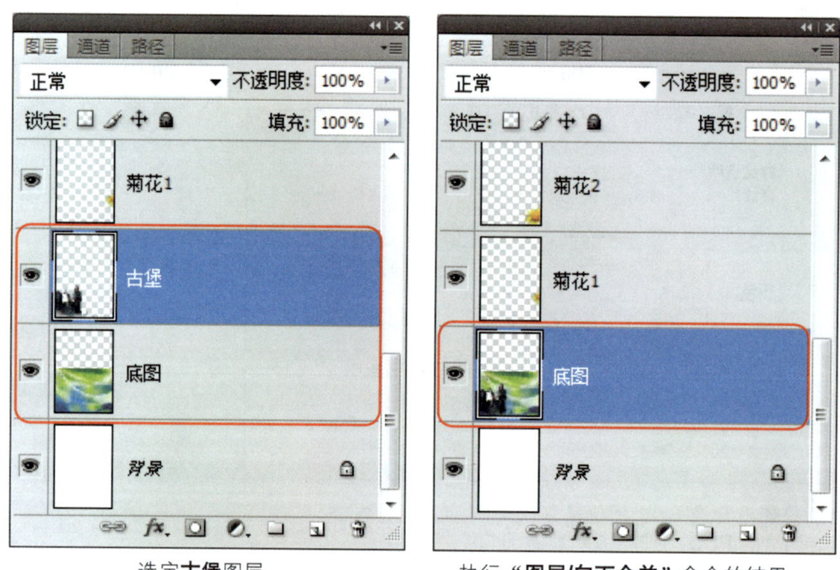

选定**古堡**图层　　执行"**图层/向下合并**"命令的结果

- **合并可见图层：**也可以先将要合并的图层显示出来，其他则隐藏起来，然后执行此命令合并显示的图层，合并后的结果会存入最下面一层的可见图层。请注意！合并可见图层和拼合图像看起来类似，其实二者是不相同的！合并可见图层仍会保留隐藏的图层，仅把可见图层合并起来；而拼合图像则会删除隐藏图层，再将可见图层全部合并，并转成**背景**图层，不要搞混了！

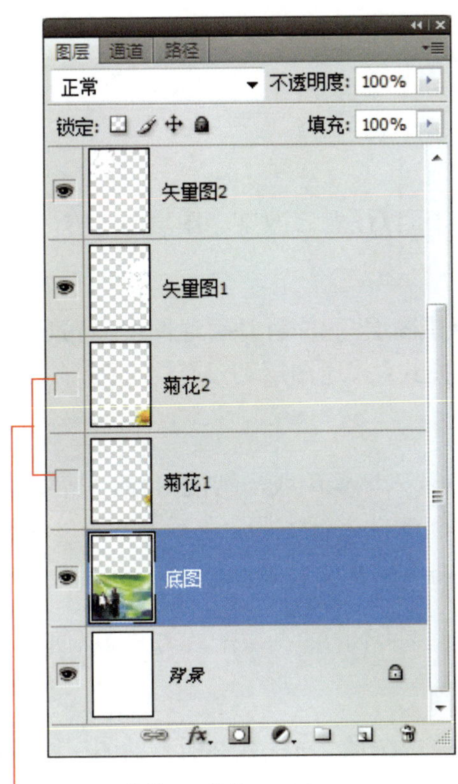

隐藏**菊花 1**、**菊花 2**图层

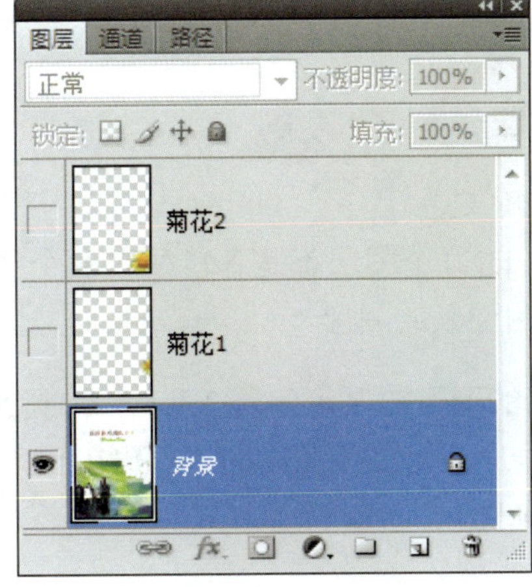

执行 **“图层/合并可见图层”** 命令，其他所有显示的图层会被合并起来，隐藏的图层不受影响

本章范例到此告一段落，相信通过以上的练习，能够体会到图层在Photoshop 中所扮演的角色。在以后的各章节中，也将继续大量应用图层的功能，挥洒出更令人满意的创意。

1. Photoshop 的每个图层都是各自独立的个体，可以任意修改某一图层的内容，无须担心会破坏其他图层里的图像。

2. Photoshop 的图像图层可分为 2 种，一种是**背景**图层，另一种是普通图层。**背景**图层永远在最底层，而且不能更改图层的透明度或混合模式；普通图层则没有这些限制，还可以自由调整上下顺序。

3. 使用 Illustrator 等软件所绘制的矢量图可以置入图像中成为**智能对象**，只要双击智能对象图层的缩略图，就会打开该图层文件的关联软件进行编辑；当不再需要单独编辑该对象时，也可以执行 **"图层/智能对象/栅格化"** 命令转换为普通图层。

4. 利用**图层复合**功能，可以在同一个文件中存储多种不同的图层配置方式，以便快速切换来查看每种配置的效果。

5. 完成所有的编辑与设计之后，可执行 **"图层/拼合图像"** 命令合并所有的图层内容，以缩小文件体积、方便展示作品。

1. 背景图层与普通图层是否可以互相转换?

在 Photoshop 中，可以把**背景**图层转换成普通图层，也可以把普通图层转换成**背景**图层，例如当想调整**背景**图层的不透明度或混合模式时，就必须先将**背景**图层转换为普通图层才能进行设置。**背景**图层与普通图层之间的转换方法如下。

- 将**背景**图层转换成普通图层：直接在**图层**面板上的**背景**图层双击鼠标左键，打开**新建图层**对话框之后直接单击**确定**按钮，就可以将**背景**图层转换为普通图层。

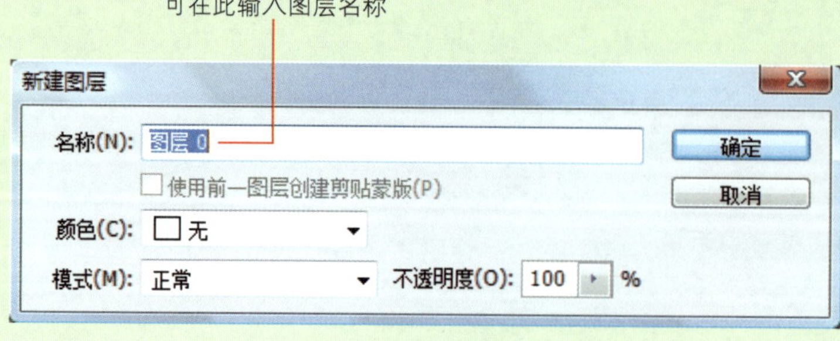

- 将普通图层转换成**背景**图层：在**图层**面板上选取某个普通图层后执行“**图层/新建/图层背景**”命令，即可将该图层转换成**背景**图层。若该普通图层中有透明像素的部分，则会以目前的背景色来填充。

> TIP 若该图像中已经含有**背景**图层，则执行“**图层/新建/图层背景**”命令时会变成“**图层/新建/背景图层**”命令，执行之后会打开**新建图层**对话框，让你先将目前的背景图层转换为普通图层。

2. 如何在背景图层中去掉背景（简称为去背）？

要在**背景**图层中去掉背景，必须先把**背景**图层转换成普通图层（参考上面的说明），然后再使用**选择工具**将要去掉背景的部分选择起来，按 Delete 键即可将选择的背景删除而变成透明的效果。

若是没有先转成普通图层，直接选择**背景**图层中欲去除的背景部位，然后按 Delete 键，则删除的范围会填入目前的背景颜色。

背景图层

原背景图像为白色

转换成普通图层

使用**魔棒工具**选择要去背的白色背景

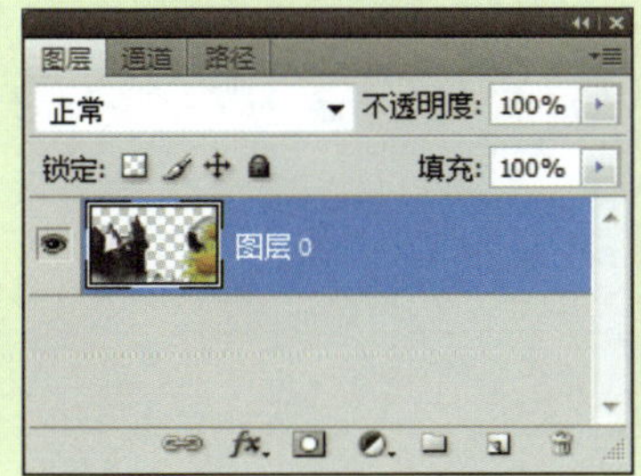

单击 Delete 键完成去背

第7章 图层蒙版与调整图层使用技巧

自然风格名片设计

课前导读

本章我们将运用**图层蒙版**，让两张独立的图像“天衣无缝”地融合在一块儿，并且各自显现精华的部分。接着还会运用**调整图层**的功能，在不改变图像内容的情况下，强化图像的亮度、颜色与鲜艳度，以完成一张独特且具有艺术风格的名片作品。透过本章范例的演练，相信各位对于图层的应用方法将有更深一层的认识。

本章学习提要

- 图层蒙版的用途
- 创建图层蒙版
- 运用**渐变工具**修改图层蒙版的内容
- 使用**画笔工具**修改图层蒙版的内容
- **蒙版面板**的用法
- 关闭、应用与删除图层蒙版
- 运用调整图层调整图像的亮度、颜色
- **调整面板**的用法

估计学习时间 **120分钟**

7-1 图层蒙版的用途

图层蒙版的用途就是让我们能够隐藏、遮蔽图层上的内容，但却完全不会破坏图层里面的信息。什么意思呢？下面我们先来看个范例。

请打开范例文件 07-01.psd，里面有两个图层，假设我们希望**图层 1** 只保留小广告牌的部分，怎么做呢？范例文件 07-01A.psd 的做法是：在**图层 1** 中选取广告牌以外的范围，然后按 Delete 键删除，这个做法相当直观，但你会发现**图层 1** 有部分图像被删除，不再是原来的样子了。范例文件 07-01B.psd 则是运用**图层蒙版**将广告牌以外的部分遮住，**图层 1** 仍然保持原来的图像，丝毫没有损伤。

07-01.psd

原始画面

07-01A.psd

此例的做法是将广告牌以外的部分删除，**图层 1**会丢失部分图像

07-01B.psd

此例是利用**图层蒙版**将广告牌以外的部分遮起来，**图层 1** 的图像不变

图层蒙版

其实，**图层蒙版**就是一张灰色图像，当它与图层图像结合的时候，不同的灰色会有不同程度的遮蔽效果：

- **黑色**的遮蔽率为 100%，所以图层图像若对应到黑色的部分会变成完全透明，而透出下层图像的内容。
- **白色**的遮蔽率为 0%，所以图层图像若对应到白色的部分则不变，也就是完全不透明。
- 不同程度的**灰色**遮蔽率也不同，越接近黑色的遮蔽率越高，图层图像越透明；越接近白色的遮蔽率越低，图层图像越不透明，所以图层图像若对应到灰色的部分会有不同程度的半透明效果。

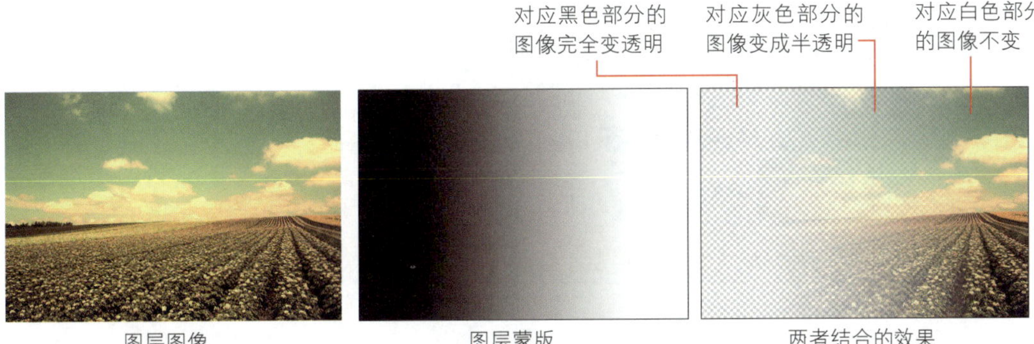

图层图像　　图层蒙版　　两者结合的效果

所以，**图层蒙版**可让我们在不破坏图层图像的情况下，遮蔽图层图像的部分内容。此外，还可以使用 Photoshop 的各种编修像素的工具，例如**画笔工具**、**渐变工具**、**各式滤镜**等，直接编修**图层蒙版**创造出各种合成效果。

7-2 使用图层蒙版合成图像

这一节我们要带各位运用**图层蒙版**制作出如下的合成作品。本范例一共使用 2 张图像：一张是**波斯菊**，另一张是**荷叶**，我们已经裁剪出想要的范围大小并且调整过颜色，希望能够融合这 2 张图像，让画面左边呈现波斯菊的花蕊部分，右边则是从波斯菊花瓣下面隐约透出荷叶的图像。

波斯菊

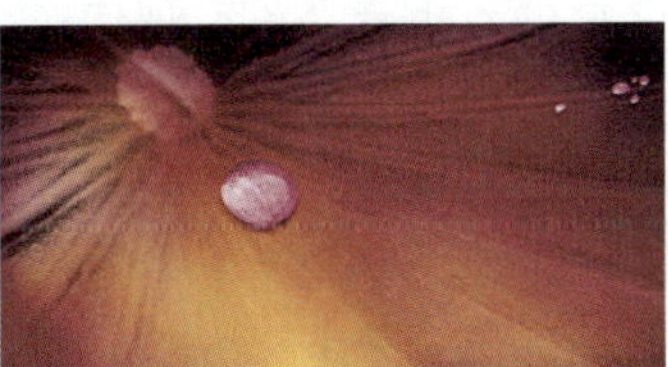
荷叶（已预先处理成红色系）

融合效果

创建图层蒙版

首先，我们要将**波斯菊**图像复制到**荷叶**图像上，成为**荷叶**图像文件中的一个图层，然后替它新建一个全白的图层蒙版。

step01 请打开范例文件**波斯菊**.jpg与**荷叶**.jpg，然后先切换到**波斯菊**图像，按 Ctrl + A （Windows）/ ⌘ + A （Mac）键选取整张图像，再按 Ctrl + C （Windows）/ ⌘ + C （Mac）键进行拷贝。

step02 切换到荷叶图像，按 Ctrl + V （Windows）/ ⌘ + V （Mac）键进行粘贴，则**波斯菊**图像就变成**荷叶**图像的**图层 1** 了。

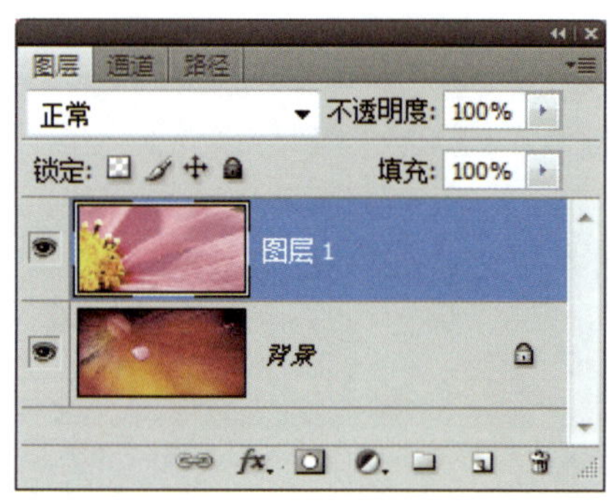

先将两张图像合并成同一图像的两个图层

step03 在**图层**面板中选取**图层 1**，也就是**波斯菊**图层，然后单击**添加图层蒙版** 按钮，即可替**图层 1** 新建一个全白的图层蒙版。

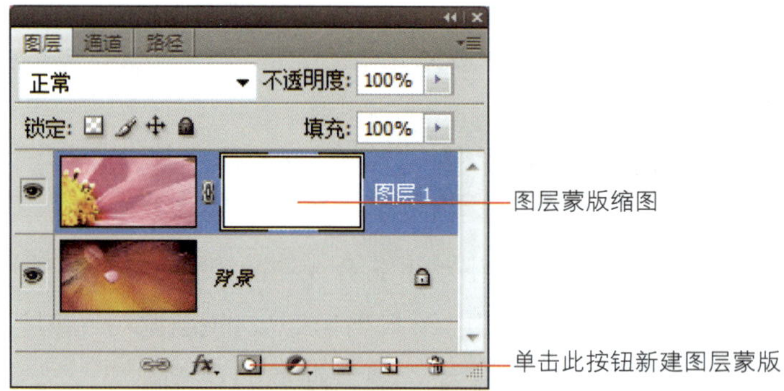

TIP 由于目前图层蒙版是全白的，也就是没有任何遮蔽区域，因此图层图像完全不受影响。

另外，Photoshop CS4 还新建了一个**蒙版**面板，将与蒙版相关的处理，例如创建、删除、应用（将图层图像与蒙版合并）等集中管理，可选择“**窗口/蒙版**”命令来打开它。若要透过**蒙版**面板来创建图层蒙版，同样是先在**图层**面板中选取图层后，到**蒙版**面板中单击**添加像素蒙版** 按钮。

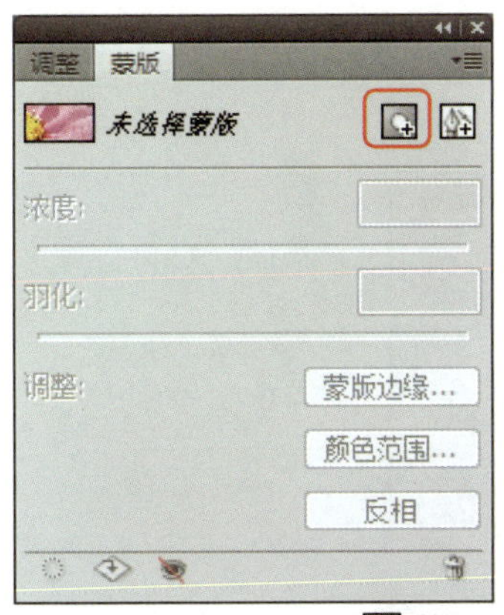

当选取图层后，若出现 按钮，表示该图层尚未建立图层蒙版，单击该按钮即可为图层建立图层蒙版

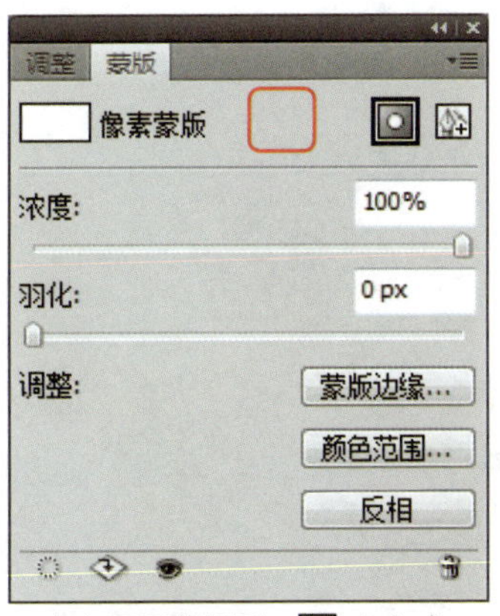

建立图层蒙版后， 会变成 ，单击此按钮可切换选取图层图像或图层蒙版来处理

填充渐变体验图层蒙版的效果

上一节提过，图层蒙版的黑、灰、白遮蔽率不同，黑色会让图层图像变成“透明”，灰色会让图层图像变成“半透明”，白色则会让图层图像正常显示，也就是“完全不透明”的意思，所以，若想要在**波斯菊**图层的右半边看见**背景**图层的荷叶渐渐透出来，该怎么做呢？只要在**波斯菊**图层的图层蒙版中填充一个由白到黑的渐变色 就可以了。请各位打开范例文件 07-02.psd 来继续操作：

step01 范例文件 07-02.psd 已经为**波斯菊**图层建好图层蒙版了，请各位在**图层**面板中选取图层蒙版缩略图，或是到**蒙版**面板中单击 按钮，将文件窗口切换到图层蒙版。

图层蒙版缩略图出现外框，表示现在编辑的是图层蒙版

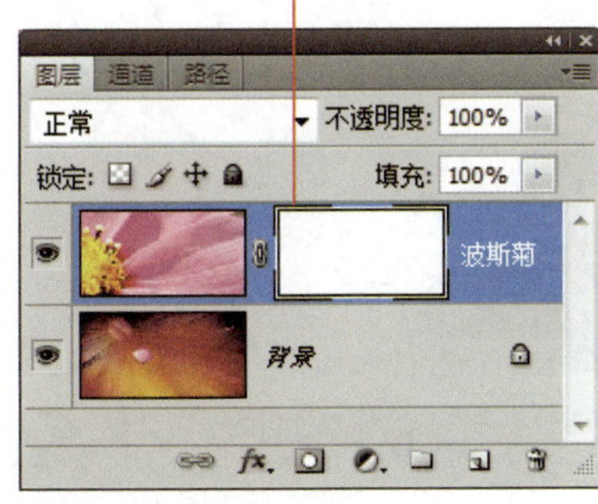

当切换到图层蒙版时，这里会显示图层蒙版缩略图

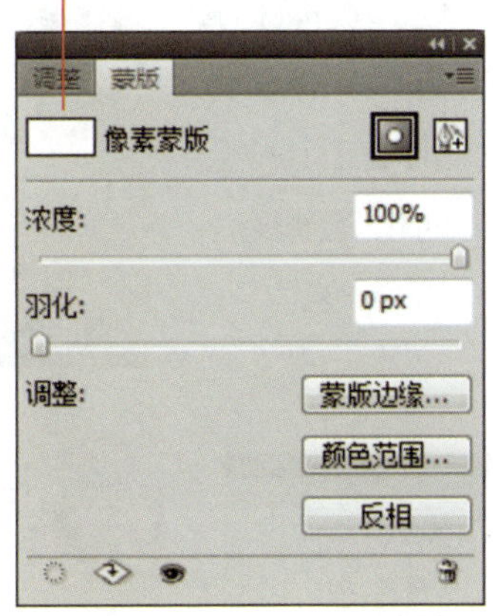

文件窗口的标签上显示**波斯菊，图层蒙版**，
表示现在编辑的是**波斯菊**图层的图层蒙版

step02 按 D 键恢复预设的前景色和背景色（当切换到图层蒙版时，预设的前景色是白色，背景色是黑色），然后到**工具箱**选取**渐变工具**，并在**选项栏**中做如下的设置。

1 单击此按钮选择从**前景色到背景色**（白→黑）的渐变样式

2 选择线性渐变

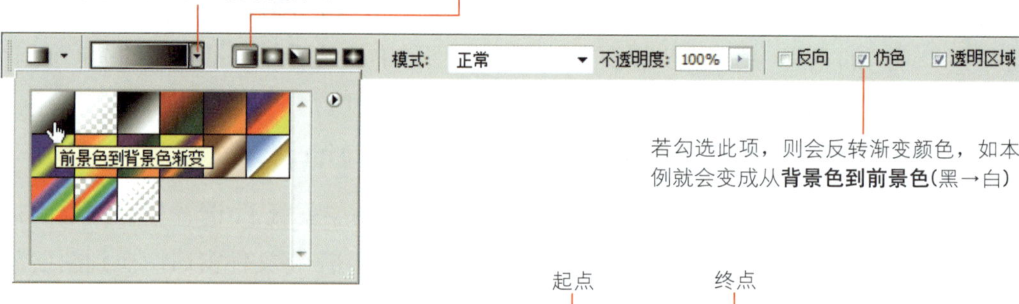

若勾选此项，则会反转渐变颜色，如本例就会变成从**背景色到前景色**(黑→白)

起点　　终点

step03 将鼠标指针移到文件页面上单击起点后，拖曳至想要的位置作为渐变终点，如此**渐变工具**便会依照所拖曳的方向填充渐变，本例为填充白→黑的渐变。

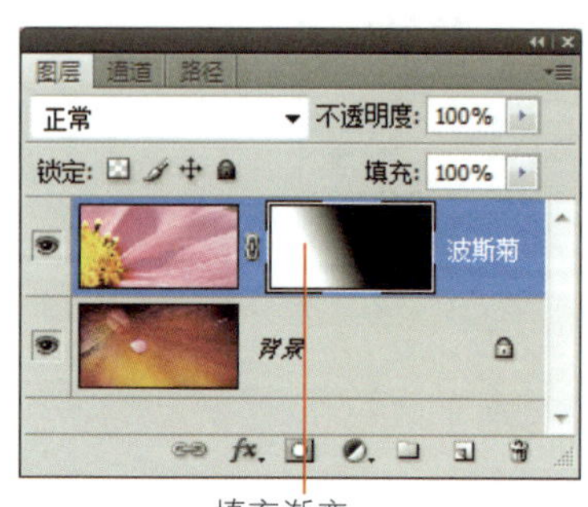

填充渐变

图层融合的结果

拖曳渐变时的位置、长度、方向都会影响填充的渐变变化，如果不满意这次拖曳渐变后的图层融合效果，只要直接在图像上重新拖曳渐变，图层蒙版便会按照新的渐变来调整显示范围。

7-3 编辑图层蒙版

上一节我们创建了图层蒙版，并且使用**渐变工具**来编辑图层蒙版的内容，这一节我们要介绍更多编辑图层蒙版的技巧，包括利用绘图类工具（例如**画笔工具**、**铅笔工具**）来绘制图层蒙版、精确控制遮蔽的范围、暂时关闭图层蒙版的作用、删除或应用图层蒙版、使用**蒙版**面板调整蒙版等。

利用画笔精确控制遮蔽范围

首先介绍如何利用**画笔工具**，精确地控制图层蒙版上的遮蔽范围。请打开范例文件 07-03.psd 继续上一节的操作。假设我们要让荷叶上的大水珠变得更清晰，并将右侧的遮蔽率降低一些，让波斯菊花瓣的纹理若隐若现。

step01 请将文件窗口切换到**波斯菊**图层的图层蒙版，然后选取**画笔工具**，并到**选项栏**设置画笔大小、笔尖形状…，我们准备先涂抹水珠的部分。

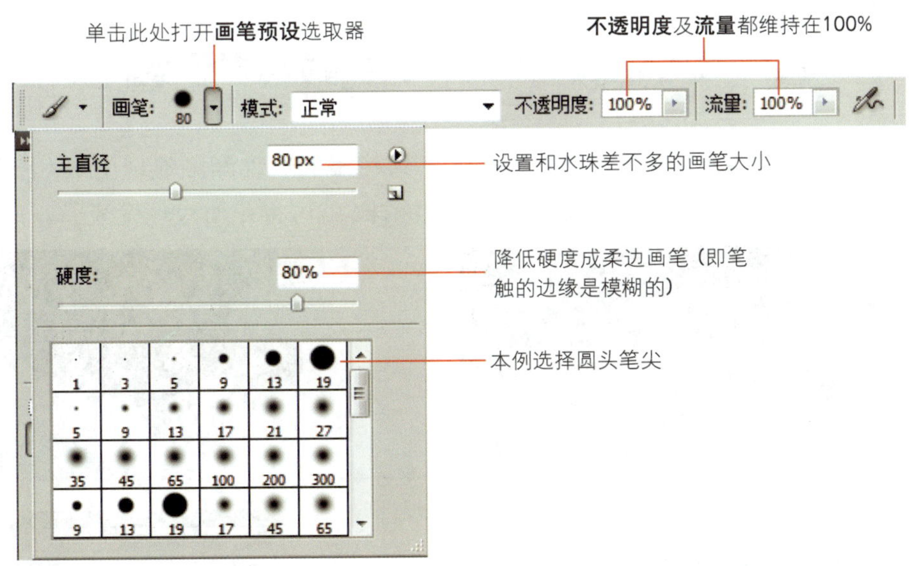

step02 将前景色设成黑色，然后涂抹大水珠的部分，由于**波斯菊**图层的图像完全被黑色遮蔽，所以下层的水珠便越来越清楚。

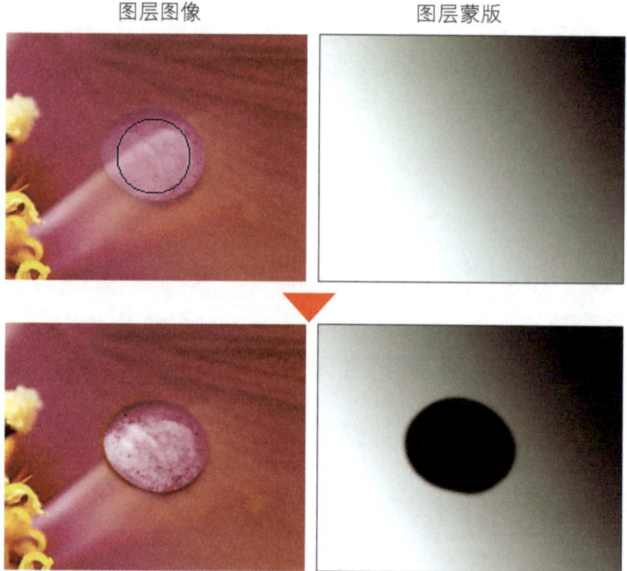

TIP 若涂抹到超出水珠的部分，则只要将前景色换成白色，然后涂抹超出的部分，即可将该图层的图像还原。

step03 然后在蒙版的右侧刷上几笔“灰色”画笔，让波斯菊花瓣的纹理能稍微显露出来。请将前景色设成白色，然后到**选项栏**将画笔再加大一些，**硬度**降为 0%，并将**不透明度**降为 30%。

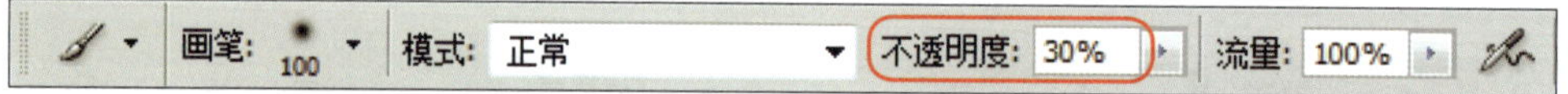

step04 用画笔涂抹图层蒙版右侧的部分，让波斯菊花瓣的纹理渐渐显现出来；若觉得花瓣纹理太过明显，可将前景色换成黑色再去涂抹，就可将花瓣纹理变淡了。

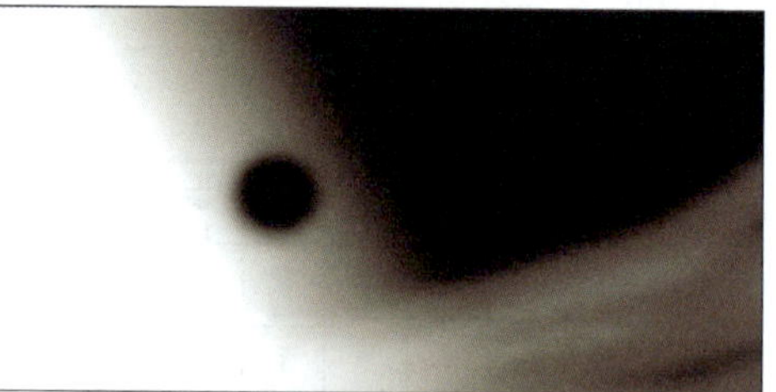

从蒙版面板调整蒙版内容

蒙版面板亦提供了许多调整蒙版内容的功能，例如调整蒙版的浓度、边缘羽化的程度、反转蒙版的颜色等，现在我们就来试试这些功能。请将**蒙版**面板打开，并打开范例文件07-04.psd。

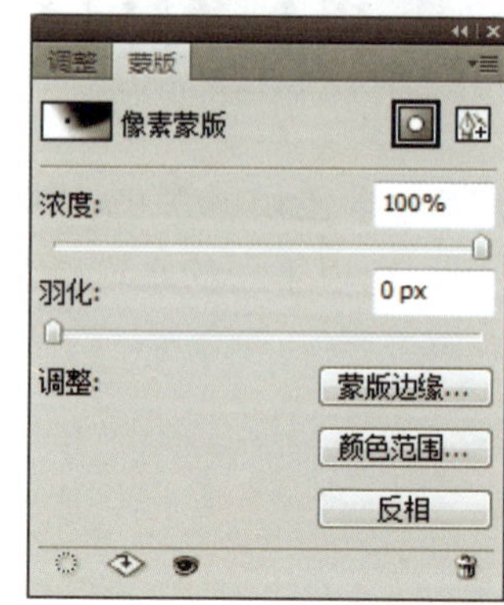

蒙版面板

step01 请将文件窗口切换到**波斯菊**图层的图层蒙版，然后拖曳**蒙版**面板的**浓度**滑块，将浓度降低为 80%，结果发现图层蒙版中的黑色、灰色都变淡了，图像的呈现也出现了差异。

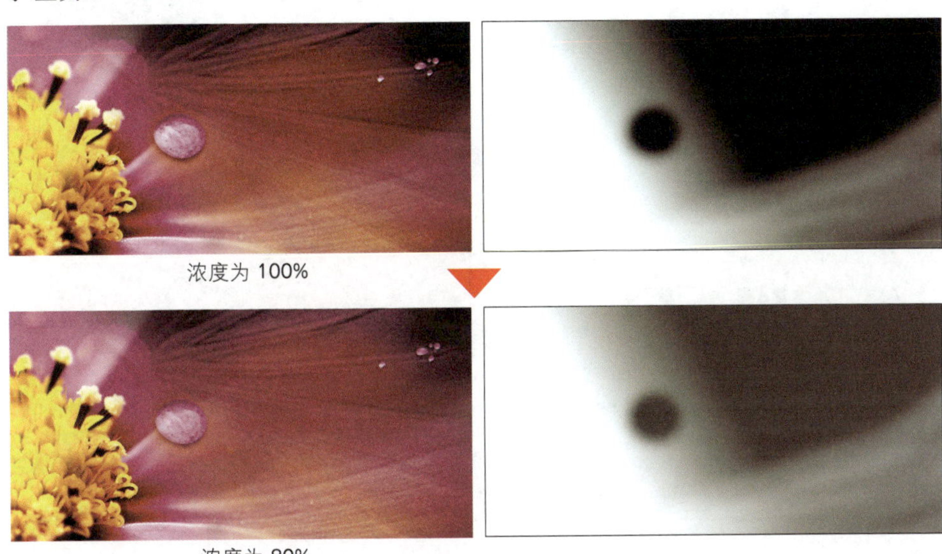

浓度为 100%

浓度为 80%

step02 **羽化**滑块在调整边缘模糊的程度，调整**羽化**可模糊掉蒙版中的边缘线条。

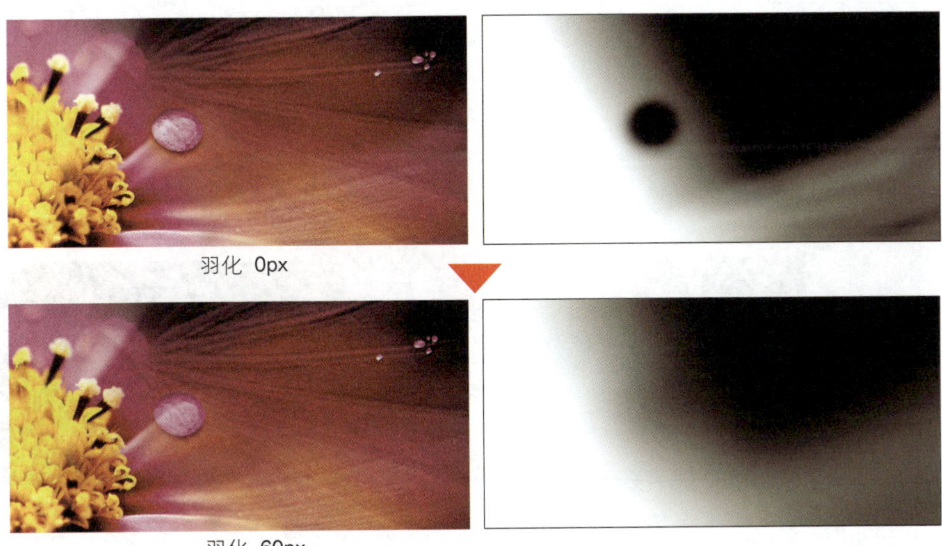

羽化 0px

羽化 60px

step03 单击**调整**选项组的**蒙版边缘**按钮会打开**调整蒙版**对话框，里面有更多的选项用于调整蒙版的边缘。

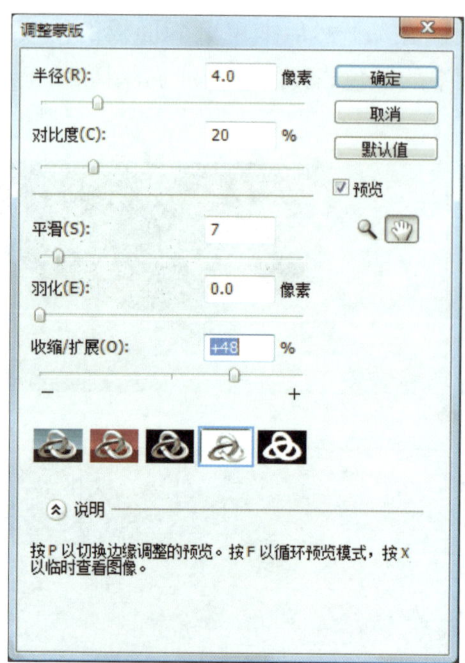

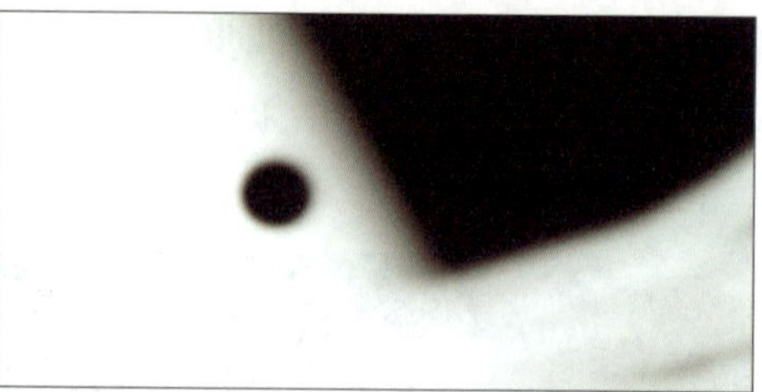

step04 单击**调整**选项组的**颜色范围**按钮会打开**颜色范围**对话框，可运用**颜色范围**功能创建蒙版内容。

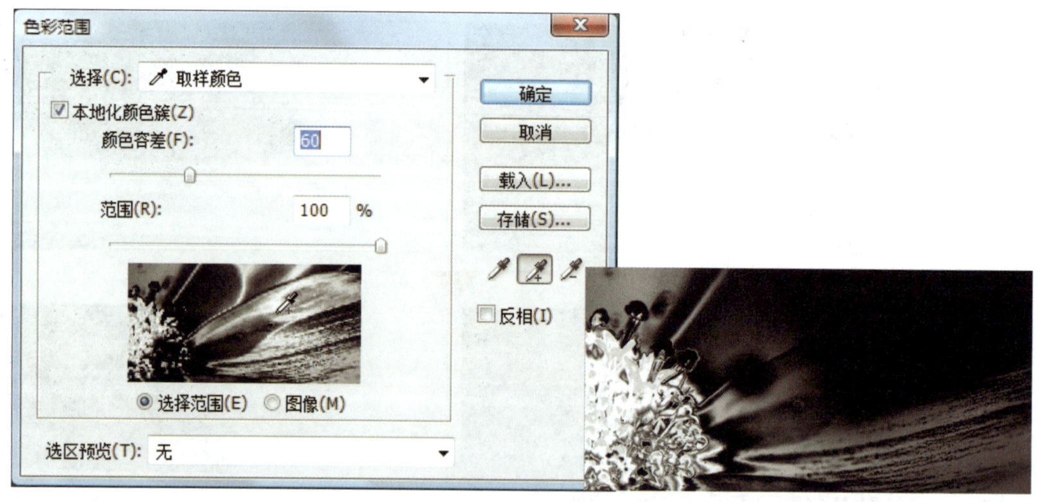

step05 单击**调整**选项组的**反相**按钮，则会将蒙版中的颜色反转，也就是黑变白，白变黑。

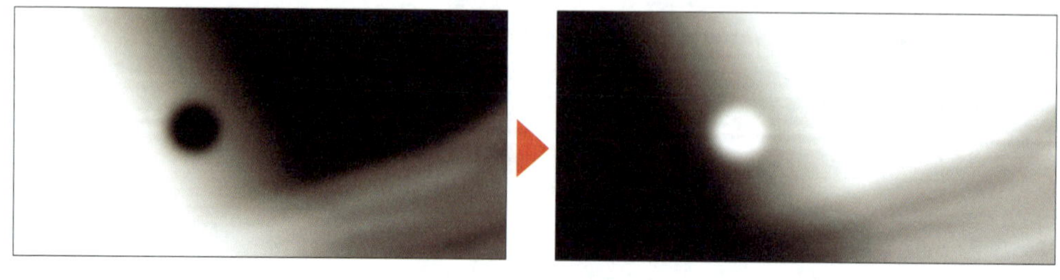

关闭图层蒙版

当图层图像创建图层蒙版后，若想要观察“没有”图层蒙版时的图层图像，可暂时将图层蒙版关闭，待查看完毕后再将图层蒙版重新打开。

要关闭图层蒙版，请先切换到图层蒙版，然后在**蒙版**面板中单击**眼睛图标**，即可关闭图层蒙版，再单击一次**眼睛**图标又可打开图层蒙版。另外，也可以按住 Shift 键不放，然后单击**图层**面板中的图层蒙版缩略图来关闭图层蒙版，再单击一次则又会重新打开。

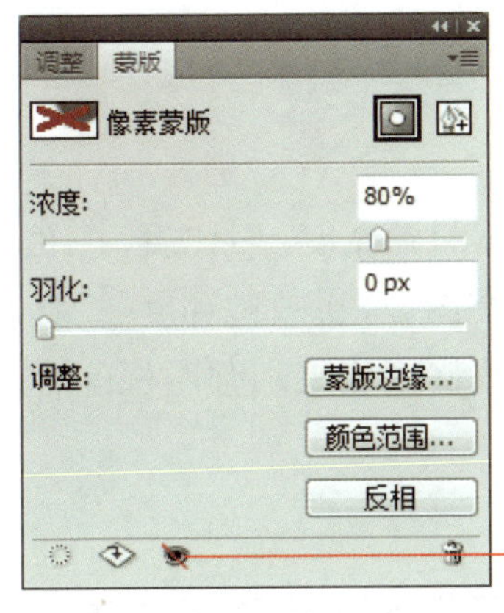

单击此按钮切换图层蒙版的开/关

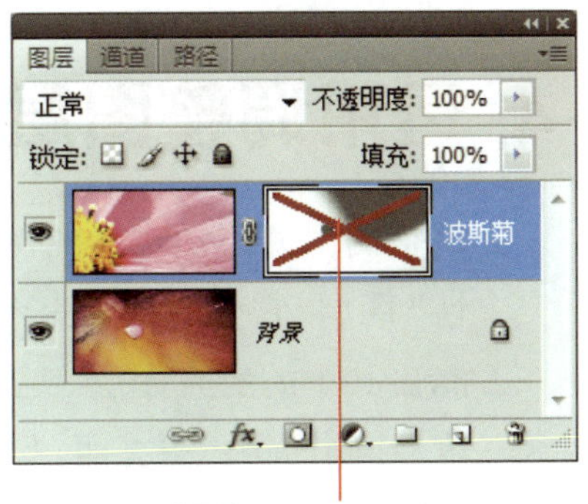

按住 Shift 键再选择**图层**面板的图层蒙版缩略图，亦可开/关图层蒙版

应用与删除图层蒙版

假如最后我们发现图层蒙版遮蔽的部分再也用不到了，可执行**应用**的操作，将图层蒙版与图层图像合并，删除掉遮蔽的部分以减少文件大小。要应用图层蒙版，可在**蒙版**面板中单击**应用蒙版**按钮，或是到**图层**面板中的图层蒙版缩略图上单击右键，在弹出的快捷菜单中执行“**应用图层蒙版**”命令。

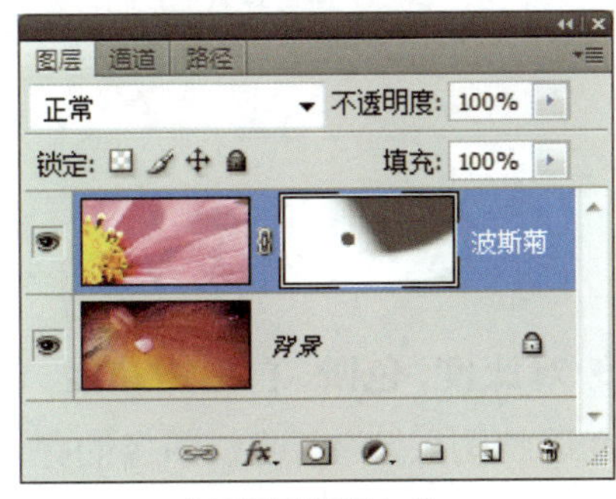

应用图层蒙版之前

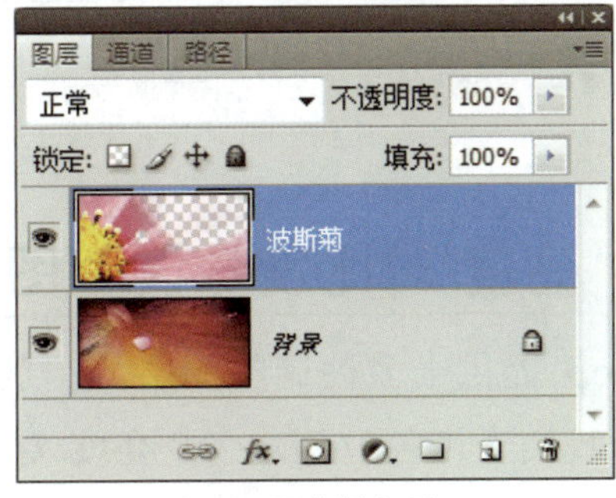

应用图层蒙版之后

若最后决定要放弃图层蒙版，还给图层图像最原始的面目，可以到**蒙版**面板中单击**删除蒙版**按钮 直接删除；或是到**图层**面板中单击图层蒙版缩略图（请勿单击到图层缩略图），然后单击**删除图层** 按钮来删除，这个方法会先弹出一个警告对话框，让用户做最后的确认：应用、取消或删除，所以比较保险。

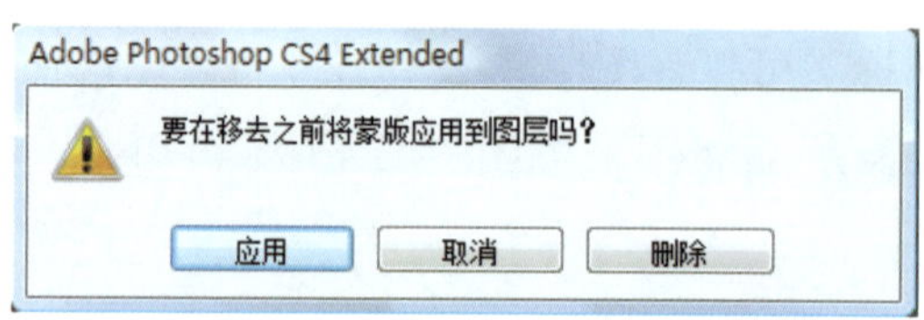

从**图层**面板中删除图层蒙版，会先出现此信息用于确认

7-4 运用调整图层调整图像

调整图层并不是实际的图像图层，而是用来调整图像亮度、对比度、颜色的“功能性”图层，它可以在不变更图像内容的情况下调亮图像、更改饱和度…，且影响范围涵盖其下的所有图层。这一节我们将学习利用**调整图层**来加强图像的对比及饱和度，让画面颜色更亮丽。

07-01C.psd

调整图层

调整图层为独立的图层，可影响其下层的所有图层，此例是运用**黑白**调整图层将下层图层的图像转为黑白，但从**图层**面板中可以看出，下层图层的图像并未被改变

创建“亮度/对比度”调整图层

Photoshop 提供十多种调整图层，包括**亮度/对比度**、**色阶**、**自然饱和度**、**色彩平衡**等，这里我们先带各位创建一个**亮度/对比度**调整图层，除了调整图像的亮度对比度之外，也可以借此了解调整图层的操作流程。

step01 请重新打开范例文件 07-04.psd，由于我们要调整整张图像，所以请在**图层**面板中选取最上层的**波斯菊**图层，然后单击图层面板下方的**创建新的填充或调整图层按钮**，在菜单中选择“**亮度/对比度**”选项。

从**图层**面板中**创建新的填充或调整图层**按钮可取得Photoshop 所有的调整图层

step02 当选择调整图层选项后，Photoshop 立即会在目前选取的图层上新建该调整图层，并打开**调整**面板显示该调整图层的设置选项。

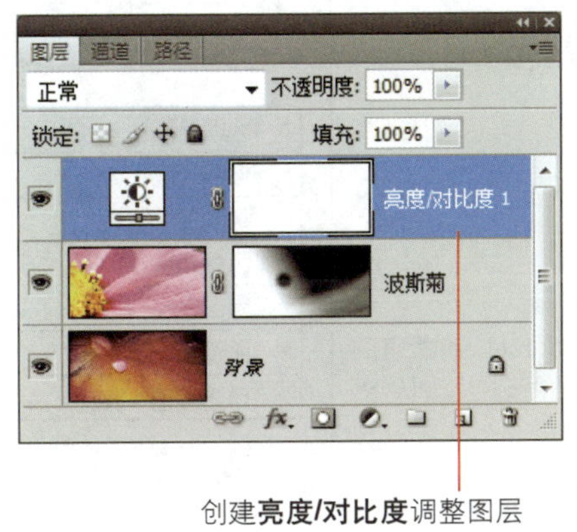

创建**亮度/对比度**调整图层

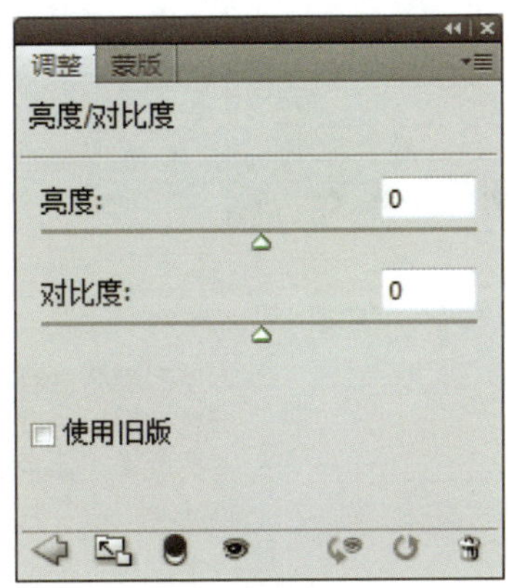

调整面板，目前显示**亮度/对比度**功能的设置选项

step03 再到**调整**面板中调整想要的设置，例如本例将**亮度**滑块调整为 -35，**对比度**滑块调为 +50，如此就完成了。

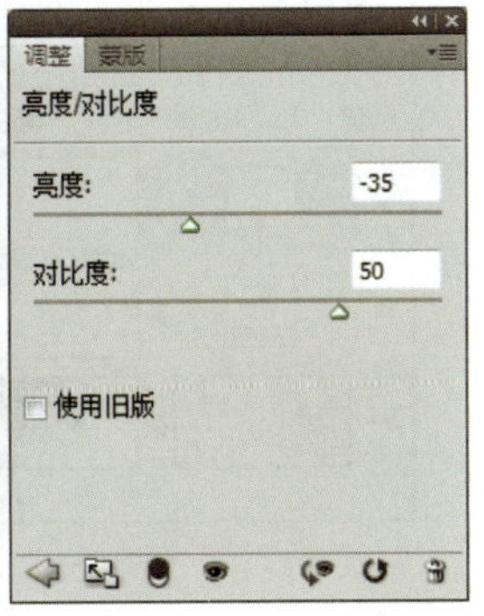

若觉得**调整**面板的空间太小，可单击其左下角的 按钮切换成**扩展视图**加大空间，再单击 按钮则可切回**标准视图**的空间大小。

使用调整面板创建调整图层

Photoshop CS4 新增了**调整**面板，让调整图层的操作一气呵成，不需要开开关关对话框。现在我们继续之前的结果，利用**调整**面板再为范例文件 07-04.psd 创建一个**自然饱和度**调整图层：

step01 首先请在**图层**面板中选取上例新建的**亮度/对比 1** 图层，因为我们要将新的调整图层加到最上层，此时**调整**面板又会显示**亮度/对比**的设置选项，请单击左下角的**返回到调整列表**按钮 ，切回到**调整**面板的首页。

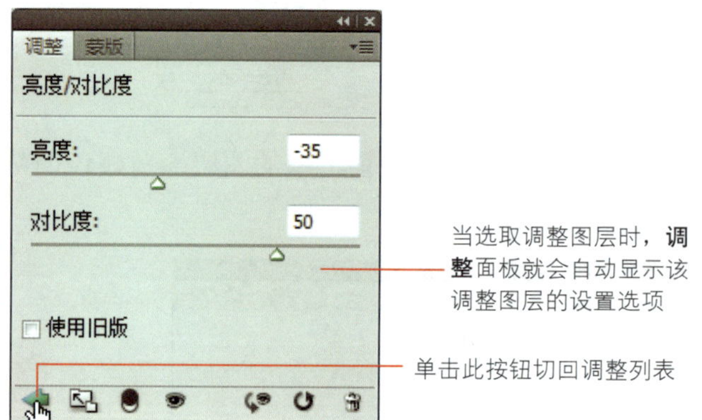

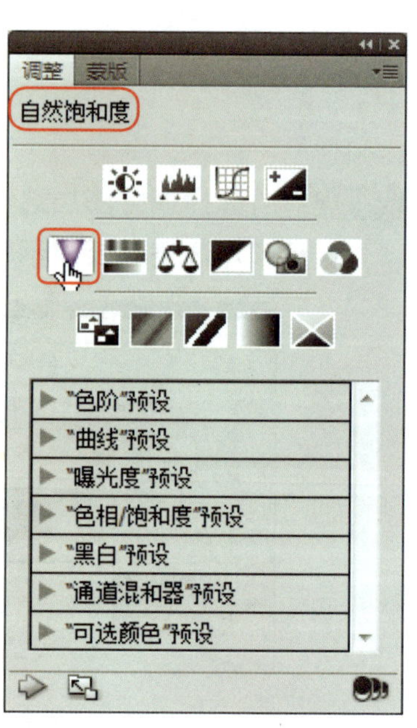

调整列表会显示 Photoshop 所有的调整图层，将鼠标指在调整图层的图标上即可出现工具提示，左上角也会显示该图标的名称

step02 在**调整**面板中单击**自然饱和度**图标 ，则**图层**面板就会新建一个**自然饱和度**调整图层，同时**调整**面板亦会切换到**自然饱和度**的选项页面，本例我们的设置如下。

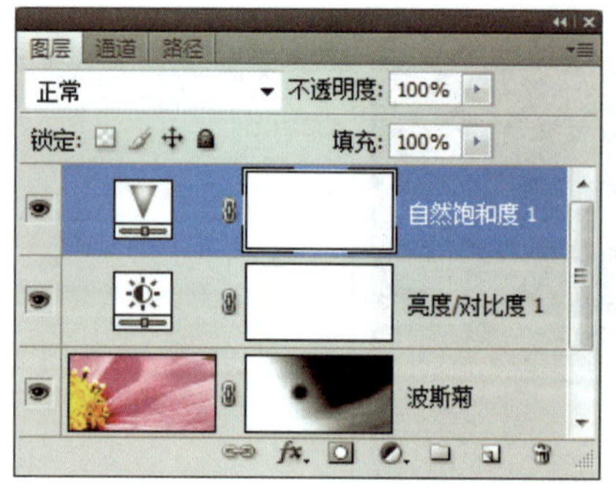

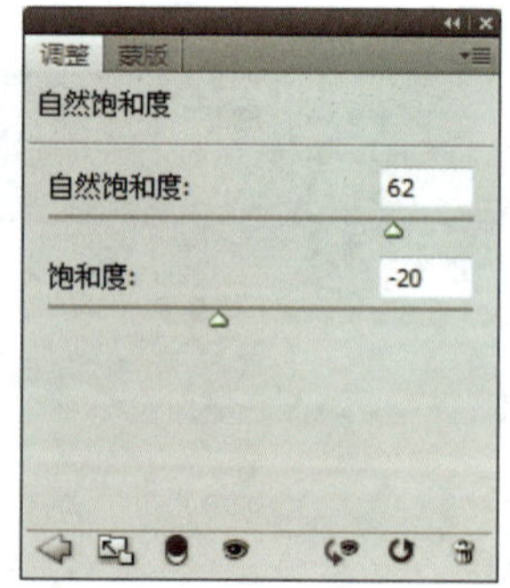

在**调整**面板中调整设置时，可利用面板下方的几个按钮来协助对比前后的差异，或是还原设置、删除调整图层等。

- ：单击此按钮可切换调整图层的显示状态，当按钮为 时表示显示，单击后该按钮变成 ，则可关闭调整图层，其功能和**图层**面板中调整图层前面的眼睛图标相同。
- ：单击此按钮时文件窗口会显示“调整前”的图像，放开后即可恢复“调整后”的图像，所以在调整设置时，随时可利用此按钮来对比前后的差异。
- ：若调来调去都不满意，可单击此按钮将所有设置还原为最初的默认值。
- ：单击此按钮会删除调整图层，Photoshop 会先显示信息让你确认，若单击是按钮则会删除调整图层。也可以在**图层**面板中选取调整图层，然后单击右下角的**删除图层**按钮 来删除 。

修改调整图层的设置

假如对于调整图层的效果不满意，可随意修改，而且不管修改多少次都不会降低图像质量。请打开范例文件 07-05.psd，假设我们觉得之前的**亮度/对比度1**图层调得太暗了，想要修改一下，可进行如下操作。

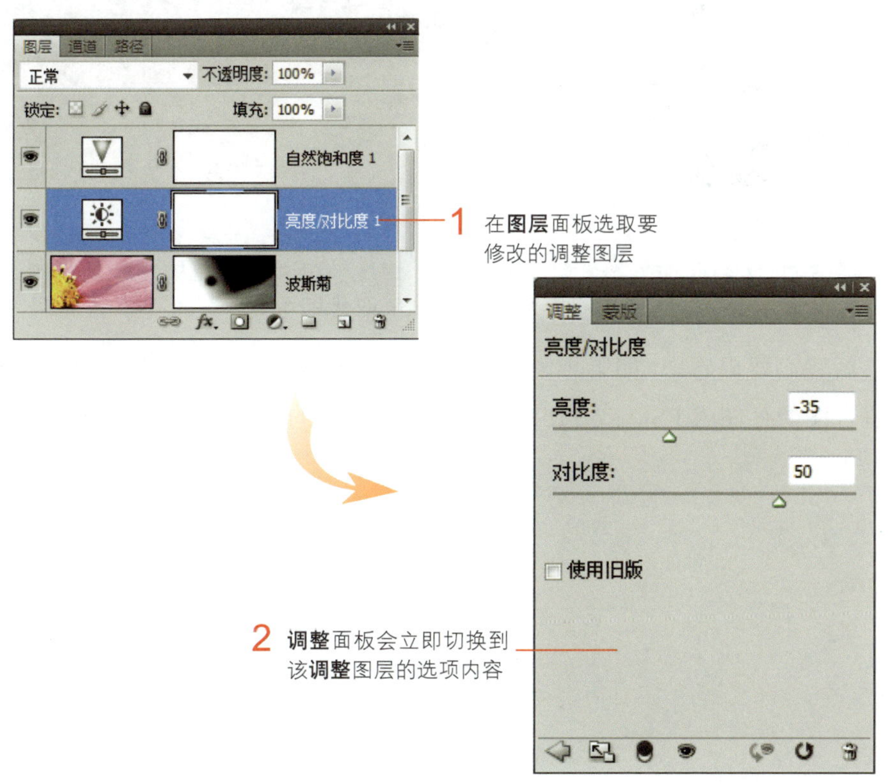

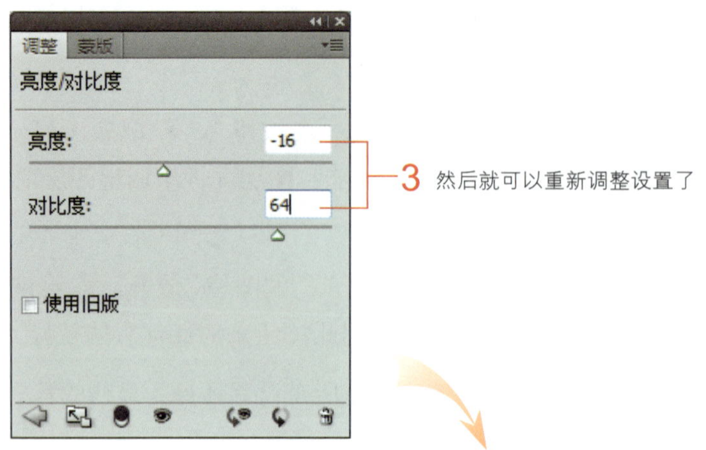

4 最后再加上文字，本章的名片范例就大功告成了（有关文字部分的输入与编辑，请参阅第 9 章的说明）

07-05A.psd

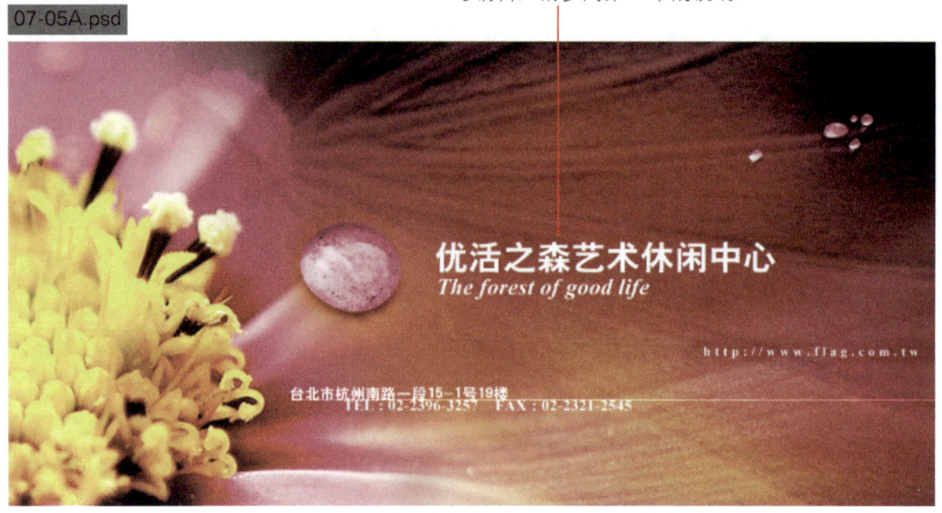

TIP 打开范例文件 07-05A.psd ，若出现遗失字体的信息，这是因为你的系统中没有本例所用的字体，请单击**确定**按钮用系统的字体来取代即可。

最后我们要提醒您，如果想要保留**图层蒙版**或调整图层，以供日后修改，请记得将未拼合图像存储成 PSD 或 TIFF 等支持保留图层的文件格式。

1. 利用**图层蒙版**来合成图像，既可达到图像合成的目的，又不会破坏原来的图像，还保有高度的调整弹性。

2. **图层蒙版**中的灰色代表不同程度的遮蔽效果：

   - **黑色**的遮蔽率为 100%，图层图像若对应到黑色的部分会变成完全透明，而透出下层图像的内容。
   - **白色**的遮蔽率为 0%，图层图像若对应到白色的部分则不变，也就是完全不透明。
   - **灰色**遮蔽率各不相同，越接近黑色的遮蔽率越高，越接近白色的遮蔽率越低，所以图层图像若对应到灰色的部分会有不同程度的半透明效果。

3. **图层蒙版**其实就是一张灰色图像，可以使用 Photoshop 的各种编修像素的工具，例如**画笔工具**、**渐变工具**、**各式滤镜**等，直接编修**图层蒙版**创造出各种合成效果。

4. 单击 D 键可将前景色与背景色还原为默认值，但要注意，当编辑普通图层图像时，前景色与背景色的默认值是“黑/白”；当编辑图层蒙版时，默认的前景色和背景色则是“白/黑”。

5. 若要淡化图层蒙版中黑色和灰色的浓度，可拖曳**蒙版**面板的**浓度**滑块。

6. 若要调整图层蒙版中的边缘线条，可拖曳**蒙版**面板中的**羽化**滑块，或单击**蒙版边缘**按钮取得更多的选项来调整边缘。

7. **应用图层蒙版**会将图层图像与图层蒙版合并，并将图层蒙版遮蔽的像素删除。

8. **调整**图层可在不改变图像内容的情况下，调整图像的颜色、亮度、对比度…，且影响范围涵盖其下的所有图层。而**“图像/调整”**子菜单中的命令则是直接变更图像的内容来改善亮度、对比度，且只对该层图像有作用。

9. **调整**面板中的 可切换调整图层的显示状态，其作用和**图层**面板中调整图层前面的眼睛图标一样。另外，在**调整**面板中调整设置时，可利用 按钮对比调整前、后图像的差异。

1. Photoshop 是否可以直接按照图像上的选区来创建图层蒙版的内容？

只要先在图层图像中创建好选区，然后单击**图层**面板的**添加图层蒙版**按钮 ![] 或**蒙版**面板的**添加像素蒙版**按钮 ![]，Photoshop 即会创建图层蒙版，并自动将选取范围设为白色区域，非选取范围设为黑色区域（即遮蔽范围）。

在图层 1 创建选区

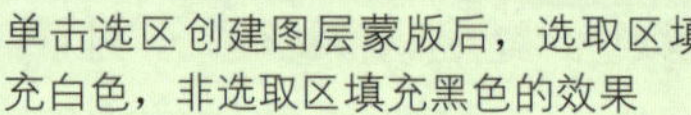
单击选区创建图层蒙版后，选取区填充白色，非选取区填充黑色的效果

2. 如何将图层蒙版直接覆盖在图像上，以便查看图层蒙版遮蔽的范围？

选取包含**图层蒙版**的图层后按 \ 键，**图层蒙版**便会覆盖在图像上，再单击一次则会取消。双击图层蒙版缩略图则可打开**图层蒙版显示选项**对话框修改覆盖的颜色。

图层蒙版覆盖在图像上

3. 调整图层默认会应用在其下的所有图层，若要限定仅应用在某范围或仅应用在单一图层，该怎么做呢？

创建调整图层时默认都会附带一个图层蒙版，所以若要限定调整图层仅能应用在特定范围，可利用调整图层的图层蒙版来控制。

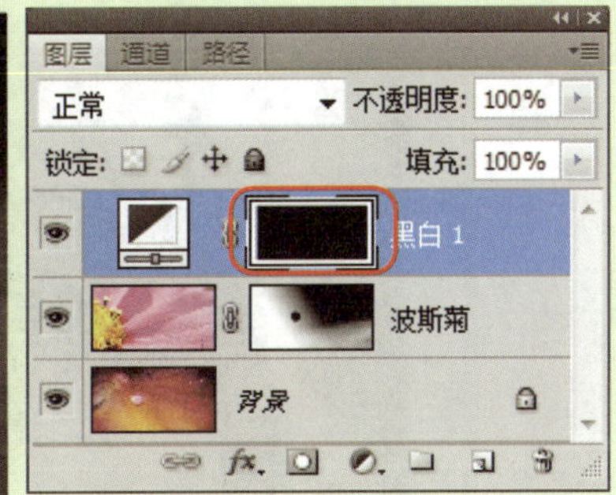

黑白调整图层的作用仅应用在外围的部分

若要将调整图层应用在单一图层上，则可在调整图层上**创建剪贴蒙版**，方法是选取调整图层后到**调整**面板中单击下方的 按钮，或是在**图层**面板中按住 Alt （Windows） / option （Mac）键再单击调整图层与下层图层之间的分界线。重复一次相同的操作即可取消**剪贴蒙版**。

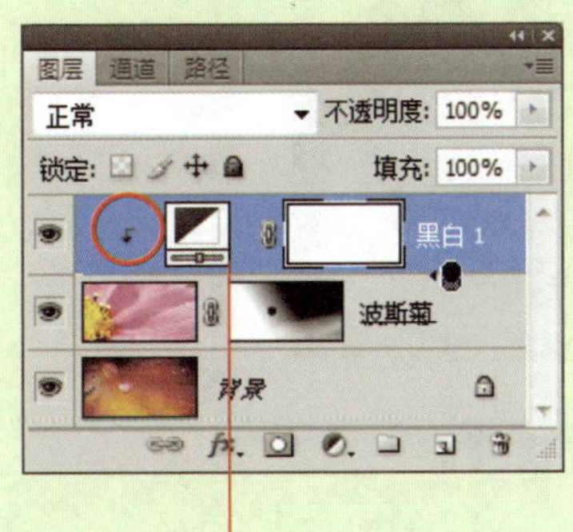

出现这个符号即表示为剪贴蒙版

黑白调整图层的作用仅应用在**波斯菊**图层

第8章 绘图和编辑工具的应用

小说插画设计

课前导读

许多小说的封面，总会搭配唯美的绘画作品，本章将使用 Photoshop 的绘图工具，包括**画笔工具**与**铅笔工具**，再加上多种滤镜特效与编辑工具，让您也能绘制出类似的画风。

本章学习提要

- 学习**画笔工具**与**铅笔工具**的基本操作
- 运用**快速蒙版**模式与**画笔工具**选择毛边图像
- 使用**画笔工具**描绘线条与填色
- 套用**调色刀**和**蒙尘与划痕**滤镜制造绘图效果
- 套用**添加杂色**与**基底凸现滤镜**仿制纸张纹理
- 运用 Photoshop 的**边框**动作自动为图像加上画框

估计学习时间 **120分钟**

8-1 绘图工具的基本操作

Photoshop 的绘图工具包含**画笔工具** 和**铅笔工具** ，两者皆可让我们使用前景色在图像上涂绘，并可搭配各种不同的笔尖形状、粗细、硬度、不透明度、流量等，挥洒出千变万化的风格，满足绘图的梦想。后面我们将利用绘图工具勾勒人物的线条以及着色等，所以在那之前我们要先学会绘图工具的基本操作。

使用画笔工具

首先介绍**画笔工具** 的基本用法，请各位新建空白文件，按照下面的步骤一起来练习操作：

step01 不论是使用**画笔工具**或**铅笔工具**，在使用之前都需要先设置画笔的颜色，所以请单击工具箱中的**前景色**色块，打开**拾色器**对话框来选择想要的绘图颜色。

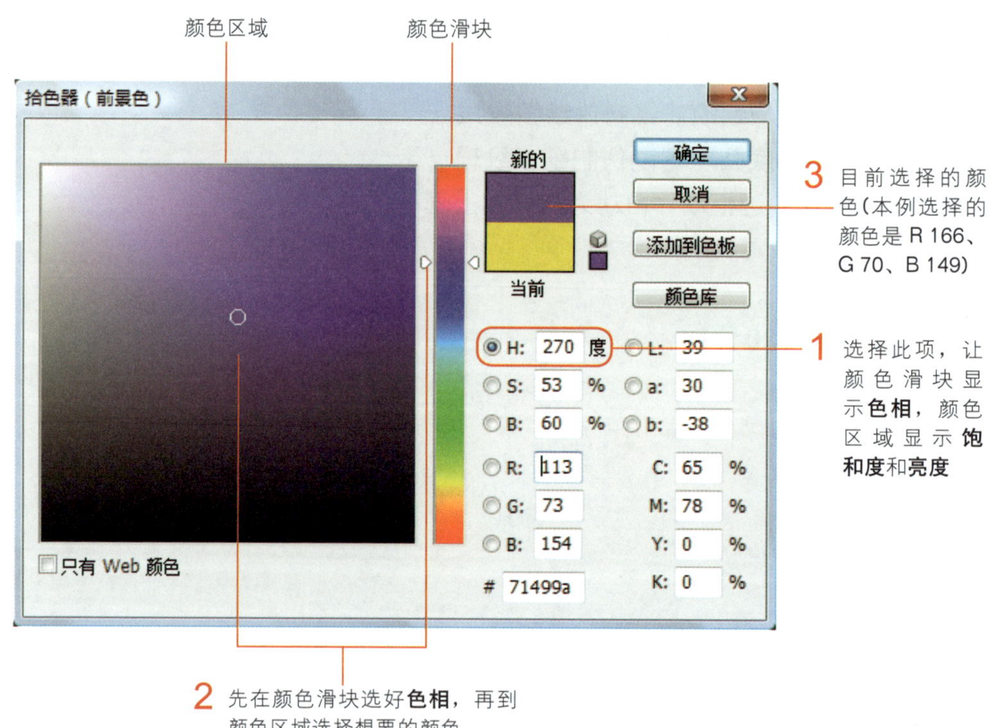

step02 选好颜色后，接着到**工具箱**选择**画笔工具** ，并到**选项栏**中去设置**画笔工具**的属性，包括画笔大小、硬度、不透明度等，然后就可到空白文件上去作画了。这里我们先带各位设置画笔大小、硬度以及笔尖形状。

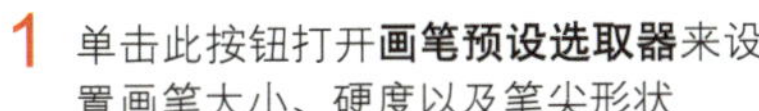

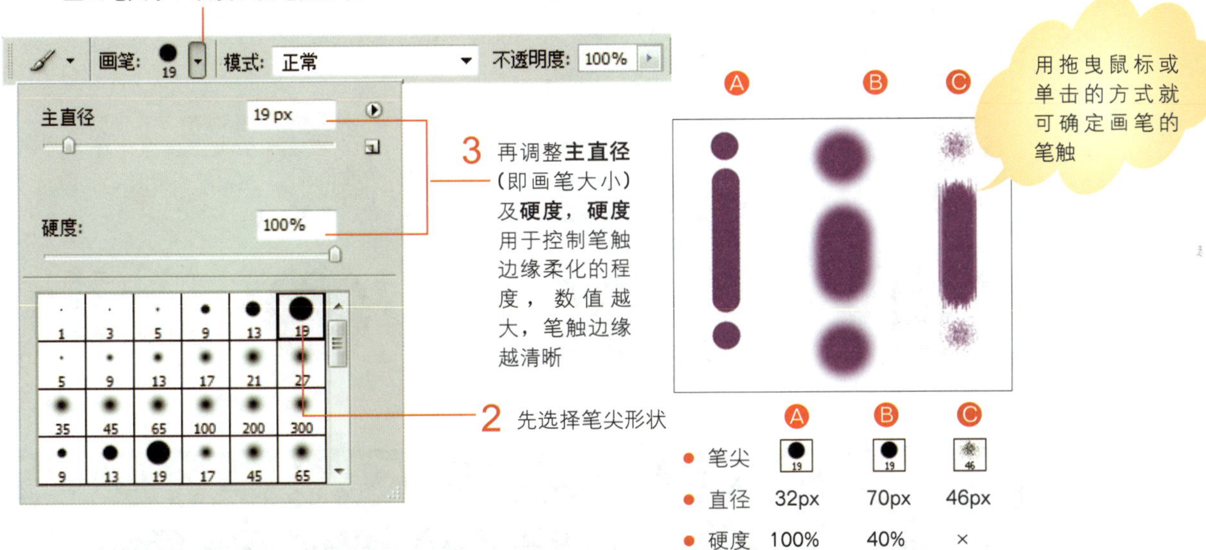

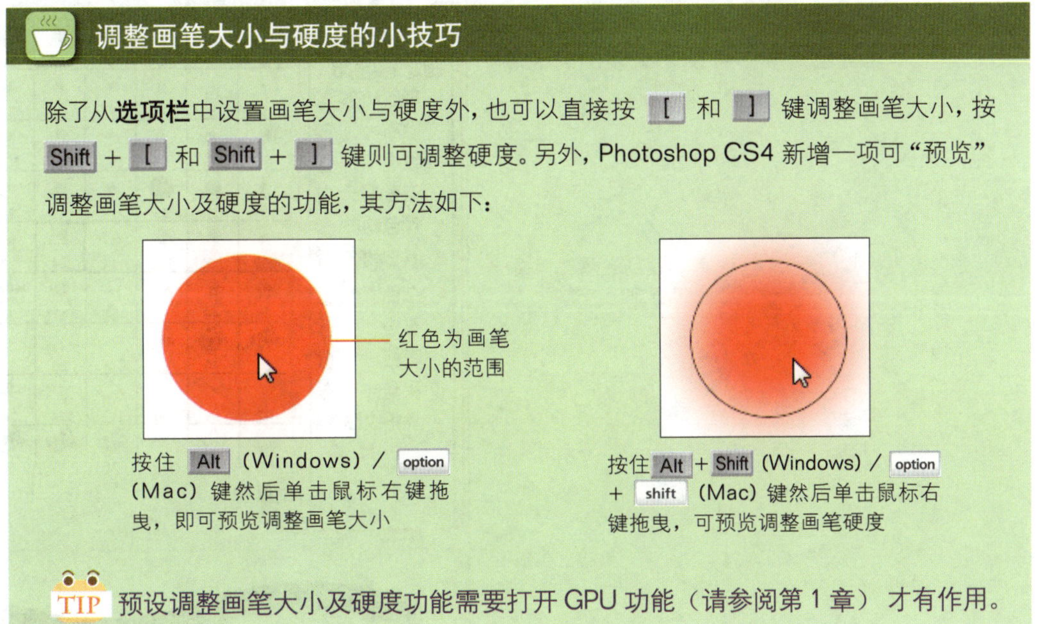

调整画笔大小与硬度的小技巧

除了从**选项栏**中设置画笔大小与硬度外，也可以直接按 [和] 键调整画笔大小，按 Shift + [和 Shift +] 键则可调整硬度。另外，Photoshop CS4 新增一项可“预览”调整画笔大小及硬度的功能，其方法如下：

按住 Alt (Windows) / option (Mac) 键然后单击鼠标右键拖曳，即可预览调整画笔大小

按住 Alt + Shift (Windows) / option + shift (Mac) 键然后单击鼠标右键拖曳，可预览调整画笔硬度

TIP 预设调整画笔大小及硬度功能需要打开 GPU 功能（请参阅第 1 章） 才有作用。

step03 **画笔工具**还可设置画笔的绘图模式、不透明度、流量以及喷枪效果等，我们一并说明如下。

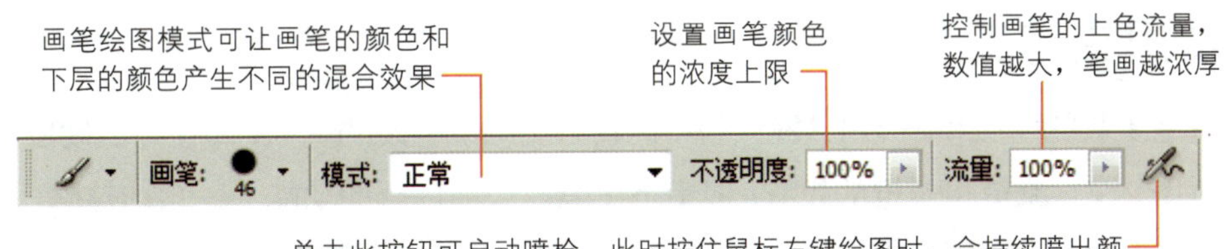

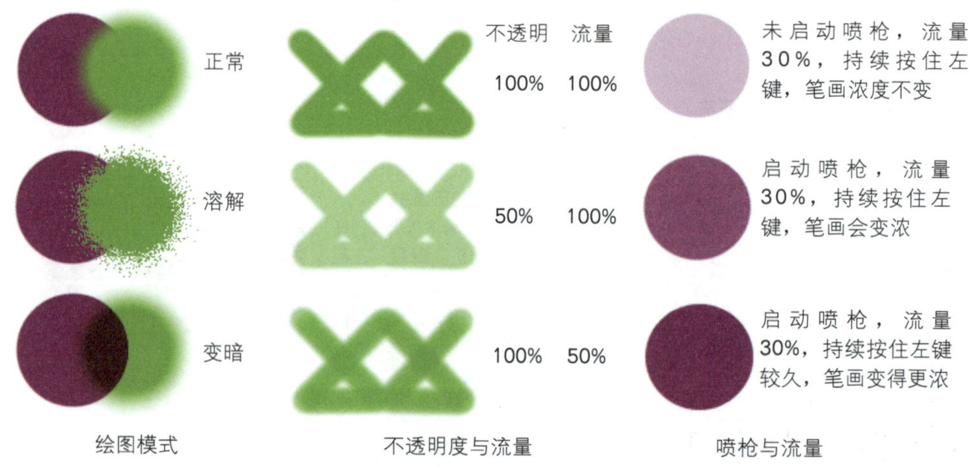

画笔面板

单击**画笔工具**选项栏最末端的按钮，可切换**画笔**面板的开与关，在**画笔**面板中可设置更多的画笔属性。

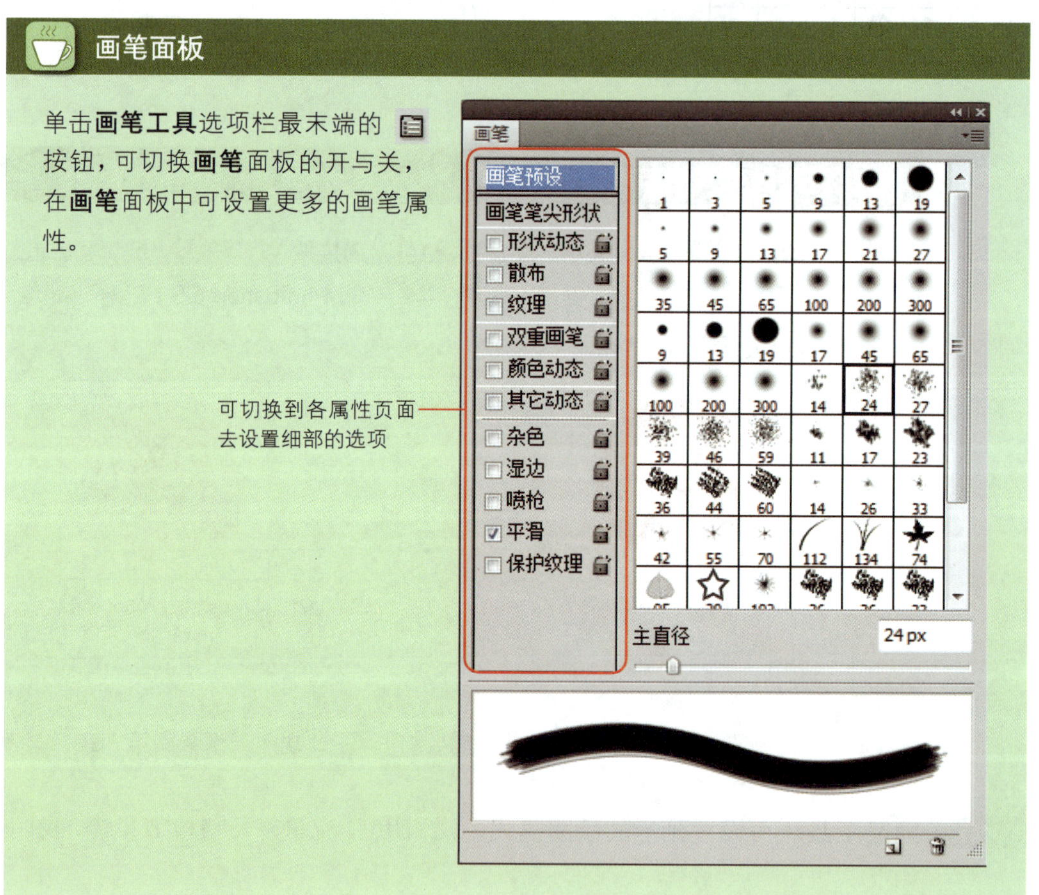

使用铅笔工具

铅笔工具的用法和**画笔工具**差不多，但它只能画出坚硬的笔风，即使降低**硬度**也没用，而且也没有**流量**和**喷枪**的设置；但**铅笔工具**有一项特有的功能——**自动抹除**，当勾选此复选框时，若下笔处的颜色刚好与前景色相同，则画笔会自动改成背景色。

铅笔工具的选项栏

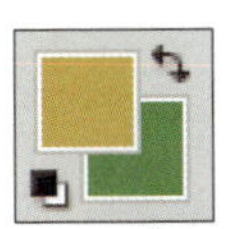
目前的前景色与背景色设置

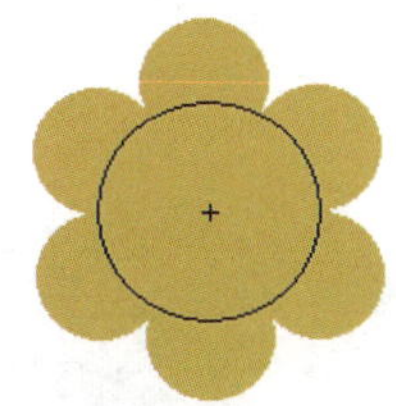
未勾选**自动涂抹**，下笔处颜色与前景色相同，仍以前景色绘图

勾选**自动涂抹**，下笔处颜色与前景色相同，改用背景色绘图

如何画出直线

若要使用**画笔工具**或**铅笔工具**画出水平、垂直或各种角度的直线，请按住 Shift 键拖曳，或在单击选取起点后按住 Shift 键再单击选取其他的地方，就可以画出直线。

8-2 运用画笔与快速蒙版做去背

了解了绘图工具的基本用法后，现在我们要开始制作本章的范例——插画风格的封面。这一节我们的工作是要替人像照片去除背景（简称“去背”），将人物摘取出来，然后再以**绘图工具**勾勒人物的线条与涂上颜色，最后与背景、画框结合即可完成。

要替人像照片做去背处理，可以应用第 5 章中介绍的各种选择技巧来选择主角，再复制到另一张空白文件即可达到去背的目的。这里要再介绍另一种技巧，对于选择毛边（如发丝、绒毛…）的图像非常适合，那就是使用**快速蒙版**模式与**画笔工具**来做选择。请打开本例光盘文件**主角**.jpg，我们打算用这张照片中的模特儿作为封面的主角，所以请各位跟着下面的说明来为她做去背的操作。

主角.jpg

摄影：张宇翔

原始照片的背景不合需求，所以要先去除掉

step01 首先处理最棘手的头发部分。请到**工具箱**最下方单击 按钮，将文件窗口切换到**快速蒙版**模式，所谓**快速蒙版**其实就是一种"暂时性"的蒙版，它的特性与图层蒙版相同，即在上面涂上黑、灰、白会有不同的遮蔽效果，但它无法随着存储文件而保存下来。

文件窗口的标签会显示**快速蒙版**

step02 由于我们要选择头发部分，所以要将头部以外的范围都涂上黑色遮蔽起来。请将前景色设为黑色，然后选择**画笔工具**，大小约设为 50px，硬度降为50%，也就是设成柔边画笔，再沿着头发的边缘涂抹（可稍微涂到边缘里面）将头部圈起来，涂过的地方会呈现红色：

为了保留头发的柔边，所以用柔边画笔来涂抹，画笔大小可根据涂抹范围随机调整

若觉得黑色涂得太里面，可改用白色的柔边画笔涂抹头发的部分来修饰

step03 圈出头部的范围后，接着选择**油漆桶工具** ，**选项栏**的设置如下，然后用鼠标单击头部以外的范围，将头部以外的范围填充黑色。

请确认前景色是黑色

将头部以外的范围填充黑色

不连续的地方请自行用黑色画笔涂抹

step04 涂好后再单击**工具箱**最下方的 [按钮] 按钮切回到**标准**模式，即可将非遮蔽区变成选区。

若觉得选得不够理想，只要尚未取消选区，随时可切回**快速蒙版**模式，用**画笔工具**做修改

step05 接下来我们来加选身体及栏杆的部分。请选择**快速选择工具** [图标] ，并到**选项栏**中单击**添加到选区**按钮 [图标] ，画笔大小请视情况调整，然后涂抹身体及栏杆的部分。

将身体及栏杆添加到选区

step06 圈选出整个人像后，我们要进行“去背”的动作了。请在**图层**面板中双击背景图层，并在**新建图层**对话框中单击**确定**按钮，将**背景**图层转换成普通图层；接着单击**图层**面板下方的**添加图层蒙版**按钮 ，将选区创建为图层蒙版即可完成。

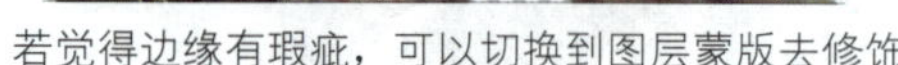

若觉得边缘有瑕疵，可以切换到图层蒙版去修饰

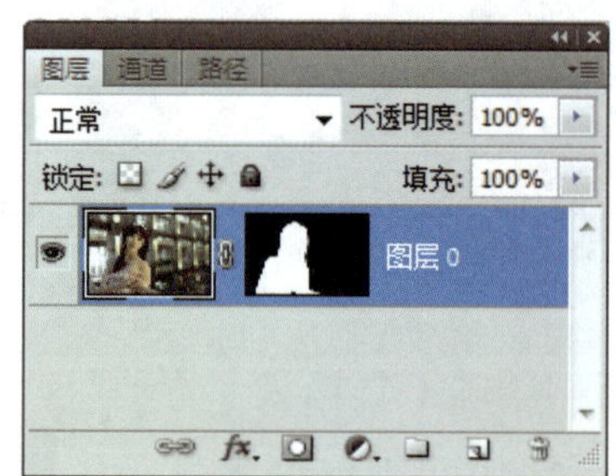

8-3 使用画笔工具描绘线条

对于新手来说，要凭空完成人像插画实在太困难了！记得我们小时候画画，经常会在喜欢的图画上面垫一张描图纸，然后照葫芦画瓢将其描绘出来。在Photoshop 中也能使用类似的技巧，只要新建一个空白图层，调低底稿图层的不透明度，然后在空白图层上根据隐约透出来的底图来描绘，就会容易许多。这一节我们便要完成这样的工作 —— 使用 Photoshop 的绘图工具来描绘人物的线条。

请打开范例文件 08-01.psd，其中一共有 3 个图层，最下面的是白色**背景**图层，而后是我们之前完成去背的**人物**图层，最上面则是要拿来描图的**线条**图层。接下来我们就使用**画笔工具**依次勾勒出人物的外型、脸部五官以及衣服的纹理褶皱。

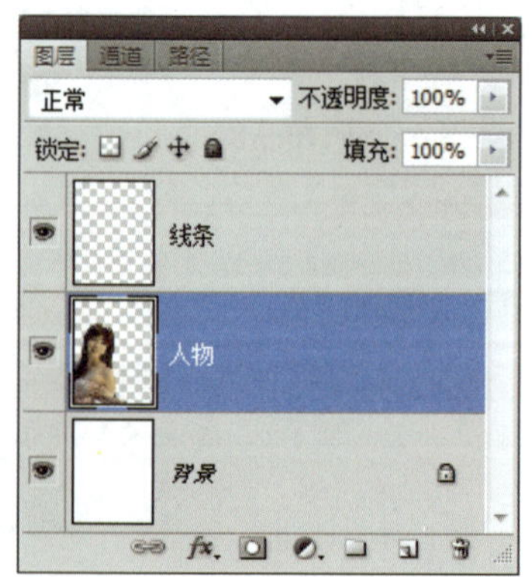

模拟真实线条不可或缺的“绘图板”

假如要用鼠标来描绘线条，则线条的粗细、颜色浓厚都会维持固定，缺少真实笔触应有的轻、重、缓、急变化。若想要模拟出更为逼真的笔触，强烈建议添购绘图板（包含一块绘图板和一支感压笔），利用感压笔在绘图板上描绘，就会依据下笔的力量与速度，仿真出相当真实的线条笔触。

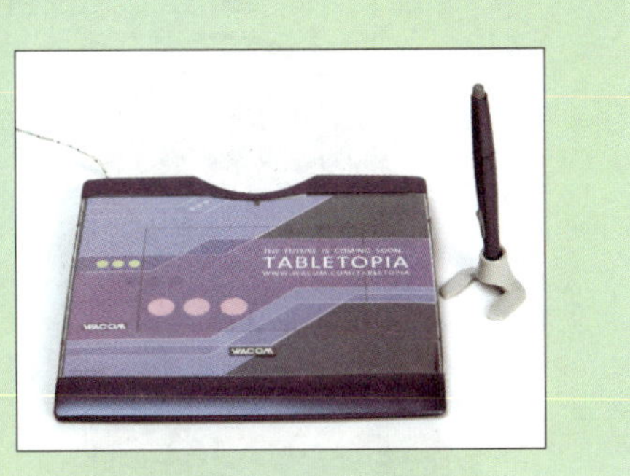

一般购买 4×6 英寸或 6×8 英寸的绘图板即可满足绘图需求，从事计算机绘图的人绝对值得购买。

step01 首先请选择**人物**图层，将图层的**不透明度**降低为50%，以便待会儿描图时可以看清楚线条的笔触。

将人物的颜色调淡，这样描图的笔触才看得清楚

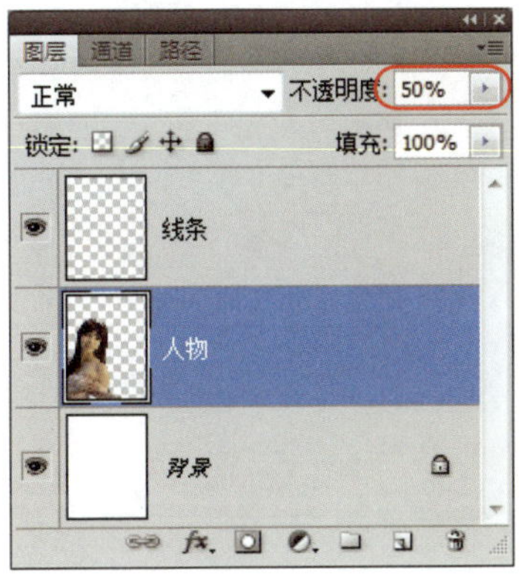

step02 接着选择**线条**图层，并按 D 键将前景色和背景色恢复为默认的黑/白 ，接着选择**画笔工具**，并从**选项栏**挑选较细的画笔来勾勒人物外观的线条。

在**线条**图层中描绘

先把人物外形描绘出来

step03 接着再继续描绘脸部的五官和衣服上的花纹和褶皱，过程中可自行调整画笔大小，让线条有不同的粗细变化。

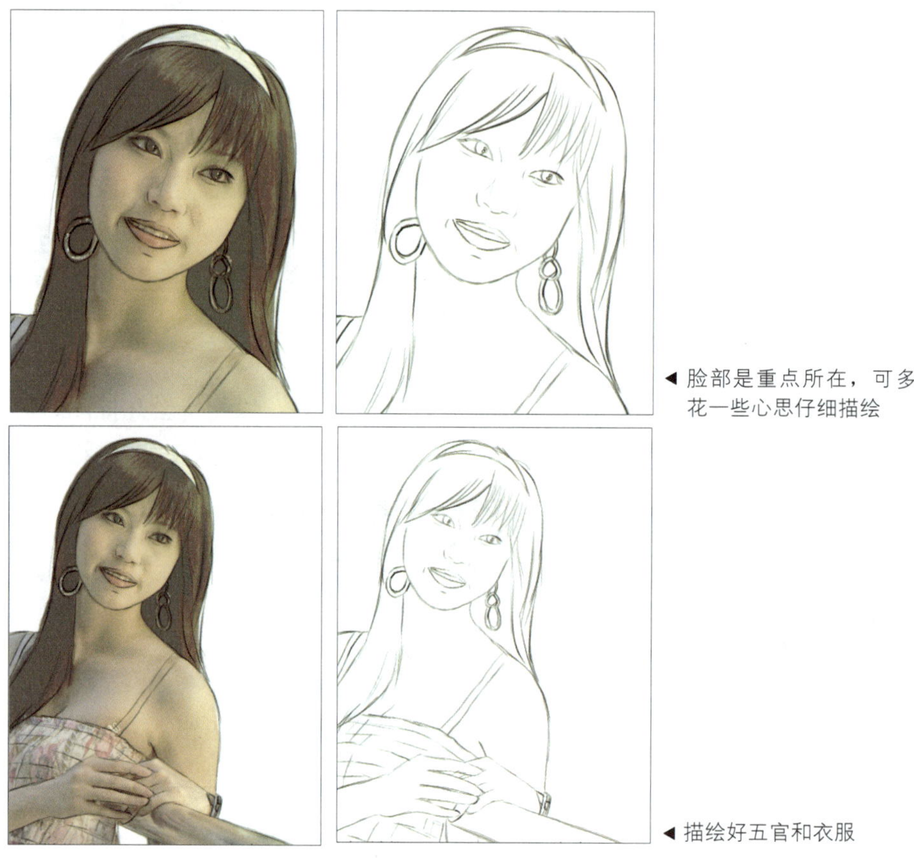

◀ 脸部是重点所在，可多花一些心思仔细描绘

◀ 描绘好五官和衣服

8-4 使用画笔工具绘制颜色

人物线条绘制完毕后，再来就是进行上色。在此我们选择以柔边的**画笔工具**来绘制颜色，可延续上一节继续进行操作，或者打开已经画好人物线条的范例文件08-02.psd 来练习。

step01 首先我们要绘制眉毛、瞳孔、嘴唇这 3 个部分。请新建一个空白图层，命名为脸部，然后选择**画笔工具**，在**选项栏**中设置如下的画笔属性，稍后要先绘制眉毛部位。

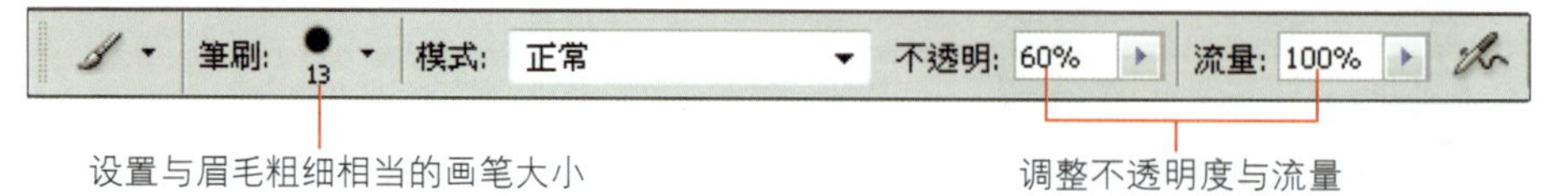

step02 接着将前景色设为眉毛要使用的颜色（本例为 R：143，G：127，B：120 的浅咖啡色），然后对比**人物**图层的照片绘制眉毛。

step03 接着将前景色设为接近瞳孔的颜色（本例为 R：28，G：27，B：26），涂抹瞳孔及眼影，再用较细的灰色画笔一笔一画笔出睫毛，整个眼睛部位才算完成。

强化眼神的绘制技巧

仅仅是以画笔描绘眼睛、眉毛、睫毛，感觉十分暗淡无光。若想强化眼睛的神韵，那么浓密的睫毛、发亮的眼神，都是不可或缺的。在笔尖形状中，112 和 134 这两种画笔用于眼睑部位，可以仿造出卷翘的睫毛，想帮睫毛涂上黑色、棕色还是蓝色等的睫毛膏，都可以快速办到。接着再以白色画笔单击瞳孔部位，为眼睛添加眼神，并使用**减淡工具** 单击整个瞳孔部位，就可创造出迷人的双眼了！

沿着眼睛边缘慢慢涂上画笔

TIP 要使用 112 和 134 绘制睫毛，请先打开**画笔**面板，将该笔尖形状的属性进行设置，如形状动态、散布等，都需要先取消才行。

step04 继续将前景色设成适合的唇色来绘制嘴唇部位，本例的唇色为 R：203、G：131、B：108。若想让嘴唇有光泽，可涂好唇色后选择**橡皮擦工具** ，将**流量**降低，再于嘴唇上欲产生光泽的地方涂抹，即可因减淡而产生光泽感。然后再用较深的红色绘制牙龈、牙齿的形状。

用画笔工具绘制唇色

用橡皮擦工具绘制光泽，并描出牙齿的形状

step05 新建一个空白图层，命名为**着色**，并移到**脸部**图层下方，然后以较大的柔边画笔简略绘制各个部位的颜色（颜色可用**吸管工具** 从照片中取样）。着色时，**选项栏**上的**不透明度**、**流量**请随着光线的强弱与方向来变化，光线越亮的部位，颜色要越淡，有阴影的部位则颜色要越浓郁，这样整体才会有立体感。

step06 最后在**着色**图层上方新建一个**头发**图层，然后以 笔尖形状绘制头发，其技巧在于先大片的上色，然后再逐渐调小画笔直径、加深颜色，以描绘出头发的线条造型。

目前作品看起来还是相当生硬不自然，原因在于颜色平淡、缺乏立体感，且线条过于明显。若想提升作品的可看性，还得继续做些后期处理，我们将在下一节进行介绍。

8-5 强化绘图效果

本例的**人物**图层除了当做底稿勾勒线条外，还要拿来处理成绘画效果，然后再跟之前手工绘制的效果做叠加，作品肯定会更好看。下面我们就一起来学习几种强化绘图效果的技巧吧！

套用调色刀、蒙尘与划痕滤镜

请打开范例文件08-03.psd，我们事先已经从**人物**图层复制出一个**后制**图层放置在最上层，下面要连续利用2种滤镜来处理这层的图像。此外我们还将**着色**图层的混合模式改成**颜色加深**，这样肤色会比较正常。

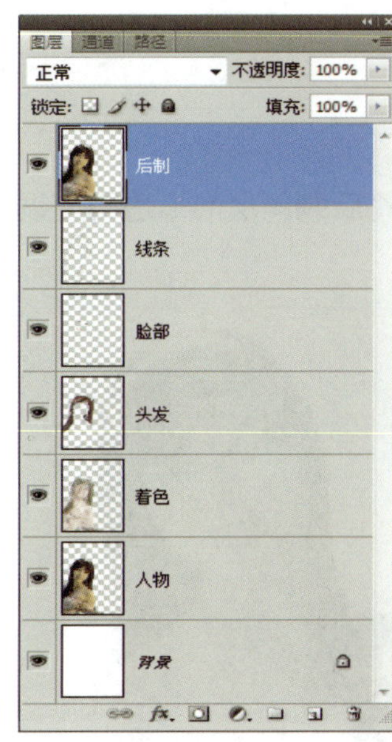

后制图层放在最上层

step01 首先使用**调色刀**滤镜来刮除图像上的细节，产生块状的质感。请选择**后制**图层，执行“**滤镜/艺术效果/调色刀**”命令，打开**滤镜库**来设置参数值。

只保留大致的轮廓，将细节部位全部打成色块状

在此区域设置参数值

step02 接下来仍旧选择**后制**图层，执行"**滤镜/杂色/蒙尘与划痕**"命令打开**蒙尘与划痕**对话框，利用**半径**值来模糊图像。

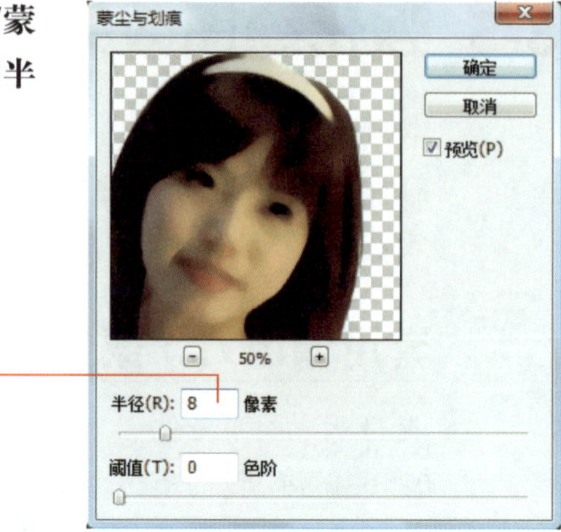

将半径加强到 8

step03 将**后制**图层的**不透明度**调整为 50%，让下面的各个图层能够显露出来。

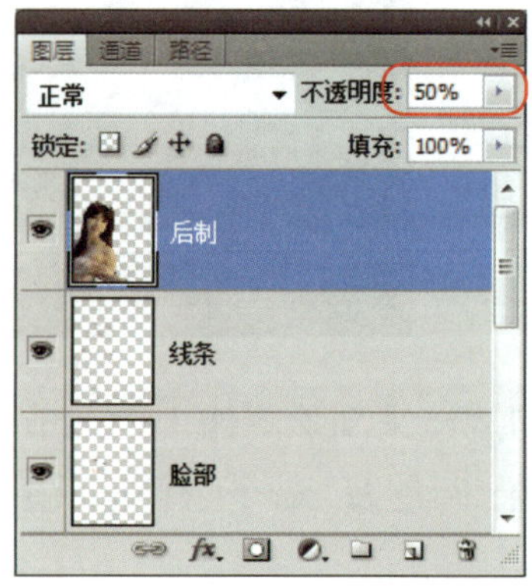

step04 目前的颜色稍微暗淡，因此我们在**后制**图层上执行"**图像/调整/色相/饱和度**"命令，将**饱和度**提高到 69，整张图像立即注入鲜活的颜色。

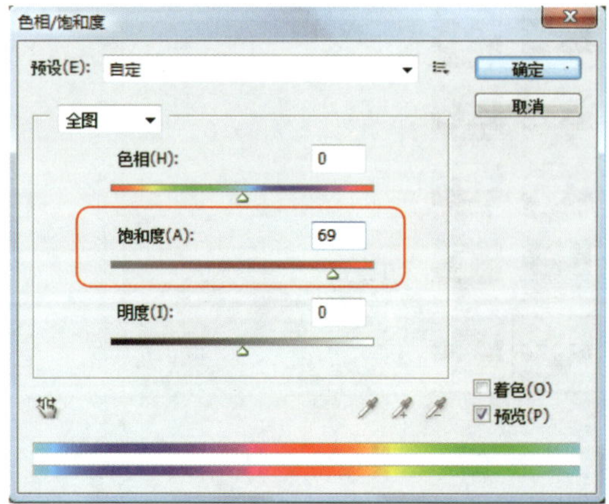

淡化线条

颜色的部分处理完毕了，现在还剩下僵硬的线条没有改善。下面要提供的技巧其实不难，只是需要多一点的耐心和观察力。而为了得到满意的作品，花点时间仔细修饰，也是相当值得的。

step01 选择**线条**图层，单击**图层**面板下面的**添加图层蒙版**按钮 ，建立全白的图层蒙版。

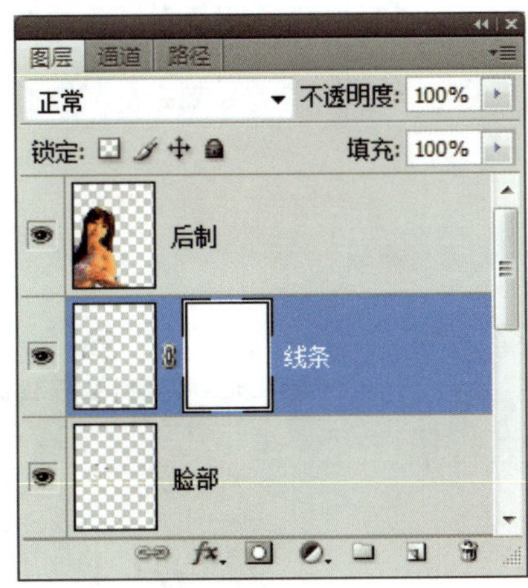

为**线条**图层新建一个图层蒙版

step02 选择**线条**图层的图层蒙版，然后选用柔边的黑色大画笔在图像上绘制要淡化的线条，绘制的原则是“越明亮的部位线条要越淡”，所以涂抹明亮部位的线条时，画笔的**不透明度**也要设得越高。

绘制前的线条

绘制后的线条

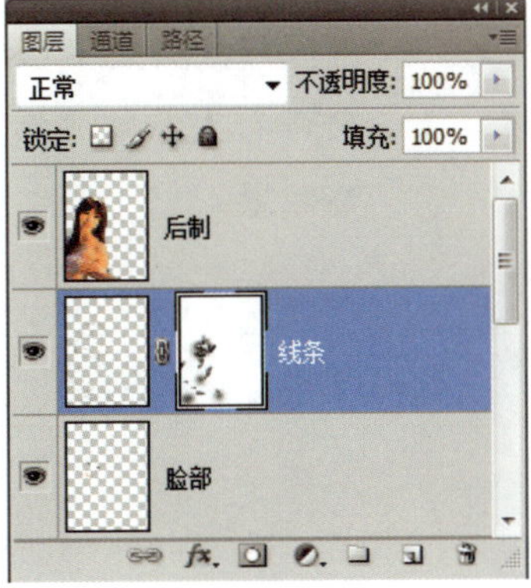

step03 接着请在**后制**图层上面也建立图层蒙版，利用相同的手法来淡化局部肤色与发色，模拟光线照射部位所产生的反光效果。

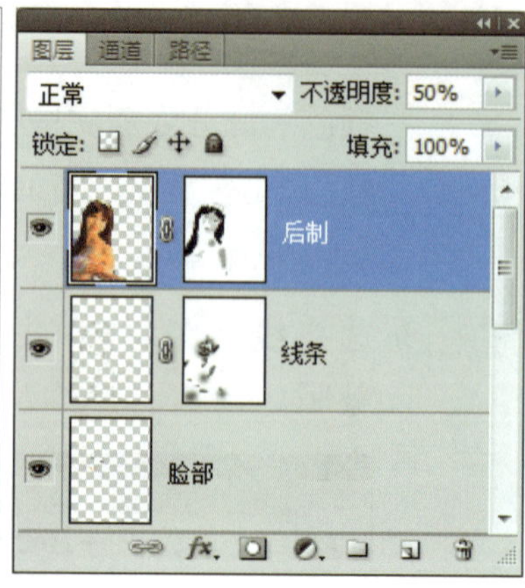

step04 最后，我们想让部分线条再清楚一些，所以请在**图层**面板中将**线条**图层拖曳到**创建新图层**按钮 上，再复制一层**线条**图层，然后比照步骤 2 的方式再修饰一下图层蒙版即可。

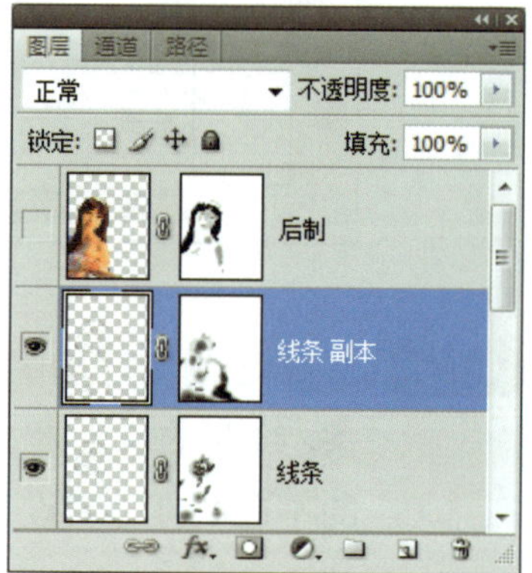

可打开范例文件 08-04.psd 来查看人像部分最终的调整效果。

08-04.psd

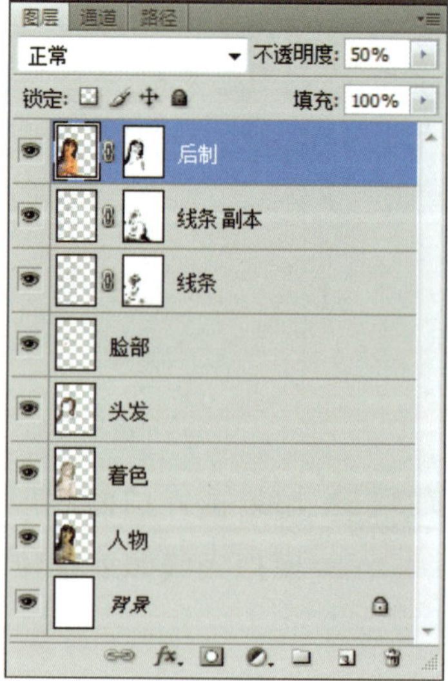

制作背景

另外，我们还准备了一张背景图像（背景.jpg），用于您练习应用前面各节所介绍的技巧，仿制出人物背后的手绘街景。

◀本例背景的原始图像

新建**背景线条**图层，利用**画笔工具**描绘背景的线

在**背景线条**图层下新建**背景上色**图层，利用**画笔工具**填色

复制**背景**图层，更名为**背景后制**并放置在**背景上色**图层的下层，然后在此图层套用**调色刀**和**蒙尘与划痕**滤镜制造绘画风格，并用**色相/饱和度**命令提高饱和度

由于原始背景右上角太空旷，所以我们在**背景线条**下新建了两个图层，分别用**画笔工具**涂上蓝天和一些花朵的点缀

08-05.psd

为了让背景更亮丽一些，我们将**背景上色**图层的混合模式改成**叠加**，并将**背景线条**图层的**不透明度**降低为 40%，稍微淡化线条即可。可打开范例文件08-05.psd 来对照背景图像的调整结果

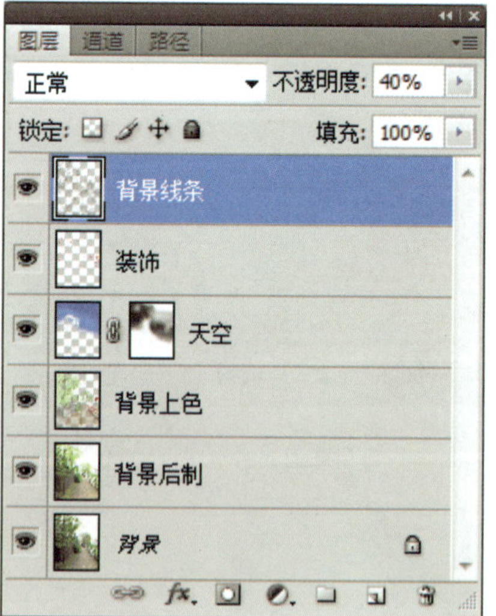

最后，将人像的所有图层复制到背景图像上来进行合成，并做一些修饰，例如加上图层蒙版将人像部位的背景遮蔽起来，新建调整图层加强背景的对比度、饱和度等即可完成，可打开范例文件 08-06.psd 来查看人像与背景的合成效果。

人像与背景合成的效果

8-6 制作画布纹理

好不容易制作出手绘风格的作品，不过还差临门一脚，那就是缺少纸张的纹理，没有那种颜料渗入纸张的感觉，本节我们要透过下面的技巧，仿制出纸张纹理的效果。请打开范例文件 08-07.psd 来进行操作，我们已事先合并该文件的**人像与背景**图层，以简化图层结构。

step01 请在**图层**面板的最上面新建一个空白图层，命名为**纸纹**，然后将前景色设成白色，按 Alt + ←Backspace (Windows) / option + delete (Mac) 键填充白色。

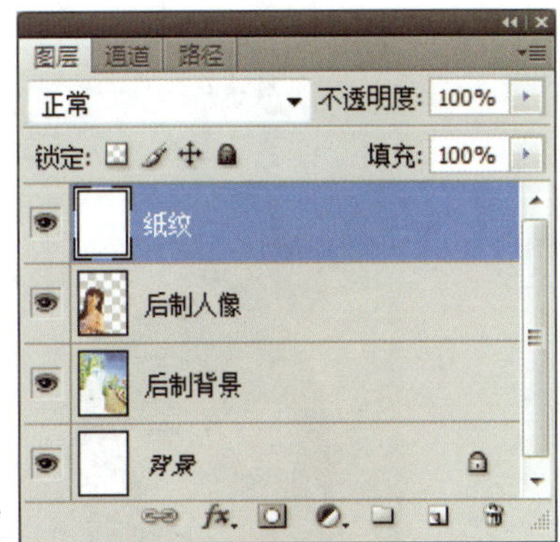

新建**纸纹**图层并填充白色 ▶

step02 选择**纸纹**图层，执行“**滤镜/杂色/添加杂色**”命令打开**添加杂色**对话框，然后设置如右图的参数值。

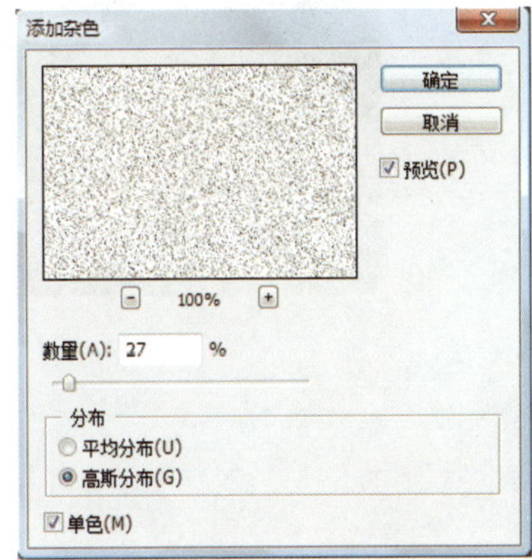

制作杂点 ▶

step03 接着将背景色设置为黑色，再执行“**滤镜/素描/基底凸现**”命令设置如下的参数值，套用基底凸现效果。

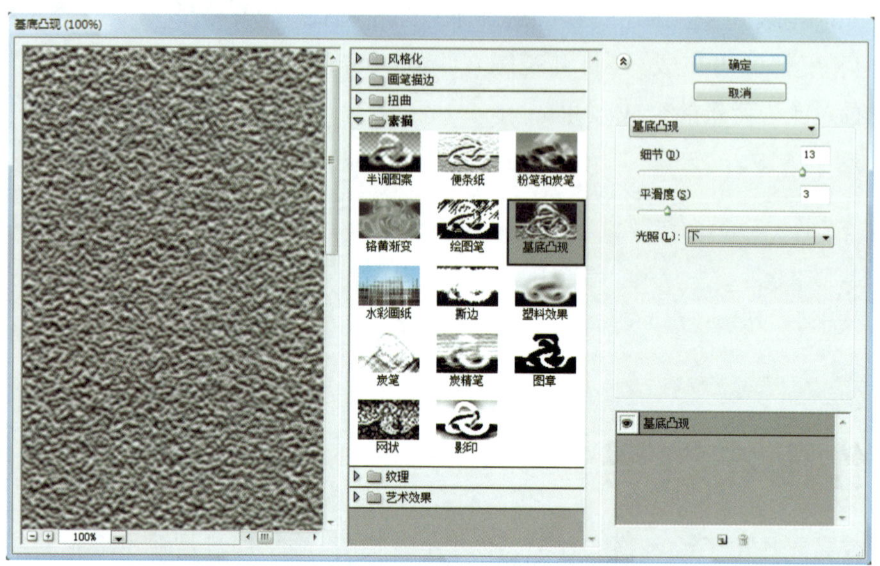

加上基底凸现

step04 将**纸纹**图层的混合模式设成**叠加**，并将**不透明度**调整为 15%，纸张的纹理便出现了。

08-07A.psd

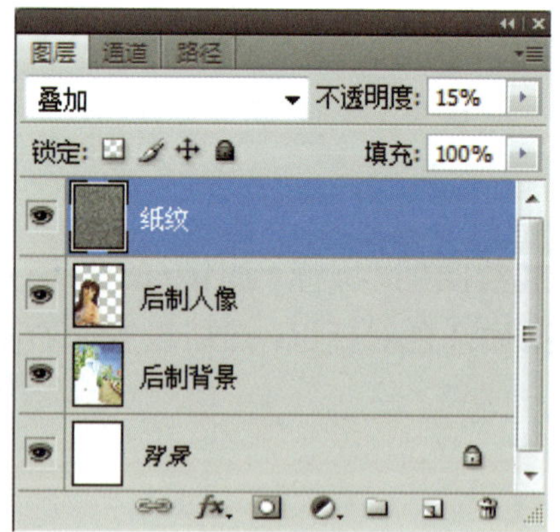

8-7 利用 Photoshop 的“动作”加上画框

保存实体作品的最佳方式就是拿去裱框，不仅可避免污损还可提升整体的价值感。在计算机中创作的绘图作品，也可利用 Photoshop 加上有质感的外框，下面就让我们来做做看吧！可以“手动”替图像加上画框，简单的如扩大文档版式，再替图像套用图层样式（请参考第 12 章）；而这里我们要介绍的是，利用 Photoshop 现成的边框动作组合，“自动”为图像加上画框。

加载“边框”动作组合

首先我们要加载**边框**动作组合，然后才能选用里面的边框动作为作品加上画框。请打开**动作**面板，单击右上角的**弹出菜单**按钮 ，在菜单中勾选**画框**选项即可加载。

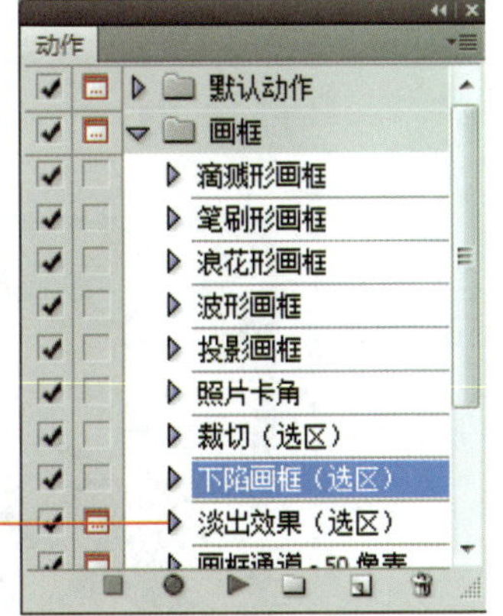

标识“(选区)”表示执行该动作之前，应先在图像上建立选区；若无标识则可直接执行

执行动作加上画框

画框动作组合提供了多种画框动作，下面我们带各位执行其中的两种：**前景色画框**和**下陷画框**，其他的就由各位自己尝试了。请打开范例文件 08-08.psd，我们已事先将图像拼合，这样套用**动作**时不会出问题。

step01 执行“**图像/复制**”命令将图像再复制一份，然后用复制的版本来加框，这样就不会更改到原来的图像了。

step02 在**动作**面板中选择**前景色画框**，然后单击**播放**按钮 开始执行。

选择动作后，单击此按钮执行

step03 执行过程中可能会出现多个询问对话框，只要按照对话框中的提示进行操作即可。

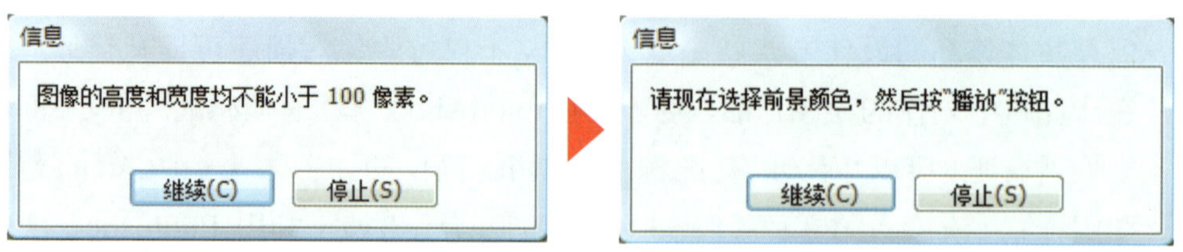

询问图像尺寸是否符合最小限制，符合就单击**继续**按钮，不符合就单击**停止**按钮

提示指定前景色，必须先单击**停止**按钮关闭信息，才能单击**前景色色块**指定想要的前景色，本例我们选择白色

step04 指定好前景色后，再次单击**动作**面板的**播放**按钮继续，则动作便会一直进行到完成边框为止。

08-07A.psd

加上前景色（白色）画框了

接着我们来试试下陷画框的效果。

step01 请切换到范例文件 08-08.psd 的文件窗口，执行"**图像/复制**"命令再次复制图像。

step02 执行**下陷画框**动作需要先建立选区，所以我们利用**矩形选框工具** 在图像上圈选出如右图所示的范围。

08-08B.psd

step03 到**动作**面板中选择**下陷画框**后再单击 按钮执行，然后静待结果出现即可。

加上下陷画框效果

1. **快速蒙版**是一种"暂时性"的蒙版，它的特性与图层蒙版相同，在上面涂上黑、灰、白会有不同的遮蔽效果，但它无法随着存储文件而保存下来。

2. **画笔工具**与**铅笔工具**的差异在于笔触不同，前者的笔触边缘柔和，后者的笔触边缘硬朗且有锯齿。

3. 本章将人像照片改造成手绘风格插画的步骤如下：

   step01 去除人像照片中的背景，仅保留人像部分。

   step02 创建新图层，以**铅笔工具**或**画笔工具**勾勒图像的轮廓与线条。

   step03 使用**画笔工具**为画好的图片上色，模拟手绘水彩或油墨着色的效果。

   step04 调整图层混合模式，让线条、着色等图层融合在一起。

   step05 视情况还需要为作品加上背景、画框或纸张纹理等特殊效果。

4. 描绘照片线条的方法：在原图层上新建一个空白图层，再降低原图层的**不透明度**，然后在空白图层上根据隐约透出来的底图进行描绘。

5. 下表是本章使用的重要技巧整理。

操作目的	方法
选择边缘复杂的图像（例如发丝、绒毛等图像）	**快速蒙版**与**画笔工具**
仿制近似水彩的笔触	（1）套用**调色刀**滤镜将图像打散成色块 （2）套用**蒙尘与划痕**滤镜将色块模糊
仿制纸张纹理效果	（1）新建白色图层，套用**添加杂色**滤镜在图层中添加均匀的单色杂点 （2）再套用**基底凸现**滤镜模拟纸张纹理 （3）调整图层的**混合模式**与**不透明度**，让纹理和图像融合

实用的知识

1. 使用**铅笔工具**或**画笔工具**绘图时，如果画错了该如何擦除呢？

可以使用**橡皮擦工具** 来擦除错误的部分，但要注意，假如擦拭的是**背景**图层，则擦掉的部位会变成背景色；假如擦拭的是其他透明图层，则擦掉的部位就会转成透明。

2. 如何自定义画笔？

若要将画好的图案自定义成画笔，只要选择该图案，然后执行 **"编辑/定义画笔预设"** 命令，在**画笔名称**对话框中设置该画笔的名称，即可将自定义画笔加入**画笔**面板。

选择图案

执行 **"编辑/定义画笔预设"** 命令设置画笔名称

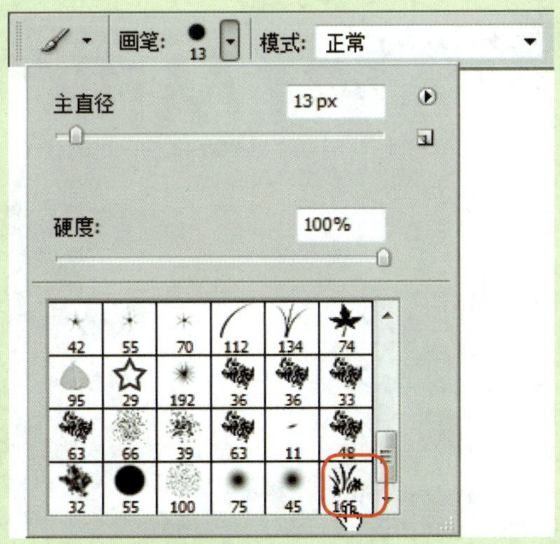

可在**画笔预设选取器**或**画笔**面板中找到自定义的画笔笔触

LESSON

第9章 文字的编辑与特效

纯净牛奶广告

课前导读

本章范例将介绍如何在 Photoshop 中输入文字，进行多行文字的排列，以及各种编辑文字的方法。除了在图像中输入与编辑文字的基本功之外，还要教您如何让文字服帖于材质的表面，并利用文字与色块的组合，制作挖空的文字效果，最后会完成一张产品海报的作品。

本章学习提要

- 在Windows 操作系统中安装字体的方法
- 锚点文字与段落文字的输入方式
- 设置文字的外观格式
- 将文字图层转换成普通图层
- 调整文字的对齐方式
- 变形文字的制作技巧
- 使用加深工具将局部范围变暗
- 建立文字选区制作挖空效果

估计学习时间 **60分钟**

9-1 安装字体

设计作品的重点是要抓住视觉焦点，让人们对作品产生兴趣，而文字的呈现则可以明确传达出作品的主题。想要使图像风格与文字样式搭配合宜，选用适当的字体是重要的关键，以 Windows Vista 为例，预设提供**细明体**、**新细明体**、**标楷体**与**微软正黑体**等中文字体，如果觉得还不够，可以另行购买或是利用网络搜索免费的字体（不过以英文字体居多）。

取得新字体后，必须安装才能使用，以下是在 Windows 中安装字体的方法。

step01 请从 Windows 的**控制台**中打开 **Fonts** 文件夹，然后在窗口的空白处单击右击执行 **“安装新字体”** 命令。

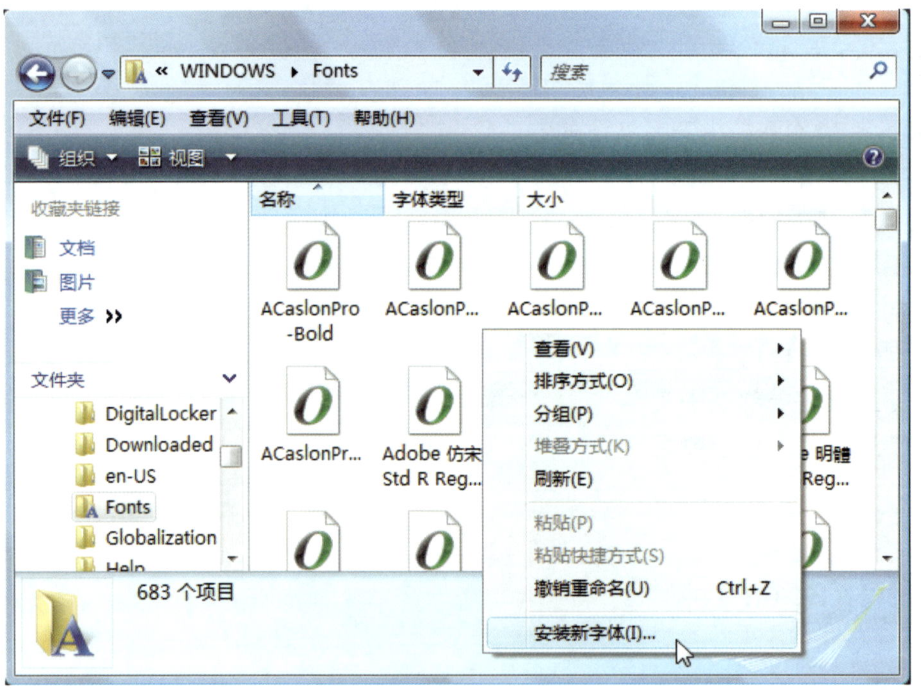

step02 接着会打开**添加字体**对话框，请先切换到字体文件所在的磁盘驱动器与文件夹，然后从**字体列表**中选择要安装的字体。

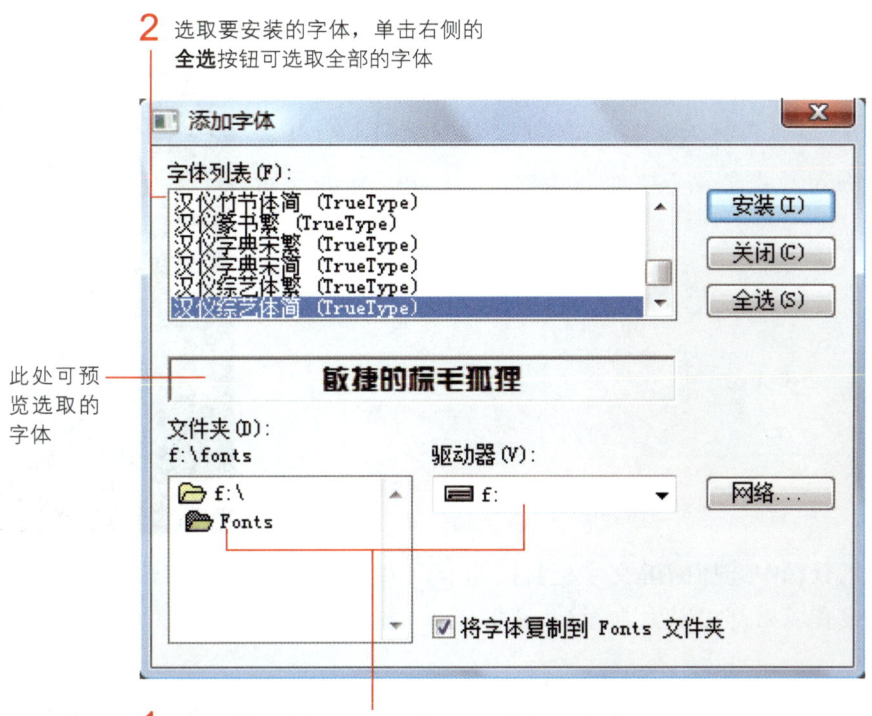

step03 选好字体后，单击**安装**按钮即可开始安装字体。安装完成后不会出现任何信息，请单击**关闭**按钮结束对话框。

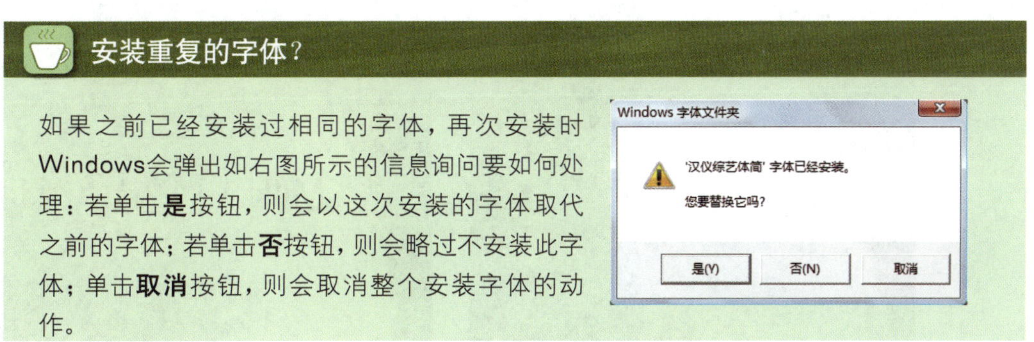

安装重复的字体？

如果之前已经安装过相同的字体，再次安装时Windows会弹出如右图所示的信息询问要如何处理：若单击**是**按钮，则会以这次安装的字体取代之前的字体；若单击**否**按钮，则会略过不安装此字体；单击**取消**按钮，则会取消整个安装字体的动作。

9-2 输入文字

现在我们要开始进入本章的主题，在范例海报上加上品牌名称以及广告文字。在Photoshop 中输入文字可分成**锚点文字**和**段落文字** 2 种方式：**锚点文字**的输入方法就是，在图像中单击要加入文字的地方，待出现**插入点**后就开始键入文字，由自己来决定何时换行；如果希望将文字固定在某个范围内，可改用段落文字的输入方式，即先拖曳出一个文本框，再输入文字，如此文字就会自动在文本框中排列、换行。下面我们就分别来示范输入**锚点文字**与**段落文字**两种方式。

锚点文字输入法

09-01.psd

请打开范例文件 09-01.psd，我们已事先做好海报的图像部分，只要再键入文字就可完成。首先我们用**锚点文字**的输入方式来输入牛奶瓶上的广告标语，并进行如下操作。

step01 请在**工具箱**中选择**横排文字工具**按钮 T 并到**选项栏**中设置**字体**、**大小**以及**颜色**，这些设置以后都可以更改，这里我们先以“清楚显示文字”为原则。

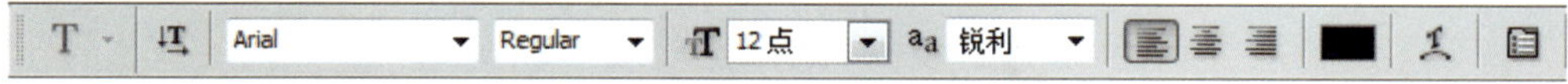

横排文字工具的选项设置

step02 将鼠标指针移到牛奶瓶身的地方单击，待出现插入点后即可开始输入文字“Milk”。

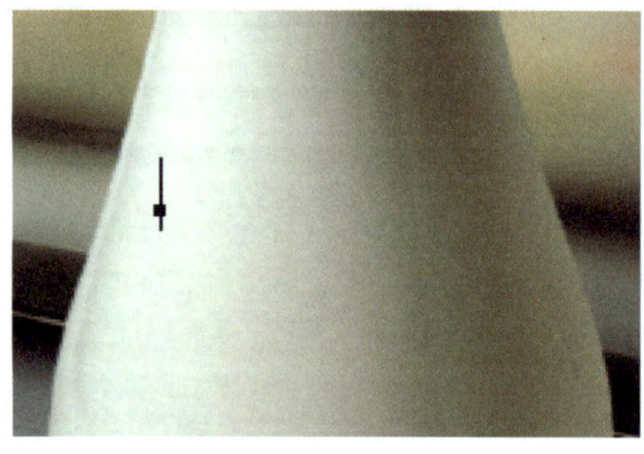

step03 接着单击 Enter 键换行，再继续输入“Natural Origin”。

step04 输入文字后要到**选项栏**中单击 ✓ 按钮确认才算完成，同时**图层**面板中亦会新建一个以该文字为名的文字图层：

确认输入后，插入点消失不见

输入文字后，Photoshop 会自动建立成**文字图层**，且预设会以输入的内容为图层名称，但可以更改

输入文字后若觉得不好，可在**选项栏**中单击 ⊘ 按钮取消，那么刚才输入的文字就会被清除，当然也不会建立文字图层。

段落文字输入法

下面，我们改用**段落文字**的方式来输入下一段的广告文字。

step01 同样选择**横排文字工具**，**选项栏**的设置除了将字体换成**新细明体**之外，其他都沿用上例，然后到牛奶瓶身的地方拖曳出一个文本框。

step02 接着输入“来自阿尔卑斯山 100% 新鲜健康的顶级鲜乳”，输入时文字会在文本框内自动换行。

step03 输入完毕后单击**选项栏**中的 ✓ 按钮进行确认，然后再用同样的方法输入下一段文字“From the very pure environment of Mountain Alps”。

TIP 在输入时，如果输错了，只要用方向键将插入点移到错字上即可修改。

修改文字内容

经过以上的步骤后，**图层**面板一共新建了 3 个文字图层，分别存放不同的文字内容。若此时还要回过头去修改文字内容，必须先选择该文字所在的图层，然后用**文字工具**去做修改的操作。下面我们就用这个方式将“From the verypure environment of Mountain Alps”中的“Mountain”改成缩写“Mt”，请打开范例文件 09-02.psd 来继续操作。

step01 首先在**图层**面板中选择 **From the very pure…** 文字图层。

step02 再来选择**横排文字工具**，然后将指针移到要修改的文字上，等指针变为 Ⅰ 时单击一下，文字间就会出现插入点。

TIP 若是在指针呈 Ⅰ 时单击，则会变成是输入新的锚点文字，而非在已建立的文字图层中显示插入点。

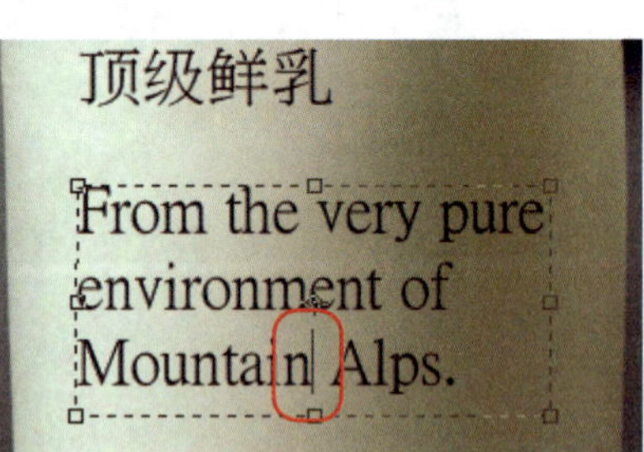

step03 按 ← 或 → 方向键将插入点移到要修改的位置，然后按下 Delete 键删除不要的文字再重新输入即可，将“Mountain”删掉，改成输入“Mt.”，修改完毕后同样要单击 ✓ 按钮进行确认。

TIP 如果想要删除整个文字图层，只要选择文字图层，再单击**图层**面板下方的 按钮，就可以删除该文字图层（文字图层中的所有文字也会一并删除）。

9-3 调整文字外观

现在大家对于文字的外观一定觉得不满意，这一节我们就来谈谈如何调整文字外观的格式设置。

设置文字格式

文字工具的选项栏提供了许多文字格式的相关设置，包括**字体、大小、颜色、对齐方式**等。

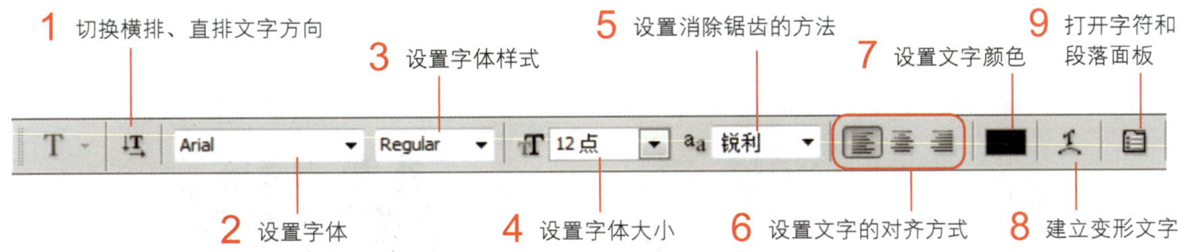

下面我们就来说明如何利用**选项栏**中的各项设置来改变文字的外观，请各位打开范例文件 09-03.psd 进行操作。

step01 首先我们将 3 个文字图层都改为相同的字体。请选择 Milk Natural Origin 图层，在其图层上单击鼠标右键，执行**“选择相似图层”**命令，即可一次选择所有的文字图层。

step02 选择**横排文字工具**，然后到**选项栏**中的**字体**下拉列表中选择 Comic Sans MS 字体。

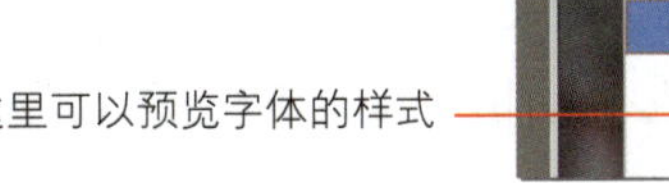

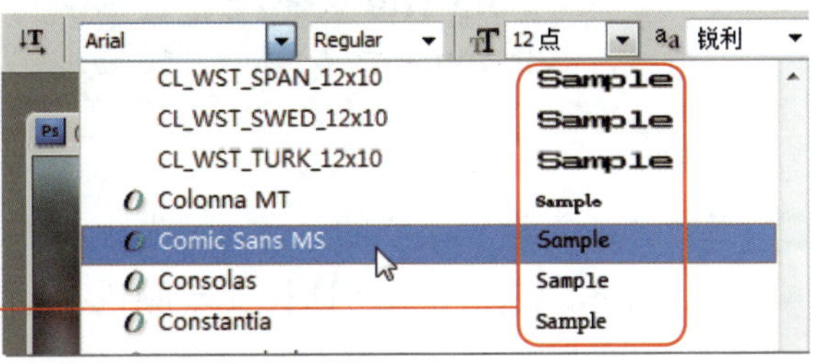

TIP 若觉得**字体**下拉列表中的预览字体太大或太小，可执行“**编辑/首选项/文字**”命令，在**首选项/文字选项**的**字体预览大小**列表框中选择适当的大小，一共有**小**、**中**、**大**、**特大**、**超大** 5 个选项。

step03 为了让标题更醒目一些，请单独选择“Milk Natural Origin”图层，然后在**字体样式**下拉列表中选择 Bold 选项，将字体加粗。

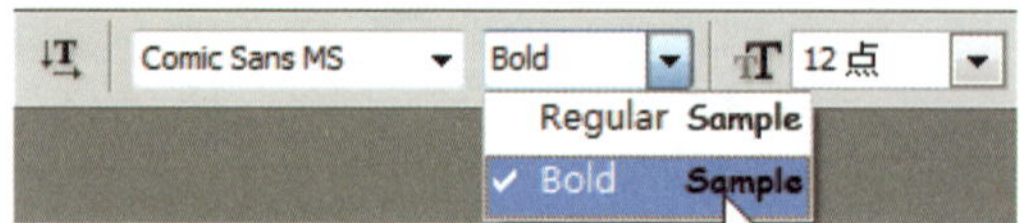

TIP **字体样式**下拉列表提供粗体（Bold）、斜体（Italic）、粗斜体（Bold Italic）等字体样式，但并非每种字体都有样式可以选择。

step04 然后利用**横排文字工具**选择“Milk”4 个字，在**字体大小**列表框中输入“40”（预设以**点**为文字大小的单位），再单击 ✓ 按钮进行确认。

step05 可以选择同一个图层中的各个文字，分别为它们套用不同的格式，所以接下来就请各位自行设置其他文字的字体大小，如下所示。

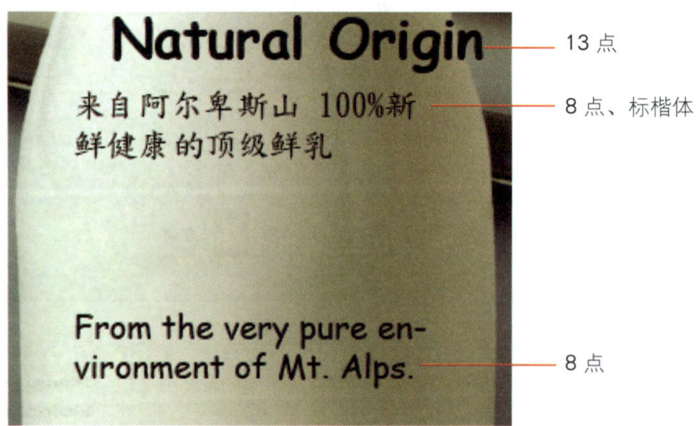

step06 接着再设置文字的颜色。请选择 Milk Natural Origin 图层，然后单击**选项栏**的**选择文本颜色**色块，在**选择文本颜色**对话框中设置如下的颜色，然后单击**确定**按钮。

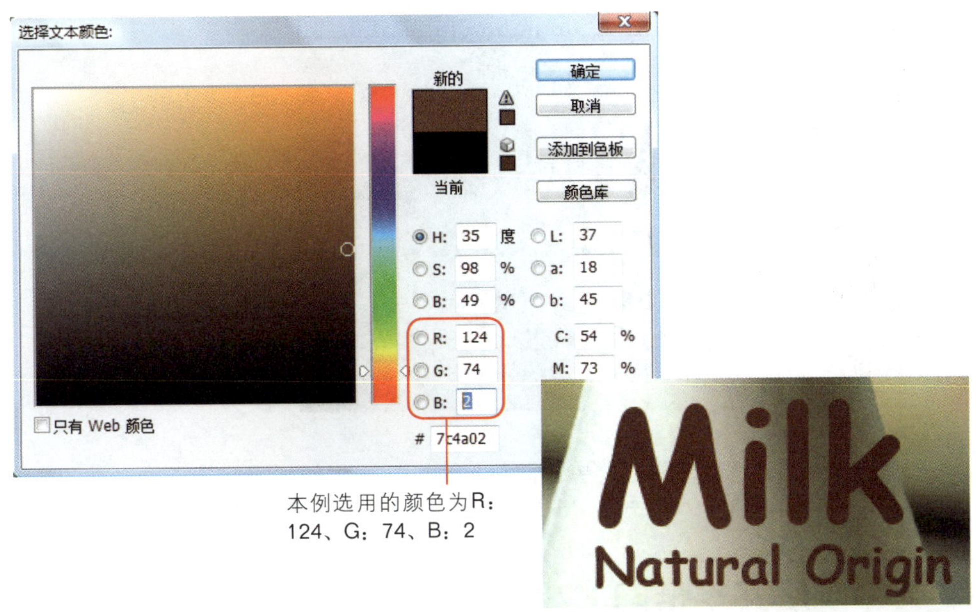

本例选用的颜色为R：124、G：74、B：2

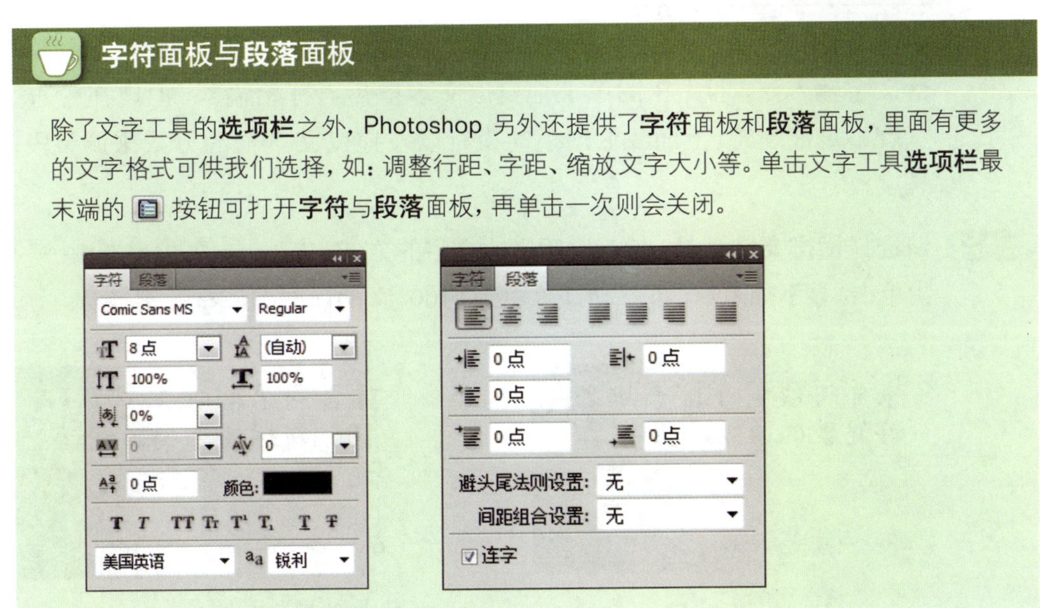

字符面板与段落面板

除了文字工具的**选项栏**之外，Photoshop 另外还提供了**字符**面板和**段落**面板，里面有更多的文字格式可供我们选择，如：调整行距、字距、缩放文字大小等。单击文字工具**选项栏**最末端的 按钮可打开**字符与段落**面板，再单击一次则会关闭。

调整文字的位置

接下来我们要来调整文字的位置，移动文字时是以“整个文字图层”为单位，所以要先选择图层，然后再利用**移动工具** 移动，请各位打开范例文件09-04.psd 来继续操作。

step01 首先选择要移动位置的文字图层，本例请选择“Milk Natural Origin”图层。

step02 接着选择**工具箱**中的**移动工具**，然后直接拖曳图像上的“Milk Natural Origin”文字来调整位置（请参照图上的尺标与参考线）。

TIP 也可以在切换到**移动工具**后，单击键盘上的 ↑、↓、←、→ 方向键来微调文字的位置。在设计作品时，有时候文字比图像更需要微调，用方向键微调可以做出更精准的控制。

调整段落文本框的大小

之前我们输入"来自阿尔卑斯山…"和"From the very…"这两段文字时，是采用**段落文字**输入法，即先在图像上拖曳出文本框后再开始输入，但现在检查文本框的宽度不是很理想，下面我们用手动换行以及拖曳文本框的方式来调整段落文字的长度。

step01 请选择**横排文字工具**，然后比照修改文字的方式，在"来自阿尔卑斯山…"这段文字上单击，显示插入点，再移动插入点到"100%"的前面，按 Enter 键换行。

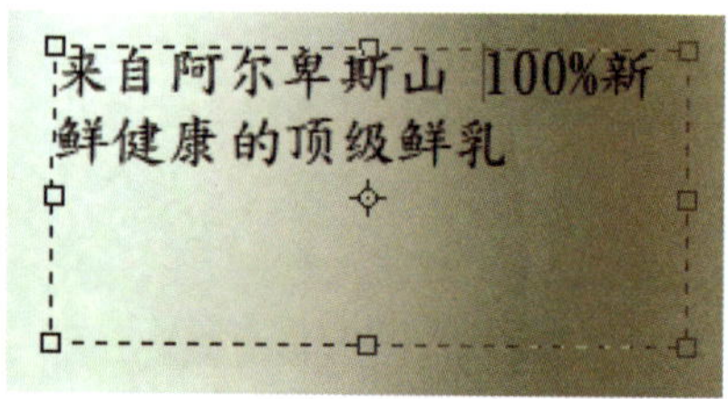

将插入点移到"100%"前面

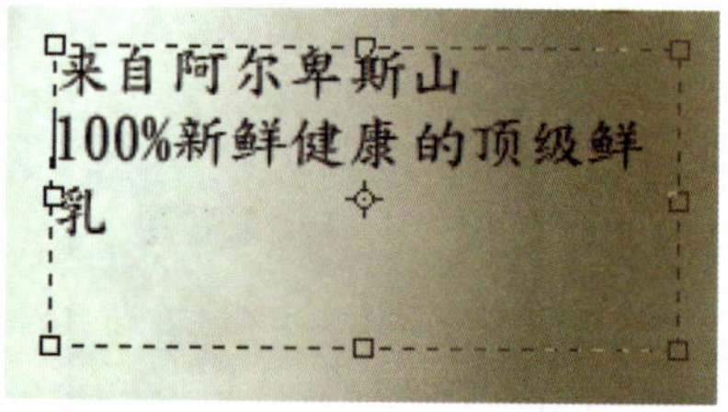

按 Enter 键换行

step02 换行后，造成"乳"字单独掉在第三行很不好看，我们将文本框调宽一点，让它移到上一行。请拖曳文本框上的控制点加大宽度，待"乳"字移到上一行后就可单击 ✔ 按钮进行确认。

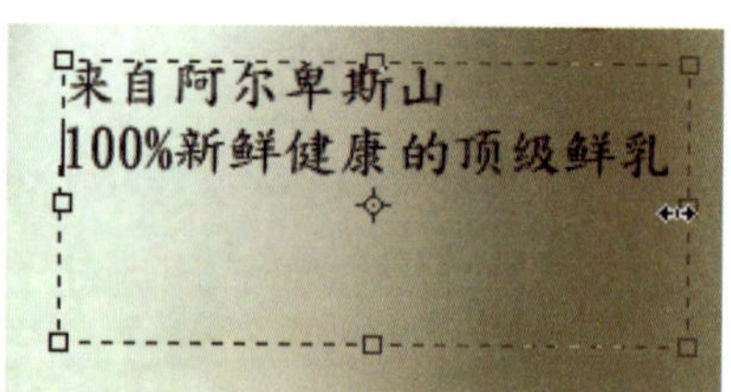

step03 再来请比照前 2 个步骤的方式调整"From the very…"这一段文字的断行与文本框宽度，调好后将这两段文字排列成如右图所示的样式。

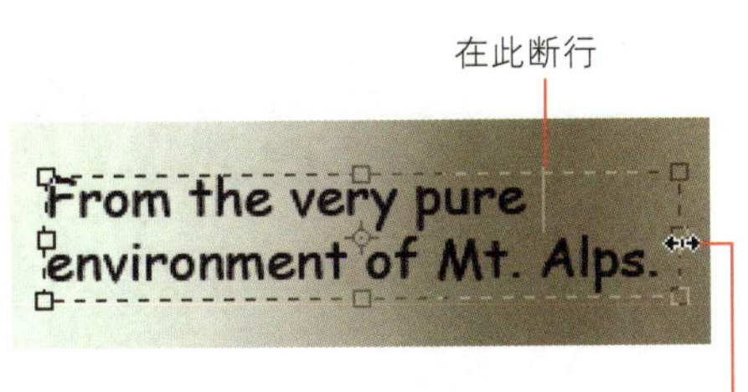

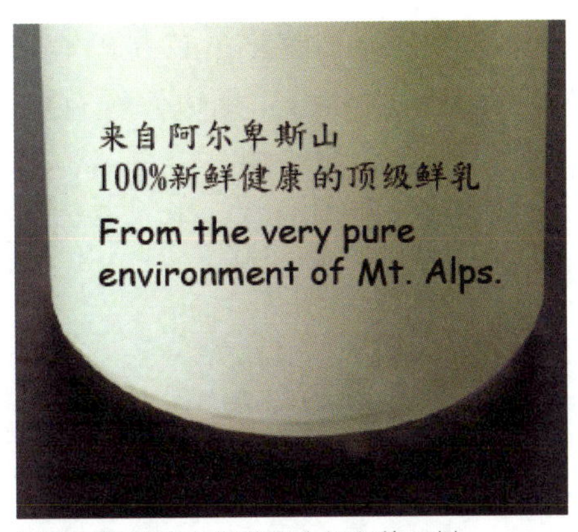

用移动工具将它们移到牛奶瓶的下侧

设置文字的对齐方式

文字工具的**选项栏**上提供了 3 个文字对齐按钮 ，分别是**左侧对齐文字、文字居中、右侧对齐文字**，主要是用在段落文字中，方便我们对齐文字框中的文字段落。而锚点文字也可以使用这 3 个工具按钮，只是会以输入文字的起始点作为标准线来对齐。现在我们要把画面上所有的文字采用居中对齐，进行如下操作：

step01 请先选择 3 个文字图层，然后在**工具箱**中选择**横排文字工具**显示文字工具的**选项栏**，再单击其中的**文字居中**按钮，则文字便会在文本框中居中对齐。

3 段文字皆改为居中对齐

step02 由于“MilkNatural Origin”是以输入文字的起始点作为标准线来对齐，所以位置有点偏了，请再次将它移回到牛奶瓶上即可。

9-4 变形文字技巧

牛奶瓶上的文字已经输入完成，但由于圆形瓶身是具有弧度的物体，因此上面的文字也应当随着瓶身的弧度做变形，效果才会逼真。在此我们已经事先配合瓶身的形状，制作好一个咖啡色的产品标签图样要垫在段落文字之下，所以接下来我们要依据瓶身弧度来变形上一节所建立的文字图层，以完成整个牛奶瓶的设计。

置入产品标签图像

我们已经事先准备好牛奶瓶上的标签图像（**奶瓶标签**.psd），现在要把它复制到本章的范例文件中，请打开范例文件 09-05.psd 与**奶瓶标签**.psd，然后跟着下面的步骤置入标签图像。

step01 首先请切换到**奶瓶标签**.psd 窗口，先按 Ctrl + A (Windows) / ⌘ + A (Mac) 键选择整张图像，再按 Ctrl + C (Windows) / ⌘ + C (Mac) 键进行复制。

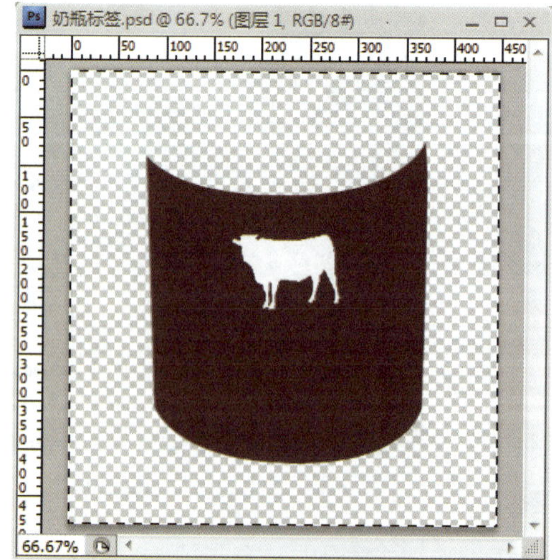

step02 接着切回到 09-05.psd 窗口，先选择**背景**图层，再按 Ctrl + V（Windows）/ ⌘ + V（Mac）键将标签贴在**背景**图层的上层，并将该图层更名为**标签**，然后用**移动工具**将标签移到牛奶瓶身的位置。

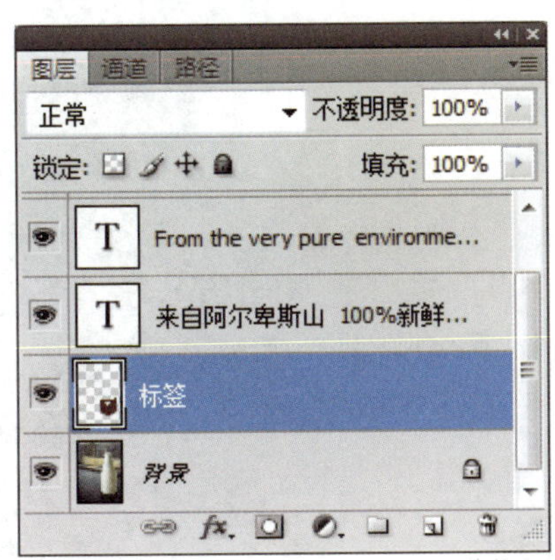

step03 由于标签的颜色过深，看起来不像是自然地贴附在瓶身上，因此我们将**标签**图层的混合模式设成**柔光**，让标签的颜色与现场的光线更吻合。

在下拉列表框中选择**柔光**混合模式

step04 由于选择**柔光**模式让标签变得太亮，所以我们再复制一个**标签**图层，让标签的颜色变深一点：请拖曳**标签**图层至**图层**面板的 按钮上，即可再复制一个相同的图层。

step05 贴上标签后，发现标签上的文字变得不够明显，因此我们将标签上的文字改成白色，并调整至适当的位置。

建立变形文字

文字图层专属的**变形**功能，可以使文字产生弯曲变形的效果，如：扇形、拱形、波浪等。但要特别注意，**变形**功能不能套用在**位图字体**上，也不能用在套用**仿粗体**样式的文字上，否则在制作变形文字时会出现错误信息。

TIP 只有**字符**面板提供**仿粗体**样式 T ，文字工具的**选项栏**没有这项设置。

如何判断位图字体

在**字体**列表框中，若发现字体前面没有任何图标，则该字体就是位图字体，位图字体在放大之后，文字边缘会出现明显的锯齿状。其他字体前有“O”图标的是 OpenType 字体、有“T”图标的是 TrueType 字体，皆可任意缩放字体大小，且不会产生锯齿状边缘。

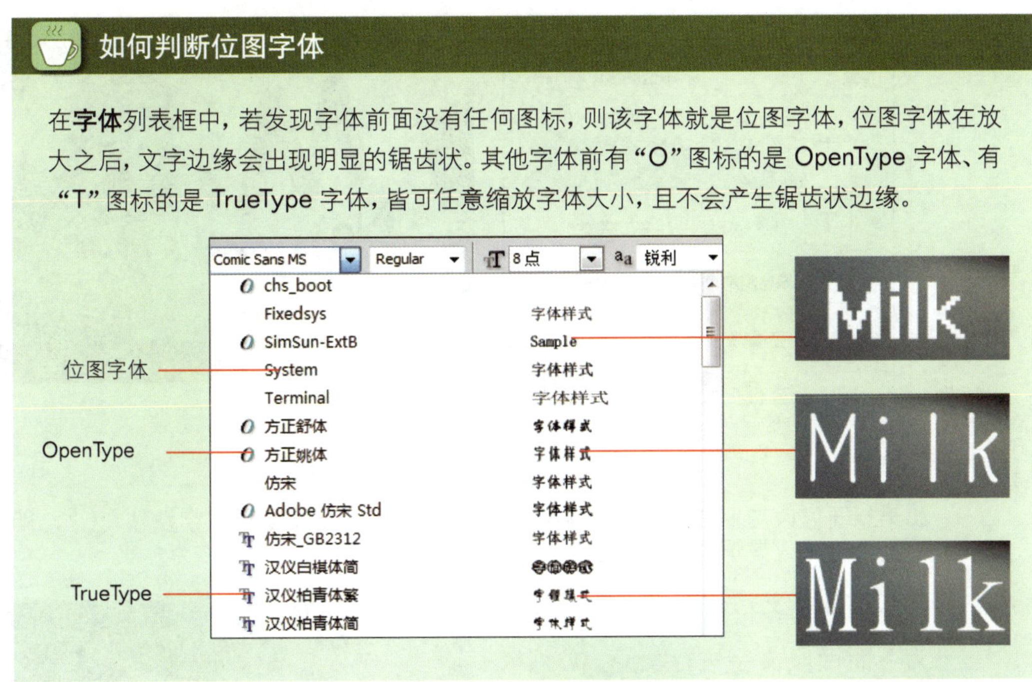

有了上述的概念之后，我们就实际着手来变形文字吧！

step01 首先我们来变形“Milk Natural Origin”这组文字，请选择 **Milk Natural Origin** 图层。

step02 在**工具箱**选择**横排文字工具**后，单击**选项栏**的**建立变形文字**按钮 打开**变形文字**对话框，然后按下图进行设置。

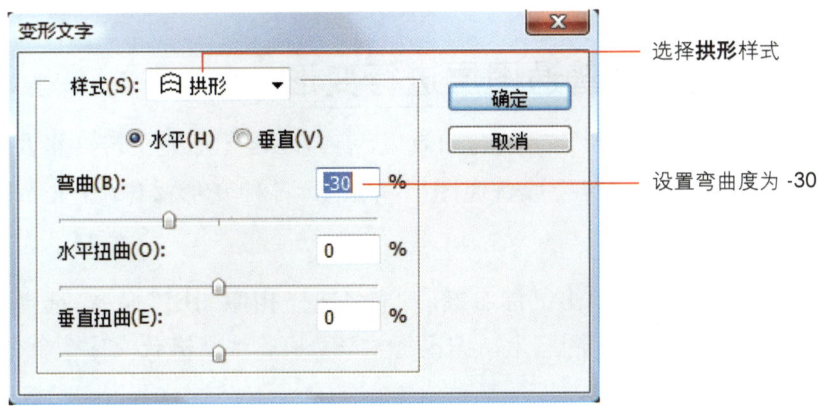

step03 单击**确定**按钮套用文字变形的效果。

套用变形文字效果的图层缩略图

可适当调整位置

TIP 如果想要修改变形的效果，只要再次单击**选项栏**的**建立变形文字**按钮，即可重新选择变形样式或是调整变形程度。

接下来就请各位比照上述的方式，为下面两段文字进行变形，必须依据文字字符串的长度、大小、位置，并配合瓶身的弧度来调整文字的弯曲程度，这样才能建立逼真的文字贴附效果。

这两段文字皆选择拱形样式，弯曲程度为 -30%

将文字图层转换为普通图层进行变形

利用**变形文字**对话框来调整文字的弯曲效果，有时还是无法完全符合想要的样式，不过我们可以将文字图层转换成普通图层，再进行各种变形操作，让文字贴附瓶身的效果更加逼真。

step01 请在任何一个文字图层上单击鼠标右键，执行 **"选择相似图层"** 命令，选择所有的文字图层，然后在选择的文字图层上单击鼠标右键，执行 **"栅格化文字"** 命令，文字图层便会转换成普通图层。

文字图层

图层缩略图上面不再有“T”的字样

转换成普通图层

step02 接着就可分别选择图层，执行“**编辑/变换**”子菜单中的各项命令来变换文字。我们先选择 **Milk Natural Origin** 图层，然后执行“**编辑/变换/变形**”命令来变形。

请配合瓶身形状的变化，拖曳控制点来调整想要的效果

step03 调好后需要到**选项栏**单击 ✓ 按钮确认变形，同时也可以利用**移动工具**再稍微调整一下文字的位置。

step04 利用上述方法，便可以一一调整个别文字的变形情况，让文字贴附在牛奶瓶上的效果更加逼真。

在此要给各位补充一个观念，实际上在图像设计的过程中，若使用了具有破坏性的功能，就无法再恢复原状，例如：已经栅格化的文字无法再转回文字图层来编辑文字内容、已经扭曲变形的图像也无法再恢复到原貌，因此最好是复制一份相同的图层再进行操作，以保留原始的图层内容（记得要隐藏原始图层的显示状态，以免干扰画面），预备日后还可继续做其他编修。

加深暗部

由于光线角度的缘故，牛奶瓶右侧的部分较暗，为了让我们贴上的标签、文字与牛奶瓶的光影更为一致，我们必须将标签和文字的右边也调暗一些。**工具箱**中有个**加深工具**，它是模仿传统暗房技术来调整图像的曝光程度，可单独将局部区域变暗，在此我们就使用此工具来涂抹需要变暗的部位，请打开范例文件 09-06.psd 进行操作。

step01 首先选择 **Milk Natural Origin** 图层，然后选择**加深工具**，并到**选项栏**中调整画笔大小，让画笔约能涵盖牛奶瓶右方的暗部、**硬度**降为 0% 以免产生明显边缘、**范围**设置为**中间调**，并将**曝光度**降低为 50%。

step02 接着使用画笔涂抹“Milk Natural Origin”位于阴影的部分，由上而下涂抹效果比较自然，如果觉得效果不够明显可以多涂几次，使阴影的颜色加深。

我们总共在“Milk Natural Origin”的阴影部位涂了3 次

接着我们来试着用另外一种方法来处理两段白色文字，方法如下。

step01 请选择 **From the very...** 图层，然后执行“**图层/向下合并**”命令，将该图层与**来自阿尔卑斯…**图层合并，待会一并处理。

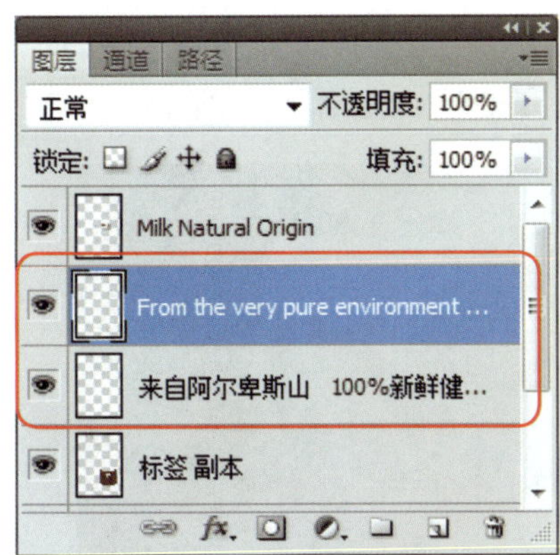

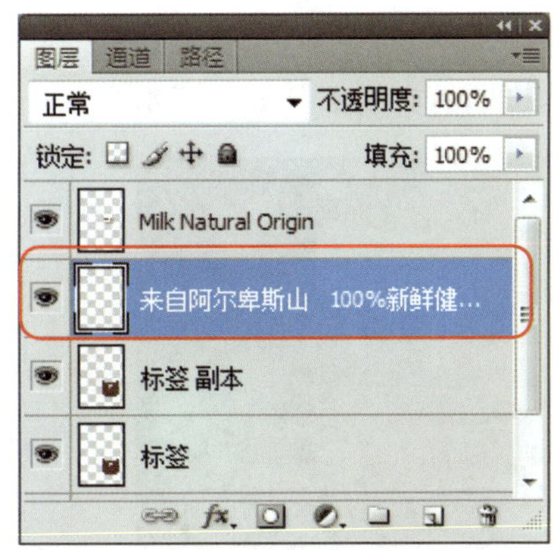

step02 将合并的**来自阿尔卑斯…**图层的**不透明度**设为 80%，即可稍微淡化白色文字。

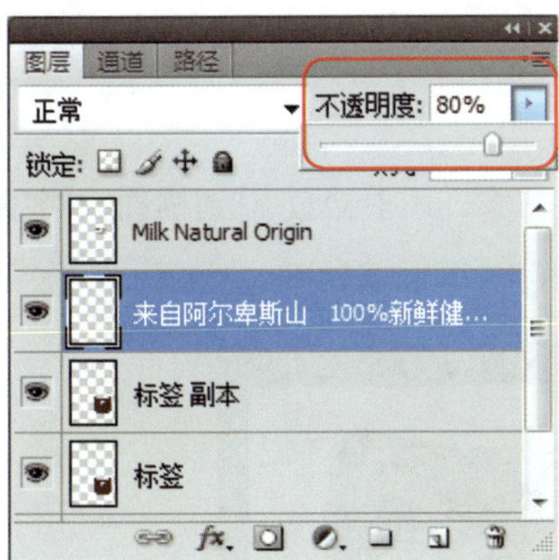

让白色的文字略为淡化，制造出左侧是受光面的感觉

step03 接着我们运用渐变让淡化的效果更明显。请选择**来自阿尔卑斯…**图层，然后单击**图层**面板下方的**添加图层蒙版**按钮 ，为它新建一个图层蒙版。

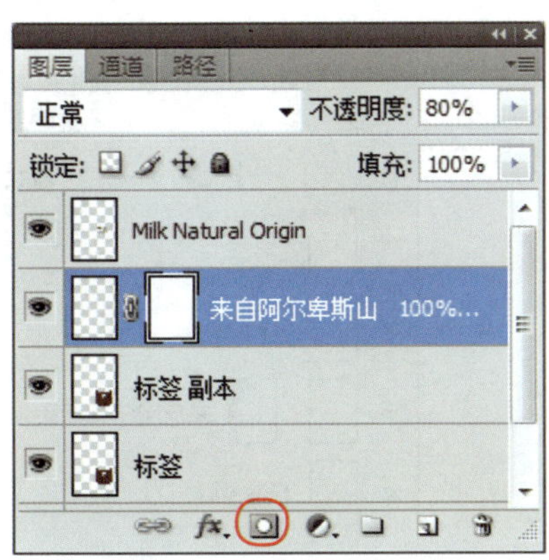

step04 将前景色设为黑色，然后选择**渐变工具** ，并到**选项栏**进行如下的设置。

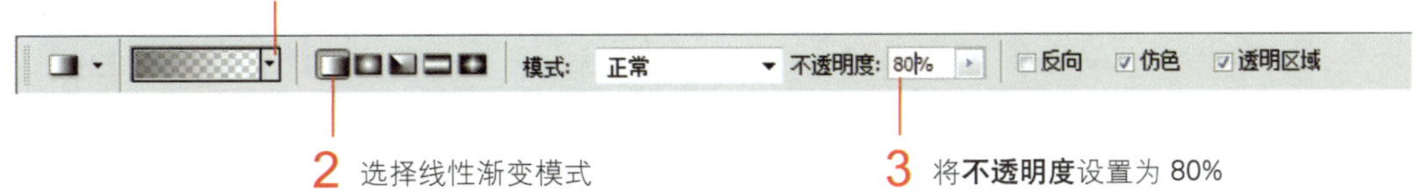

step05 选择**来自阿尔卑斯…**图层的图层蒙版缩略图，然后使用**渐变工具**从文字的暗部往亮部拖曳，这样白色文字部分就和瓶身标签一样有了明暗的变化，可以视情况再自行调整。

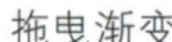
拖曳渐变

右侧的文字变得更淡了

9-5 制作挖空文字效果

我们打算在海报的左下方再制作一个商标图案，其中会使用到**横排文字蒙版工具**来制作挖空文字，挖空文字的商标图案的制作步骤如下。

step01 请打开范例文件 09-07.psd 并切换至最上层的图层，然后单击**图层**面板下方的按钮新建一个图层，并更名为**挖空商标**。

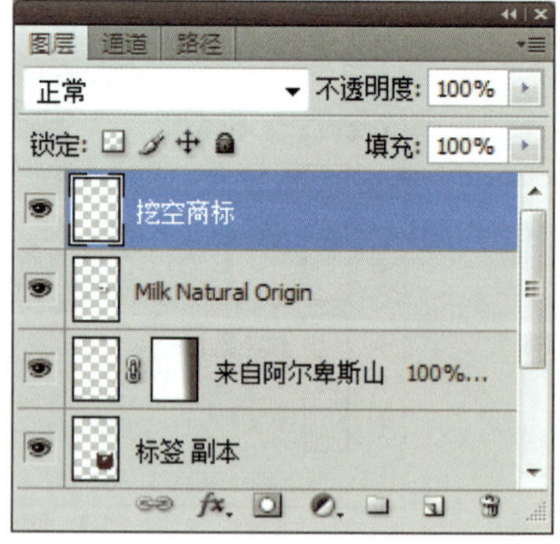

step02 到**工具箱**中选择**横排文字蒙版工具**，然后到**选项栏**依照下图调整字体、大小与字体样式。

Comic Sans MS、Bold、20 点字

step03 到图像上单击显示插入点，然后输入和牛奶品名一样的“Milk Natural Origin”，此时 Photoshop 会自动切换至**快速蒙版模式**，输入文字为蒙版上的非屏蔽范围。

step04 接着请依照下图换行，并将第二行字号改为 6 点，采用居中对齐（记得先将 Milk 后的空格或 Natural 前的空格删掉）；居中对齐后文字位置会跑偏，只要将鼠标指针移到文字外，当指针呈现 [图标] 时，便可以拖曳调整位置。

TIP 若觉得行距的间隔不理想，可将两行文字都选择起来，然后打开**字符**面板，自行**调整行距**列表框 (自动) 的设置。

step05 确定好文字的排列后，单击**选项栏**上的 [✓] 按钮进行确认，则**横排文字蒙版工具**输入的文字便会转换成选区。

TIP 确认建立文字选区后，若还想调整选区的位置，请记得先选择任一项选择工具（如**矩形选框工具**），并在**选项栏**中确认是**新建选区** [图标] 后，即可直接拖曳选区来移动。

step06 再执行“**选择/反向**”命令，改成选择文字以外的范围，然后再选择**矩形选框工具** [图标] ，并单击**选项栏**的**与选区相交**按钮 [图标] ，在要制作挖空文字效果的范围拖曳出一个矩形选区，结果会选择“矩形”与“原来选区”相交的部分。

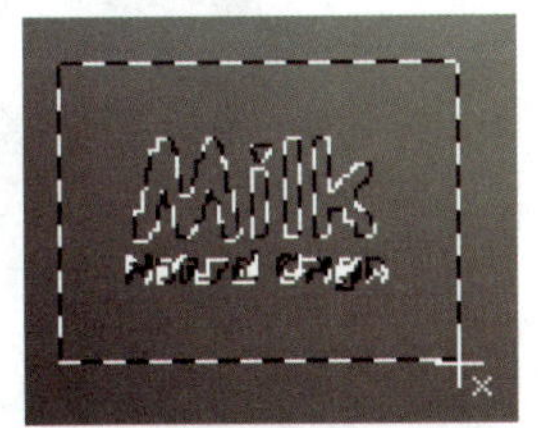
这是要制作挖空效果的范围

step07 最后将前景色改为 R：209、G：162、B：93，然后按 Alt + Backspace （Windows）/ option + delete （Mac）键将选区填充前景色就完成了。

利用相同的方法，我们还可以使用**奶瓶标签**.psd 中的乳牛图案来制作挖空图形的效果，如下所示。

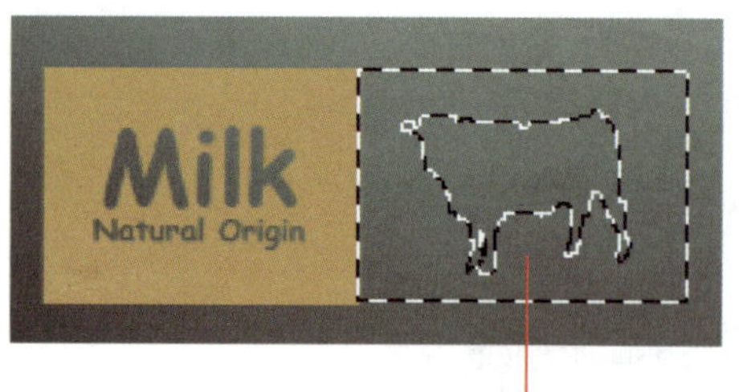

从**奶瓶标签**.psd 取得乳牛图案的选区

填充白色

最后请自行练习输入海报上的其他文字，包括在瓶身及商标下方加入“福拉格乳品”的字样（瓶身上的文字请参考前面的做法予以变形再调暗阴影），以及广告标语“一天活力的源泉”。最后再调整一下海报中的所有组件，本章的产品海报就完成了！

09-07A.psd

1. 在套用字体时，套用**适量字体**（OpenType 或 TrueType 字体）会比套用**位图字体**更便于编辑。它们的基本差异如下。

	适量字体	位图字体
将字体放大时边缘会产生锯齿	否	是
可套用弯曲变形效果	是	否

2. 要在图像上输入文字时，可以先依据文字的多少来判断要使用锚点文字或是段落文字来输入。

- **锚点文字**：若只输入单行文字（短句或是无须换行的文字），可先用文字工具在要输入的地方单击，即可输入单行文字。
- **段落文字**：若要输入整段或整个区块的文字，可先用文字工具拉出一个文本框，接下来输入的文字就会自动排列在文本框的范围内。

3. 若要将文字帖附到曲面的物体图像上（例如球或瓶子），可参考下列两种方法来变形文字，让文字与物体的表面更服帖，效果更逼真。

- 选择已经输入的文字，单击**建立变形文字**按钮即可打开**变形文字**对话框，为文字套用各种变形样式。
- 将选择的文字图层栅格化后，执行“**编辑/变换**”菜单中的命令来自由调整文字的变形度。

4. 要将图像的局部变暗，可以使用**加深工具**，此工具是模拟传统暗房技术来调整图像的曝光程度，以此工具涂抹过的区域能够自然地变暗。

5. 使用**文字蒙版工具**可以快速建立文字形状的选区。

1. 在颜色很复杂的图像背景上，有什么方法可以突显文字？

在颜色很复杂的图像上，若是让文字套用过多的特效，反而会使整个作品看起来更加混乱。这时候比较简单的解决方法是为文字加上稍宽的外框效果，就可以让文字在图像中突显出来。需要注意的是，文字的颜色与外框的颜色最好是对比或互补色，效果较显著，例如以下示范作品。

09-08.jpg

为文字加上外框最方便的方法就是利用**图层样式**的**描边**功能。可以双击文字图层打开**图层样式**对话框，然后勾选**描边**复选框，并设置文字的外框颜色即可。关于**图层样式**的详细说明，可参阅第 12 章的介绍。

2. 文字除了直排、横排、变形之外，能否根据自己的喜好排列成各种形状，如：ㄇ字形、星形、Z 字形呢？

若要让文字的排列方式更有变化，可以先用**钢笔工具** 将文字所要排列的形状路径建立好，然后选择**文字工具**再将鼠标指针移到路径上，当指针呈现 状时单击鼠标左键，文字插入点就会出现在路径上，此时输入的文字便会按照路径来排列（有关**钢笔工具**的使用方式，请参考第 10 章的说明）。

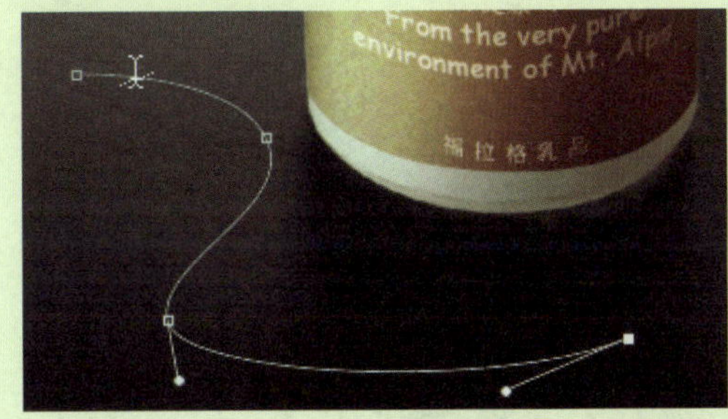

在图像上建好路径，并将鼠标指针贴在路径上

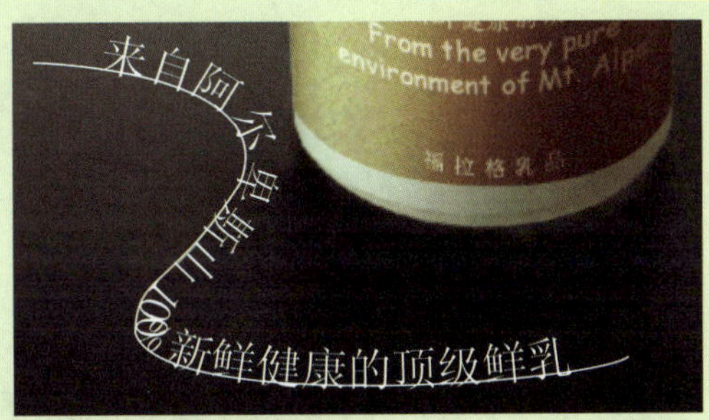

沿着路径输入文字

第10章 钢笔工具的应用

高雅菜单封面制作

课前导读

本章将带您使用 Photoshop 的矢量绘图工具——**钢笔工具**来绘制直线、曲线、自由路径，在图像中创建矢量图形，学习描边、填充路径的技巧，并且还要应用选区与路径的转换方式，制作结合位图与矢量图的高雅菜单封面作品。

本章学习提要

- 使用**钢笔工具**绘制直线、曲线路径
- 描边路径、填充路径的技巧
- 路径的轮廓编修、变形技巧
- 将选区转换成路径的应用
- 将创建好的路径存储为自定义形状
- 如何选取自定义形状

估计学习时间 **120分钟**

10-1 Photoshop 中的矢量绘图观念

在开始使用 Photoshop 的矢量绘图工具前，先带您了解一下位图与矢量图的概念，并说明 Photoshop 在矢量绘图中的特性，这样待会儿实际操作时才会更加得心应手。

位图与矢量图

位图是把图像的形状一点一点地描绘出来，每一个点即是构成图像的基本元素，我们称为像素（Picture Element，简称 Pixel）。它的缺点是在缩放图形时，即使经由软件来插补像素，其细致度仍会变差。而矢量图则只记录图形的形状、位置及大小，之后再利用数学公式的运算来描绘图形，例如直线只要记录线段两个端点的位置；而圆形也只须记录圆心坐标和半径即可。这种矢量图记录的方式，不论如何缩放图形都不会影响其细致度。

矢量图在显示或打印时，会先转换成位图（也就是改以像素显示），然后才显示在屏幕上或打印出来。

以下图为例，图形的部分是使用矢量图的方式来绘制，而文字的部分则是使用位图的方式来绘制，可以观察到，当放大图像后，位图的部分明显失真，但矢量图的部分则保有原来的平顺与连续。

原图像，图形部分为矢量图，文字部分为位图

放大至 300% 后，图形部分仍保有原来的细致度，文字部分则明显失真

Photoshop 用路径来记录矢量图形

在 Photoshop 中**路径**是矢量绘图的基础，所有的矢量图都是用路径来记录与定义其形状。虽然路径看起来像是以很细的线条直接绘制在图像上，但事实上路径本身并不是图形，它只是一种线条的记录方式。

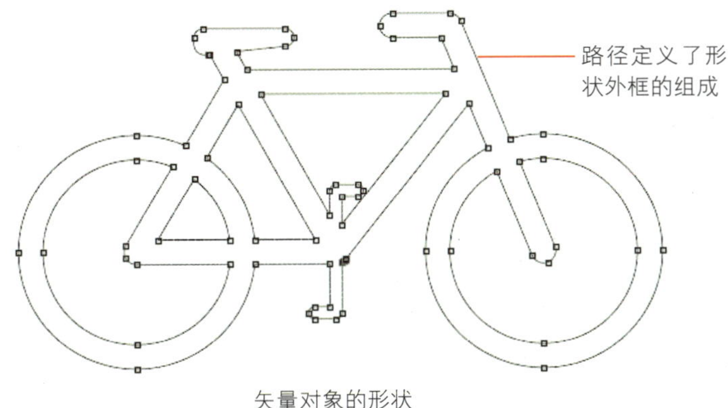

矢量对象的形状

Photoshop 的矢量绘图工具

可以利用**工具箱**中的**钢笔工具** 或几何矢量绘图工具来创建路径。其中，几何矢量绘图工具包含有**矩形**、**圆角矩形**、**椭圆**、**多边形**、**直线**、**自定义形状**这 6 类工具，可快速拖曳出各种几何路径。

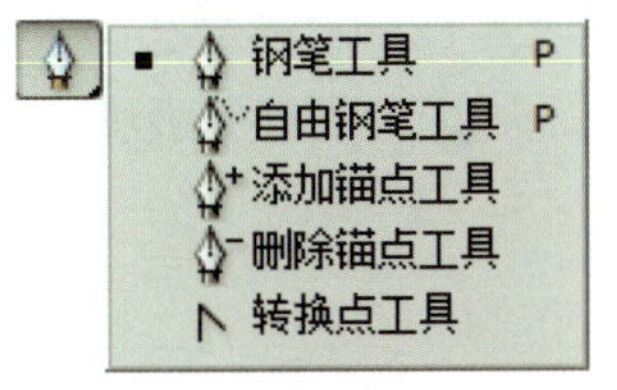

工具箱中的钢笔工具

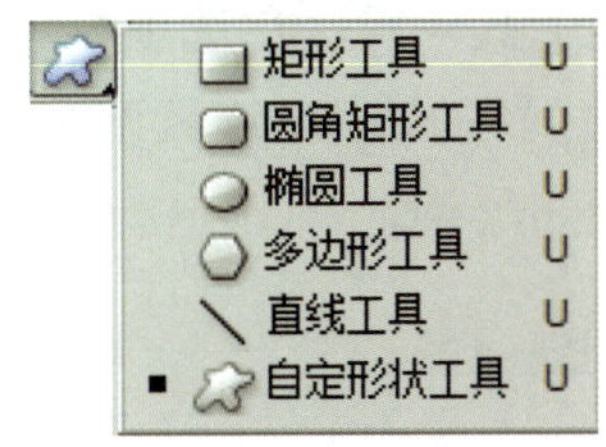

工具箱中的几何矢量绘图工具

本章主要介绍使用**钢笔工具**来创建路径，以及路径的基本编修、应用技巧，至于几何矢量绘图工具则留到下一章再做探讨。

10-2 使用钢笔工具绘制路径与形状

使用**钢笔工具** 能够绘制出精确的直线和平滑曲线，下面我们就从最简单的直线线段开始练习。

绘制直线

假设我们要设计一张宽、高为 700 × 500 像素的网页图像。首先需要新建一份空白文件，作为绘制路径的场所。

step01 执行“**文件/新建**”命令，打开一张 700 × 500 像素、背景为白色的空白文件。

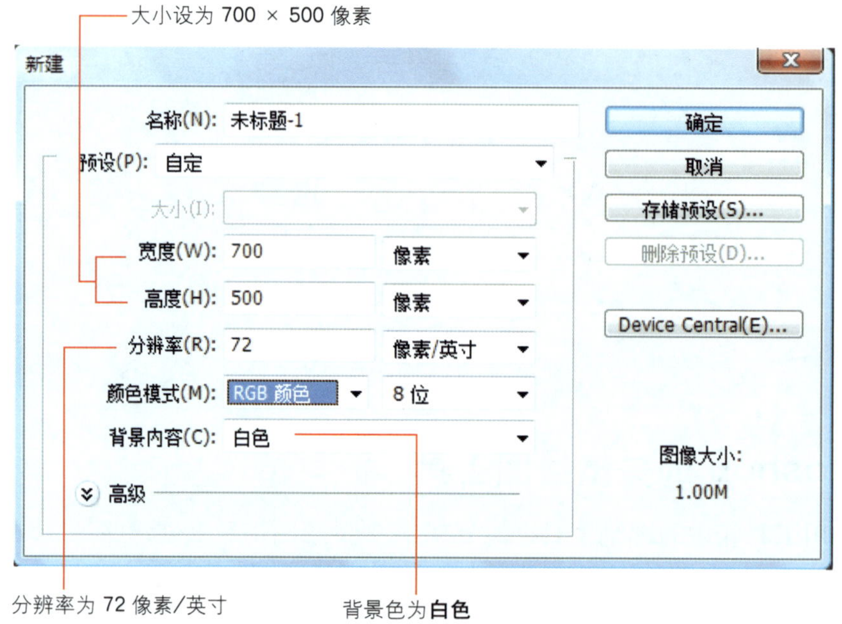

step02 单击**工具箱**中的**钢笔工具** ，在**选项栏**单击**路径** 按钮，然后在文件窗口中单击鼠标左键，即可创建新的锚点，连续两个锚点之间会以线段连接形成路径，单击 Esc 键即可完成路径的绘制。

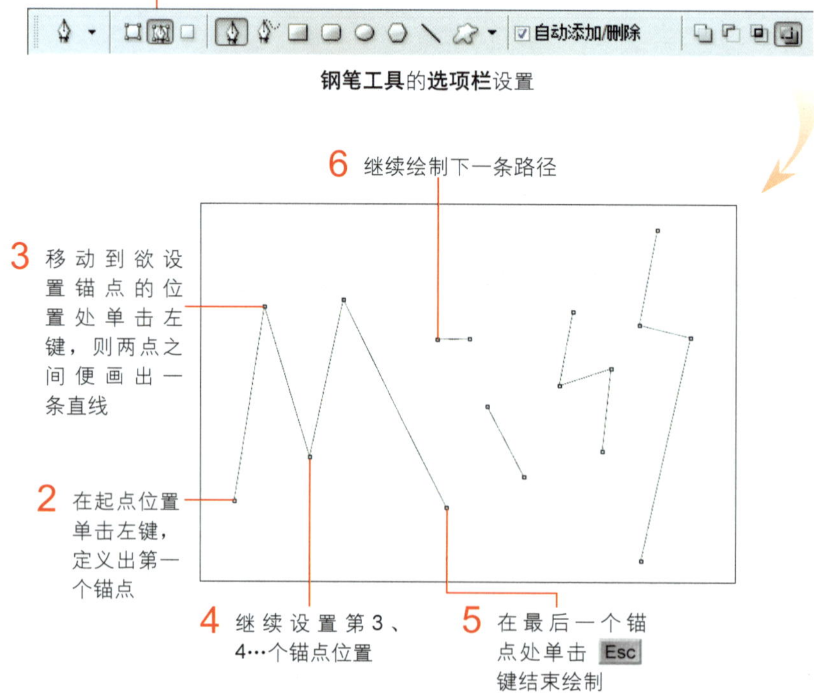

TIP 按住 Shift 键不放再设置锚点，则绘制出来的线段夹角就会固定为 45° 的倍数，当要绘制矩形、正三角形、直角时，就可应用此技巧。

step03 执行“**窗口/路径**”命令打开**路径**面板，这时会看到有一层工作路径，用来记录我们所绘制的路径，可以双击**工作路径**，为路径重命名为有意义的名称，如“Miss”。

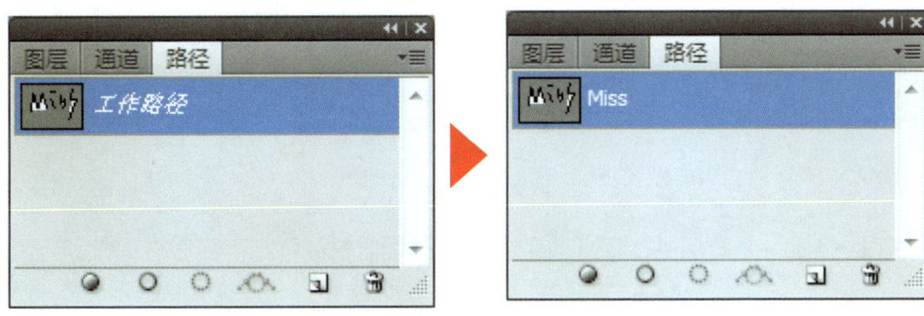

刚画好的路径名称默认为**工作路径**　　根据路径内容重新为路径命名

step04 若是单击**路径**面板下方的**创建新路径**按钮 ，便会在面板中再创建一层空白的**路径1**，继续绘制第 2 个路径。

2 选取新建的空白路径，即可继续在文件中绘制第 2 个路径

1 单击此按钮

step05 创建多个路径后，可在**路径**面板中单击要编辑的路径，以便在文件窗口中显示出该路径。

请自行练习路径的绘制操作，稍后我们将介绍为路径描边的技巧。

显示网格来辅助路径绘制

在绘制路径时，可以在文件窗口上显示网格，使绘制操作更为精确。请执行“**编辑/首选项/参考线、网格与切片**”命令，将网格颜色设成淡粉红色后单击**确定**按钮；然后再执行“**视图/显示/网格**”命令显示网格（或是单击**应用工具栏**的**查看额外内容**按钮 ，执行“**显示网格**”命令），便可借助网格的辅助绘制精确的线段。

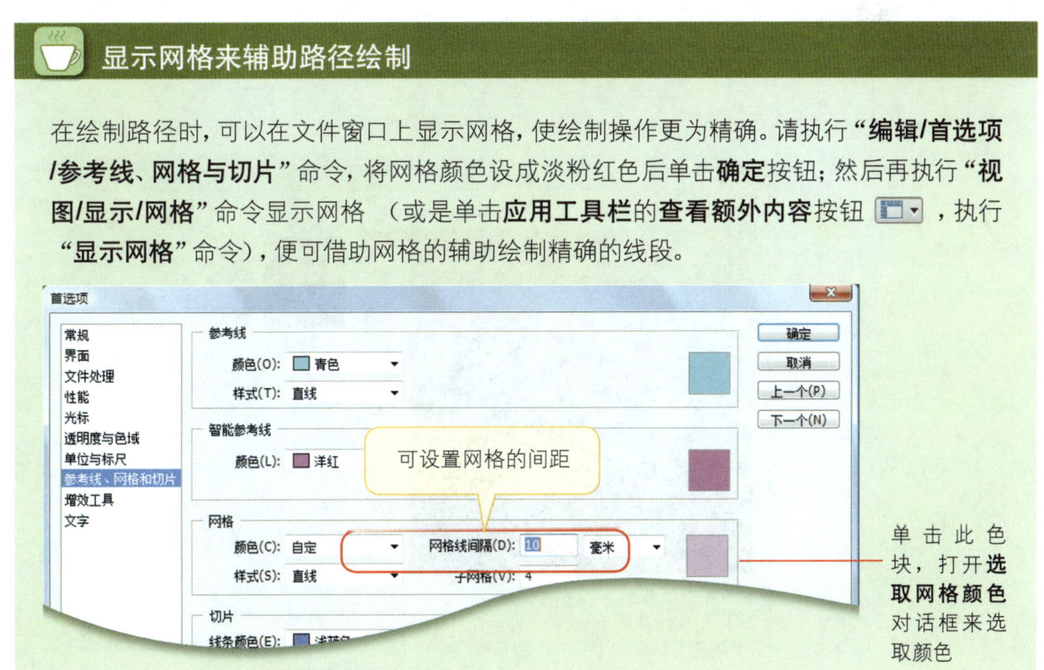

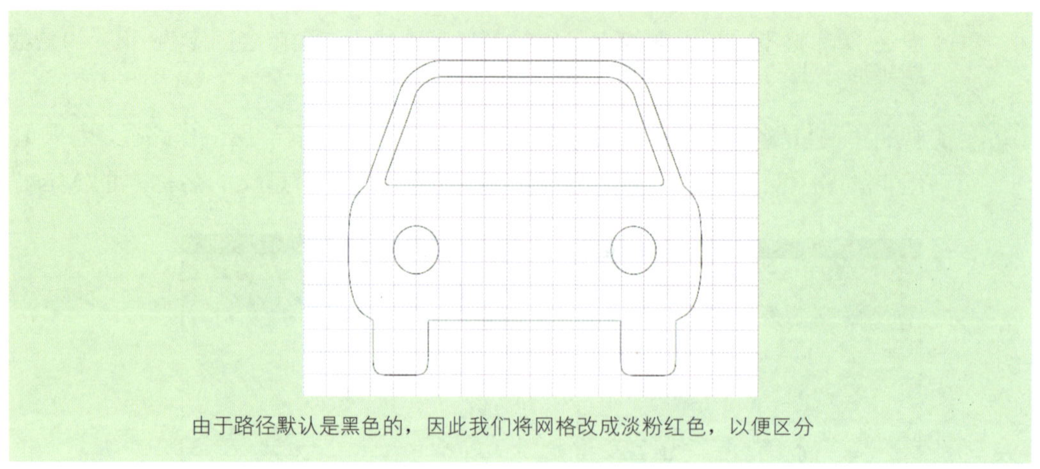

由于路径默认是黑色的，因此我们将网格改成淡粉红色，以便区分

使用画笔工具描边线条

工具箱中的**画笔工具**可让你使用前景色涂绘出各种柔和的彩色笔触。而若要使用**画笔工具**描边线条轨迹，不妨先利用**钢笔工具**建好路径，再利用**路径**面板中的**使用画笔描边路径**功能，一次将路径全部描边成目前所选用的画笔，就像是先用铅笔画好草图再刷上颜色及笔触等效果，也可避免在图像上反复尝试涂绘各种画笔效果的困扰。

我们来试试看如何以画笔描边刚才创建的路径，请打开范例文件 10-01.tif 来继续操作：

step01 单击**工具箱**中的**设置前景色**色块，打开**拾色器**对话框设置画笔的颜色。

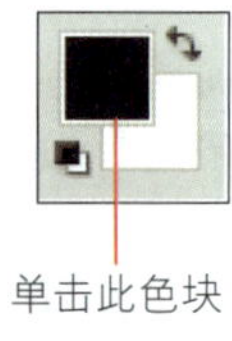

单击此色块

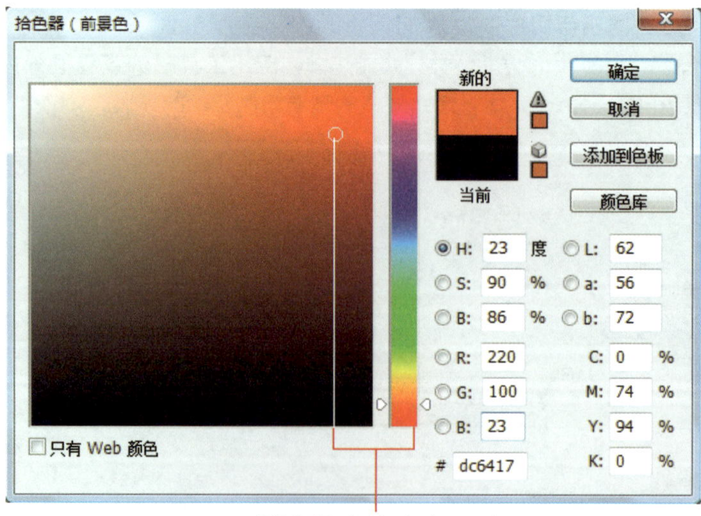

在**拾色器**对话框中选取颜色

step02 选择**工具箱**里的**画笔工具**，然后到**选项栏**设置画笔类型、大小…。在此选用 100 画笔类型，再做如下设置。

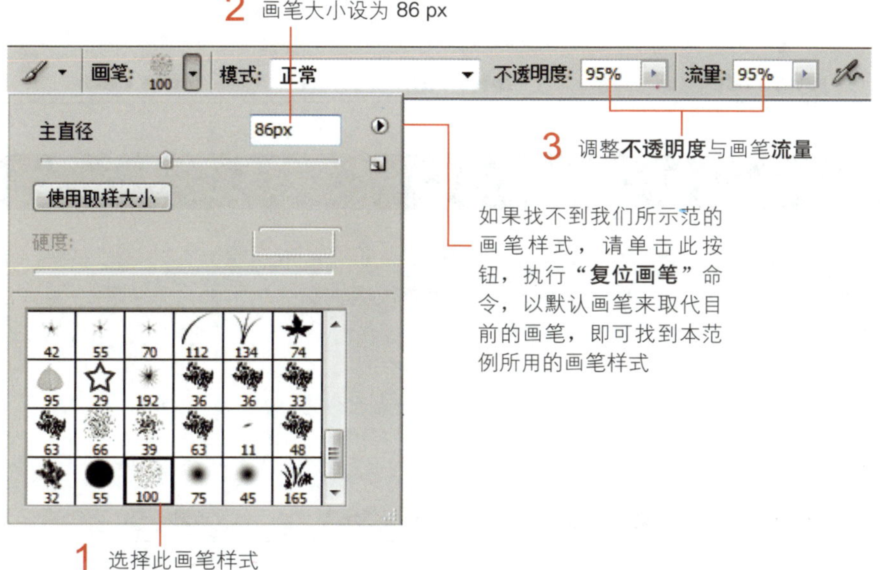

step03 选择**路径**面板中的 **Miss** 路径，然后单击**使用画笔描边路径**按钮，即可将画笔套用到整个路径上。

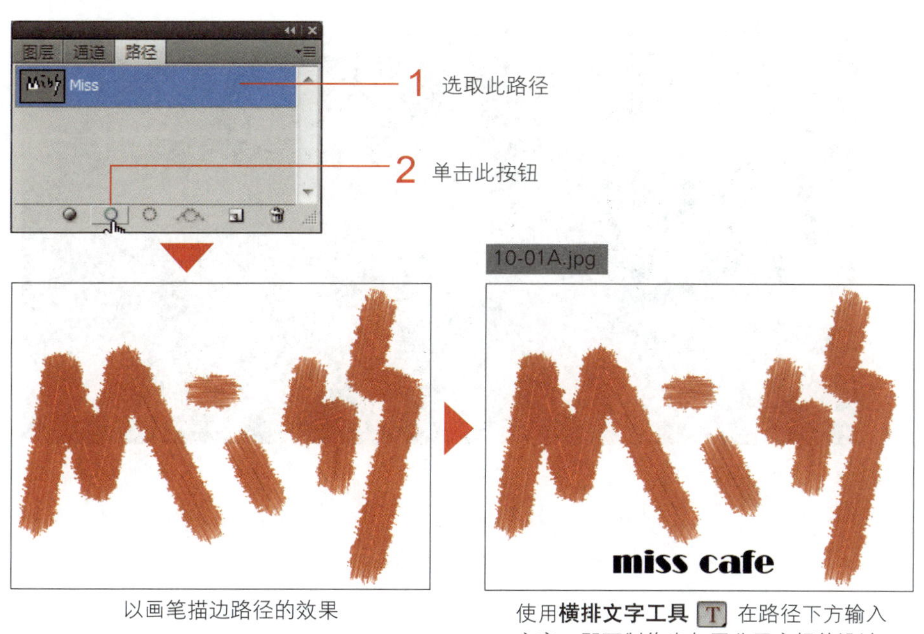

以画笔描边路径的效果

使用**横排文字工具** T 在路径下方输入文字，即可制作出如同公司商标的设计

step04 若不喜欢此种画笔效果，只要单击 Ctrl + Z （Windows）/ ⌘ + Z （Mac）键还原至上个步骤，然后再挑选其他的画笔来描边路径即可，轻轻松松就能产生多种不同的画笔绘制效果。

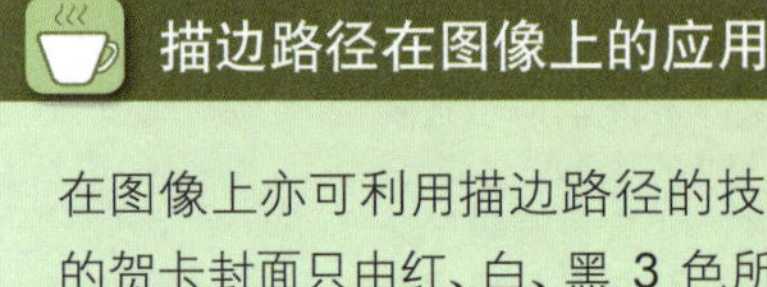

描边路径在图像上的应用

在图像上亦可利用描边路径的技巧，依照路径形状快速描绘出各种笔触效果，例如下面的贺卡封面只由红、白、黑 3 色所构成，我们依据右侧的树木外形来创建路径，然后利用 74 画笔描边，整张贺卡立即呈现鲜活生动的感觉！

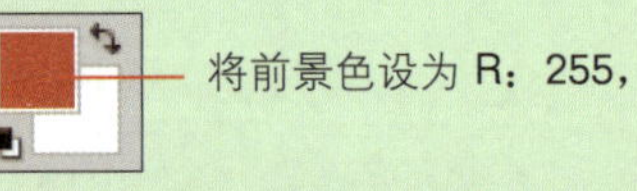

将前景色设为 R：255，G：102，B：0

画笔：65　模式：线性减淡（添加）　不透明度：75%　流量：94%

选择画笔样式，并调整画笔大小

将混合模式设为**线性减淡（添加）**

调整**不透明度**与画笔**流量**

在图像上创建路径

单击**使用画笔描边路径**按钮，以枫叶画笔描边路径

创建封闭路径

刚才我们所绘制的直线属于开放路径，接下来要练习的是封闭路径的绘制。

起点和结尾在同一点的路径称为封闭路径

step01 请新建一个 600 × 500 像素的空白文件，并勾选"**视图/显示/网格**"命令来显示网格，这样在绘制路径时会比较精确。

step02 选择**工具箱**中的**钢笔工具**，按照绘制直线路径的方式，绘制如下的星型路径，当设置完最后一个锚点时，请将**钢笔工具**移到起点的锚点上，此时**钢笔工具**旁会出现小圆圈提示，单击起点的锚点即可形成封闭的路径。

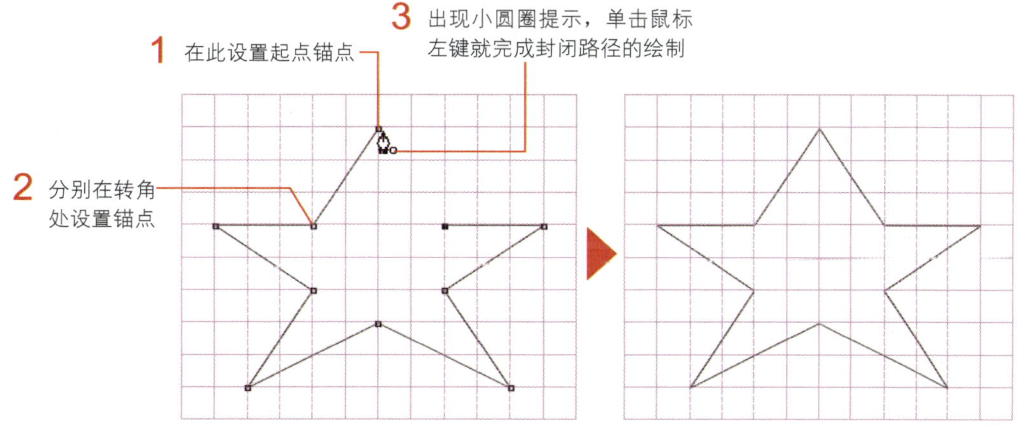

绘制好路径后，可以再次执行“**视图/显示/网格**”命令（取消勾选网格），将网格隐藏起来，以看清楚路径的外观。

替路径填充颜色或图案

创建好封闭路径后可以直接在内部填充颜色或图案。请右击**路径**面板中的**工作路径**，在弹出的菜单中选择**填充路径**命令打开**填充路径**对话框。

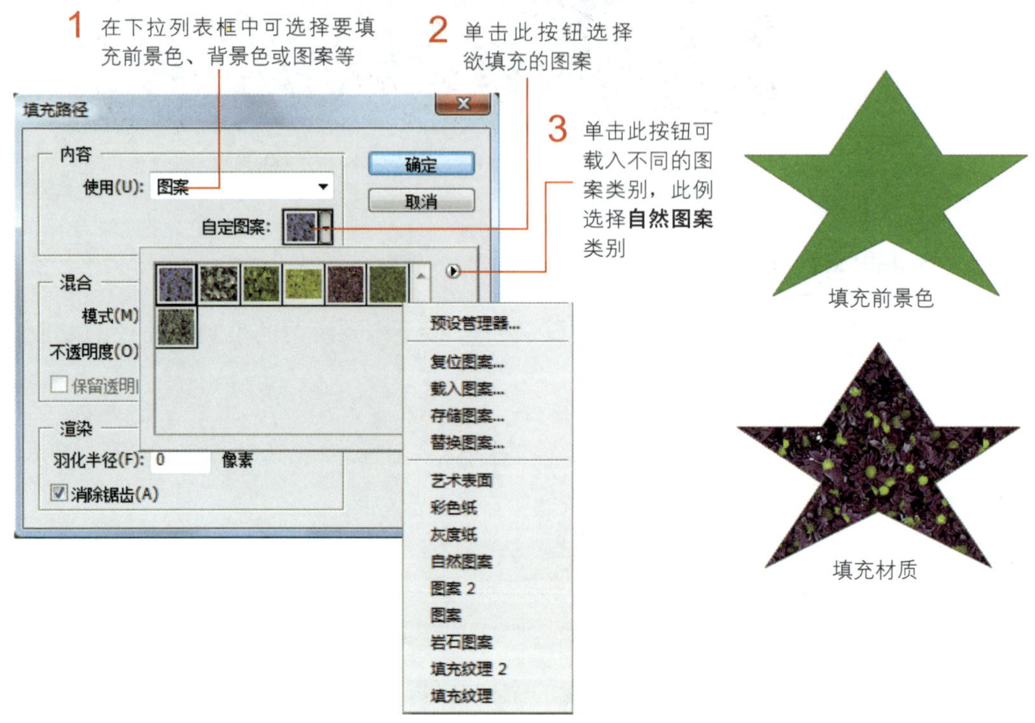

TIP 若单击**路径**面板下方的**以前景色填充路径**按钮，则会直接以目前的前景颜色填充封闭路径。

10-3 曲线路径的绘制技巧

直线路径能绘制的造型有限（毕竟许多图形是由曲线所构成的），因此曲线路径的绘制技巧也是不容忽视的！当使用**钢笔工具**创建锚点时，若是按住左键拖曳，就会出现一条以锚点为中心向两侧延伸的**控制线**，控制线的两端有**控制点**，控制线的长短和角度会决定曲线的弯曲度。

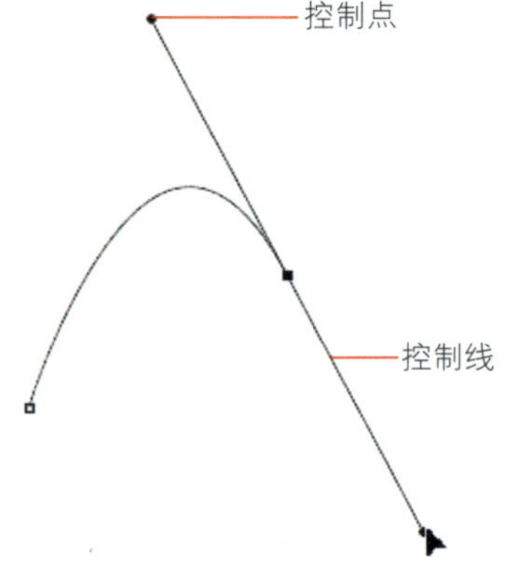

由曲线路径所构成的图形

绘制曲线

刚尝试绘制曲线路径的人，常会觉得曲线弯来弯去地难以控制。而事实上，曲线路径也的确需要多做练习才会越画越顺手。下面我们以绘制简单的半圆形为例，说明曲线路径的基本画法。

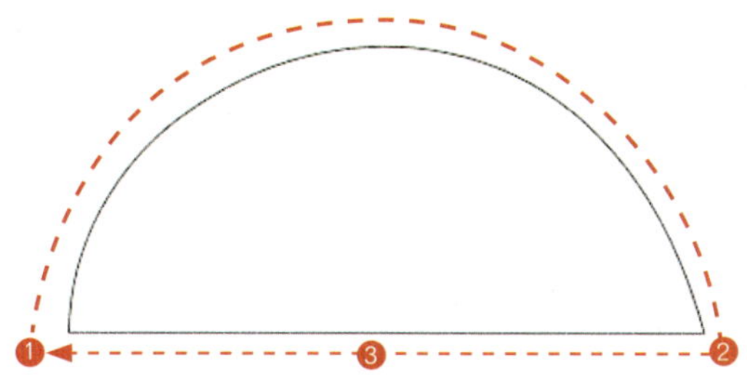

step01 请再新建一份空白文件，然后选取**钢笔工具**，在图像上设置第 1 个锚点时，按住鼠标左键不放直接往上拖曳，此时指针会呈 ▶ 状，接着将指针向右移动，单击左键设置第 2 个锚点，设置好锚点后按住左键不放向下拖曳，即可让线段呈现弯曲的弧度，确定好弯曲的程度后再放开鼠标左键，即可创建一条曲线路径。

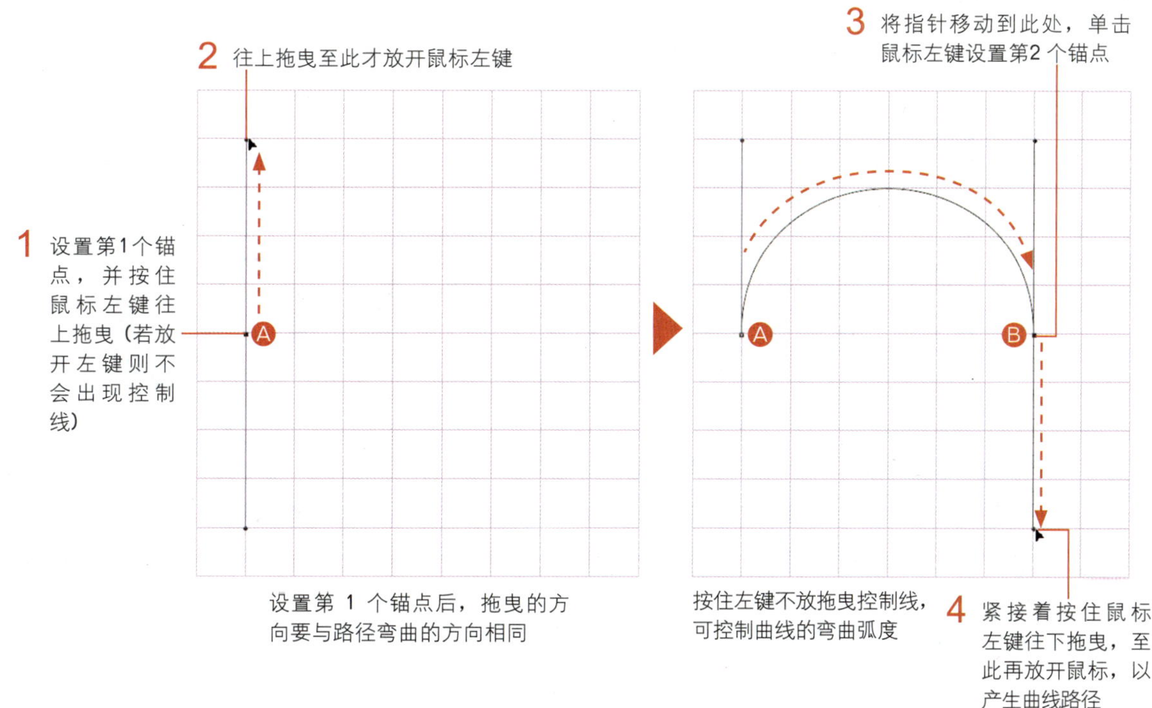

step02 接着我们要绘制直线线段，因此必须按住 Alt （Windows）/ option （Mac）键，再单击控制线中央的黑点 （也就是刚才设置的第 2 个锚点），让控制线只剩单边，即可拖曳出直线路径。

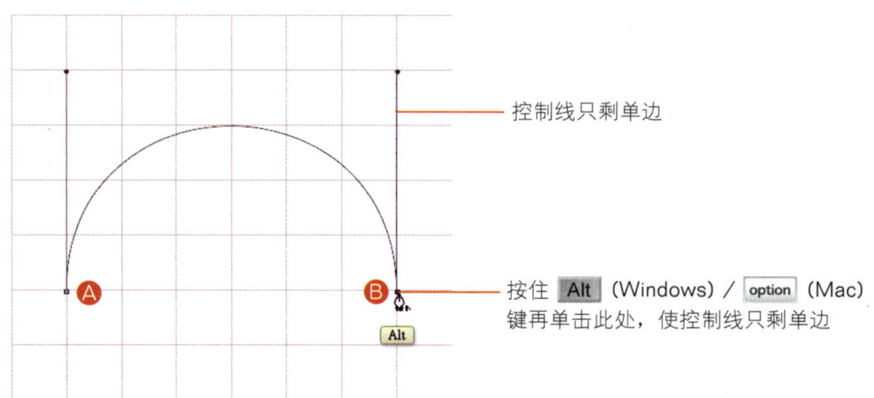

step03 按住 Alt （Windows）/ option （Mac）键，再单击路径的起始锚点（指针旁会出现小圆圈），即可画出一个半圆形。

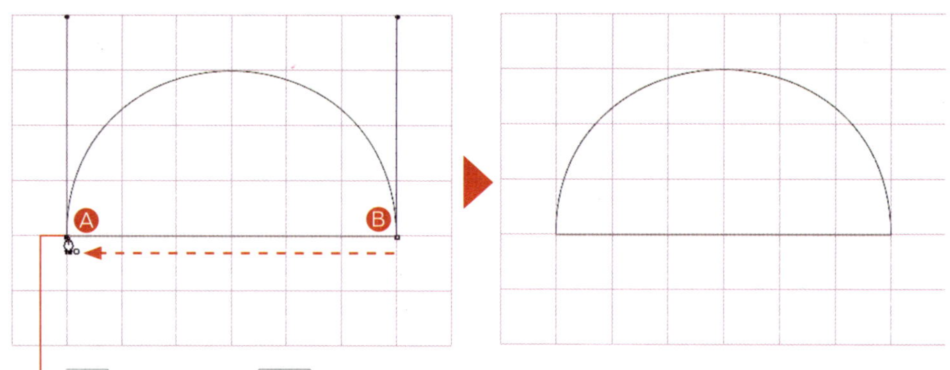

学会半圆形的画法后，那么您知道右边这个从左到右的连续弯曲路径该怎么画吗？

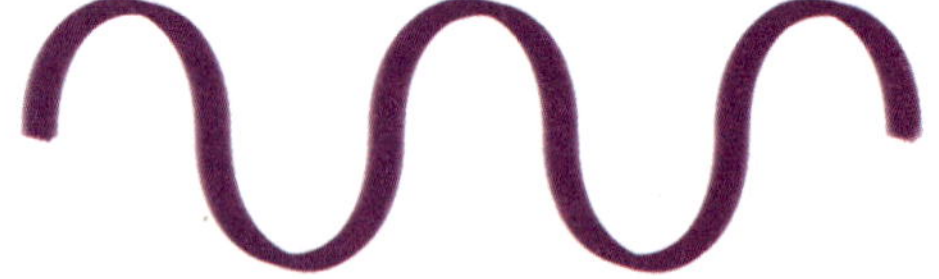

首先，如同之前绘制半圆形的方法一样先画出第 1 条曲线，在设置第 2 个锚点时按住左键继续向下拖曳后，再将鼠标往右移动，设置第 3 个锚点后再按住左键向上拖曳，即可产生第 2 个半圆形，如此反复操作即可创建如下图所示的连续弯曲路径了。

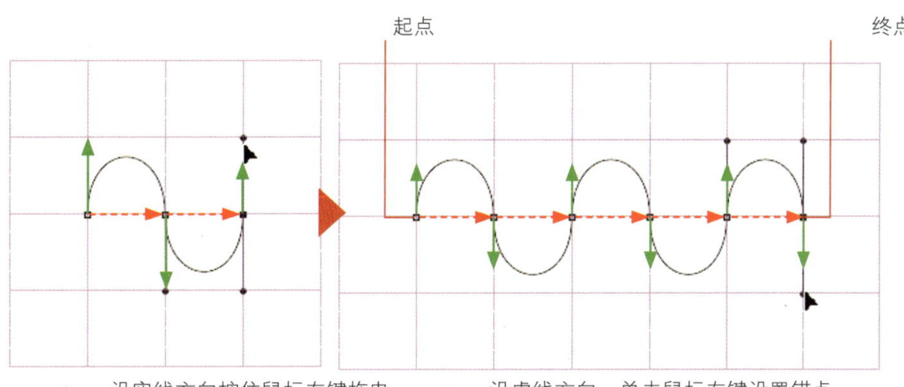

掌握曲线的弧度控制技巧后，就可以画出各种造型的图案了！

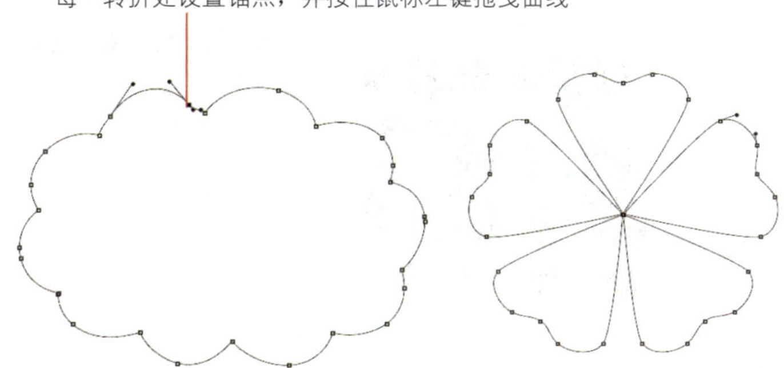

使用自由钢笔工具徒手绘制曲线

如果要绘制的图形有多处弯曲转折，则使用**钢笔工具**来绘制时会比较辛苦，这时不妨改用**自由钢笔工具** 直接徒手以鼠标（或绘图笔）来绘制。

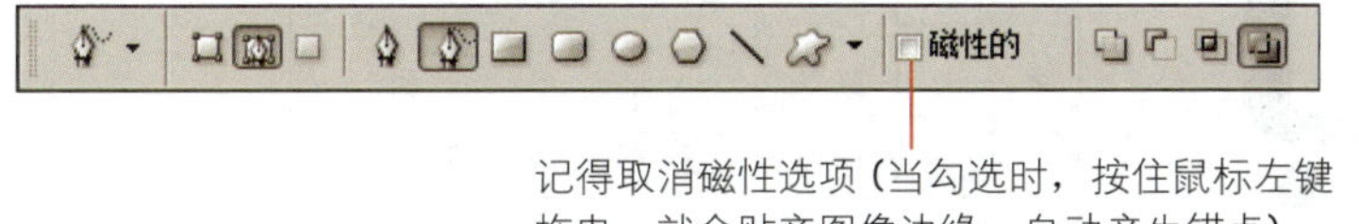

直接以**自由钢笔工具**画出路径　　　　描边路径

我们再看看下面这两个例子，都是利用**自由钢笔工具**的特性，制作出与众不同的文字与商标。

- 范例一：先使用**横排文字工具** T 在图像上输入“颠”字，创建一个**颠**图层，然后在“颠”字上面，使用**自由钢笔工具**描绘平滑的“山”形路径。接着再以画笔描边路径便完成如下所示的简易文字效果了。

图层的分布情况

- 范例二：先以**自由钢笔工具**描绘出卷曲的路径，再创建一个新图层以**画笔工具**描边路径，然后利用**橡皮擦工具** 搭配较低的透明度来描边部分路径，就可制造出逐渐淡化的路径描边效果，要让描边的效果较自然，可以重复 2 ～ 3 次以上的上述操作。

绘制卷曲的路径

选用**画笔工具**后单击此按钮，利用**画笔工具**描边路径

橡皮擦工具的属性设置

10-04.psd

使用低透明度的**橡皮擦工具**来擦拭描边的路径

图层的分布情况

10-4 路径的编修应用

创建好的路径可做缩放、旋转、扭曲等变换处理，只要先用**路径选择工具**选择要进行变换的路径，然后执行"**编辑/变换路径**"、"**编辑/自由变换路径**"命令下的各种变换命令即可。

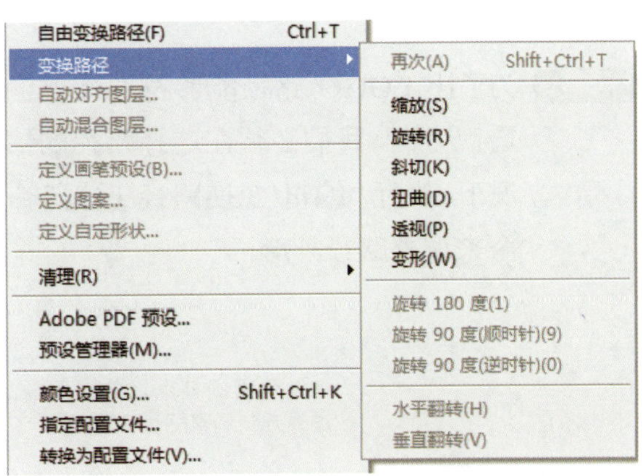

请打开范例文件 10-05.jpg，这是一片打上灯光的墙面，假设我们要在墙面上设计企业商标，包含公司的 LOGO 和名称，不过由于这面墙是侧拍的角度，有从右到左的透视感，因此设计在墙面上的平面商标，必须经过变换处理才能符合墙壁的透视方向。范例制作步骤如下：

step01 先在图像上使用**钢笔工具** 或**自由钢笔工具** 创建 LOGO 形状的路径。

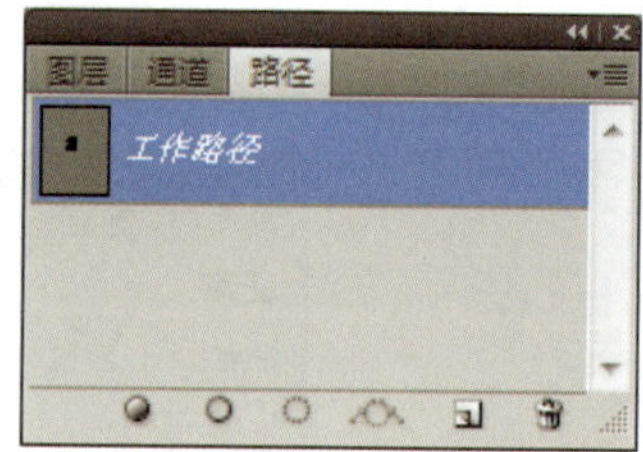

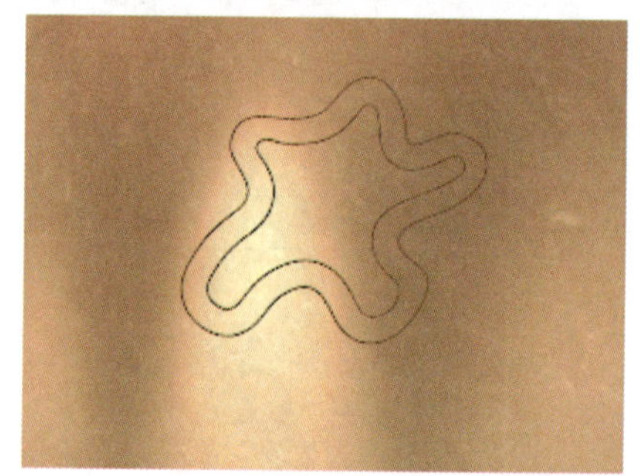

step02 使用**横排文字工具** 输入公司名称“Digital Entertainment”（在此使用的字体是 **Century Gothic、17** 点的字体大小）。

step03 为了让 LOGO 路径能够符合墙壁的透视方向，我们必须在选择路径的情况下，执行**“编辑/变换路径/透视”**命令来调整路径外形。

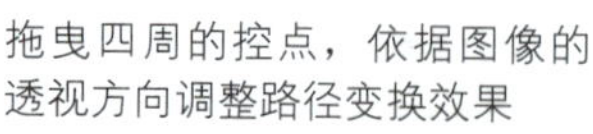
拖曳四周的控点，依据图像的透视方向调整路径变换效果

step04 调整好 LOGO 的透视效果后，请单击**工具箱**中的**设置前景色**色块，在**拾色器**对话框中选择要填充路径中的颜色（本例填充的颜色是 R：0、G：106、B：152 的蓝色）。接着再单击**路径**面板中的**以前景色填充路径** 按钮为LOGO 路径上色。

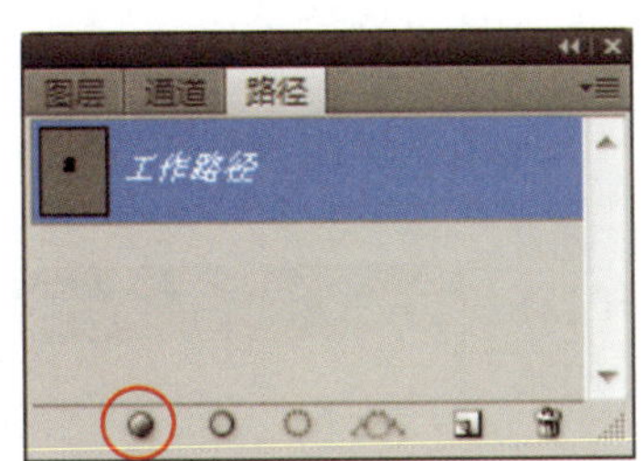

step05 最后，公司名称也要做透视变形。请选择文字图层，然后单击右键，执行“**栅格化文字**”命令，再以“**编辑/变换/透视**”命令来调整文字透视效果便完成了。

调整文字透视效果后单击 Enter (Windows) / return (Mac) 键确认变形

10-05A.psd

范例最终效果图

编修路径轮廓

除了路径整体的变形外，有时也需要调整线段的长度或曲线弧度。这时，可以选择**工具箱**中的**直接选择工具** 来单击选取图像中的路径，此时锚点会变成空心方块并出现控制线，只要拖曳锚点即可调整路径形状。

至于**添加锚点工具** 与**删除锚点工具** （由**工具箱**中的**钢笔工具组**切换）则可添加锚点以做更细的路径调整，或者删除多余的锚点。

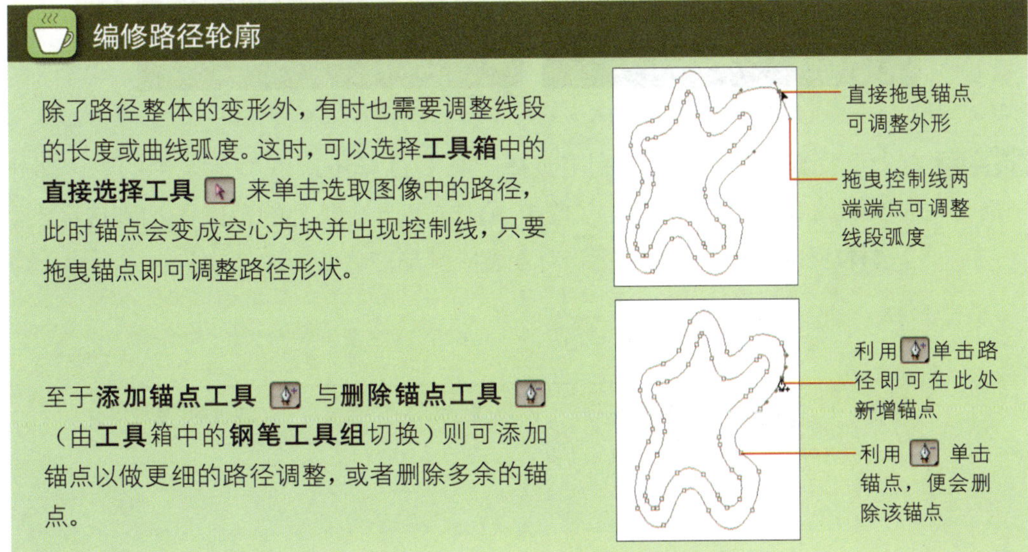

10-5 选区与路径的应用

钢笔工具 的用途不只用于绘制路径，还能够与选区做转换应用，例如把选区转成路径后，存储成自定义形状，就可以方便日后随时加载路径。

将选区转换成路径

请打开范例文件 10-06.psd，图像中分别有**狮形门环**与**背景**两个图层叠在一起，接着我们要利用选区与路径的转换技巧，再加上后续的美化处理，制作出高雅餐厅菜单封面的作品。

10-06.psd

狮形门环图层

事先设计好的**背景**图层

step01 首先选择**狮形门环**图层，利用**魔棒工具** 单击选取颜色单纯的黑色部分。在此将**选项栏**的**容差**设为“20”，并单击 按钮把选取到的范围添加到选区。接着，执行“**选择/反向**”命令反转选区，改为选择狮形门环。

取消此项，表示只在目前的图层侦测相近颜色，并建立选区

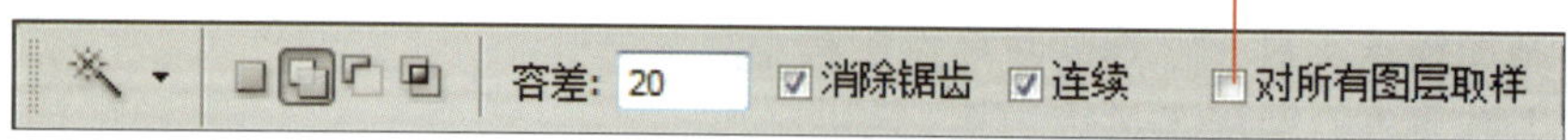

step02 接着打开**路径**面板，单击**从选区创建工作路径** 按钮，将选区转换成工作路径。

单击此按钮

选区已转成路径

step03 执行“**图层/矢量蒙版/目前路径**”命令，即可添加一个狮形门环的蒙版，遮蔽住门环四周的部位，而显露出底层的**背景**图层内容。

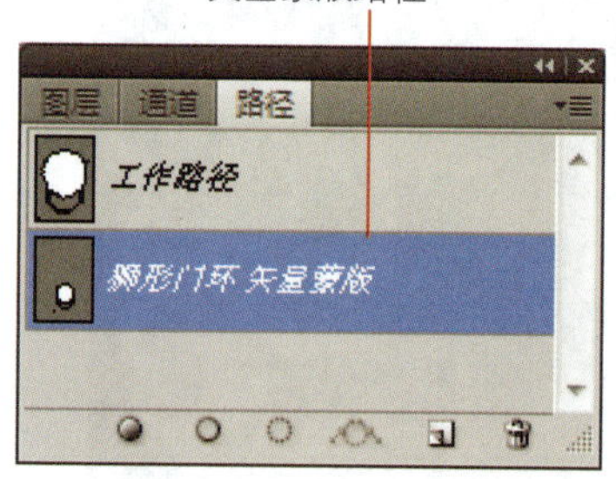

狮形门环以外的部位显露出底层的菜单封面

step04 最后，请在**路径**面板的空白处单击左键，以取消路径的选择，然后确定目前是在**狮形门环**图层中，再执行**“编辑/变换/缩放”**命令，将狮形门环调小一点，并移动到适当的位置，调整完成后请单击 Enter（Windows）/ return（Mac）键。

保存与使用自定义路径

我们可以将自己喜欢的路径保存下来，以便日后随时加载图像时使用。此例我们想保存狮形门环的路径，可进行如下操作。

step01 选择**路径**面板中狮形门环的工作路径，然后执行**“编辑/定义自定形状”**命令，在**形状名称**对话框中为自定义的路径形状命名。

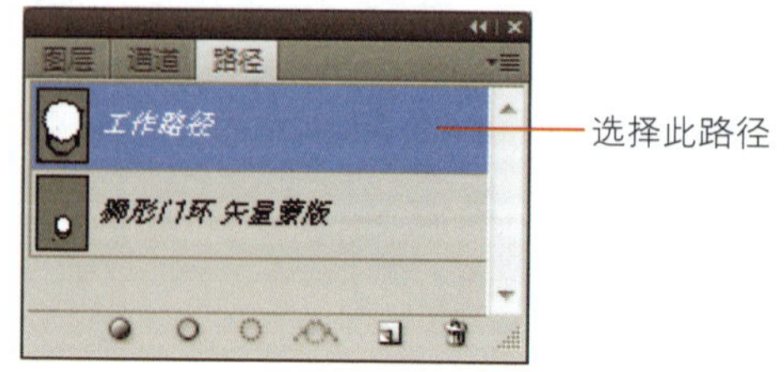

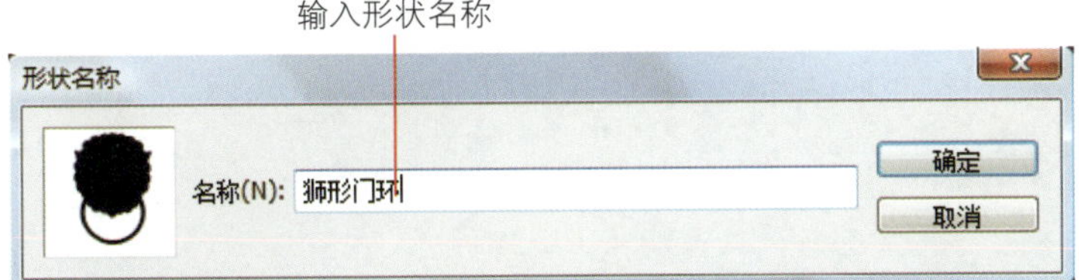

step02 返回到**图层**面板，单击 按钮新建一个空白图层，然后同样在**路径**面板单击**创建新建路径** 按钮。完成后再单击**工具箱**中的**自定义形状工具** 按钮，即可在**选项栏**的**形状**列表框中选择我们刚刚自定义的狮形门环路径。

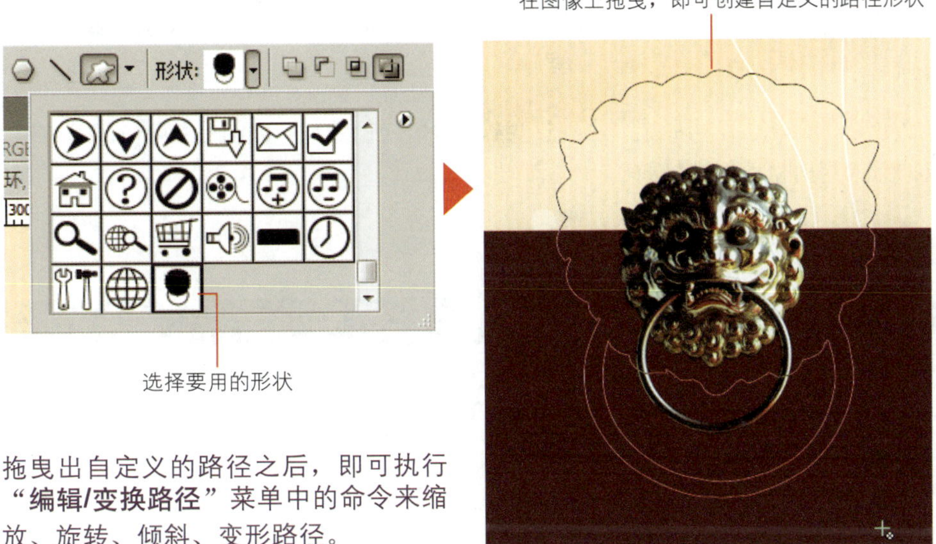

TIP 拖曳出自定义的路径之后，即可执行"**编辑/变换路径**"菜单中的命令来缩放、旋转、倾斜、变形路径。

step03 接着我们要调整路径的位置。请用**路径选择工具** 把刚刚创建好的狮形门环路径拖动到图像的中央位置，并单击**路径**面板中的**以前景色填充路径** 按钮填充白色。再来将**图层 1** 移至**狮形门环**图层的下方，让原先的狮形门环图像显现出来，并降低**图层 1** 的**不透明度**，即可完成此范例的制作了。

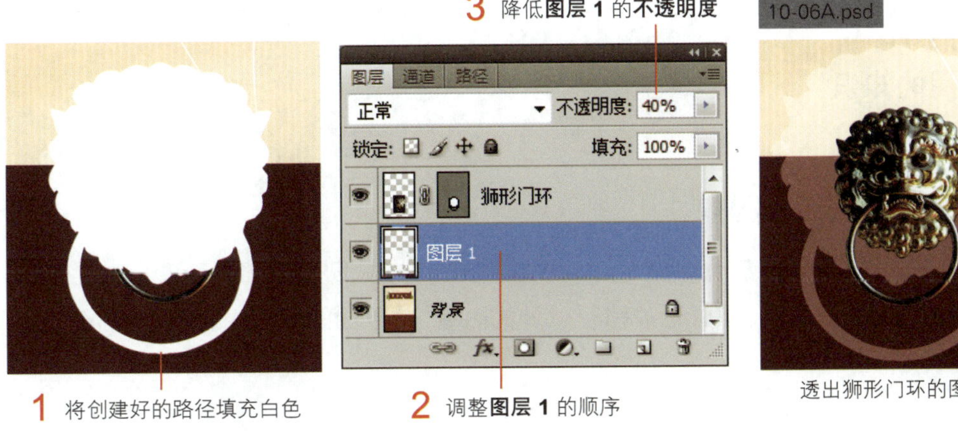

1. 位图以像素来记录图像，缩放图形后细致度会变差；矢量图利用数学公式运算来描绘图形，无论如何缩放图形都不会影响其细致度。

2. 使用**钢笔工具**绘制路径与形状时，按住 Shift 键不放再设置锚点，可绘制出 45° 及其倍数的线段夹角。

3. 使用**钢笔工具**绘制曲线路径时，按住 Alt （Windows）/ option （Mac）键再单击锚点，可拖曳出直线路径。

4. 选择已创建的路径后，可执行 **"编辑/变换路径"** 或 **"编辑/自由变换路径"** 命令，将路径做缩放、旋转、扭曲等变换处理。

5. 绘制及调整路径形状时常用的工具如下。

工具名称	功能说明
钢笔工具	以单击、拖曳的方式来绘制直线与曲线
自由钢笔工具	用拖曳的方式来绘制路径
添加锚点工具	在路径上添加锚点
删除锚点工具	删除路径上的锚点
转换锚点工具	可转换锚点的属性，例如单击曲线属性的锚点可转换为直线属性、拖曳直线属性的锚点可转换为曲线属性
几何矢量绘图工具组	可快速拖曳各种几何形状路径，其中**自定义形状工具**可绘制非几何形状的内建或自定义图形
路径选择工具	可选择整个路径，进行移动、删除等动作
直接选择工具	可选择单一锚点、线段或部分路径，进行移动、删除等动作

实用的知识

1. 如何以路径做去背处理？

要以路径替图像做去背处理，只要先把欲保留的区域创建成路径，然后执行 **"图层/矢量蒙版/当前路径"** 命令，即可遮掉路径以外的区域，让下面的图层内容显露出来。

10-07.psd

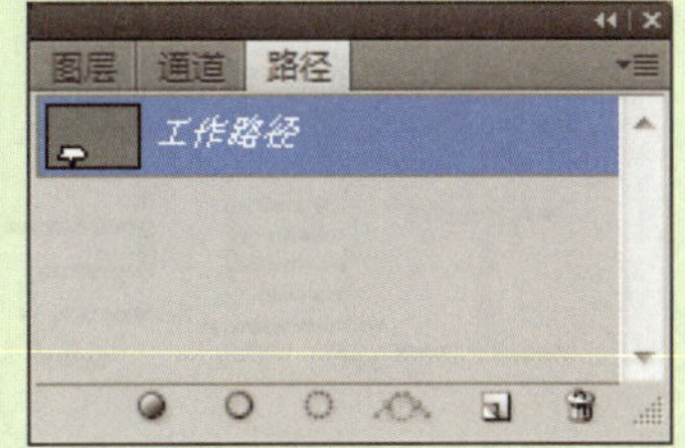

在**图层 1** 上面沿着路标四周创建路径

10-07A.jpg

执行“**图层/矢量蒙版/当前路径**”命令后的去背效果

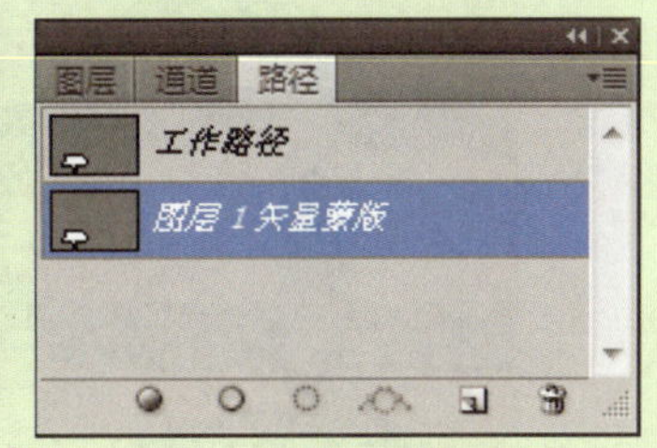

添加了一个矢量蒙版

2. 将选区转换成路径有何好处?

将选区转换成路径，也就是矢量化之后，即使放大、变换路径，仍可保留平滑的矢量路径形状，而不用担心会有位图放大、变换失真的问题。例如下面这张贺卡的图腾，其实就是取自于一张图像，我们先将图像中的图案创建成路径，然后将路径拖曳到另一张空白图像并调整路径的位置与大小，再重新上色而成。

10-08.jpg

利用魔棒工具选择图案再转成路径

LESSON

第11章 矢量图案绘制工具与应用

中国风年历

课前导读

本章我们要使用矢量图案绘制工具来完成一张具有中国风的年历。您不需要自行绘制复杂的图案，也不需要花时间去寻找图像文件来当背景，只要利用 Photoshop 所提供的矢量图案绘制图案，并进行适当的编修处理，加上符合设计风格的配色即可制作出别具特色的年历底图。最后再搭配上适合的字体及文字排版，便可以营造出一幅极有风格的中国风年历。

本章学习提要

- 学习使用矢量图案绘制工具
- 认识与操作形状图层
- 快速对齐不同图层中的对象
- 将形状图层转换为普通图层
- 定义与填充图案
- 编修形状的外形、颜色与混合模式

估计学习时间 **60分钟**

11-1 利用形状工具制作背景图案

在 Photoshop 中，除了可以使用第 10 章介绍的**钢笔工具**创建矢量图案外，也可以多加利用 Photoshop 的矢量图案绘制工具来绘制矢量图，利用这种方式所绘制的"**形状**"（也称为矢量对象），是以**路径**为基础来记录与定义的。

Photoshop 除了提供矩形、圆形等几何形状外，还提供了丰富的自定义形状工具，我们只要利用 Photoshop 提供的形状图案，加以适当的编修即可快速完成图案的绘制。而不论是使用几何或自定义形状，其做法都相似，因此接下来我们以本章范例所需用到的形状来做说明。

新建具有背景颜色的新文件

本章要制作的是一张小开本、方便随身携带的年历印刷品，我们选择喜气的红色作为底色，接着就从如何新建一张具有背景颜色的新文件开始为您解说。

step01 启动 Photoshop 后，单击工具箱的背景色色块，在**拾色器（背景色）**对话框中，设置背景色为金红色（C：0、M：100、Y：100、K：0）之后单击**确定**按钮。

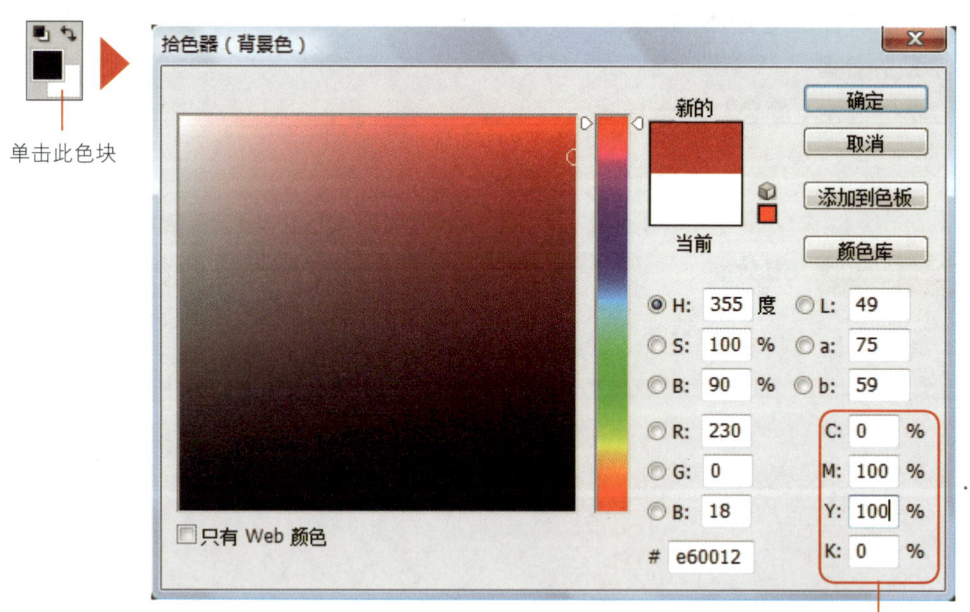

step02 执行"**文件/新建**"命令，在**新建**对话框中设置印刷品的大小，本例是将宽度设为 9 厘米、**高度**设为 14 厘米、**背景内容**设为**背景色**。由于是印刷品，所以我们将**分辨率**设为 300 像素/英寸、**颜色模式**设为 **CMYK 颜色**、**8 位**。

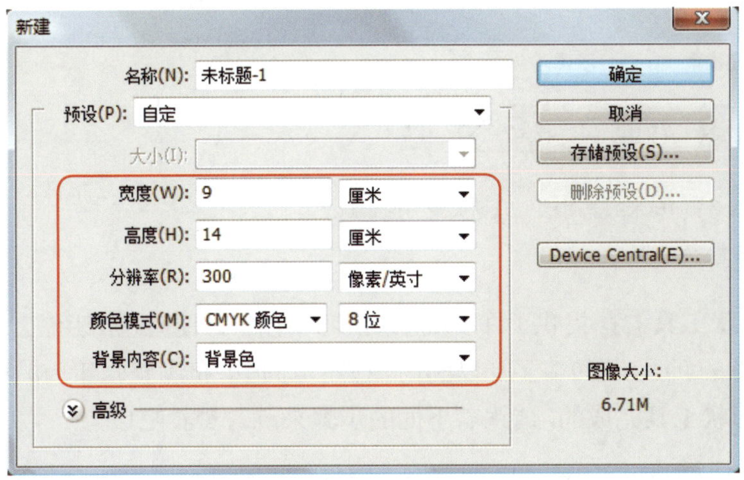

TIP 虽然我们可以先使用 RGB 颜色模式来做设计，待要输出时再转换成 CMYK 模式，但由于 RGB 模式环境可表现的艳丽颜色，在 CMYK 中并无法表现，因此很容易发生在转换后颜色改变的情况（通常是颜色会较原来的 RGB 模式更暗一些）。实际上，最后要输出的成品若是要送厂印刷的话，请在新建文件时，就将颜色模式设置为 CMYK。

step03 单击**确定**按钮后，便会新建一张背景色为金红色的文件。

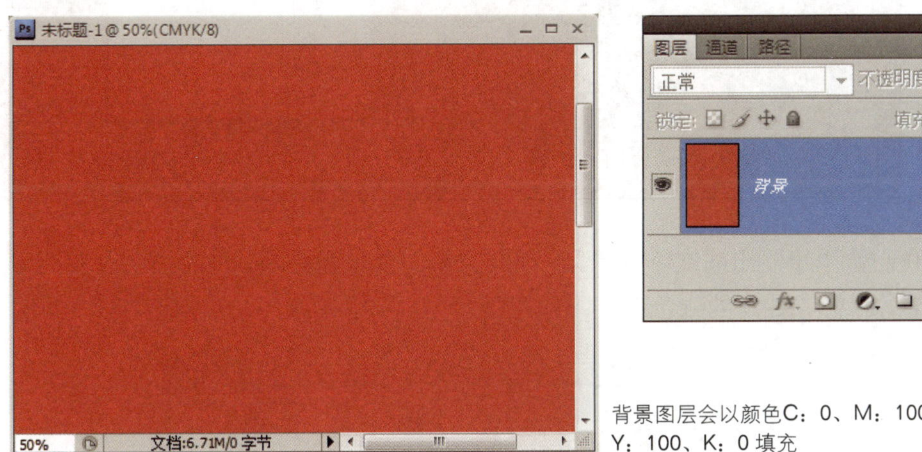

背景图层会以颜色C：0、M：100、Y：100、K：0 填充

创建形状

在工具箱中的几何矢量绘图工具组里，一共提供6 类形状工具，可让你快速绘制出各种几何形状。只要选择其中一项工具，**选项栏**就会出现对应的设置，以单击**矩形工具**为例：

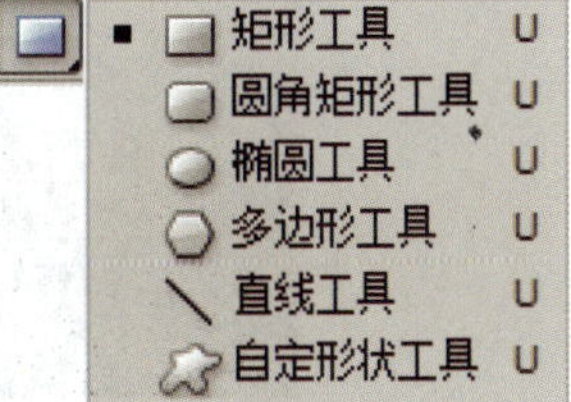

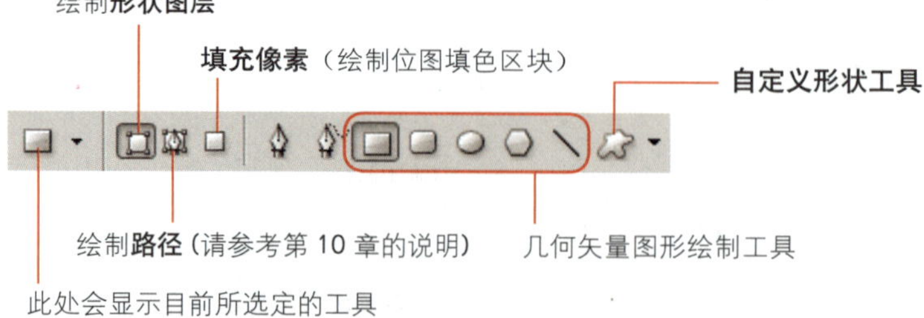

其中，**自定义形状工具** 提供了许多现成的形状图案，方便直接应用在文件中，尤其是不善于绘图的新手，更可多多加以利用。在本范例中，布满整张年历的花朵图案就是以**自定义形状工具**完成的，请跟着下面的步骤来练习看看吧！

step01 执行“**视图/标尺**”命令显示出标尺，然后在水平标尺上按住鼠标左键往下拖曳到 0.2 厘米的位置上，新建一条水平参考线，以便稍后对齐放置的花朵图案。

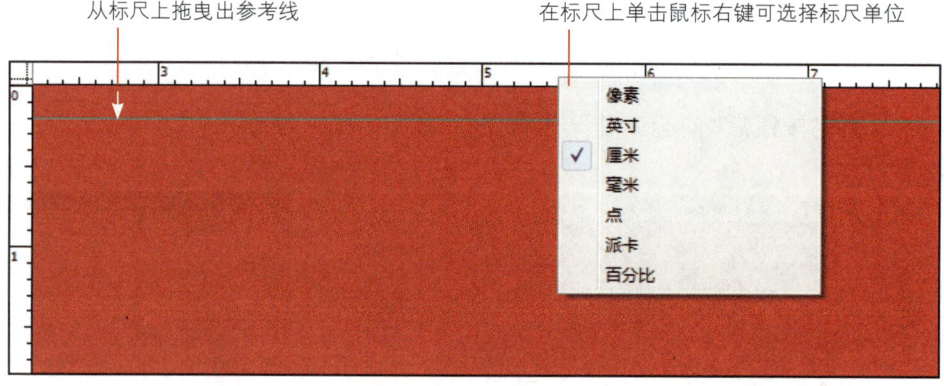

step02 我们希望绘制出橘红色的花朵，因此先单击前景色色块，将前景色设置为 C：8、M：55、Y：93、K：0 的颜色。

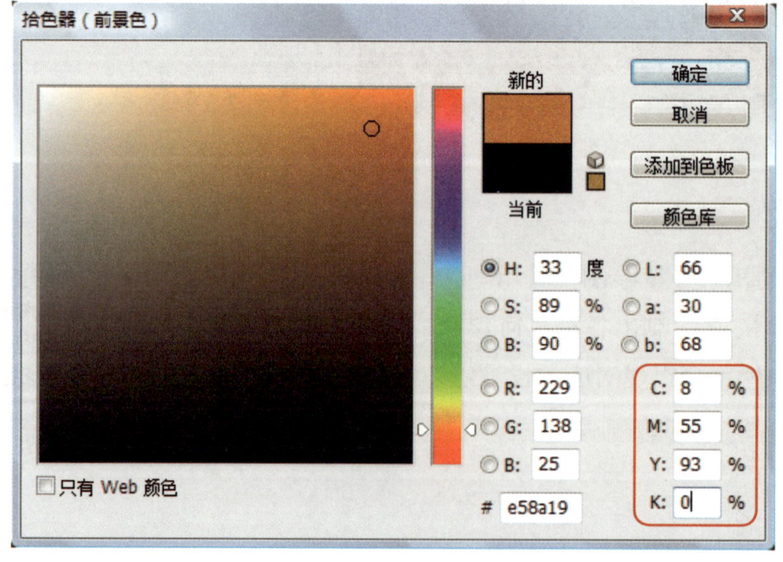

step03 选择**自定义形状工具** 后，先单击**选项栏**上的**形状图层**按钮 ，再单击**形状**列表框旁的下拉箭头，即可看见 Photoshop 预设的各式形状组。接着请单击 按钮选择**装饰品**，因为该形状组中包含我们所需要的花朵图案。

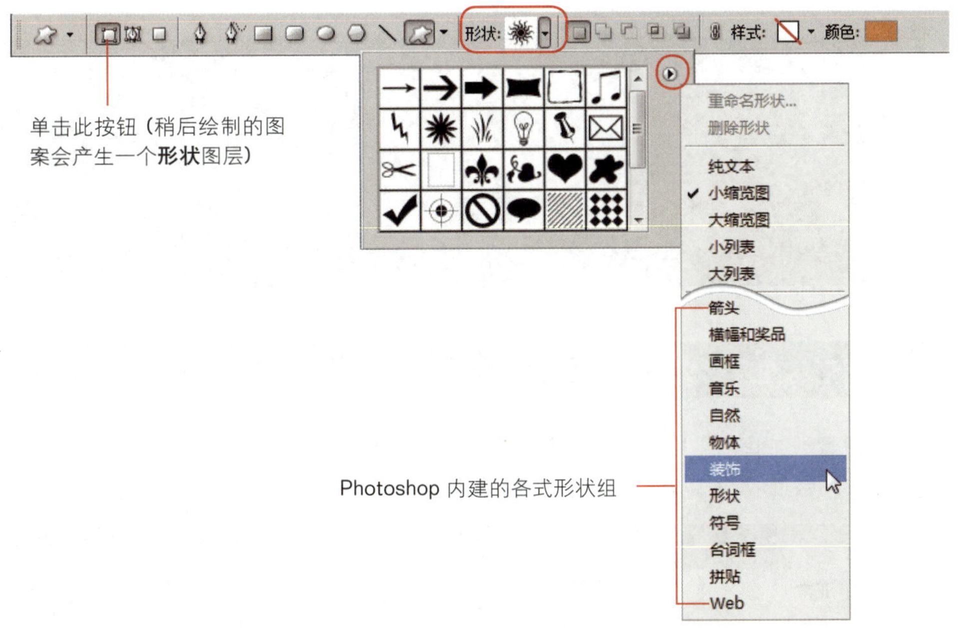

step04 接着会跳出询问对话框，请单击**确定**按钮，表示只显示**装饰品**类别的形状。

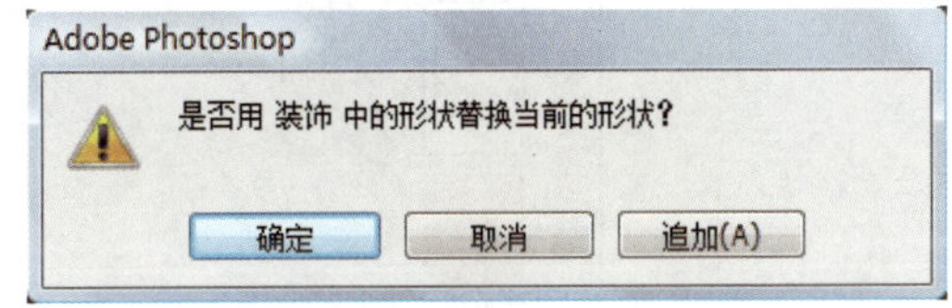

TIP 在询问对话框中，单击**追加**按钮，表示要将这个类别的形状加入目前的形状清单中。

step05 现在形状清单只显示**装饰**类别的内容，请单击**花形装饰 2** 形状，表示选择此形状。

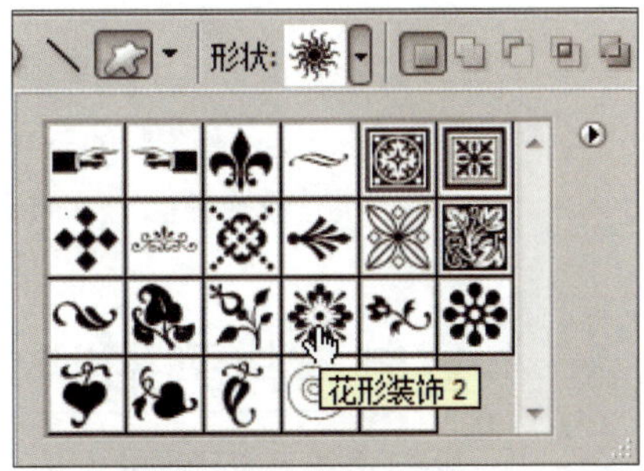

step06 形状工具提供了绘制固定尺寸或等比例的选项，在此请单击**自定义形状工具** 右方的下拉箭头，并在**自定义形状选项**选项组中选择**固定大小**，然后在其后的 **W** 及 **H** 文本框中各输入“1.05 厘米”。

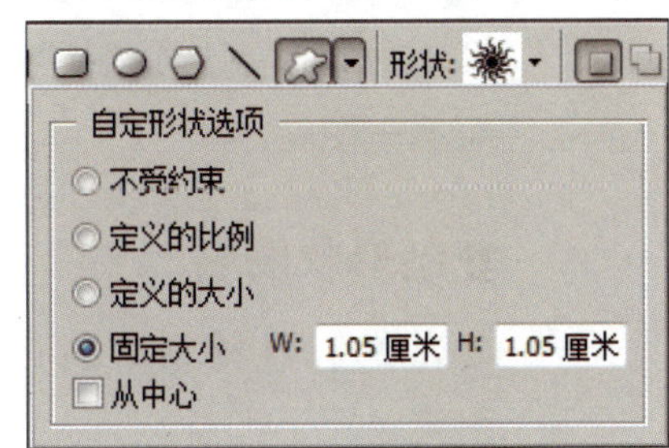

step07 在年历背景的左上角单击一下，便会绘制出宽度和高度皆为 1.05 厘米的**花形装饰 2** 形状图案。接着使用**移动工具** 移动形状图案，让图案贴齐文件的左边缘，上面贴齐在步骤 1 中所设置的参考线。

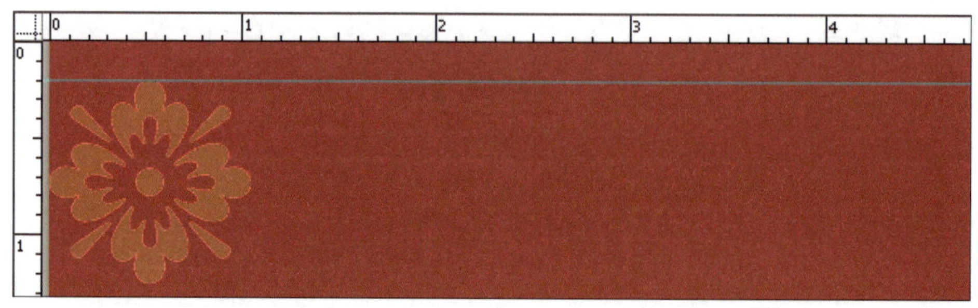

形状图层

请留意刚才我们所绘制的**花形装饰 2** 形状，在**图层**面板中，可以看到形状并不是直接创建在图层上，而是创建并存储在**矢量蒙版**中，藉以用来记录该形状的**工作路径**。

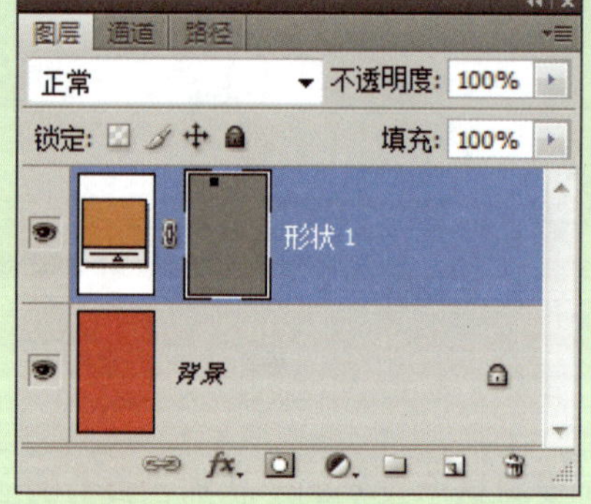

绘制的形状是记录在**形状**图层中

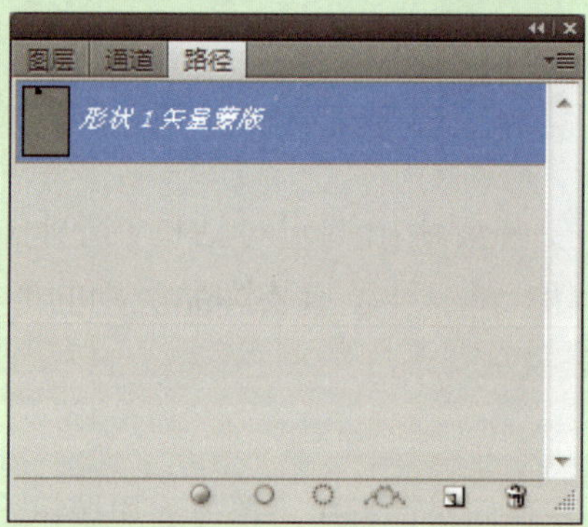

路径面板中会产生一个形状的**矢量蒙版**

形状图层可以说是矢量图案的专用图层，其基本操作与普通图层相似，可以参考第 6 章的说明，了解图层的基本操作方法。形状图层的特性是，只要双击形状图层的缩略图，便可以打开**拾色器**对话框来修改形状的颜色。

复制与排列形状

我们希望**花形装饰 2** 形状可以布满整张年历，作为背景图案。下面将示范 2 种方法，第 1 种是复制形状图层来排列成背景图案；第 2 种则是利用**填充**功能快速为整个版面填充图案。

复制形状图层

首先我们以复制**形状**图层的方式来产生多个相同的图案，制作第一排的花朵图案。

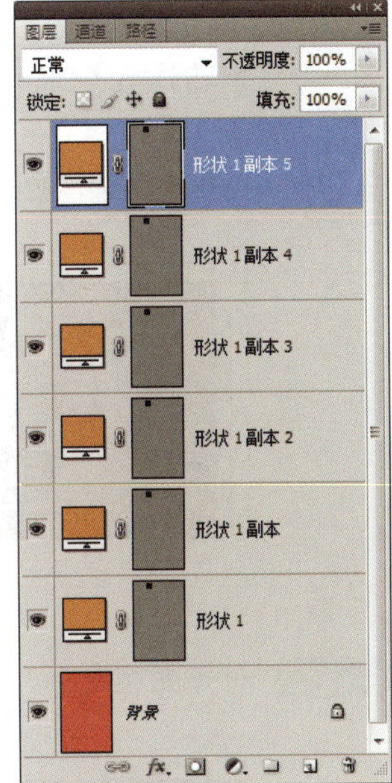

step01 请将**形状 1** 图层拖曳至**图层**面板下方的**创建新图层**按钮 ，复制出**形状 1 副本**图层，接着再重复执行 4 次，复制出**形状 1 副本 2、3、4、5** 图层。

step02 目前作用图层为**形状 1 副本 5** 图层，请利用**移动工具** 直接在文件窗口上拖曳至文件右侧边缘。

其他形状图层与**形状 1** 图层叠在同一个位置上　　**形状 1 副本 5** 图层

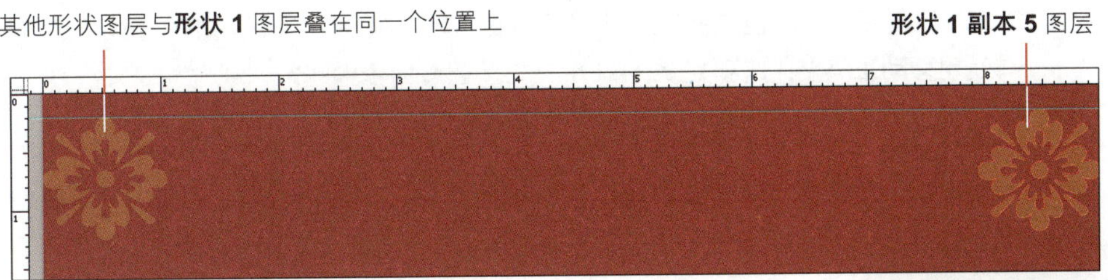

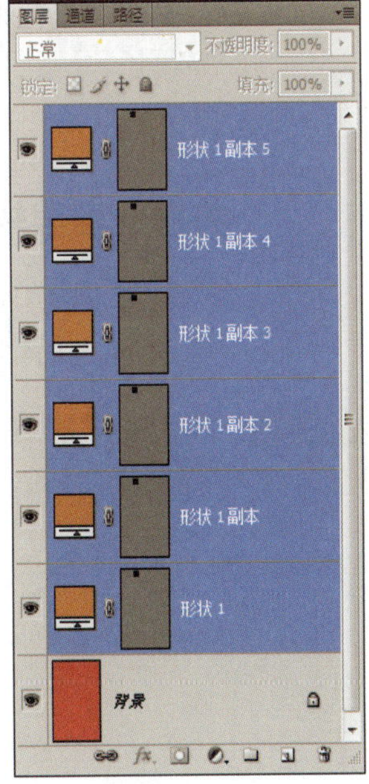

step03 请按住 Shift 键，在**图层**面板上单击**形状 1** 图层，选定这 6 个形状图层。

TIP 通常在需要同时移动、复制或变换多个图层时，就可以一次选定多个图层来进行操作。

step04 单击**选项栏**上的**水平居中分布**按钮 （必须在选用**移动工具** 的情况下），便可以将这 6 个形状平均分散并整齐排列。

排列结果

step05 对齐图案之后，便可以单击任一图层名称来取消多个图层的选择状态。

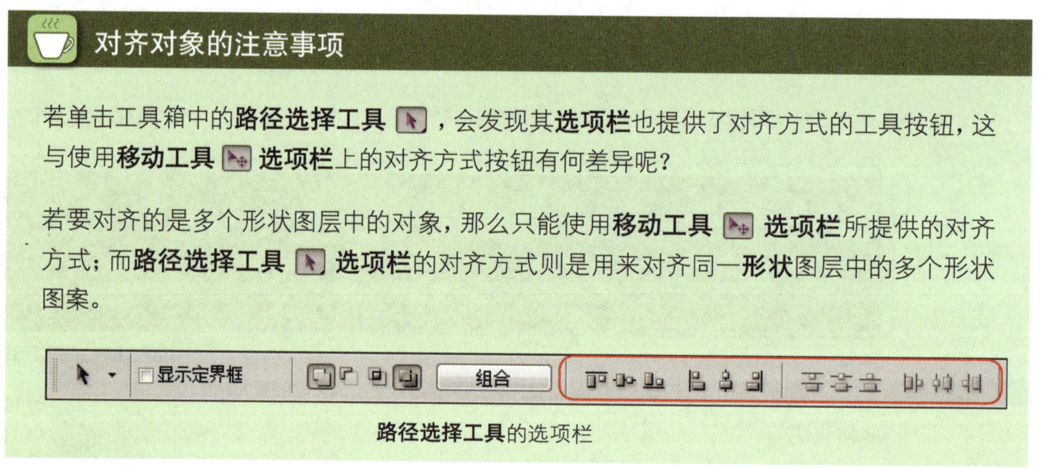

对齐对象的注意事项

若单击工具箱中的**路径选择工具** ，会发现其**选项栏**也提供了对齐方式的工具按钮，这与使用**移动工具** **选项栏**上的对齐方式按钮有何差异呢？

若要对齐的是多个形状图层中的对象，那么只能使用**移动工具** **选项栏**所提供的对齐方式；而**路径选择工具** **选项栏**的对齐方式则是用来对齐同一**形状**图层中的多个形状图案。

路径选择工具的选项栏

将形状图层转换为普通图层

第 1 排花朵图案制作出来之后，我们可以把这 6 个形状图层合并、转换为普通图层，以便之后继续复制出第 2 排的图案。

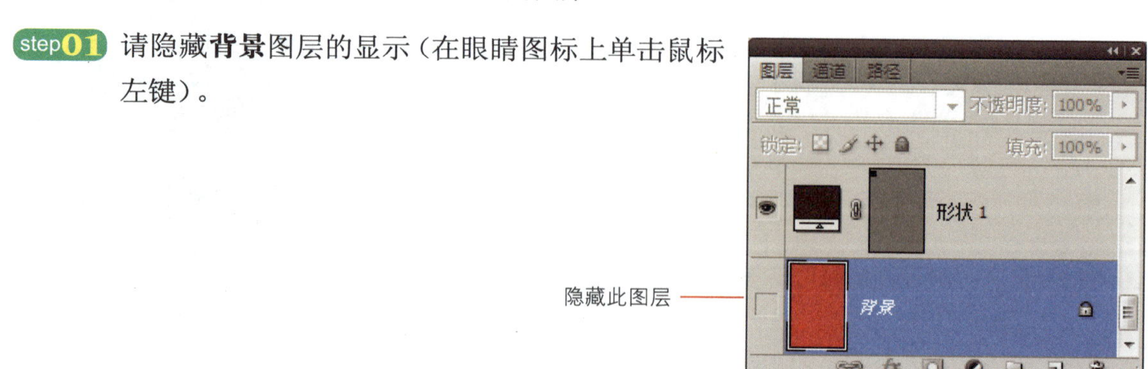

step01 请隐藏**背景**图层的显示（在眼睛图标上单击鼠标左键）。

step02 选择**形状 1** 图层，执行**图层**面板菜单的"**合并可见图层**"命令，将 6 个形状图层合并在一起。由于形状图层在合并的过程中，会自动转换为位图，无法再以**直接选择工具** 编修形状，也无法个别调整位置，因此一定要先确认好各形状图层的外形和位置，再做图层合并的动作。

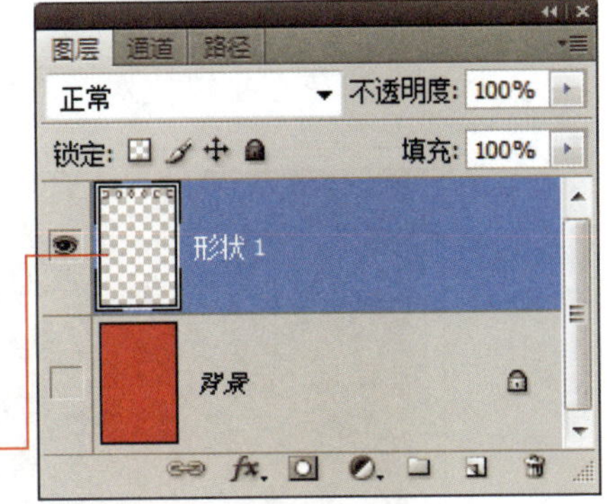

合并之后的图层

TIP 若是选定一个隐藏的图层，则"**合并可见图层**"命令将无法使用。此外，该命令在执行时，会以目前作用图层的名称作为合并后的图层名称。

step03 请再次单击**背景**图层的眼睛图标，将其显示出来。

制作错开的图案效果

接着我们要利用刚才合并在一起的第 1 排图案，迅速复制出第 2 排花朵图案，并与第 1 排错开，才不会看起来很死板。

step01 请再拖曳出一条水平参考线，设置于 1.8 厘米的位置上。

step02 拖曳**形状 1** 图层至**图层**面板下方的**创建新图层** 按钮，再复制一个相同的图层。

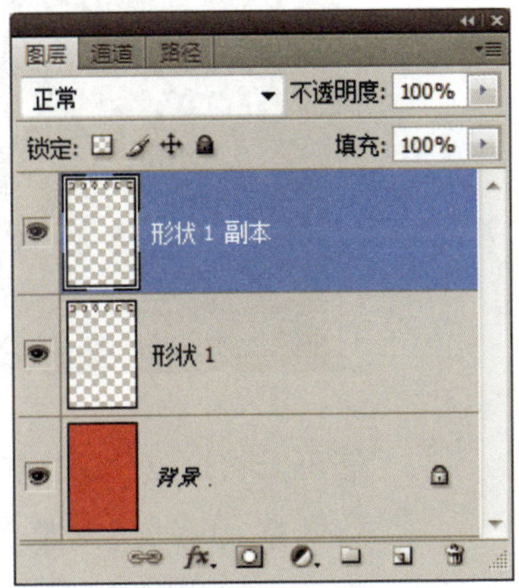

step03 利用**移动工具** 将**形状 1 副本**图层中的花朵往下移动到 1.8 厘米的参考线之下，再使用**矩形选框工具** 将第 2 排最左边的花形装饰图案圈选起来，如下图所示。

step04 按 Delete 键后，第 2 排会比第 1 排少一个花形装饰图案，以便稍后让第 2排的花与第 1 排的花产生错位对齐的效果。

删掉图案后，按 Ctrl + D (Windows) / ⌘ + D (Mac) 键取消选区

step05 请选择**形状 1** 图层，按住 Shift 键再单击选择**形状 1 副本**图层，同时选定这 2 个图层。接着切换至**移动工具** 后，单击**选项栏**上的**水平居中对齐**按钮 ，便可以将这 2 排的花形装饰图案排列成我们所要的错位效果。

您可以将这 2 排图案的图层进行合并，然后再依上述的方法来复制与排列出第 3、4 排图案，直到排满整个版面。不过，这样的方式有个缺点，假如版面尺寸很大，可能得重复好几次才能排满整个版面，因此接下来要介绍利用**填充图案**的方式来快速达成同样的效果。

定义与填充图案

Photoshop 的**填充**功能可以让我们对一块选区或整个版面做填充的操作，而且除了填充原本预设的图案外，也可以自定义填充图案，例如我们想要使橘色的**花形装饰 2** 填充整个版面，那么就可以把它先定义为一个图案，然后再以此图案来做填充，请看下面的操作示范：

step01 请取消背景图层的眼睛图标，再利用**矩形选框工具** 选择所要自定义的图案范围，如右图所示。

TIP 选择图案范围时，请留意一下图案在拼接时的情况。建议最好利用参考线等辅助工具来创建选区，以便拼接时能得到最好的效果。

可先合并**形状 1** 与**形状 1 副本**图层再做选择，或者同时选定两个图层再做选择

step02 执行"**编辑/定义图案**"命令，在**图案名称**对话框中设置好图案名称，再单击**确定**按钮即可。

step03 按 Ctrl + D（Windows）/ ⌘ + D（Mac）键取消选区，并将原本的**形状 1** 及**形状 1 副本**图层拖曳到**图层**面板下方的**删除图层**按钮上删除，再新建一个命名为**花形装饰**的图层，我们要在此图层进行**填充**。

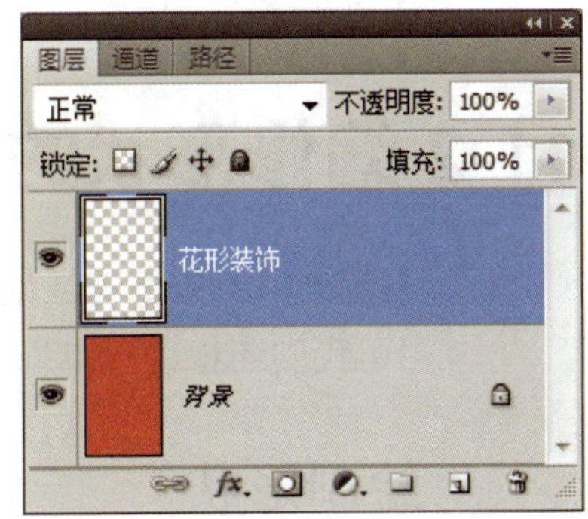

step04 选定**花形装饰**图层，执行"**编辑/填充**"命令，在**使用**列表框中选择**图案**，便可以从下方的**自定图案**下拉菜单中找到刚才定义好的图案。

TIP 自定义的填充图案会一直保存在Photoshop中，以后还可重复使用填充至其他地方。

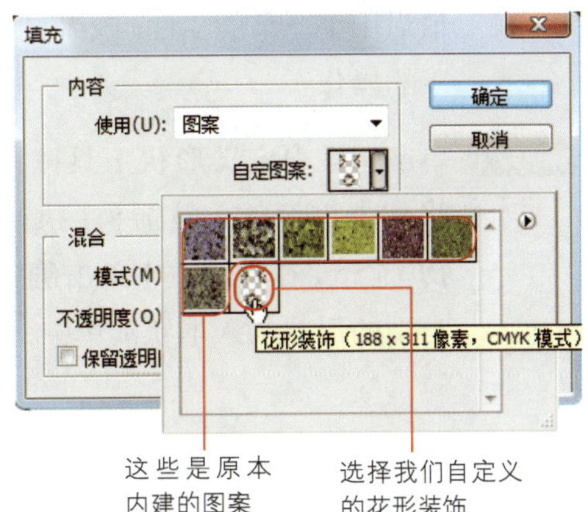

step05 单击**确定**按钮后，便可以看到花形装饰图案填充整个版面了。

目前为止，我们已经将年历的背景图案设计并制作好了，接下来要制作的是年历上的生肖图案：兔子。

11-2 编修形状的技巧

本范例中的兔子也是使用**自定义形状工具** 预设的形状图案所绘制的。不过本节中，我们还将进一步告诉您如何编修自定义形状，以符合范例的版面设计。

绘制形状

请沿用上一节的文件，或者打开已经制作好背景图案的范例文件 11-01.psd来继续以下的操作：

step01 单击选取**自定义形状工具**按钮 ，单击**形状**列表框旁的下拉箭头，执行菜单中的“**动物**”命令，在对话框中单击**确定**按钮，将动物类型的形状加入形状清单中。

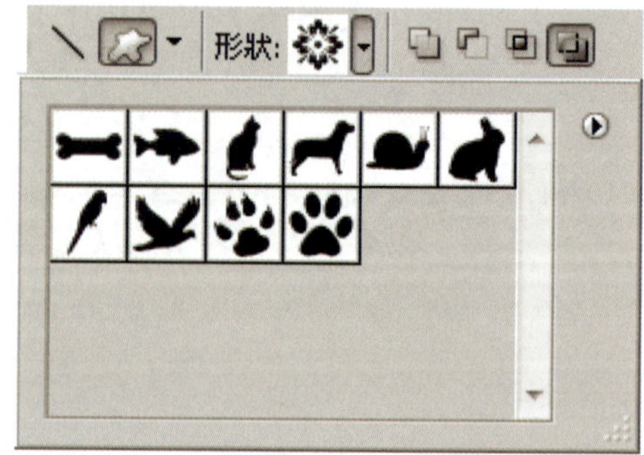

step02 从**形状**列表框中选择**兔子**形状，然后在文件窗口上拖曳出大约占2/3 版面的兔子形状。

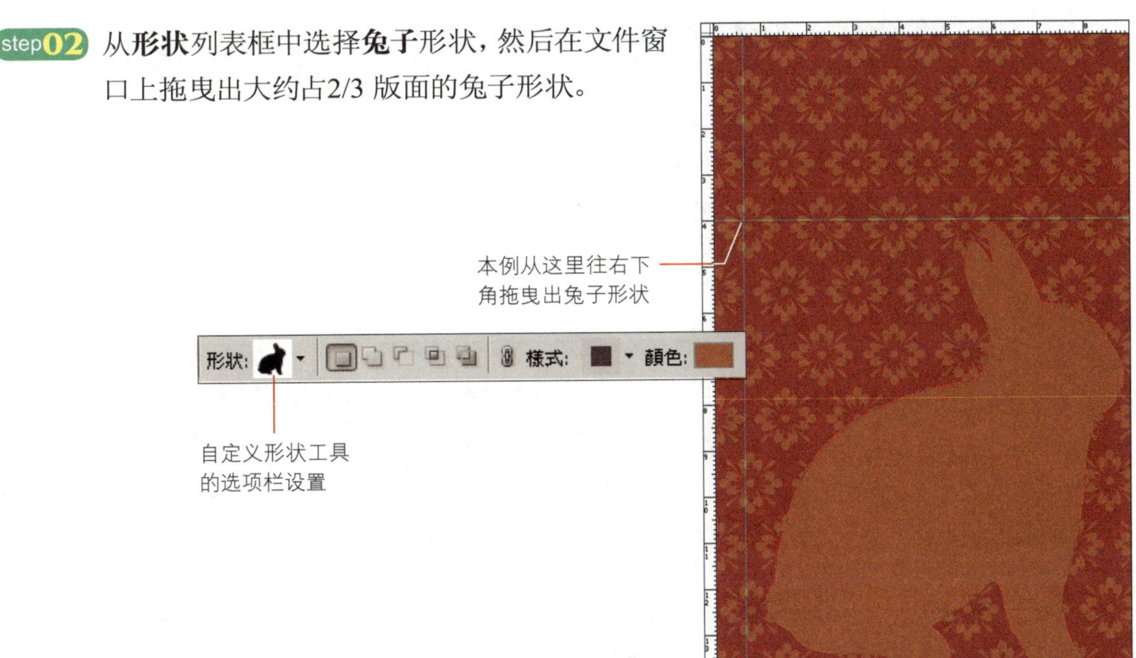

TIP 若发现**兔子**形状无论如何都无法自行拖曳到合适的大小，请记得单击**自定义形状工具**的下拉箭头，在**自定义形状选项**中勾选**不受约束**单选按钮。

修改形状的颜色与混合模式

之前我们曾经提过，形状会自动套用前景颜色，而当拖曳出来的形状颜色不符合想要的时候，请别急着把它删掉重来，因为创建好的形状，我们仍然可以修改它的颜色，甚至是透过图层混合模式来编修它的颜色。

step01 在**自定义形状工具**的**选项栏**中单击**颜色**色块 ，便会打开**拾色器**对话框，让你调整目前形状的颜色。请将颜色改为亮黄色（C: 6、M: 23、Y: 89、K: 0）。

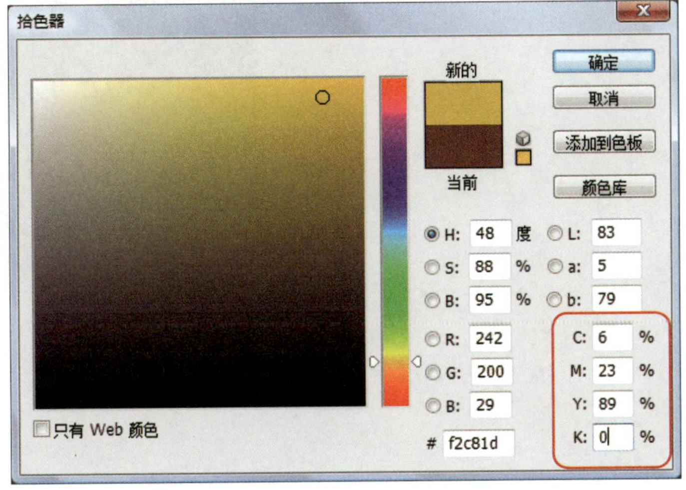

配色的技巧

对于刚开始学习设计的人来说，叠色与配色常常是一大困扰；即使是经验丰富的设计者，有时候也会需要多次尝试不同的颜色搭配，以找出符合设计理念的配色方法。其实配色的理论与应用是需要学习与练习后，才能渐渐得心应手的。如果老是卡在不知道该用什么颜色比较好，不妨选购一本配色工具书当做参考手册。

step02 请将兔子形状图层的混合模式设置为**强光**，让兔子整体变亮，且下面的花形图案也能够显露上来。

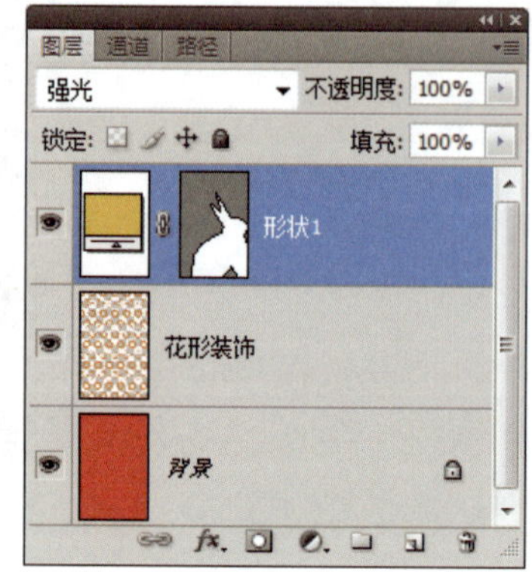

编修形状

我们希望能够拉长兔子的耳朵，并且旋转兔子的角度，放置于右下角的位置，因此接下来的工作是旋转形状，并调整形状路径的锚点，以符合本范例的设计需求。

step01 选择**形状 1** 图层，执行“**编辑/变换路径/旋转**”命令，将指针移到选择框上的控制点外，当指针出现双向箭头时，拖曳便可旋转形状。我们试着将兔子形状向左旋转大约10°，如右图所示。

step02 除了使用拖曳鼠标的方法来调整旋转角度外，也可以直接在**选项栏**的 △ -10.0 度 文本框中输入旋转角度，以本例而言，请输入“-10”，设置好之后，请单击**选项栏**上的 ✓ 按钮，或单击 Enter（Windows）/return（Mac）键确认变形。

step03 假如目前的兔子形状过大（或太小），可继续执行**“编辑/变换路径/缩放”**命令，拖曳四周的控制点来调整形状大小。调整过程中还可将指针移到形状上，拖曳形状来搬移位置，效果如右图所示。

step04 选择**工具箱**中的**直接选择工具** ，然后单击选取兔子形状的边缘，显示锚点以便稍后进行形状轮廓的编修。

step05 直接拖曳锚点便可修改形状的外观，在此我们拉长了兔子的耳朵，让兔子的下巴内缩一些，调整成如右图所示的样子。

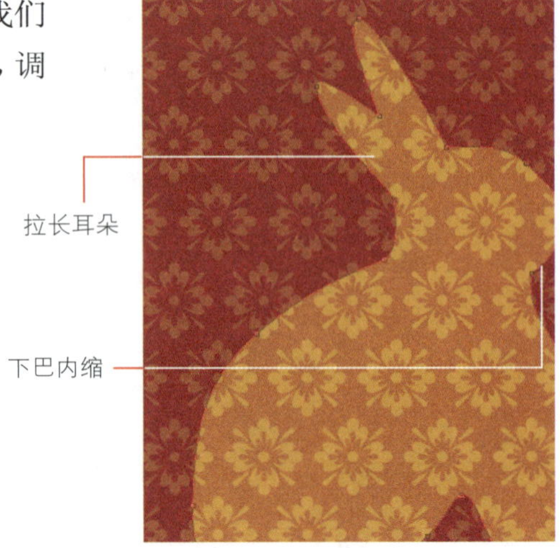

11-3 加入文字标题与背景颜色的层次

在这份年历作品中，只剩下输入年历上的文字，便可以完成整份年历的设计。请利用第 9 章已经介绍过的方法，在版面上加入文字。

输入文字

输入文字没什么特别的技巧，但套用合适的字体，可达到画龙点睛的效果。本例我们以**华康新篆体**、字体大小为 320 点、黑色来示范，可以看到只是输入一个“兔”字，并将该字往左移动，便可以营造出中国风年历的特色。

可以继续输入其他年历上的文字，并搭配合适

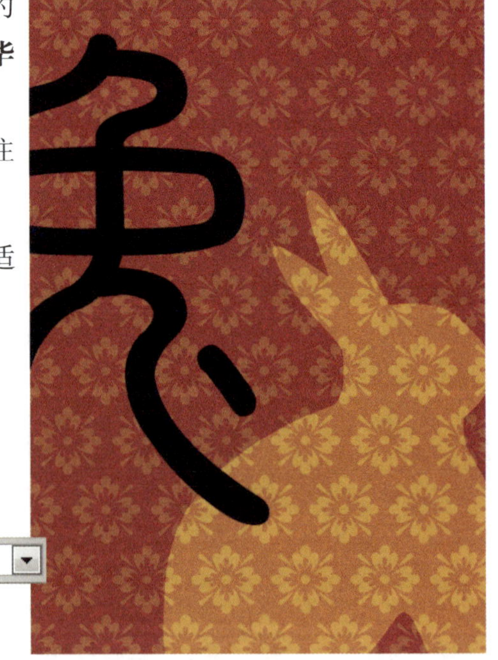

华康新篆体 320 点

横排文字工具的选项栏设置

的字体与排列。完成后的整幅作品，结合了背景图案设计、形状颜色搭配与合宜的文字，显得十分出色！

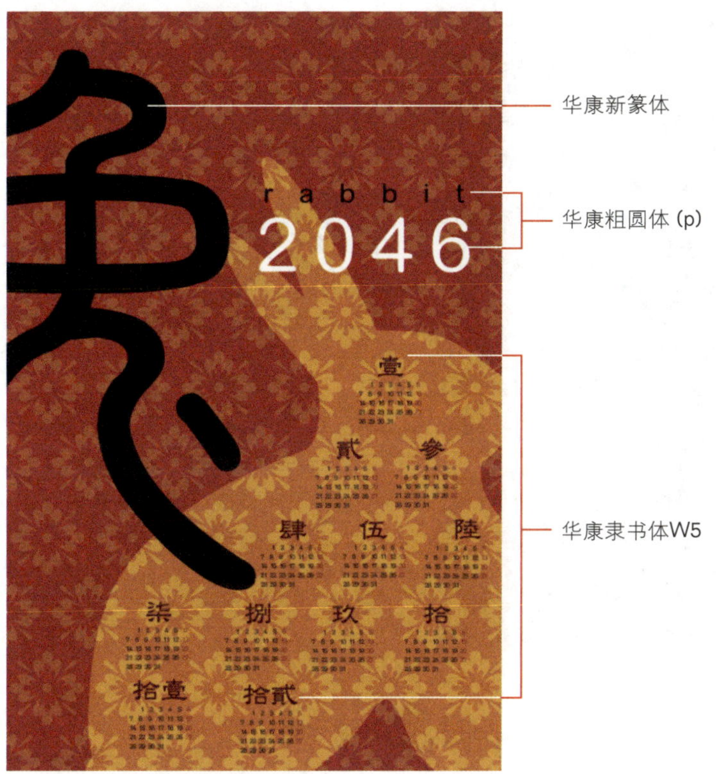

作品的最后修饰

最后的重点是突显作品中的年历文字部分，在此我们利用加强背景色的层次，来进行最后的修饰。

step01 将目前作用图层切换至**背景**图层，单击**图层**面板的 按钮，新建一个空白图层。

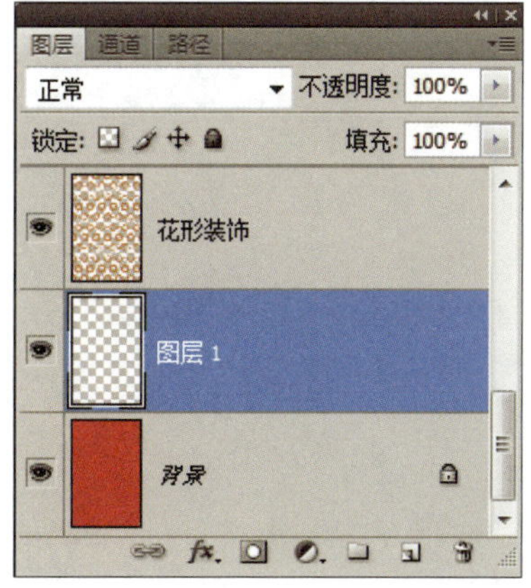

step02 选择空白图层，将前景色设为暗红色（C：45、M：100、Y：100、K：15），然后利用**画笔工具** 涂抹兔子形状的边缘，以及版面右下角的部位。

画笔工具的选项栏设置

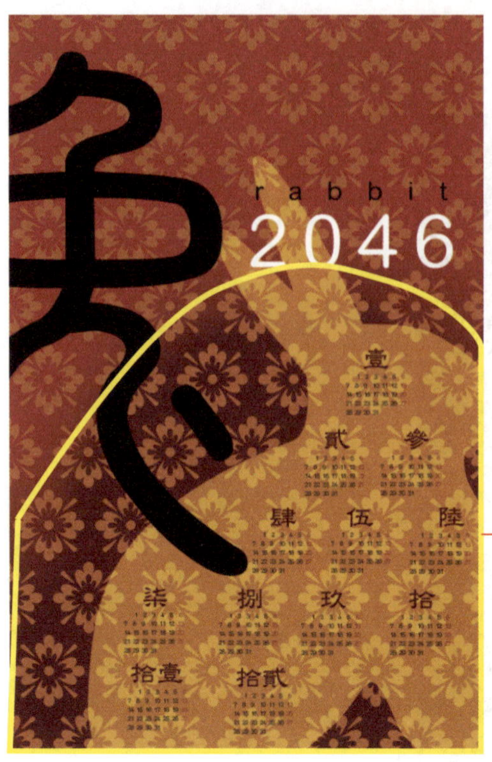

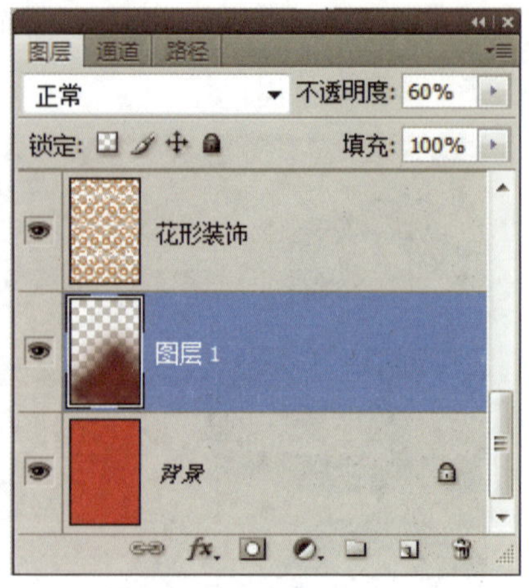

涂抹这一块面积，让背景的下半部比上半部更暗，产生层次感

TIP 可以自行调整画笔的大小及硬度，让涂抹的效果更自然。

step03 涂抹之后，下半部有些过暗，因此最后请将**图层**面板的**不透明度**调整为 60%，降低背景过暗的情况，本例便全部制作完毕。

1. 要绘制矢量图案，最快速的方法就是直接采用**自定义形状工具**所提供的图案，只要稍加编修就可以完成图形的绘制。

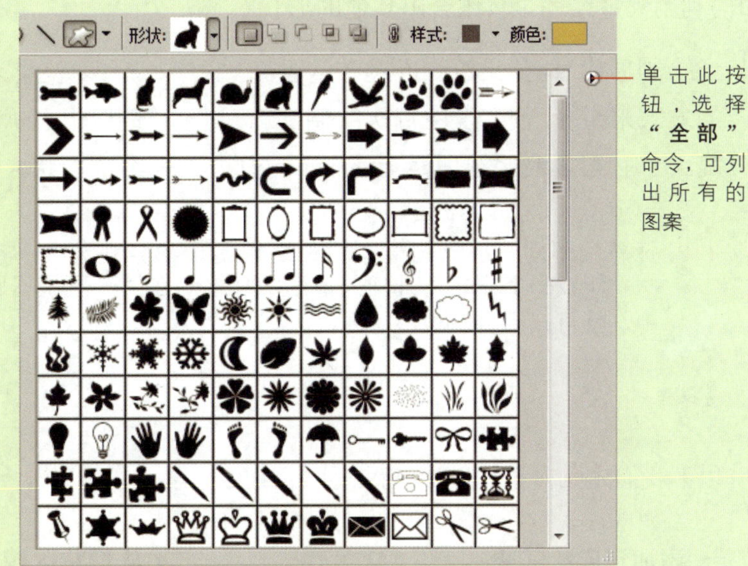

2. 如果制作完成的作品最后要输出成印刷品，那么在创建图像时最好就先设成CMYK 颜色，以免发生转换后颜色改变的情形。

3. **标尺**工具可以帮你精确地放置对象，当移动鼠标指针时，标尺上也会出现对应的辅助线显示指针所在的位置。要变更标尺的度量单位，可在标尺上按右键，选择以**像素**、**厘米**、**点**等单位。

4. **形状**图层是矢量图案专用的图层，其操作与普通图层相似，当双击**形状**图层的缩略图时，可以打开**拾色器**对话框来修改形状的颜色。

5. 要将多个**形状**图层中的对象排列整齐，请先选择相关图层，然后选用**移动工具**，并利用**选项栏**中的各项对齐按钮来排列。

6. 要自定义填充图案效果，请先选择要制定的图案范围，再执行"**编辑/定义图案**"命令，为图案命名，最后执行"**编辑/填充**"命令，选择定义好的图案，即可填充至选区或整个版面。

实用的知识

如何利用矢量绘图工具组合出其他的形状?

当绘制**形状**时,如果没有透过布尔运算(联集、交集、差集)的方式来组合,便会发生每次绘制都新建一个**形状**图层的情况。此时,可以利用**选项栏**上的布尔运算方式来组合形状。

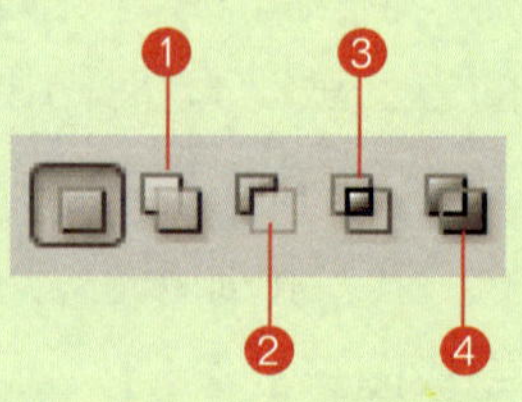

1. 添加到形状区域
2. 从形状区域中删去
3. 与形状区域相交
4. 重叠形状区域除外

TIP 凡是位于同一**形状**图层中的矢量图案,都会视为单一形状,所以只要把多个几何矢量形状都绘制在同一**形状**图层中,就可以组合出独特的形状。

以下我们先画左手、再画右手来比较效果差异:

- **添加到形状区域**

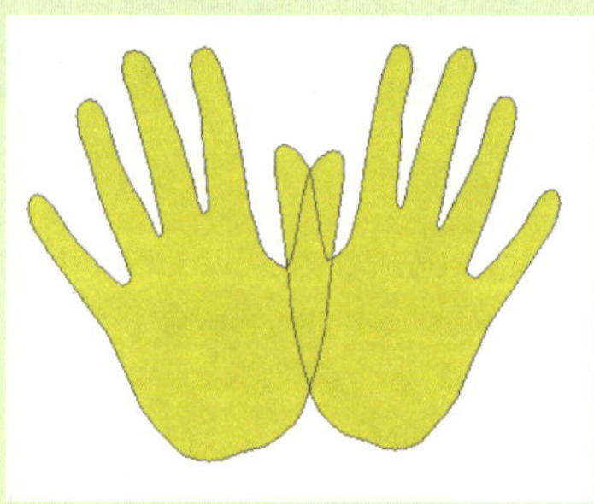

加入形状区域

- **从形状区域中删去**

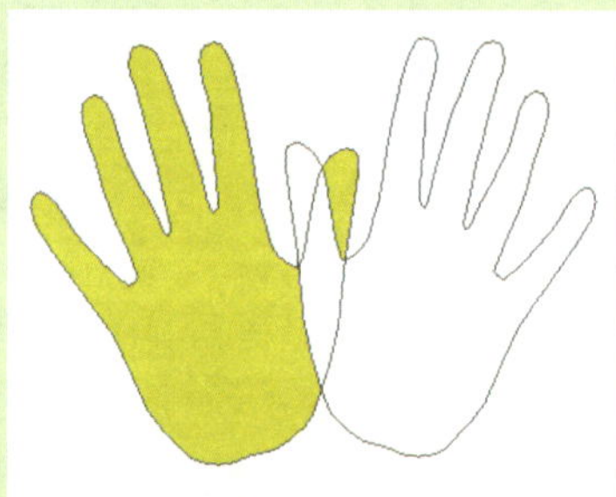

删去与第 2 个形状叠加的部分

- **与形状区域相交**

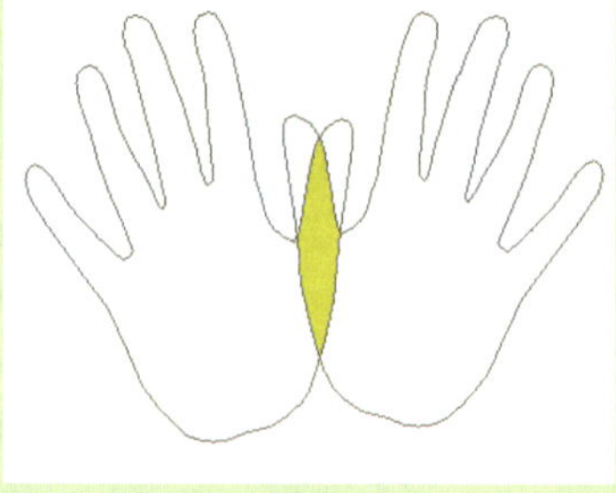

保留 2 个形状的重叠区域

- **重叠形状区域除外**

保留 2 个形状重叠以外的区域

我们再以绘制出一个数字 8 的形状为例，演练一下布尔运算的用法：

step01 利用**椭圆工具** 绘制出一个圆。单击**选项栏**的 按钮，表示要**添加到形状区域**，之后绘出另一个相连的圆形形状。

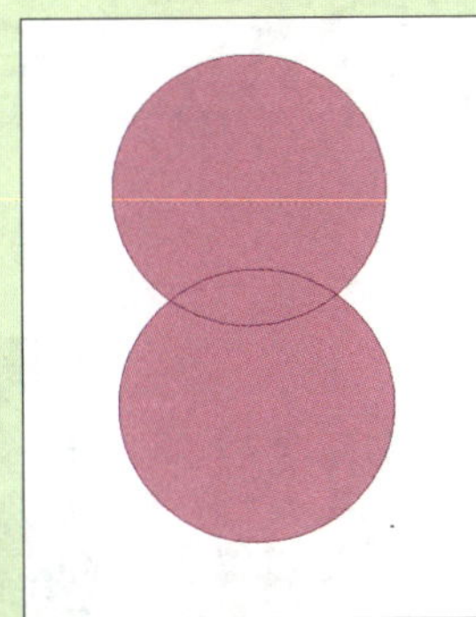

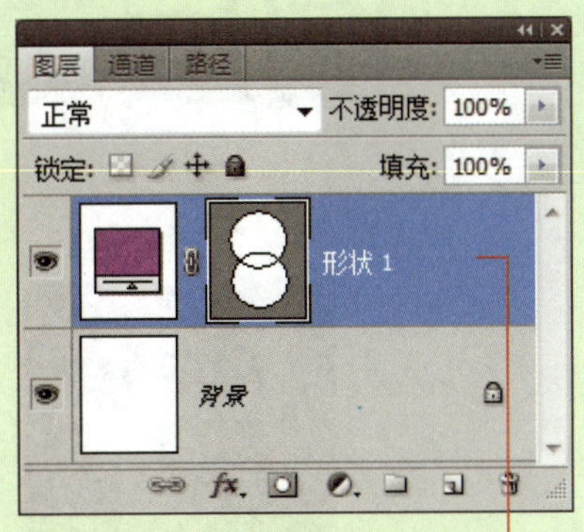

从**图层**面板中可以看到 2 个形状会在同一**形状**图层中

step02 单击 按钮，表示要**从形状区域中删去**，然后在上面的圆形内绘制一个同心圆，即可挖空所绘制的圆形部分。接着再绘制下面的圆形所要挖空的圆形部分即可。

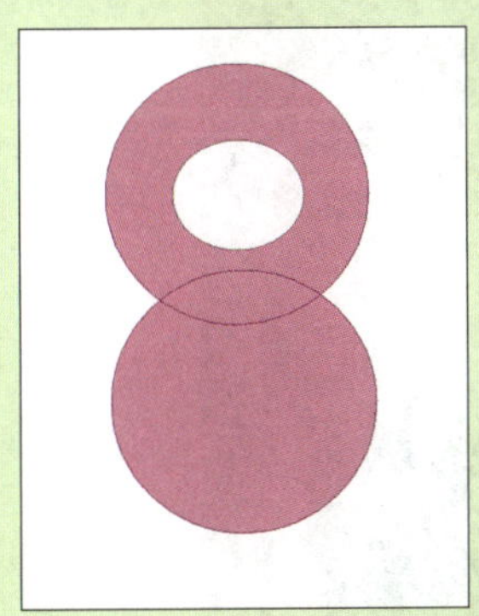

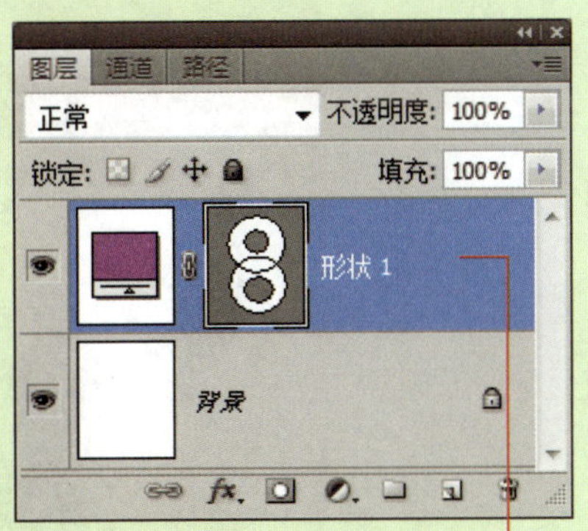

从**图层**面板中可以看到 4 个形状都在同一**形状**图层中

LESSON

第12章 图层进阶应用技法

数码产品广告

课前导读

本章我们将利用图层的**混合模式**和**透明度**来加强背景图像的效果，并搭配**图层样式**和**创建剪贴蒙版**，制作出具有质感的材质纹理。此外，我们也会使用**图层组**来管理大量的图层，让**图层**面板中的图层能够井然有序的排列。希望通过本章范例的练习，读者对于图层的应用技巧能够将更加得心应手，最后可完成一幅数码产品广告。

本章学习提要

- 利用图层的混合模式来强化图像效果
- 了解上下图层之间的透明度关系与运用技巧
- 修饰图层混合效果的技巧
- 使用调整图层来调整图像色调
- 利用创建剪贴蒙版图层制作裁剪的效果
- 使用图层组的方式来管理图层

估计学习时间 **120分钟**

12-1 图层混合模式

图层的混合模式会决定图层中的像素如何与下面一层图像中的像素进行颜色混合，是图像处理常用的一种技巧。使用混合模式可以让图像变化出更多的花样，甚至产生完全不同的合成效果。

本章的范例是要制作一张 A4 大小的数码产品广告，尺寸预计是 2480 ×3508 像素、分辨率为 300 像素/英寸。不过为了考虑计算机的处理速度，我们提供的 DM 范例底图 12-01.jpg 仅有 1200 × 1876 像素，以方便练习时使用。下面就要开始处理这张底图，并示范如何运用图层混合模式来调整图像颜色。

套用图层混合模式

请打开范例文件 12-01.jpg 并显示出**图层**面板，会发现目前只有**背景**图层，而且**背景**图层也无法套用混合模式，因此我们必须复制一份背景图像，再利用相同内容的图层来套用混合模式。

12-01.jpg

要作为 DM 的底图

目前图层分布情况

step01 拖曳**背景**图层至**图层**面板下方的**创建新图层**按钮 ，再放开鼠标，便可以复制出一个内容和**背景**图层相同的图层。

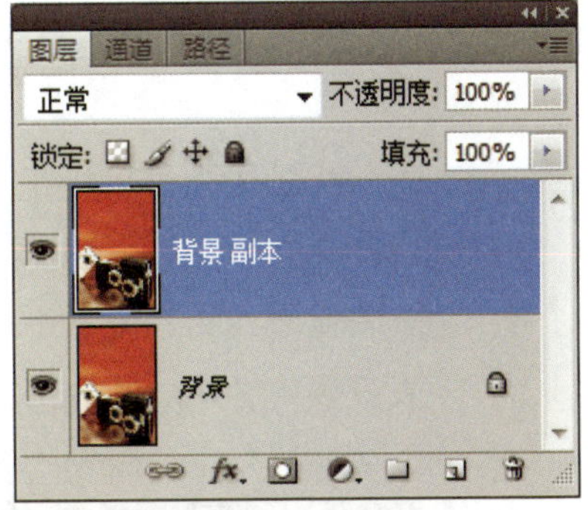

新建的图层与原来**背景**图层内容相同，因此目前还看不出有什么变化

step02 要使上下两个图层的图像进行颜色混合，必须选定上层图像来套用混合模式，在此我们选择**背景副本**图层，然后在下拉列表框中选择**正片叠底**，让呈现出来的图像颜色变得更浓郁。

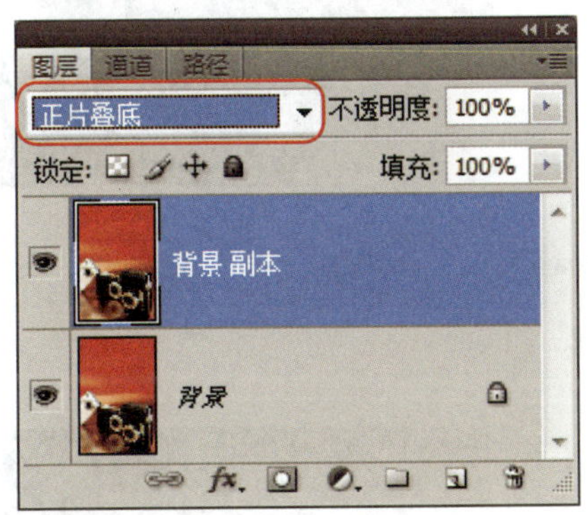

颜色明显变浓

TIP 每一种图层混合模式都有各自的混合运算方式。在实际应用的时候，心中会有个希望的结果，经验不足的人可能要多尝试几种混合模式，才能找到符合所要的效果。等到经验累积足够之后，就能够掌握每种混合模式的特性。如果有兴趣深入研究的话，可以执行“**帮助/ Photoshop 帮助**”命令，然后以“混合模式”作为查找关键词，就可查阅各种混合模式的介绍。

step03 双击**背景副本**图层的图层名称，更改图层名称为“背景覆盖处理”以便识别。

修饰图层混合效果的技巧

设置图层混合模式之后，接着我们还要做局部的效果编修，以符合所要的气氛。就拿本例来说，我们希望营造出较为专业的感觉，而现在背景底图上半部有一大片抢眼的红色，底部的光线又非常强烈，反而让“相机”主角无法突显出来，因此接下来将通过 2 个空白图层，分别修饰版面上半部与下半部的颜色与光线。

step01 请单击**图层**面板中的**创建新图层按钮** ，新建一个名为**背景加强处理**的空白图层。

step02 选定**背景加强处理**图层，将前景色设为黑色，并选择具有柔边效果的**画笔工具** ，在**选项栏**中调整适当的画笔大小，将**不透明度**设为75%、**流量**设为 68%，再涂刷版面的右上角部位。

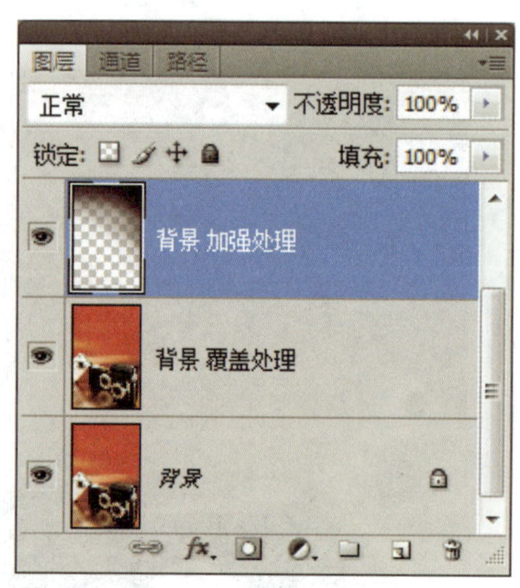

画笔工具的选项栏设置

step03 若是觉得刚才加强的部分太沉重，可以从**图层**面板中调整**不透明度**的值，降低图层的覆盖程度。本例将**背景加强处理**图层的**不透明度**降低为 70%。

让图像的上半部有渐变的效果，不再一片鲜红

step04 继续新建一个**背景底部加强处理**的空白图层，运用相同的技巧，加深版面底部的颜色，让整张 DM 的感觉变稳重，相机主角也能突显出来。

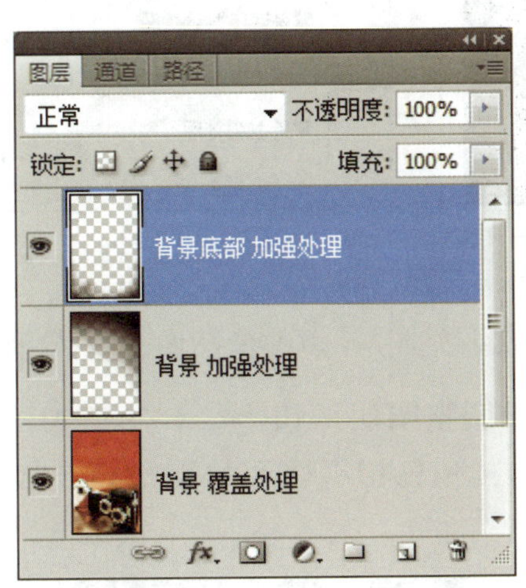

降低底部的光线，气氛变稳重了

此部分的练习，可以打开范例文件 12-01A.psd 来预览效果。

12-2 使用调整图层来调整图像色调

从事平面设计的时候，经常需要多尝试几种色调，找出最出色的效果，而变更色调最便捷的方式就是利用**色相/饱和度**调整图层来制作。可在不影响图像本身的前提下，创建多个不同色调的调整图层，然后凭借图层的显示与隐藏，对比各种色调的感觉。

12-02.psd

相机镜头图像

目前的范例背景中有 3 部隐藏式镜头的相机，不过为了让画面中的相机看起来更显眼，我们特地找来一个镜头与原底图做合成，之后再利用调整图层来变更整体色调，借此营造较为稳重的感觉。

新建"色相/饱和度"调整图层

打开镜头图像的范例文件 12-02.psd 之后，使用**移动工具** 将文件窗口中的镜头图像拖曳到刚才调整过的 12-01.jpg 范例中（也可以直接打开范例文件 12-01A.psd 来继续操作），并将镜头移动到最右边那台相机的镜头位置。

镜头的比例过大时，可执行“**编辑/变换/缩放**”命令来调整

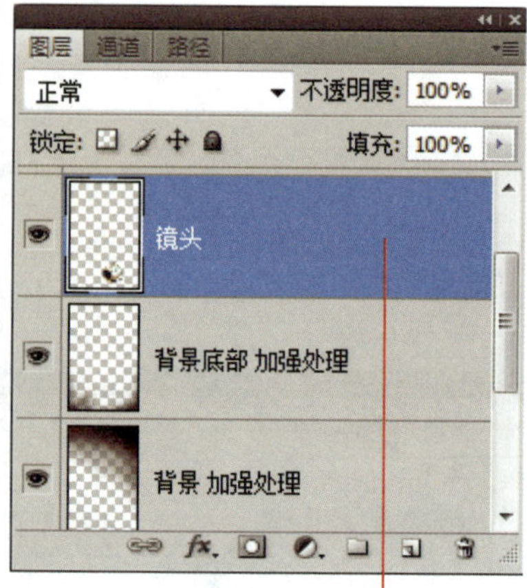

将**镜头**图层放置在最上层

接着请跟着下面的步骤来创建**色相/饱和度**调整图层，以改变图像的整体色调。

step01 请单击**图层**面板下方的**创建新的填充或调整图层按钮** ，在菜单中选择“**色相/饱和度**”命令，在打开的**调整**面板中，拖曳**色相**滑块至数值“31”（也可以直接输入数值）。

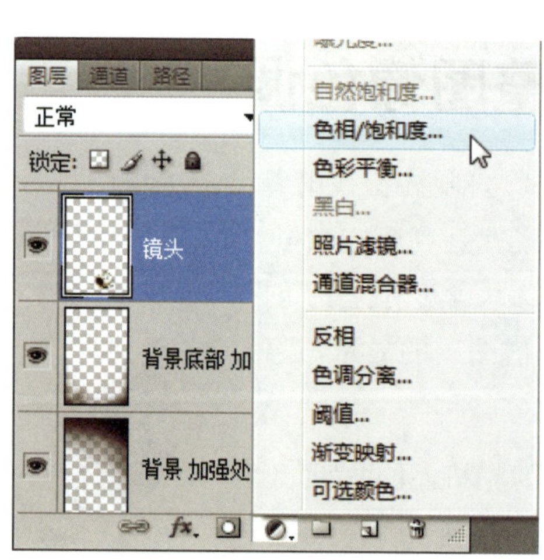

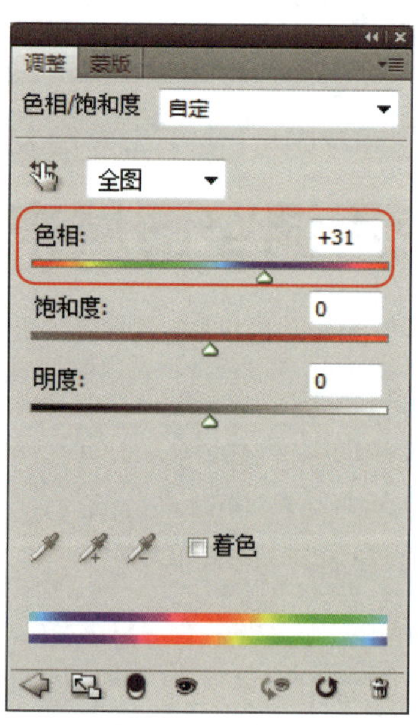

step02 随即就可以看到整体的色相已经改变了。

12-02A.psd

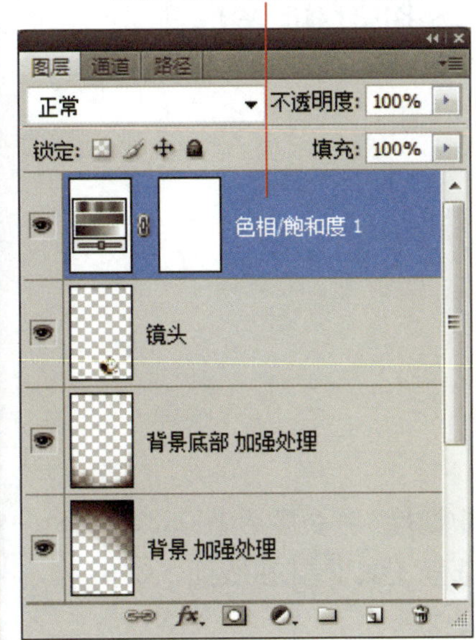

如果关闭**色相/饱和度 1** 图层的眼睛图标隐藏该图层，便可以看到其下图层的图像颜色并没有改变。这也就是使用调整图层的好处，因为只要套用调整图层，其下方的所有图层都会受到调整图层的影响，而不需要一一修改个别图层中的图像。假设不再需要这个调整效果，也只要删除此调整图层即可。

12-3 图层样式与创建剪贴蒙版

在范例作品的上方正中央，有一块显眼的金色斜纹材质，上面排列了中、英文字，整个设计运用到**图层样式与创建剪贴蒙版**这两大技巧。本节将介绍如何运用这两项技巧，制作出相当有质感的材质纹理，最后再输入文字，便可完成整张广告 DM 的设计。

图层样式的应用

Photoshop 将一些常用的效果预设在图层样式中，例如：斜面与浮雕、投影、外发光、描边等，只要能够活用这些样式，就能轻轻松松大幅提升图像质感！首先我们要在版面上界定出材质色块的位置，然后运用**图层样式**来添加色块的立体感。

step01 请打开范例文件 12-02A.psd 来继续操作。首先单击**创建新图层**按钮，新建一个空白图层，放置在最上层，并选定它为当前图层。

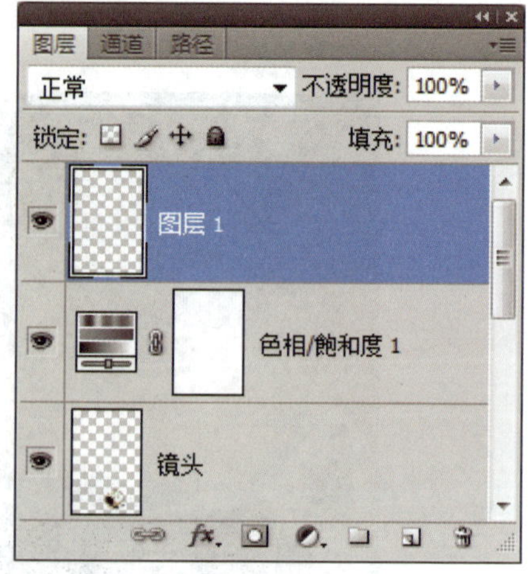

step02 执行“**视图/标尺**”命令显示出标尺，接着选择**矩形选框工具**在版面上拖曳出一个矩形选区。

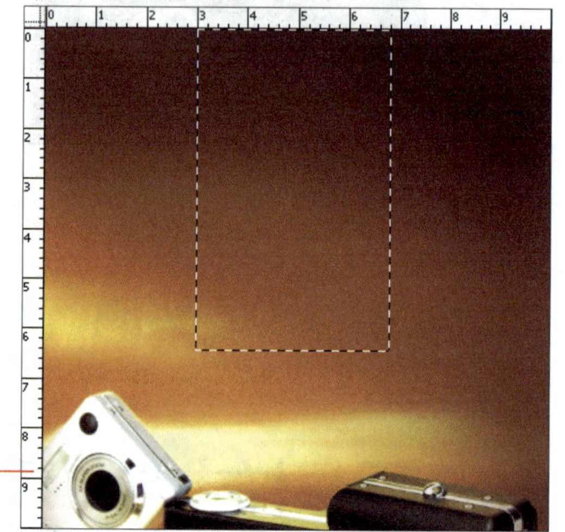

将标尺显示出来，可方便观察矩形选区是否位于版面的中央位置

step03 使用**油漆桶工具**在矩形选区中填充白色。

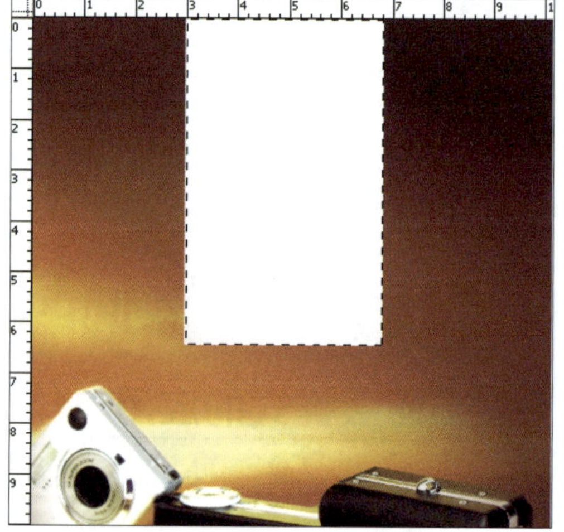

step04 单击**图层**面板下方的**添加图层样式**按钮 fx. 选择**投影**选项，在打开的**图层样式**对话框中设置图层的投影效果，如下图所示。

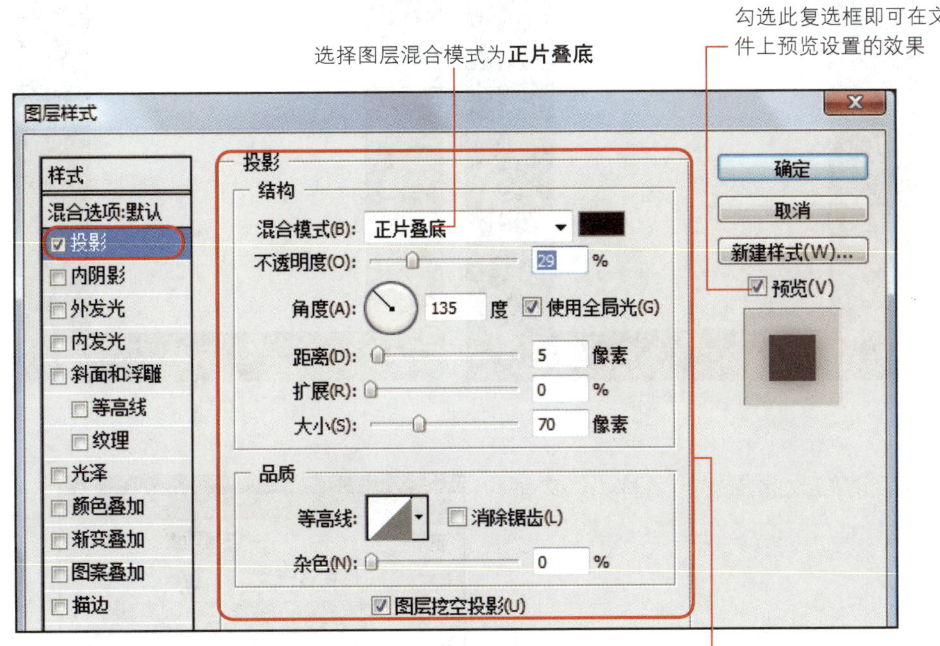

step05 接着请切换至**描边**样式，我们要继续为这个白色矩形加上外框线，请按如下设置完成后再单击**确定**按钮。

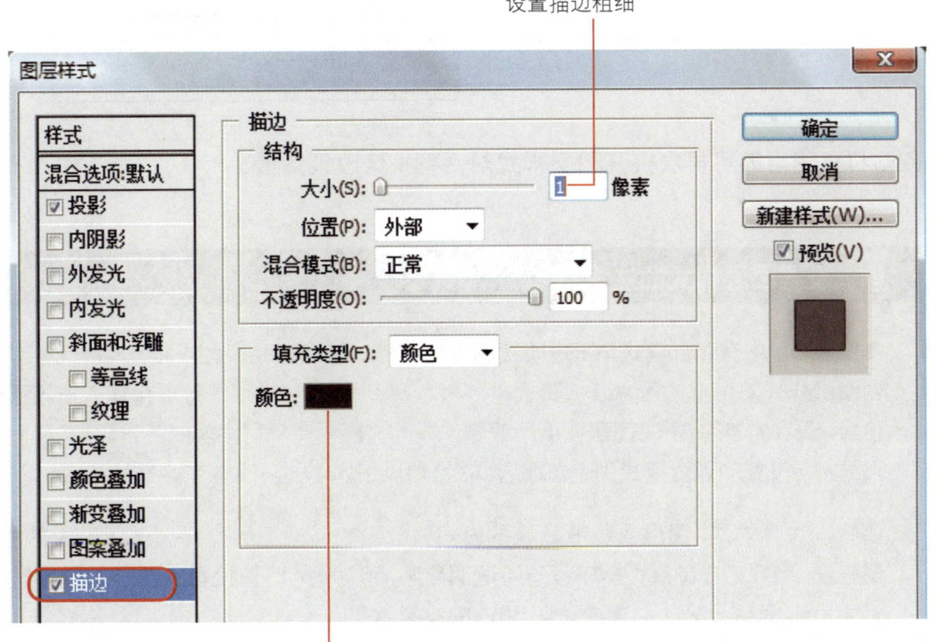

套用图层样式前　　　　套用图层样式后

step06 最后请修改此图层的名称为“文字背景”。

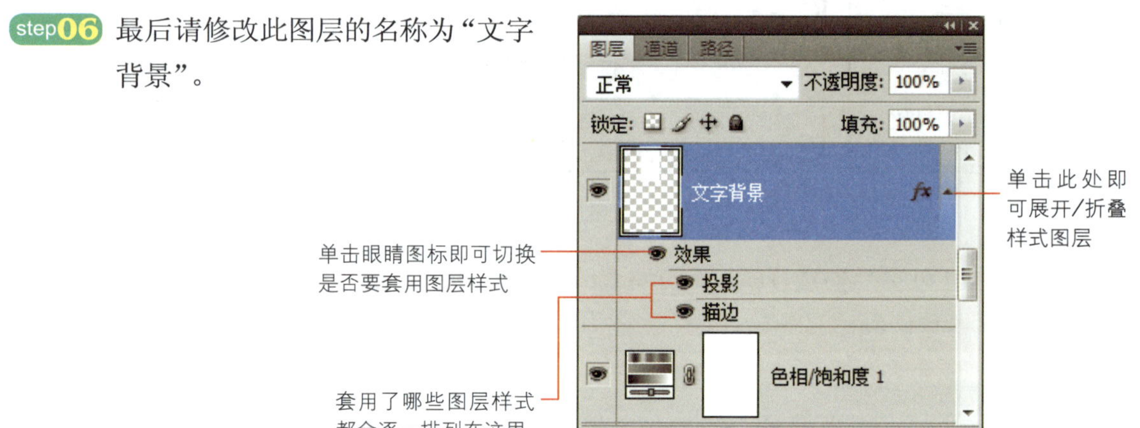

TIP 双击样式图层即可再次打开**图层样式**对话框来修改设置值。

设置图层样式的注意事项

在**图层**面板中有**混合模式**与**不透明度**列表框，可用于设置图层混合模式与混合程度。而切换到**图层样式**对话框的各种样式页面中，会发现每个页面里也可进行**混合模式**与**不透明度**的设置。两者的差别在于，**图层**面板所设置的是整个图层与下层图层的关系，但各种图层样式页面中所设置的**混合模式**则是该图层样式（如：投影、描边…）与下层图层的关系。

要特别注意的是，**图层**面板所设置的内容将会影响其他图层样式页面所设置的结果。举例来说，当我们在**图层**面板中设置**不透明度**为 50% 时，即使**投影**图层样式的**不透明度**设为 100%，呈现出来的结果亦只有 50% 的投影效果。

利用剪贴蒙版制作图层裁剪效果

在上一个段落的练习中，我们已经在**文字背景**图层中界定出要加上材质纹理的白色矩形，接着可以直接在这块白色矩形上面制作材质纹理。不过，在此我们的做法是把材质纹理制作在最上面的一个独立图层中，然后运用创建**剪贴蒙版**的技巧，让材质纹理只显现在白色矩形范围内。

文字背景图层　**材质**图层　对**材质**图层创建剪贴蒙版的效果

这样做的好处是，利用**文字背景**图层固定好材质的显示范围，可以自由地更换**材质**图层的内容，不需担心影响到材质纹理的位置安排。现在就请跟着下面的步骤来完成材质纹理的制作吧，可以继续刚才的文件进行练习，或是打开范例文件 12-03.psd 来进行操作：

step01 请在所有图层的最上面再创建一个名为“材质”的空白图层，然后选择**渐变工具**，在**材质**图层上面填入从白色到灰色（R：114、G：110、B：110）的渐变颜色。

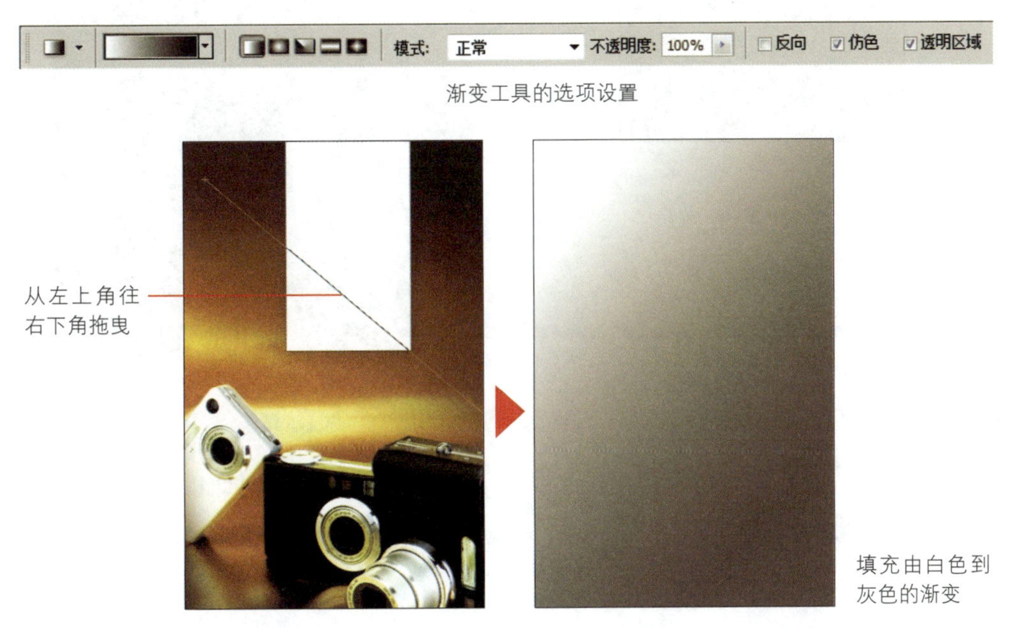

step02 在材质图层上面执行 **"滤镜/杂色/添加杂色"** 命令，然后在**添加杂色**对话框中设置数量为 22%、分布为**高斯分布**、勾选**单色**复选框。

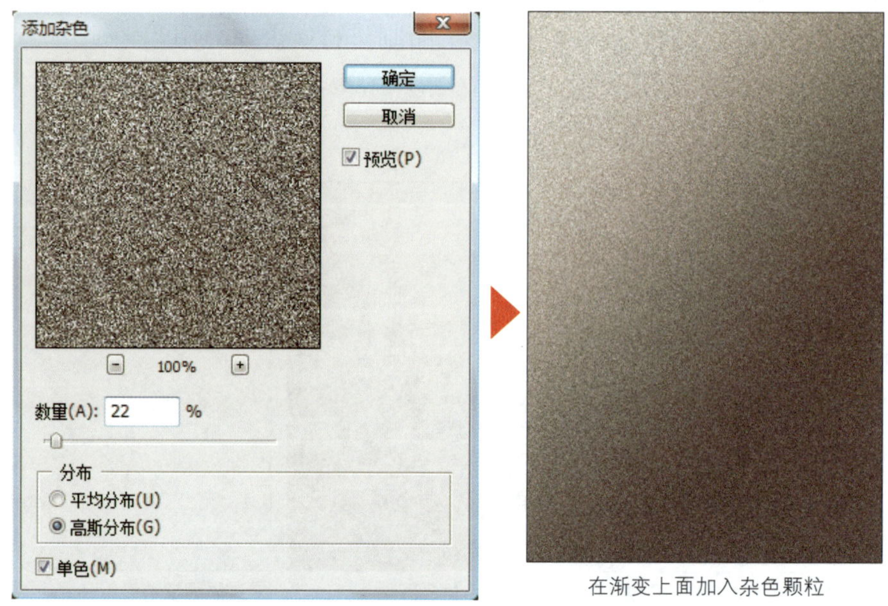

在渐变上面加入杂色颗粒

step03 接着再执行 **"滤镜/模糊/动感模糊"** 命令，凭借**动感模糊**的功能，制作出同一方向的斜纹。

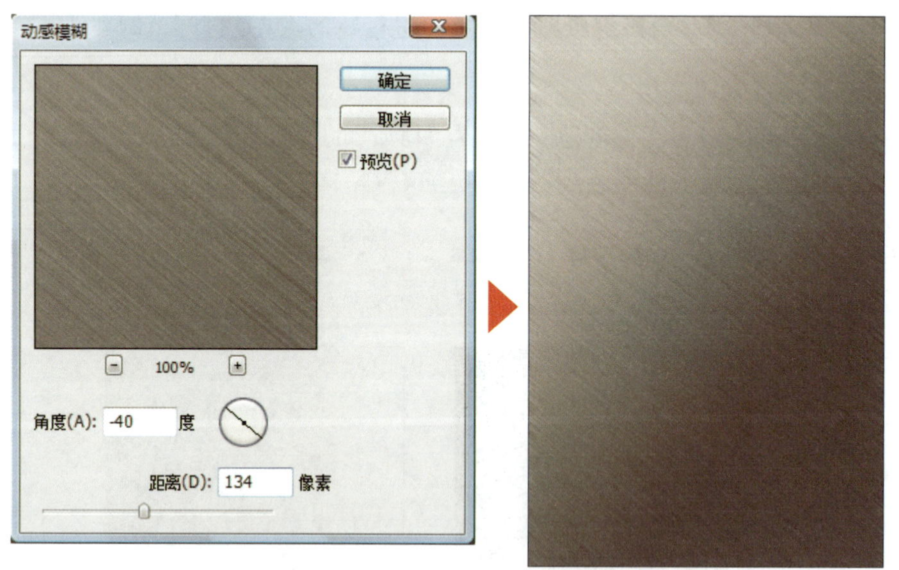

将杂色颗粒模糊成同一方向的斜纹效果

step04 为了加强材质的质感，我们继续执行 **"图像/调整/亮度/对比度"** 命令，将**亮度**提高至 10、**对比度**提高至 19。

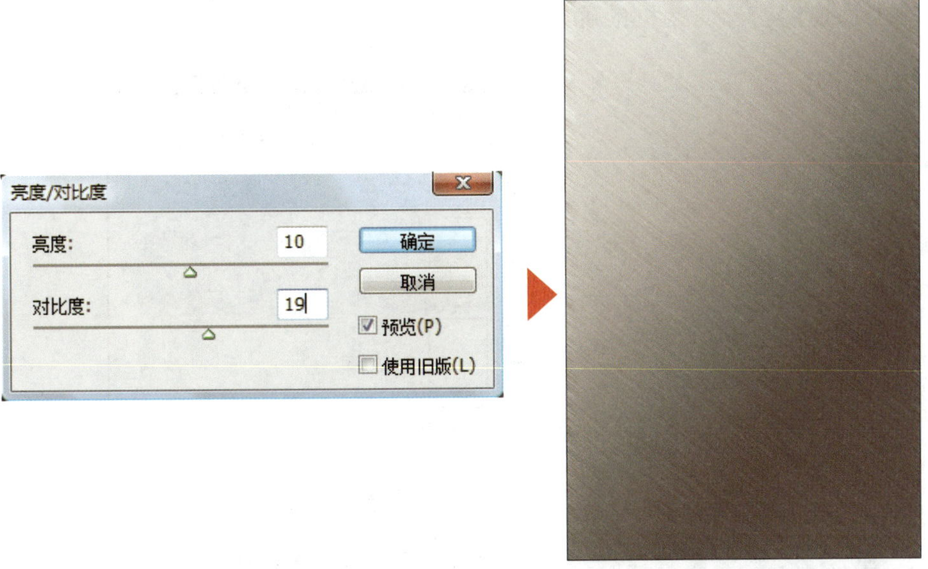

仿造出光线照射的层次感

step05 目前的材质效果就是我们所要的，不过颜色仍是黑白的，因此再利用通道混合器来为材质上色。执行 **“图像/调整/通道混合器”** 命令，在**输出通道**下拉列表框中，分别为**青色**通道加入 50% 的青色、为**黄色**通道加入 140% 的黄色。

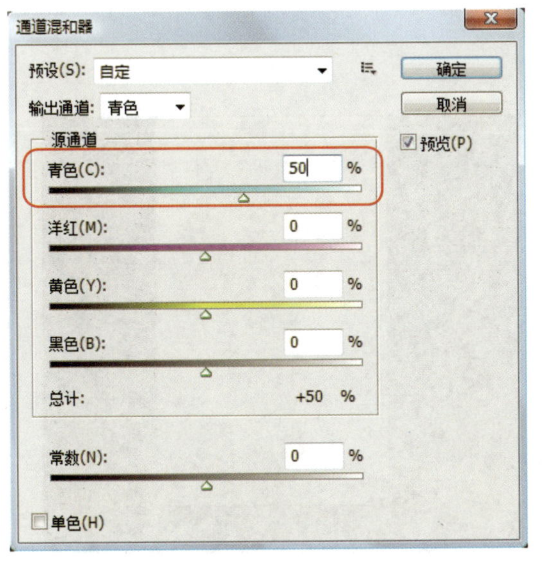

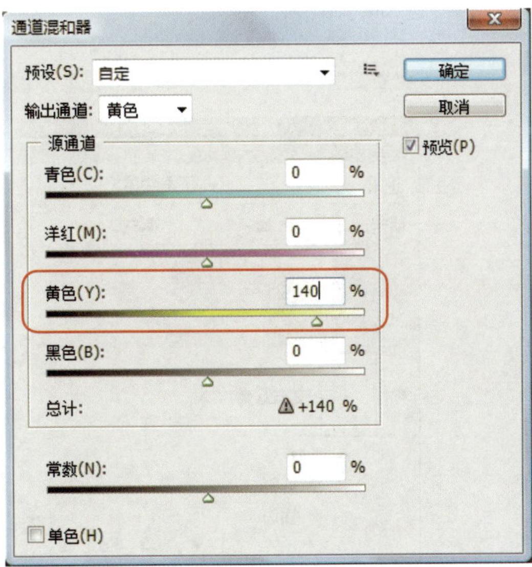

step06 单击**通道混合器**对话框的**确定**按钮，即可看见制作完成的金色斜纹材质。

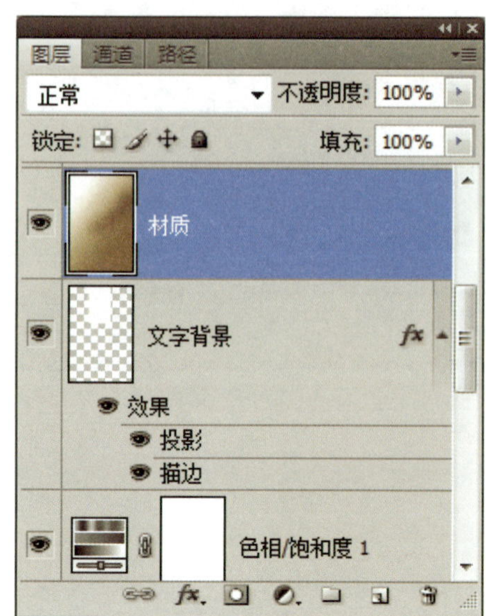

step07 现在金色斜纹材质与整个版面一样大，而我们只希望在之前所制作的白色矩形范围内套用斜纹材质，因此请在**材质**图层上面单击右键，执行**创建剪贴蒙版**命令，即可让上层**材质**图层的内容只在下层**文字背景**图层的非透明像素（即白色矩形范围）部位上显示出来。

材质图层的内容会被**文字背景**图层的透明部位遮掉

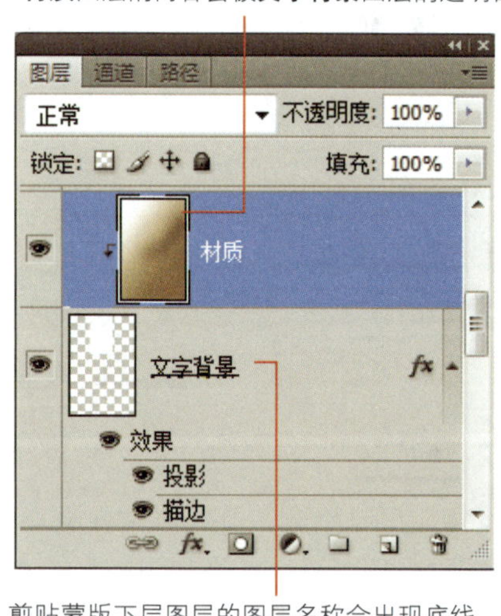

剪贴蒙版下层图层的图层名称会出现底线

TIP 也可以按住 Alt （Windows）/ option （Mac） 键不放，将指针移到**材质**图层与**文字背景**图层的分界处，当指针变成 的样子时再单击鼠标左键，同样可以创建剪贴蒙版。

解除剪贴蒙版的 2 种方法

若想解除剪贴蒙版，有两种方式可供选择：

- 方法1：将指针移到欲解除的剪贴蒙版图层和下面图层的分界处，按住 Alt (Windows) / option （Mac） 键不放，单击鼠标左键。
- 方法 2：选定要释放剪贴蒙版的图层，单击右键，执行**释放剪贴蒙版**命令。

step08 最后我们再使用**工具箱**的**加深工具** 涂抹**材质**图层右下角的部位，让整块斜纹材质的明暗更加明显。

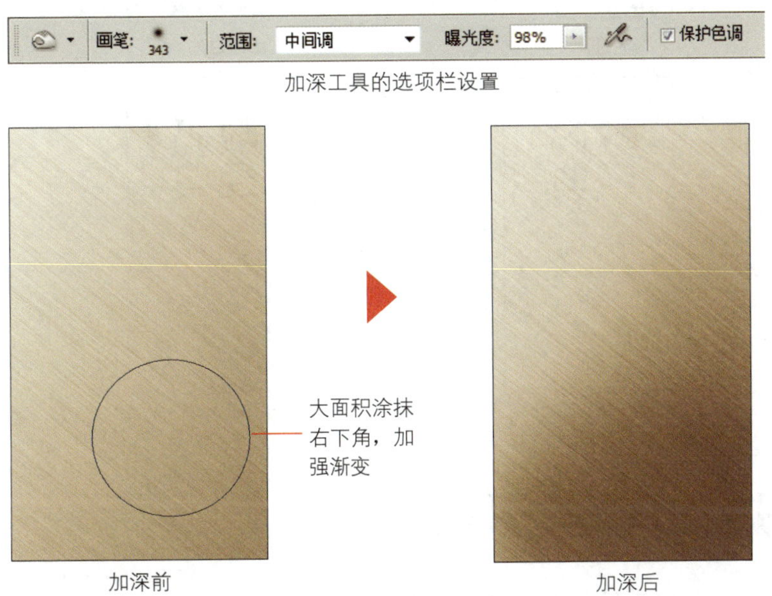

加深工具的选项栏设置

加深前

加深后

金色斜纹材质制作完毕后，我们使用**横排文字工具** 在上面输入“数码经典”与“Digital Classic”两段文字，接着再利用**直线工具** 在两个文字段落之间画上与文字相同颜色的一条横线作为分隔，整个材质与文字的搭配便完成了！

此处示范的字体为**华康中黑体**，文字与横线的颜色为 C：42、M：88、Y：84、K：66

在剪贴蒙版图层上面套用图层样式

在剪贴蒙版图层上面仍可套用图层样式，例如我们想变化其他材质效果，即可双击**材质**图层，然后在打开的**图层样式**对话框中勾选并设置各种样式效果。设置完毕后，只要显示或关闭图层样式前的眼睛图标，即可切换要套用的图层样式了。

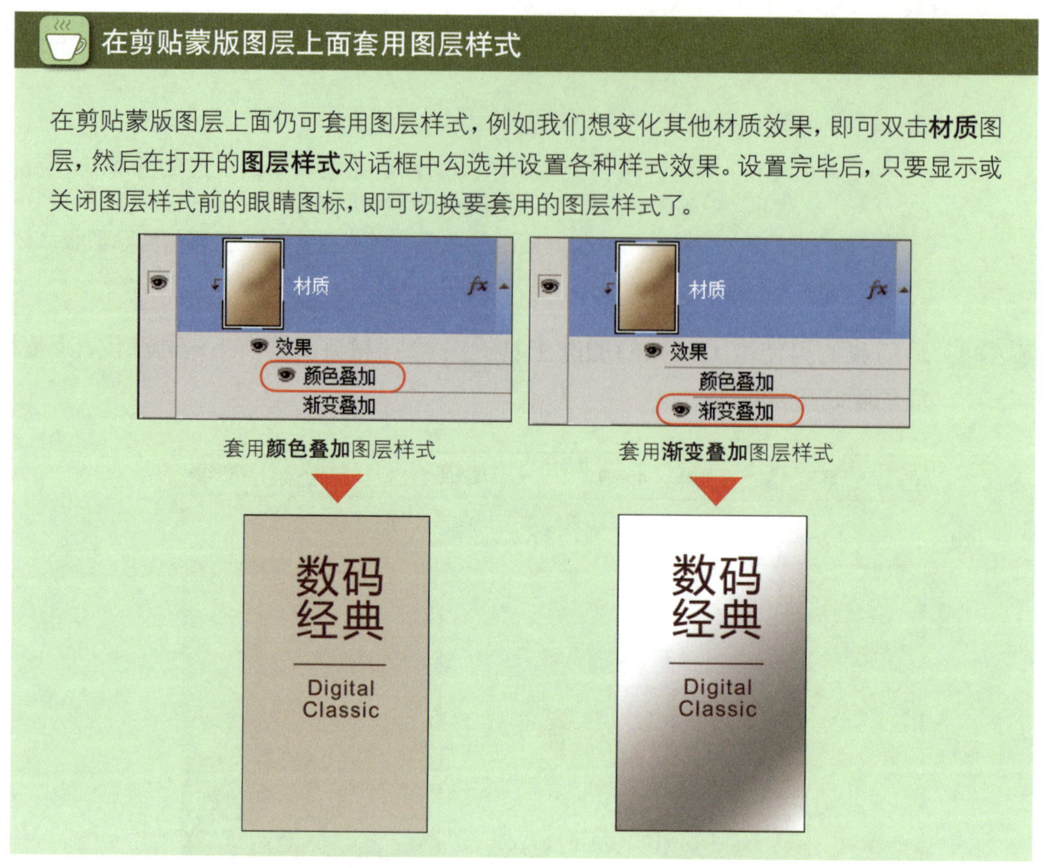

套用**颜色叠加**图层样式　　套用**渐变叠加**图层样式

12-4 使用图层组管理图层

从事设计的过程中，往往在不知不觉中创建了相当多的图层，经常到最后都搞不清楚每个图层的内容或作用，因此除了养成帮图层命名的好习惯之外，我们还可以利用**图层组**的功能来进行管理，也就是依据图层的属性或用途，将相关的图层归类在一个图层组中，让图层能够井然有序、易于查找。

创建图层组

以本章的范例来说，我们就可以试着创建“文字”、“镜头”、“底图”这 3 个图层组，分别放入文字图层、镜头图像以及处理底图的相关图层。可打开12-04.psd 进行下面的步骤演练：

step01 请选定**背景**图层，再单击**图层**面板下方的**创建新组**按钮 ，面板中便会自动创建一个名为**组 1** 的图层组。请双击图层组的名称，将该图层组重新命名为“底图”。

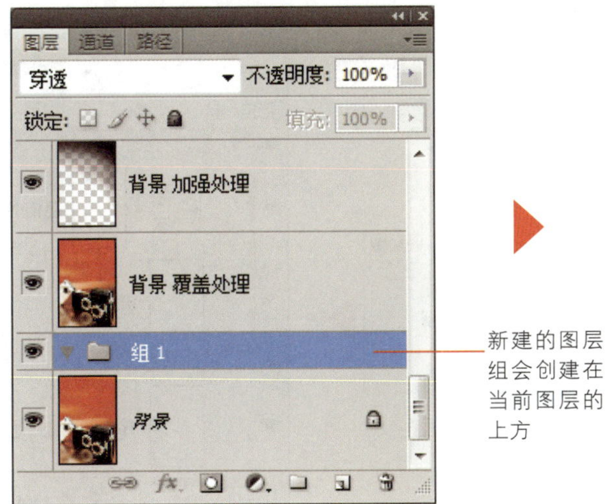

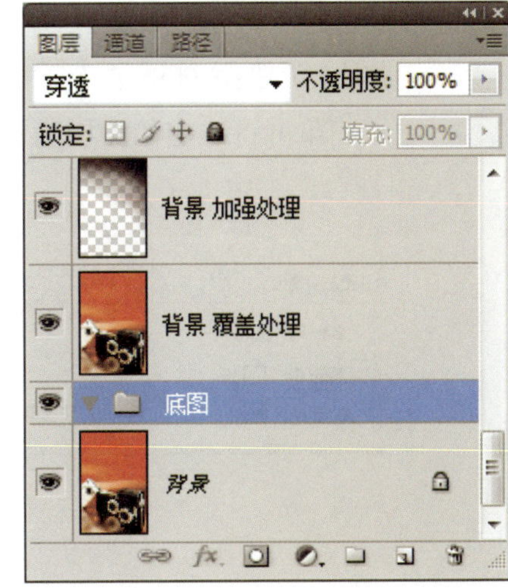

step02 接着只要将**背景覆盖处理**、**背景加强处理**、**背景底部加强处理**这 3 个图层分别拖曳到**底图**图层组上即可加入。

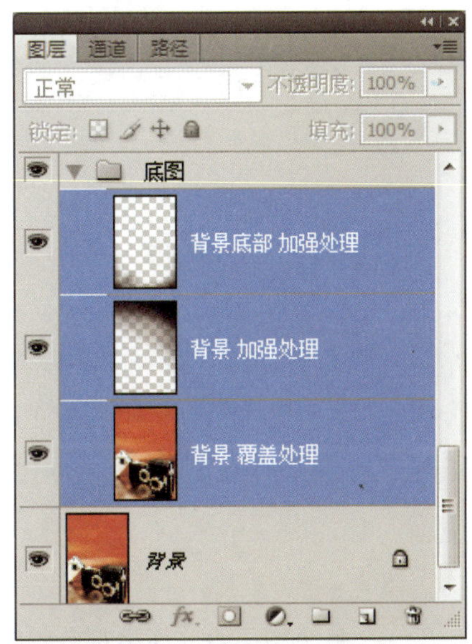

TIP 请特别注意，拖曳时的顺序会影响图层在图层组中的顺序，亦会影响图像在文件窗口中所呈现的结果，所以请留意原来图层的上下顺序。

step03 除了利用上述的方法来创建图层组之外，我们也可以一次先选定多个图层来创建图层组。例如请您先选定**镜头**图层，再按住 Shift 键选定**色相/饱和度 1** 图层。

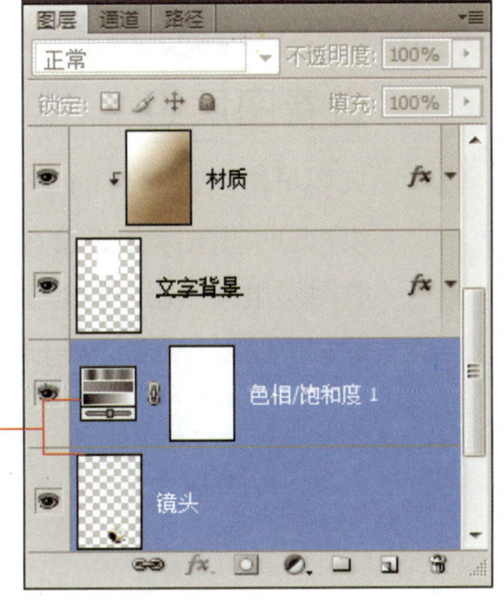

step04 接着执行“**图层/新建/从图层新建组**”命令，在**从图层新建组**对话框中输入组名称，再单击**确定**按钮，即可将选定的图层直接加入到新的图层组内。

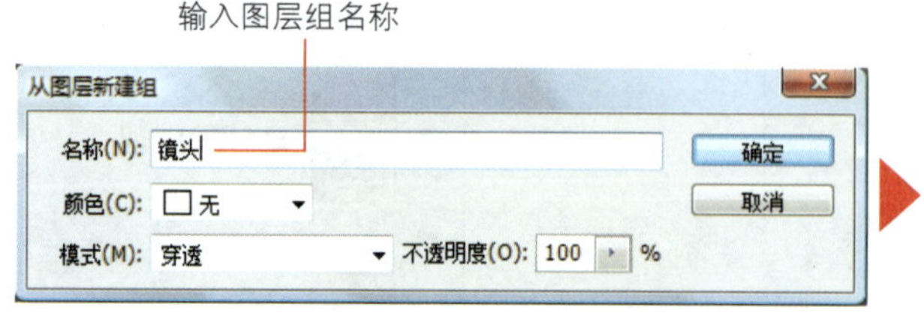

step05 请利用上述任一种方法，创建**文字**图层组，如右图所示。

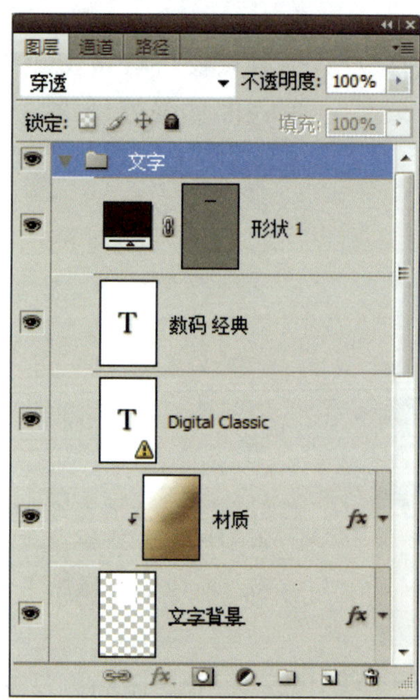

TIP 每个图层组前面也都有眼睛图标，单击眼睛图标可控制组中所有图层的显示或隐藏。

查看图层组

只要单击图层组旁的 ▶ 图标，便可以展开图层组，此时组图标会变成 ▼ 的样子，再单击即可折叠图层组。利用这个技巧，就可以将暂时不需编修的相关图层一并折叠起来。

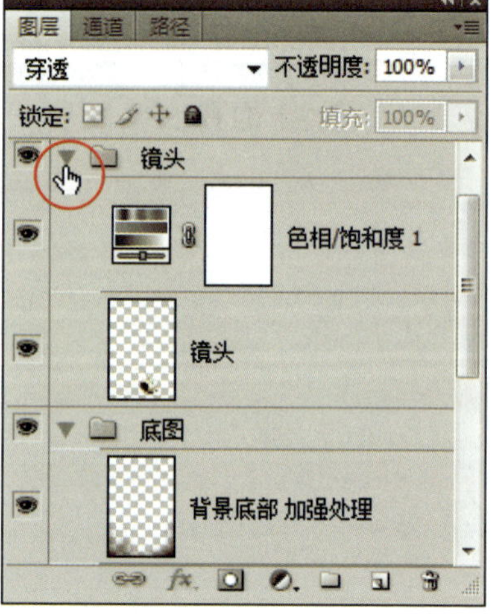

删除图层组

若要删除某个图层组，可先选定要删除的图层组（本例选择的是**镜头**组），然后单击**图层**面板下方的 [icon] 按钮，此时会出现警告对话框，询问该如何处理图层组中的图层。

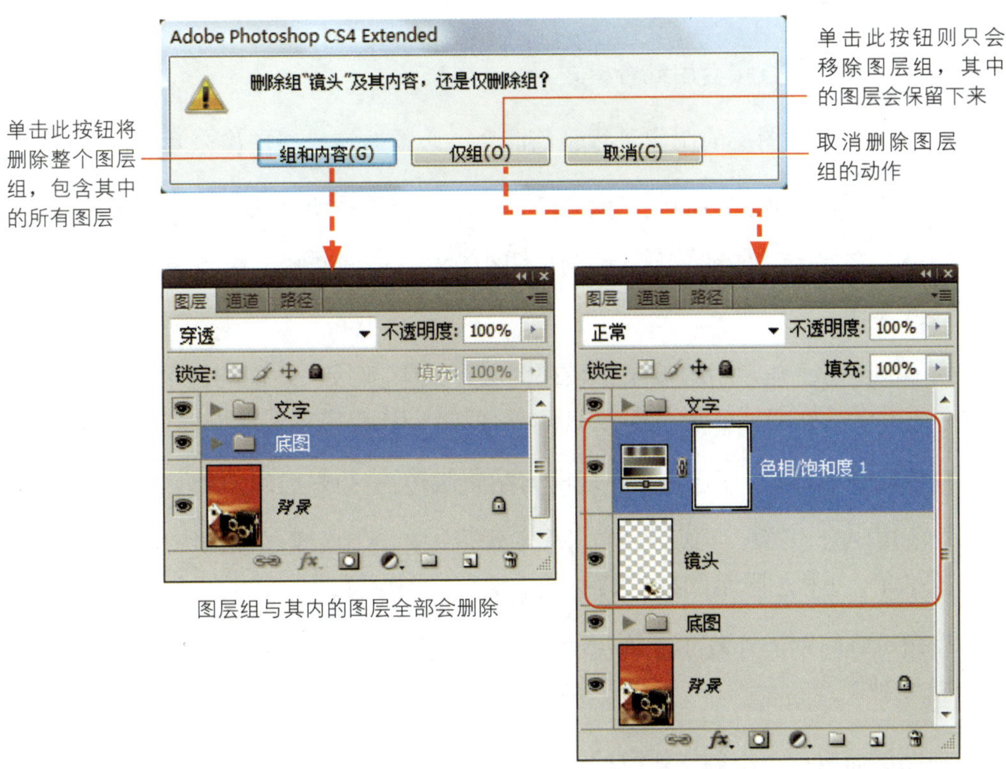

图层组与其内的图层全部会删除

仅删除图层组，其内的图层会保留

TIP 若是直接把图层组拖曳到 [icon] 按钮上面，就会直接删除图层组和其中的图层，不会询问处理方式。

重点整理

1. 使用图层混合模式时的注意事项：
   - **背景**图层无法直接套用混合模式。
   - 要使上下两个图层的图像进行颜色混合，必须选定上层图像来套用混合模式。
   - 如果套用混合模式后的效果太强烈，可以使用**不透明度**选项来做调整。
2. 使用调整图层的好处是，其下方的所有图层都会受到调整图层的影响，但不会改动图层中的像素细节。
3. Photoshop 将一些常用的效果预设在图层样式中，例如：斜面与浮雕、投影、外发光、描边等，活用这些样式就能提升图像的质感，或是创作出更多变的图像。
4. 创建**剪贴蒙版**后，该图层只会显现出**剪贴蒙版**覆盖区域上的图像内容。
5. 当在图层中套用图层样式后，可在**图层**面板中按 fx （或是双击图层上的缩略图）来展开样式清单，并利用眼睛图标来切换是否要套用图层样式。
6. 图层组可分门别类地收纳图像里的图层，让**图层**面板井然有序地列出所有图层。创建的方法有 2 种：
   - 在**图层**面板中单击**创建新组**按钮。
   - 选择多个图层后，执行"**图层/新建/从图层新建组**"命令。

实用的知识

1. 据说利用图层的混合模式也能做去背处理，其做法是什么？

若要去背的图层背景是黑色的，套用**变亮**或**滤色**混合模式无疑是最快的方式；若要去背的图层背景是白色，那么套用**正片叠底**或**变暗混合**模式效果最好。

风景照

此背景是纯白的天空

飞机图层去背后的效果

2. 有哪些图层样式可拿来营造对象的立体感?

图层样式中的**投影**、**内阴影**、**斜面与浮雕**效果经常用来仿制出对象的立体感，尤其是在制作网页按钮或者立体文字时，可多多使用此技巧。

原平面按钮

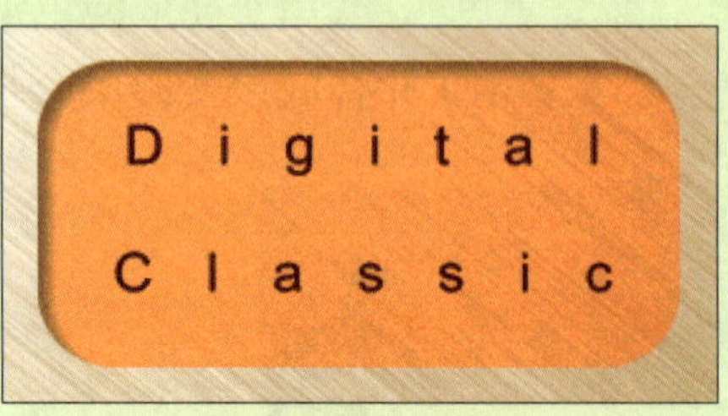

套用**内阴影**图层样式

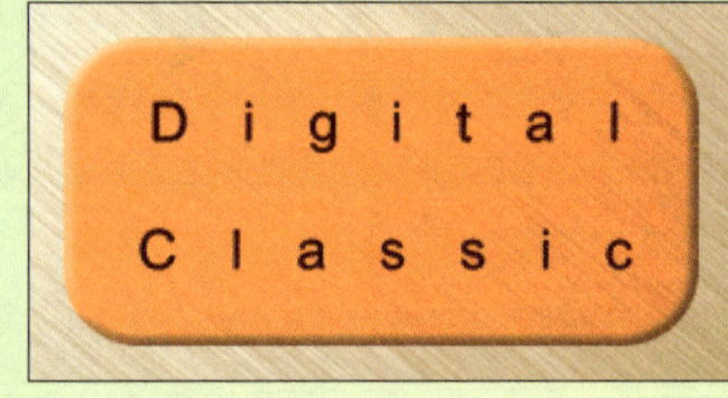

套用**斜面与浮雕**图层样式

套用**描边**+**投影**图层样式

3. Photoshop 混合模式的应用范畴包含哪些地方?

在 Photoshop 中，除了**图层**面板中提供混合模式来混合上下图层的颜色外，其实还有几个地方也同样提供混合模式的选项，列举如下：

- 使用填充、绘图或编辑工具时，可以在**选项栏**的**模式**列表框中选择混合模式。

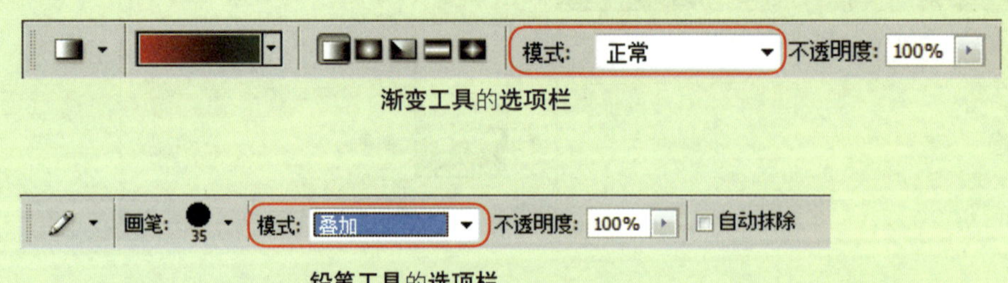

渐变工具的**选项栏**

铅笔工具的**选项栏**

- 使用**填充**或**描边**功能时，在对话框中提供混合模式的选项。

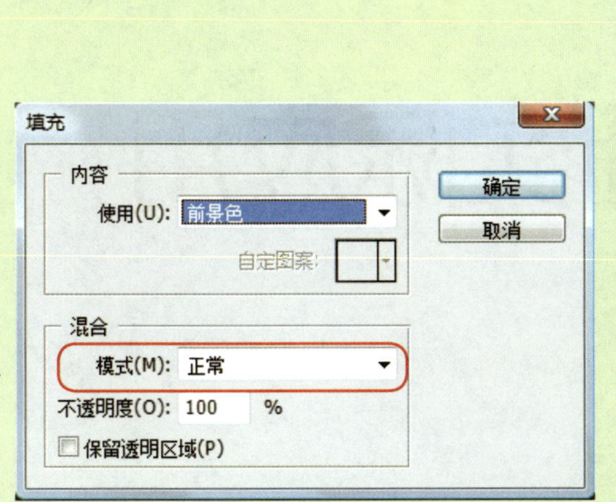

执行“**编辑/填充**”命令

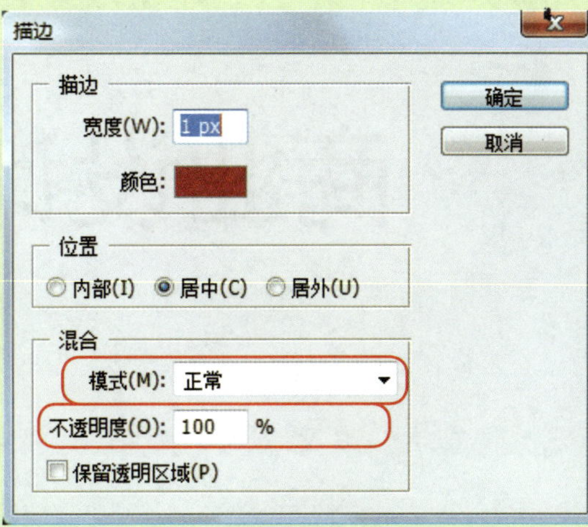

执行“**编辑/描边**”命令

- 在**图层**面板中双击图层，打开的**图层样式**对话框中亦提供混合模式的选项。

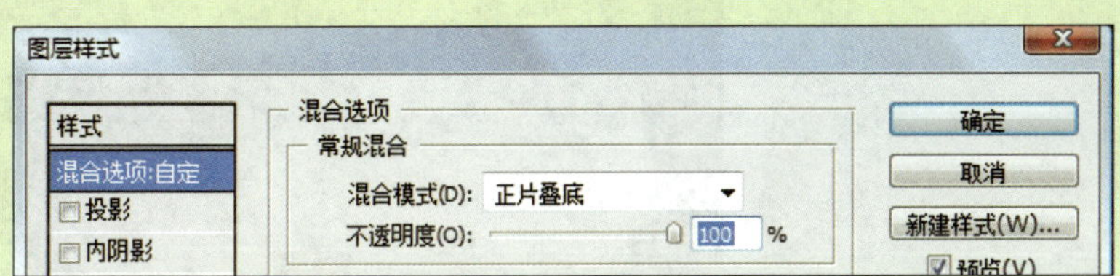

第13章 商业设计实际应用

中国风展览海报

女性唇蜜 DM

课前导读

在前面的章节，我们已经通过许多范例来学习 Photoshop 的各项功能，而本章则是一个综合性的练习，包含 2 个商业设计实例，第 1 个是富有中国风味的展览海报；第 2 个则是女性唇蜜 DM。我们希望能凭借这两个实际案例，带您探究 Photoshop 的应用范畴，激发您更多的创意思考。

本章学习提要

- 使用**快速选择工具**取出所需的图像部位
- 使用**高斯模糊**滤镜制造朦胧效果
- 使用**调色刀**、**蒙尘与划痕**滤镜模拟绘画效果
- 背景的处理技巧
- 文字的排列原则与图章的制作方式
- 美化人像肌肤的实用技巧
- 商标与产品图像的处理

估计学习时间 **120分钟**

13-1 实际演练一：中国风展览海报

在做商业设计时，理应先有一个明确的主题，例如展览海报、杂志封面、广告标牌等，除此之外，还要清楚地了解所要面对的顾客群，以及要表达的想法，再决定要以什么样的手法呈现这样的想法。凡此种种，都必须事先和营销单位沟通确认，然后才能进行设计。

以本章第 1 个商业设计范例来说，假如我们和营销单位讨论后，决定要制作一张呈现中式古朴风格的海报，并且认为荷花是具有东方神韵的素材，据此我们挑选出荷花花苞与莲蓬的图像，以此作为海报的视觉重点。然后要分别将花苞与莲蓬部分摘取出来，排列在图像上面，最后再搭配文字标题，海报就完成了。现在，就请跟着下面的步骤来开始我们的设计之旅吧！

13-01.jpg

海报作品

13-02.jpg

素材图像 1

13-03.jpg

素材图像 2

使用快速选择工具获取所需的部位

首先，我们要使用**快速选择工具** 从两张素材图像中取出所需的部位，再放到空白海报中进行排列，请跟着下面的步骤进行练习。

step01 请执行**“文件/新建”**命令，新建一张宽度为 486 像素、高度为 800 像素的白色背景文件（在此我们是为了操作过程的流畅性，不要造成计算机太大的负担，因此仅新建一般大小的空白文件）。

TIP 真正要做商业用途时，建议将分辨率设置为 300 像素/英寸（如果是大型海报则设为 160~200 像素/英寸），然后再设置所需的宽、高（例如制作如同本书的封面，就可设置为宽度 17 厘米、高度 23 厘米），以符合实际上的输出需求。

step02 请打开范例文件13-02.jpg，并选取**快速选择工具**，在**选项栏**中，将**画笔**大小设为“10”、勾选**自动增强**复选框，接着按住鼠标左键在图像中顺着荷花的范围拖动以选取整个花苞。

画笔: 30 对所有图层取样 自动增强

这个部分也请选择进来

step03 刚才选择的荷花，有些细微的部分没有选择得很完整，现在我们要改用**多边形套索工具**来修饰。请单击**选项栏**中的**从选区中减去**按钮，然后在荷花的转折处拖曳鼠标左键，将多选的范围减去。

这两个部分有些区域多选了

利用多边形套索工具在图像中拖曳，减去多选的部分

请将图像的显示比例放大，以方便选择

另一边也请自行减去多选的部分

step04 选好荷花花苞后，请使用**移动工具** 将花苞移动到刚才创建的空白文件中。不过移动过来的花苞边缘有些杂色，请执行 **“图层/修边/去边”** 命令，在打开的对话框中，将**宽度**设为“3”像素，就可以让边缘较平整了。

去边后的效果

step05 请依照步骤 2~4 的做法，将范例文件13-03.jpg 的莲蓬选取起来，并移到目前已有花苞的文件中，完成如右图所示的效果。

图案的排列与变换

本范例预计将图案摆放在画面右下角的位置，然后将文字摆放在左侧中央位置，使整体海报看起来平衡稳重，并做适度留白，因此接着我们要调整花苞与莲蓬的排列位置与大小比例。

step01 请选择**图层 2**，依序执行"**编辑/变换/缩放**"与"**编辑/变换/旋转**"命令来缩小与旋转莲蓬图像。

step02 虽然花苞与莲蓬原本是两张不同的图片，不过我们要让莲蓬看起来像是依附在花苞的旁边，就好像是同一张图片，因此请使用工具箱中的移动工具，将图层 2 的莲蓬往下移动到花苞的左下角位置，如下图所示。

旋转莲蓬图像

调整荷花与莲蓬的位置

使用滤镜来处理气氛

海报中的图案构图已经完成了，接下来就要处理整体的气氛。一般会使用滤镜将作品改造成不同的风格，但是在商业设计的实际应用上，滤镜只能算是一个辅助工具，很少拿来当做最终的处理，因为滤镜是根据所设置的选项或数值，平均作用到整张图像上面，看起来往往不够自然。

举个例子来说，当套用**绘图笔**滤镜时，整张图像会依照描边长度、方向的设置来模拟出绘图笔触；但是实际上我们在绘图时，笔触一定会有轻重、长短、深浅的变化，不可能整张一样的规律均匀！不过，也不必从此舍弃滤镜，而是要搭配一些技巧，便可以将套用的滤镜效果处理得更为自然。现在，请打开范例文件13-04.psd，我们要在图像上套用多种滤镜，慢慢地将图像处理成古朴自然的风格。

以高斯模糊滤镜营造朦胧效果

目前的花苞与莲蓬图像只是一般的照片，缺少淡雅朦胧的感觉，因此我们首先使用**高斯模糊**滤镜来模糊整体图像，然后搭配**图层蒙版**的润饰技巧，制造出图画般柔美的感觉。

step01 分别将**图层 1**、**图层 2** 拖曳到**创建新图层** 按钮上，各自复制出一个新图层。

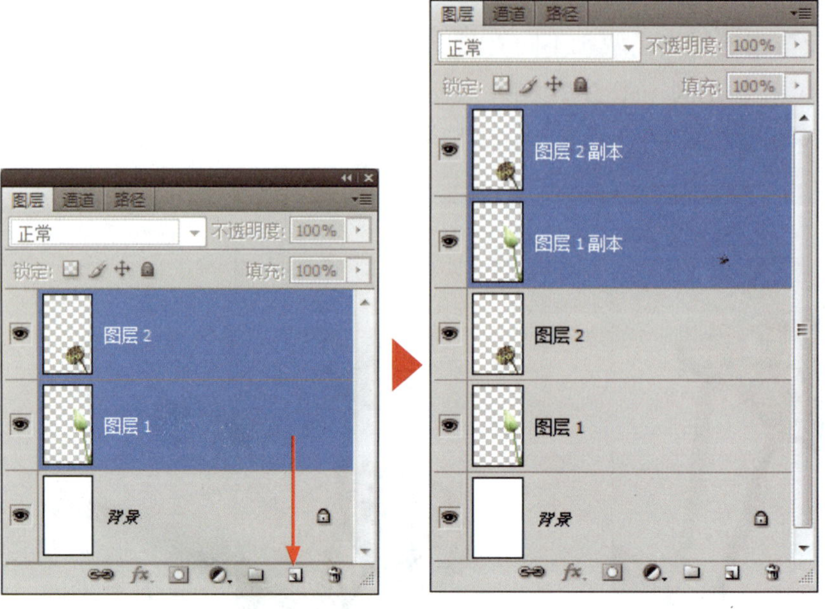

step02 分别在**图层 1 副本**、**图层 2副本**图层上执行“**滤镜/模糊/高斯模糊**”命令，将半径设为“5.0”，再单击**确定**按钮。

高斯模糊后的效果

step03 目前**图层 1**、**图层 2** 的花苞与莲蓬完全被高斯模糊效果遮蔽了，因此我们分别选择**图层 1 副本**、**图层 2 副本**图层，单击**图层**面板下面的**添加图层蒙版**按钮 ，创建全白的图层蒙版，稍后要利用图层蒙版来调整模糊的程度。

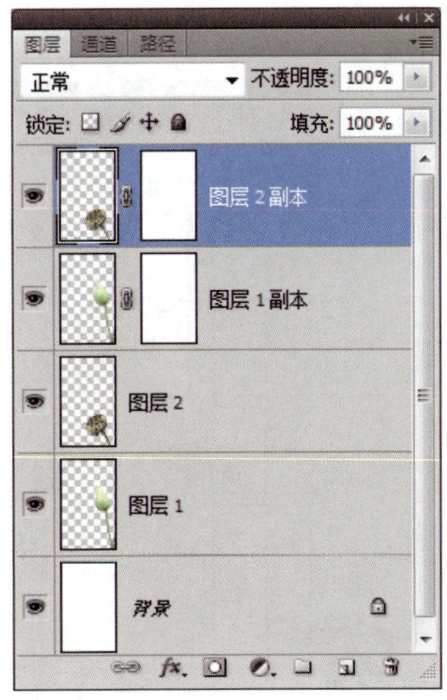

step04 将前景色设置为黑色，选择**画笔工具**并设置边缘柔和的画笔 ，然后单击**图层 1 副本**图层的图层蒙版缩略图直接在图像上涂刷，刷过的部位便会被遮蔽而透露出下面清晰的图层内容，没有涂刷到的部位则会继续保持朦胧。

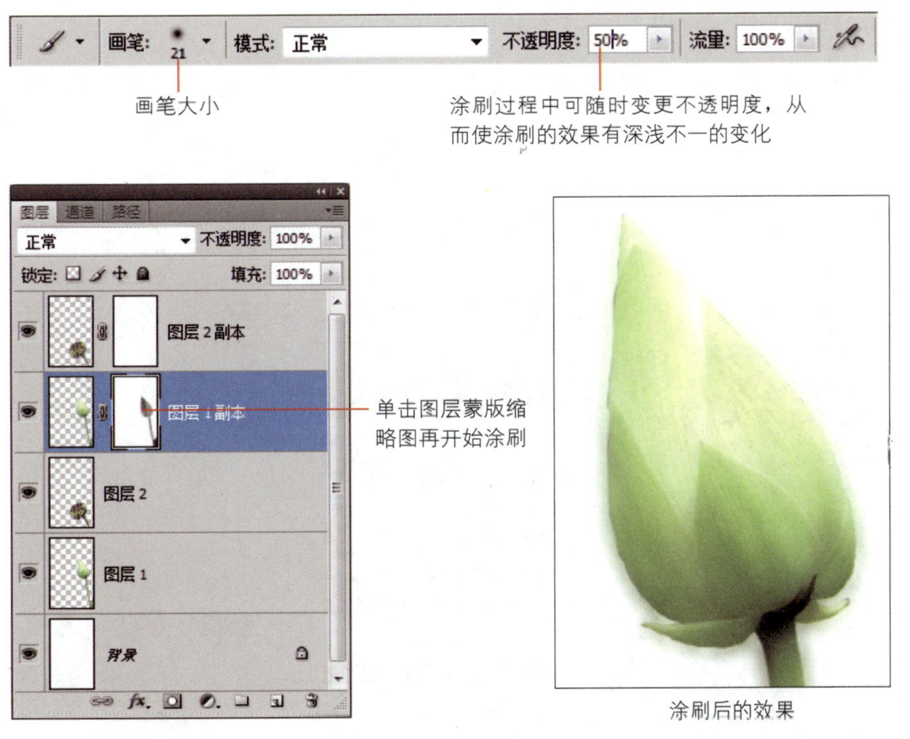

涂刷后的效果

step05 **图层 2 副本**的莲蓬图层也请使用相同的方法，制造出有点朦胧的效果。

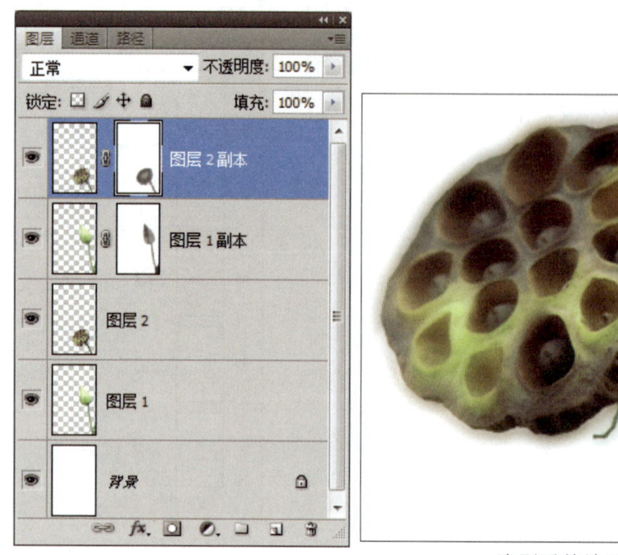

涂刷后的效果

以调色刀、蒙尘与划痕滤镜模拟手绘效果

接着我们还要连续使用**调色刀、蒙尘与划痕**这 2 种滤镜，将图像处理成手绘风格的作品，相同的作法可以参考第 8-5 节。

step01 选择**图层 2** 图层，执行"**滤镜/艺术效果/调色刀**"命令，打开**调色刀**对话框来设置参数值。

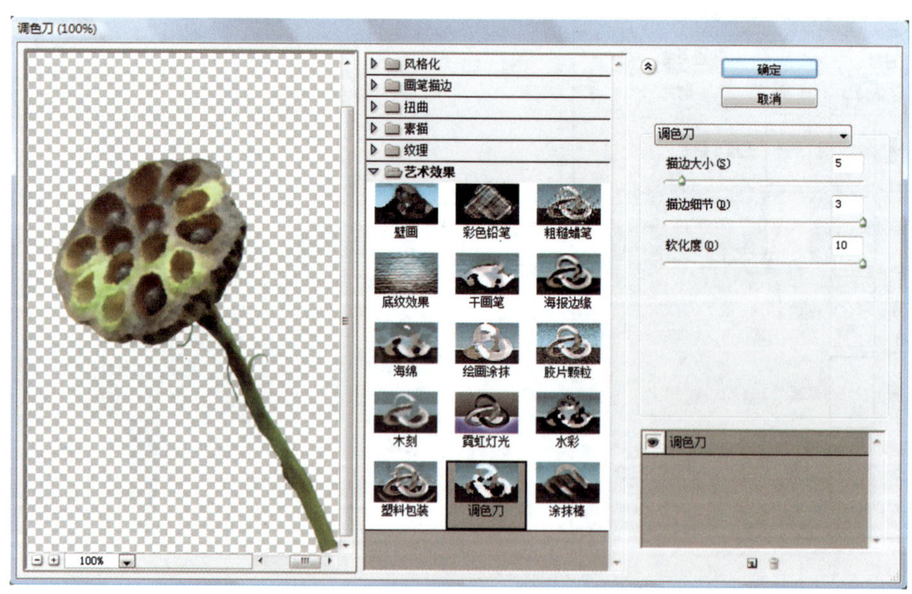

凭借**调色刀**滤镜将图像打成细小的色块，模拟图画中的色彩色块

调整前

调整后

step02 选择**图层 1** 图层，同样使用**调色刀**滤镜将花苞图像仿真成色块。

step03 分别在**图层 1**、**图层 2** 上执行“**滤镜/杂色/蒙尘与划痕**”命令，凭借**蒙尘与划痕**滤镜来调和刚才**调色刀**滤镜过于明显的色块效果。设置值如下图所示。

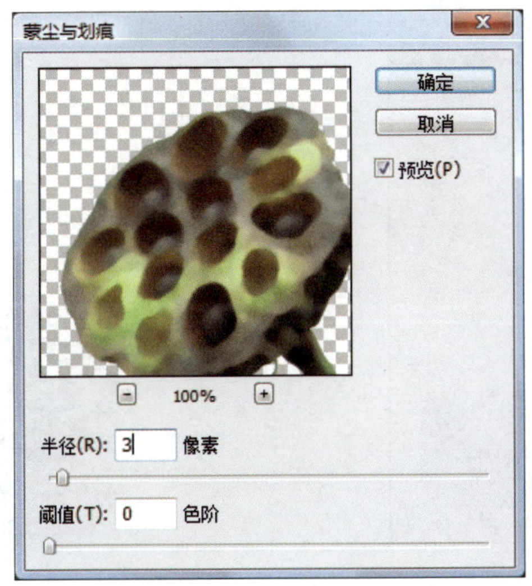

原本的两张数码照片，经过以上的处理之后，已经转变成商业海报中富有艺术感的视觉效果了。

处理背景的技巧

海报中的主要图像已经制作完毕，接着要设计的是背景的部分，我们先从背景填色开始做起，再慢慢仿制出典雅古朴的纸张纹理。请打开范例文件 13-05.psd来进行练习：

step01 单击**工具箱**中的前景色色块，打开**拾色器**对话框，选择海报底色。

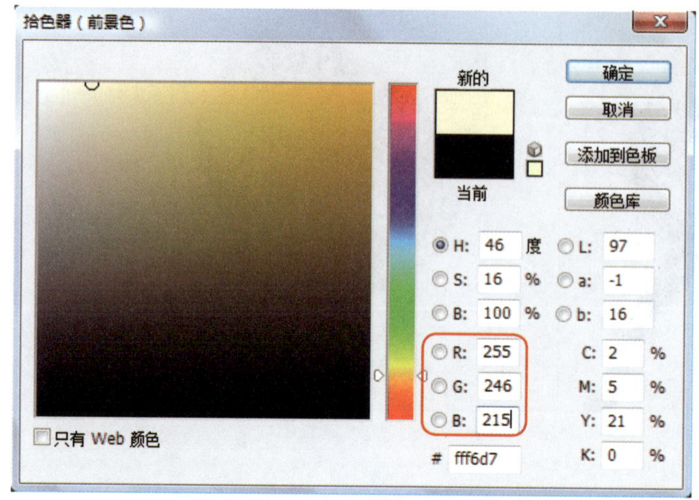

本例选择的颜色是 R：255、G：246、B：215

step02 切换至**背景**图层，使用**油漆桶工具** 填充上一步骤所选择的前景色。

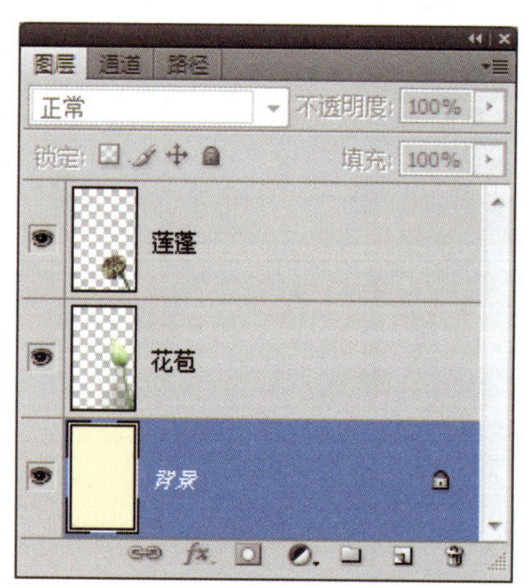

step03 选择**莲蓬**图层，单击**图层**面板下方的**创建新的填充或调整图层**按钮 ，新增**亮度/对比度**调整图层。

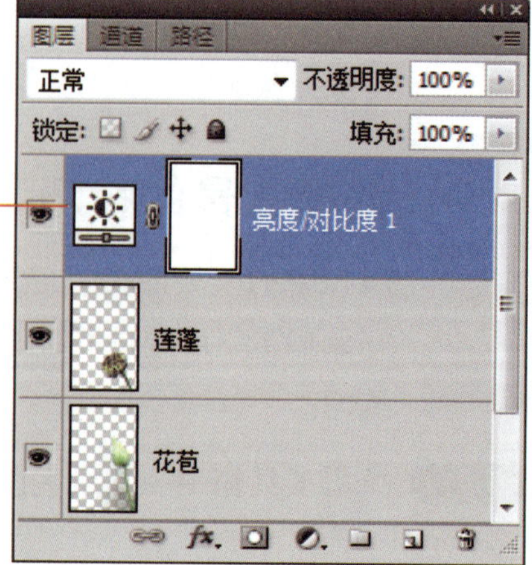

调整图层的效果会作用到之下的所有图层

step04 请在打开的**调整**面板中，调整图像的亮度、对比度。

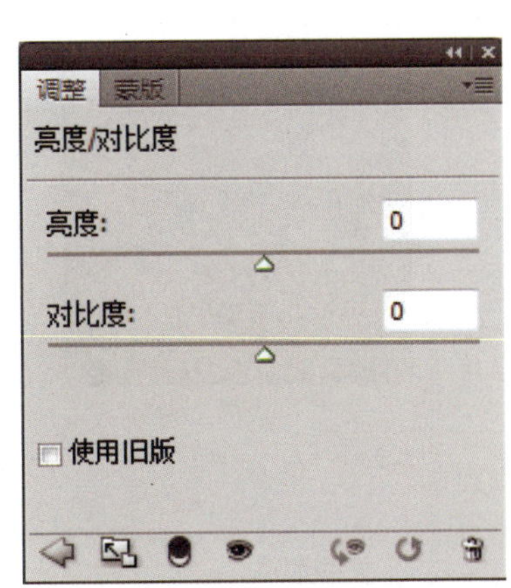

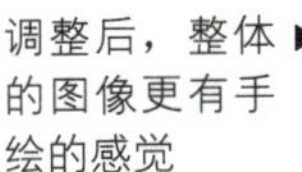
调整后，整体的图像更有手绘的感觉

创建调整图层的优点

调整图层是设计工作者常用的利器之一，因为它可在不影响图像本身的前提下，改变图像或选区内的颜色或效果。如果想要恢复图像原貌，只要删除调整图层即可；如果想要多方尝试各种效果，也可创建多个不同的调整图层来比较差异，而且当要制作一系列相同色调、气氛的作品时，只要将设置好的调整图层直接拖曳到另一张图像上，即可套用相同的调整效果，完全不用去记忆设置值，真是便利极了！

直接将调整图层拖曳到另一张图像上

step05 接着要利用**杂色**滤镜来制作复古风格的纸张纹理。首先在所有图层上方新建一个空白图层，使用**油漆桶工具** 填充 R：192、G：193、B：195 的灰色。

step06 请在新增的灰色图层上执行“**滤镜/杂色/添加杂色**”命令，在**添加杂色**对话框中，设置要加入**单色**的杂点。

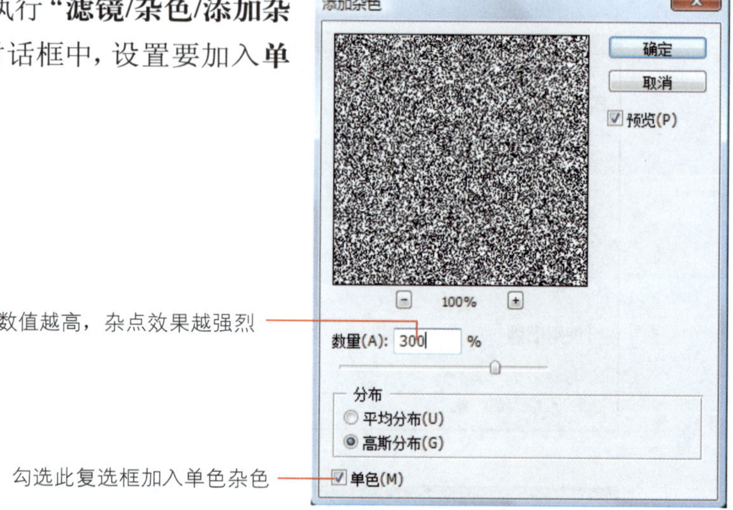

step07 目前所加入的杂色颗粒太过明显，因此继续执行“**滤镜/模糊/高斯模糊**”命令，凭借**高斯模糊**滤镜来柔化杂色的颗粒。

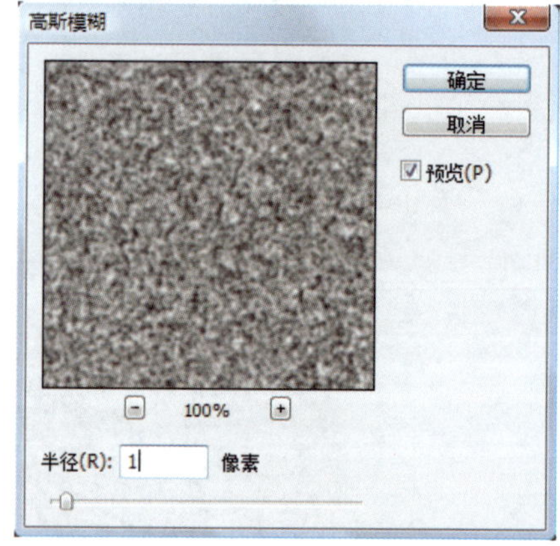

step08 将图层混合模式设置为**叠加**，**不透明度**设置为 10%，即可让整体图像加上均匀的柔和杂点，制造出在纸张上渲染的效果。

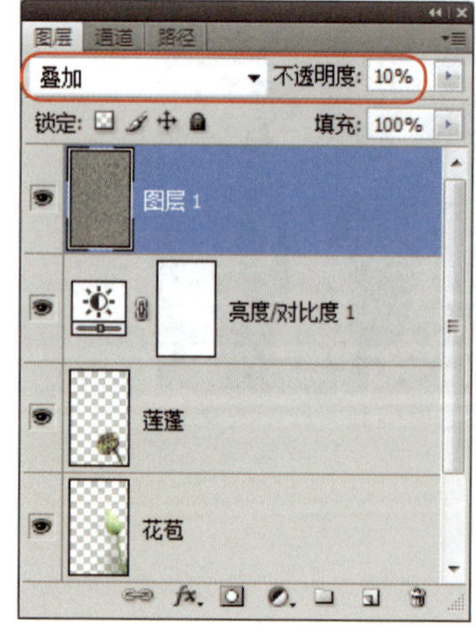

step09 接着在**背景**图层上方新建一个空白图层，填入深绿色（R：58、G：105、B：3），然后单击**添加图层蒙版**按钮 ，创建全白的图层蒙版。我们将利用此图层制作渐变的背景效果。

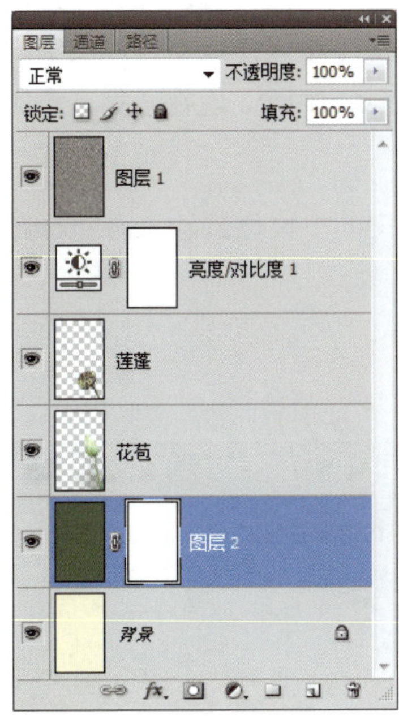

step10 单击图层蒙版缩略图，然后使用黑色的大型画笔，以水平方向在图层蒙版上涂抹，就能制造出深浅不同的渐变效果。

以不同的不透明度横向涂抹

涂抹完毕后可以打开范例文件 13-06.psd 来查看效果

文字的排列

最后就是文字的部分。在做商业设计时，从选择字体，到行距、间距的安排都内藏着学问。即使是相同的文字内容，只要使用不同的字体和排列方式，都会带给观赏者完全不一样的感受。而文字排列最基本的原则就是，不论横排或直排的文字段落，其行距一定要大于字距，以引导观赏者一行一行阅读文字内容。现在请打开范例文件 13-07.jpg，按照以下的步骤来安排海报中的文字！

step01 单击**工具箱**中的**横排文字工具** T ，在画面左侧的中央位置输入海报标题“中国风 数码艺术展”。

TIP 可以在文字之间按 空格键 来添加字距。

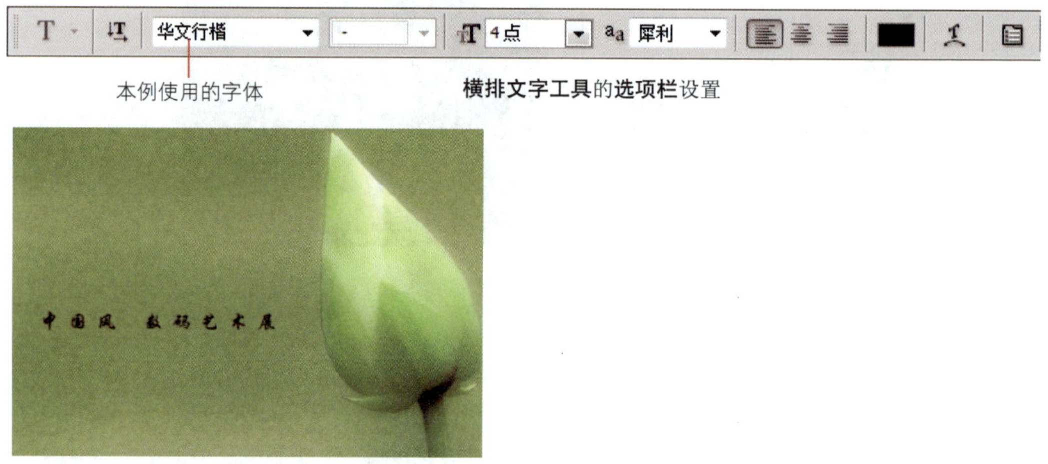

step02 紧接着在标题下方，继续使用**横排文字工具**，输入海报的副标题“Digital Arts Exhibition in Chinese Style”。在此我们还要打开**字符**面板，在**设置行距**列表框中调整行距点数，以加大预设的行距高度。

step03 为了使文字段落更为清晰易读，请逐一选取副标题每个单字的前缀，将文字颜色设置为黄色 R：237、G：228、B：9。

step04 接着我们还要在海报上仿制一个图章，更添中国风。请在**背景**图层上方新建一个空白图层，选择**工具箱**中的**画笔工具**，将画笔颜色设置为类似印泥的颜色，如 R：179、G：39、B：35，然后在图像上涂抹出一个色块。

在**画笔工具**的选项栏进行设置

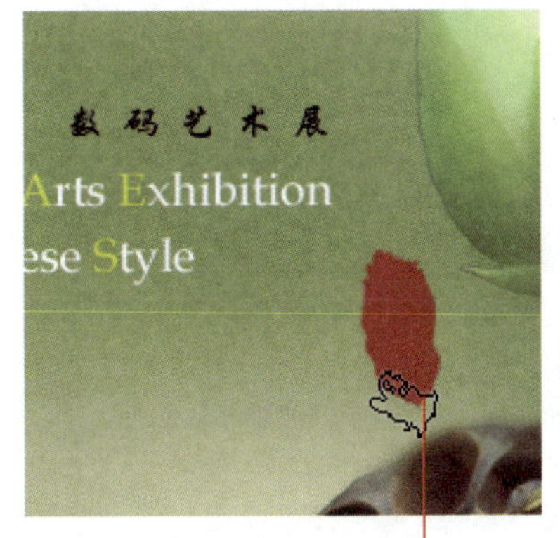

使用稍微有破裂边缘的画笔样式来涂刷

step05 选择**工具箱**中的**直排文字蒙版工具**，在刚刚涂抹的印泥色块处输入印章文字。

直排文字蒙版工具的**选项栏**设置

输入时图像会呈现快速蒙版的模式

输入完成后，文字会变成选区

TIP 隶书体、印篆体、古印体、行书体等仿真毛笔字的字体都很适合拿来当做图章上的字体。

step06 先按 Delete 键，删除文字选区的内容，再按下 Ctrl + D （Windows）/ ⌘ + D （Mac）键取消选区，就可产生图章（文字部位挖空）的效果了。

step07 最后还可双击此印章图层，打开**图层样式**对话框来微调图章的颜色、明暗度，使效果更为逼真自然。

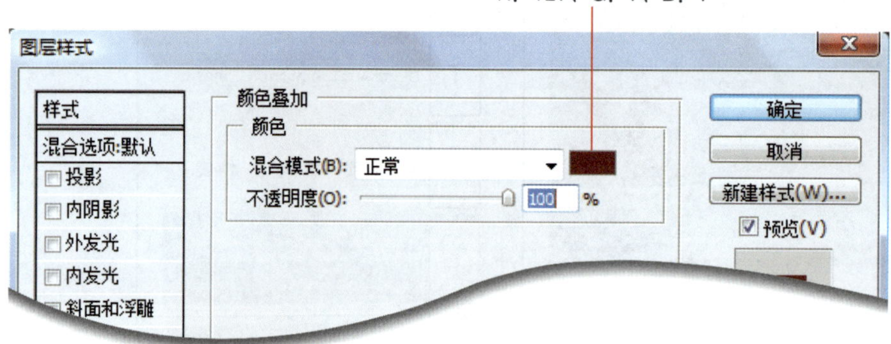

加上**颜色叠加**效果，可模拟深沉的印泥颜色

本展览海报已全部制作完毕，可以打开范例文件 13-07A.psd 来查看完成的效果。在设计的过程中可以了解到，商业设计其实不一定使用一大堆功能，重点在于挑选的素材是否恰当、图文的搭配是否协调、作品的整体气氛是否切合想法，只要充分掌握这 3 个重点，就能设计出一幅成功的作品。

13-2 实际演练二：化妆品广告宣传单

本章的第二个商业设计范例，要制作一幅唇蜜产品的广告 DM，我们从众多女性照片中，挑选出一张脸部特写的图像作为 DM 底图，不过要作为化妆品的广告，完美无瑕的肤质及妆感是最重要的，所以本范例将从润饰肌肤开始处理，并为 Model 加强唇彩及腮红，后续再加上商标及产品图，让整个 DM 有完整的呈现。

摄影：张宇翔

before

after

人像的柔肤技巧

首先，我们就从人像的柔肤工作开始进行，让 Model 能够拥有吹弹可破的好肌肤。

step01 请打开范例文件 13-08.jpg，然后创建一个新的空白图层，我们要在这个图层上利用**污点修复画笔工具**，修饰掉 Model 脸上的痣以及发丝。

由于我们在新建的图层中修饰脸上的小瑕疵，所以在此请勾选**选项栏**的**对所有图层取样**复选框

在要修饰的地方单击（或轻涂），就可以除痘去斑了

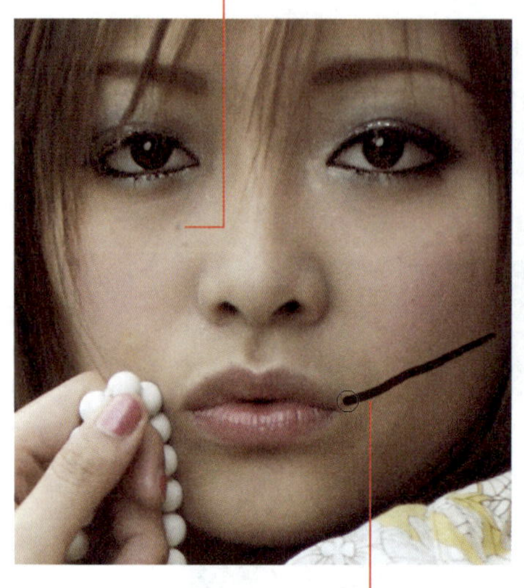

请继续使用用**污点修复画笔工具**沿着发丝拖曳，即可清除脸上的发丝

修饰后的效果

TIP 若是修饰后的效果不理想，只要删掉该图层重做即可，完全不会影响到原图。

step02 确定修补好脸上的瑕疵后，就可以将刚才的图层与**背景**图层合并起来，即执行 **"图层/向下合并"** 命令。

step03 修掉脸上的小瑕疵后，现在我们要进行柔肤的工作，请按 Ctrl + J（Windows）/ ⌘ + J（Mac）键，复制一份**背景**图层，再执行 **"滤镜/杂色/减少杂色"** 命令，进行如下的设置。

3 切换到**每通道**标签，比照下方 3 张图分别进行设置

1 选择**高级**模式

2 对**整体**标签进行如图所示设置

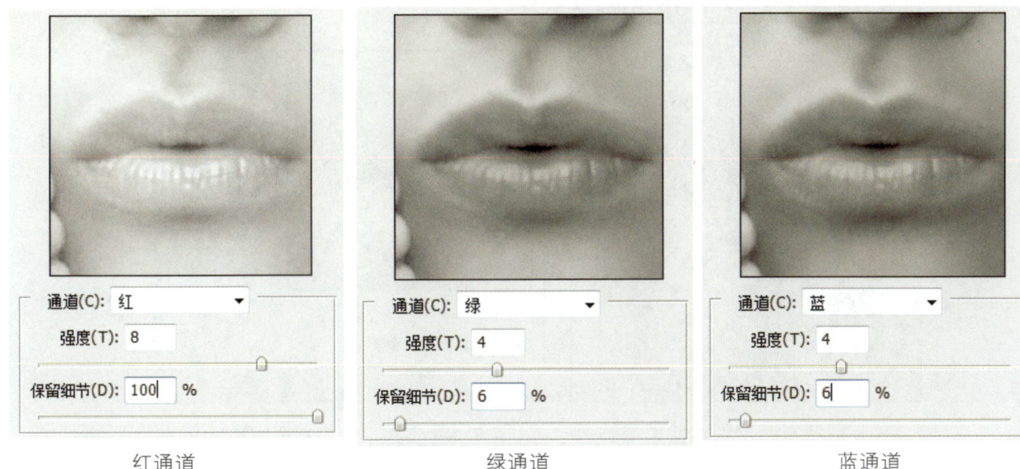

红通道

皮肤的信息主要集中在**红**通道，所以请将减少杂色的**强度**设为 8，**保留细节**的程度设为 100%

绿通道

减少杂色的**强度**设为 4，但**保留细节**的程度请降低为 6%

蓝通道

设置和**绿**通道相同

step04 单击**确定**按钮后，可以从文件窗口中发现 Model 的脸部皮肤已经明显柔化许多。不过我们只要柔化皮肤的部分，其他像眼睛、嘴巴等不需要柔化，请按住 Alt （Windows）/ option （Mac）键，再单击**图层**面板的**添加图层蒙版**按钮，替**图层 1** 新增一个全黑的图层蒙版，然后用白色的柔边画笔，在图层蒙版上涂抹皮肤部分即可完成。

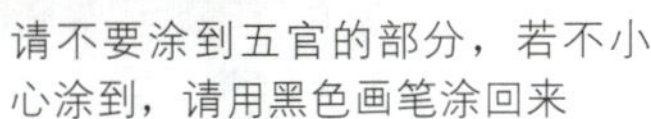
请不要涂到五官的部分，若不小心涂到，请用黑色画笔涂回来

step05 经过减少杂色的处理，已经让皮肤柔化许多，不过我们还要进一步利用**高斯模糊**滤镜让皮肤的肌理有更轻柔的感觉，请复制一份**图层 1** 图层，然后执行“**滤镜/模糊/高斯模糊**”命令，模糊的半径设为 2 像素就可以了。

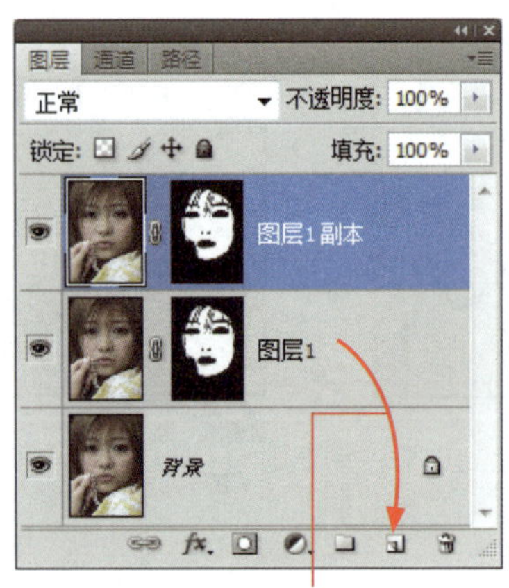

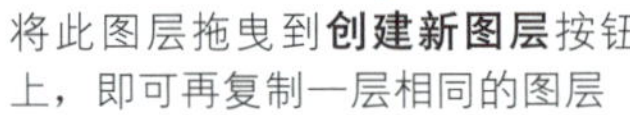
将此图层拖曳到**创建新图层**按钮上，即可再复制一层相同的图层

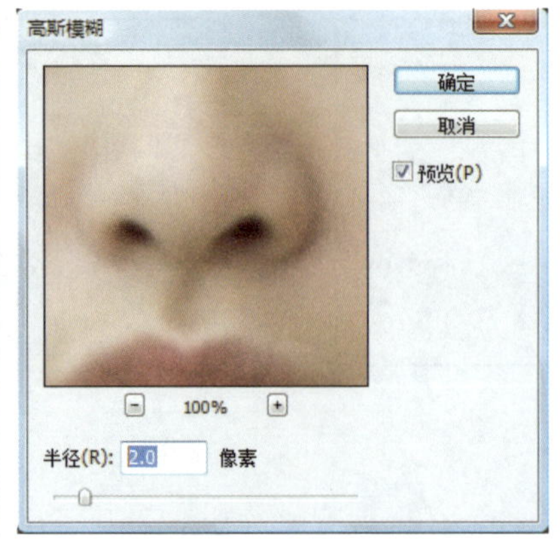

在副本的图层套用**高斯模糊**滤镜

step06 进行到此皮肤的润饰工作已经差不多了，不过整张图像看起来稍微有点暗沉，请单击**图层**面板的**创建新的填充或调整图层**按钮 ，执行“**亮度/对比度**”命令，在打开的调整面板中添加亮度。

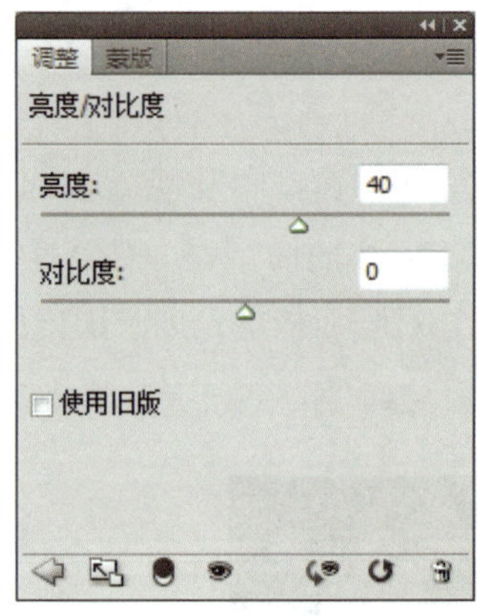

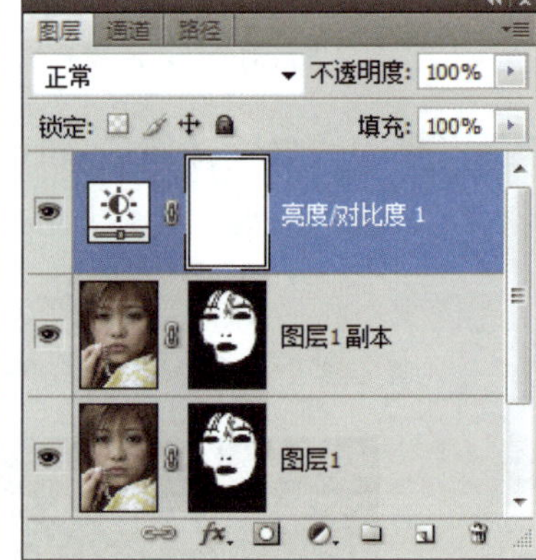

step07 最后，请执行“**图层/拼合图像**”命令，将刚才的美肤图层全部合并起来，待会儿我们还要进行唇彩及腮红的美化。可以打开范例文件 13-08A.jpg 来预览效果。

加强唇彩的颜色

润饰好人像的肤质后，现在我们要替 Model 加强唇彩的色泽，顺便修饰一下唇形，让唇形更丰润诱人。请沿用刚才的范例，或是打开范例文件 13-09.jpg进行练习。

step01 请复制一份**背景**图层，然后使用**多边形套索工具** 将Model的双唇选择起来，选择时可顺便修饰唇形，让嘴唇变得厚一点或是薄一点。

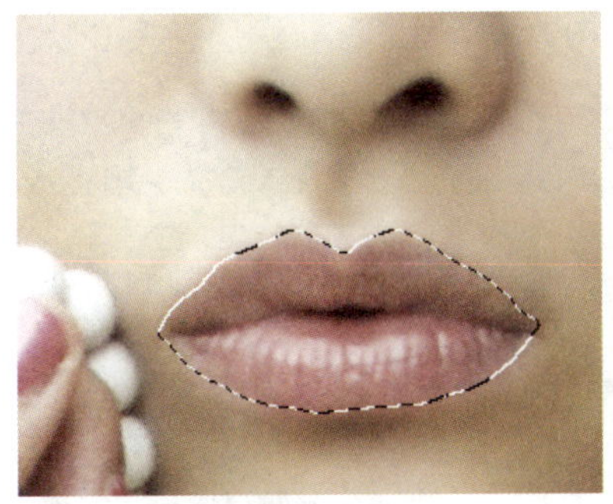

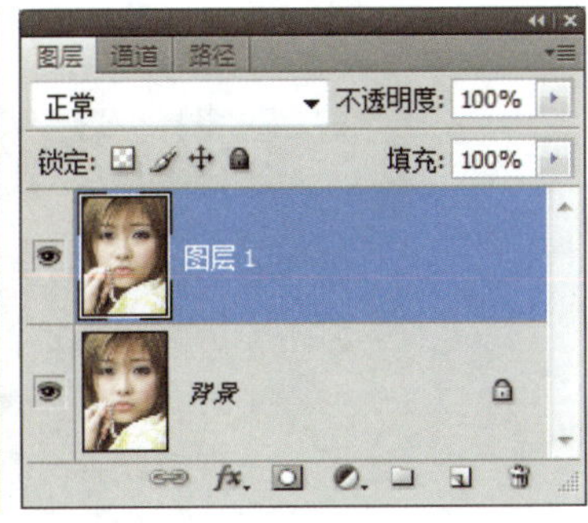

选择双唇

step02 单击 Shift + F6 键，设置约2像素的羽化半径，稍微柔化边缘，但仍维持明显的唇形。

step03 单击**图层**面板中的**创建新的填充或调整图层**按钮，新增**色阶**调整图层，然后在打开的调整面板中拖曳**黑色**、**灰色**、**白色**滑块来调整唇色。

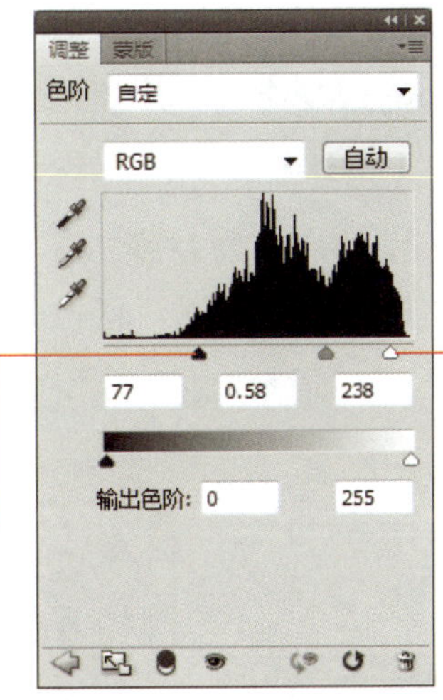

往左拖曳**白色**滑块可让亮部变得更亮，从而添加光泽

往右拖曳**黑色**和**灰色**滑杆可让暗部变得更暗，从而提高饱和度

step04 调好唇色后，如果觉得不够饱和，除了选择**色阶 1**图层重新打开**调整**面板外，直接将此图层的混合模式改成**正片叠底**也有不错的效果，若觉得颜色太重了，可以降低图层的不透明度。

降低一点不透明度，让唇色不至于过重

将混合模式设为**正片叠底**

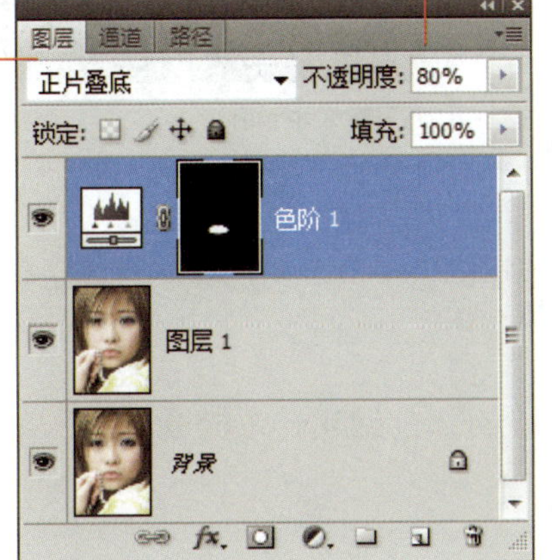

可以打开范例文件 13-09A.psd 观看丰润唇色后的效果。

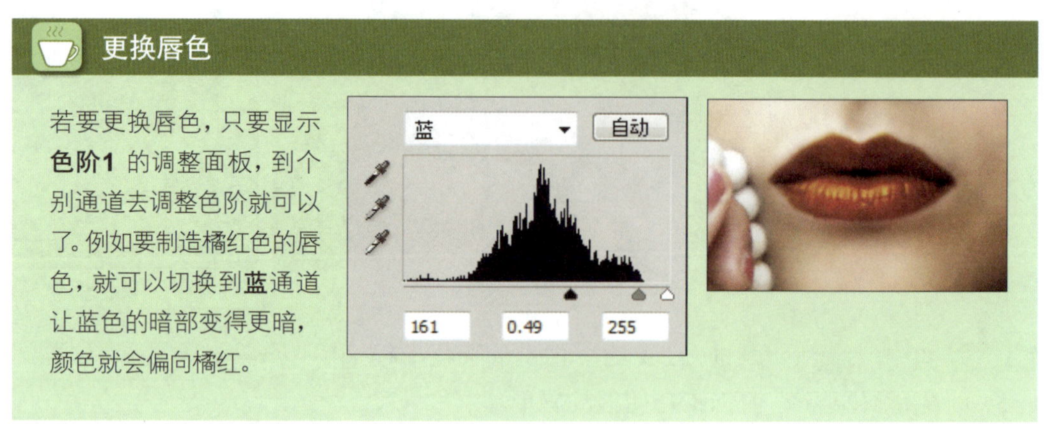

更换唇色

若要更换唇色，只要显示**色阶1** 的调整面板，到个别通道去调整色阶就可以了。例如要制造橘红色的唇色，就可以切换到**蓝**通道让蓝色的暗部变得更暗，颜色就会偏向橘红。

补强腮红让气色更好

丰润唇色后，Model 的气色看起来已经很不错了，不过原本脸上的腮红颜色较淡，现在我们就用 Photoshop 替 Model 补一下腮红，让肌肤有白里透红的感觉，请打开范例文件 13-10.psd 进行练习。

step01 请新建一个空白图层，并命名为**左脸颊**，我们要在这个图层补上左脸的腮红。接着单击前景色色块，在打开的**拾色器**对话框中设置腮红的颜色，在此选择R：184、G：80、B：136 颜色。

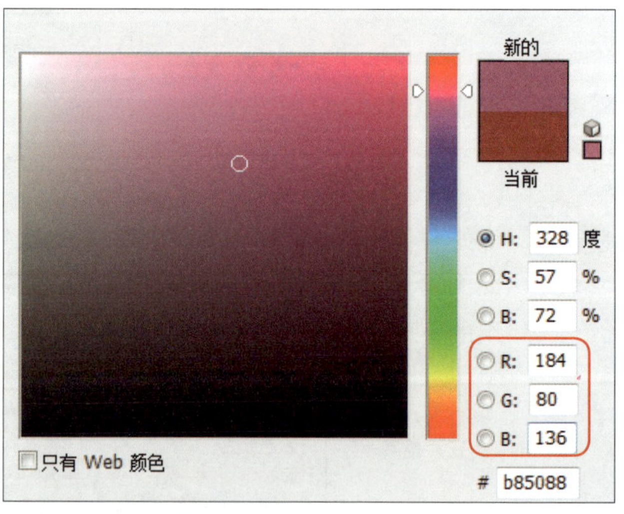

TIP 其实也可以使用**吸管工具** 选择图像中原本的腮红颜色或是唇色、指甲色来当做腮红的颜色，这样整体的色系会比较一致。

step02 使用**椭圆选框工具** 在左脸的部位创建一个椭圆的选区，选区要涵盖左脸颊，即使盖到眼睛、嘴巴也没关系。

step03 按 Alt + ←Backspace（Windows）/ option + delete （Mac）键，将选区填充为前景色，再将**左脸颊**图层的**不透明度**降低至 20%，如果喜欢浓一点的颜色，可将**不透明度**的值再提高一点。

step04 请按 Ctrl + D（Windows）/ ⌘ + D （Mac）键取消选区，接着到**图层**面板单击**添加图层蒙版**按钮，然后用黑色的柔边画笔在蒙版上面涂抹，将超出脸颊部位的腮红遮蔽。

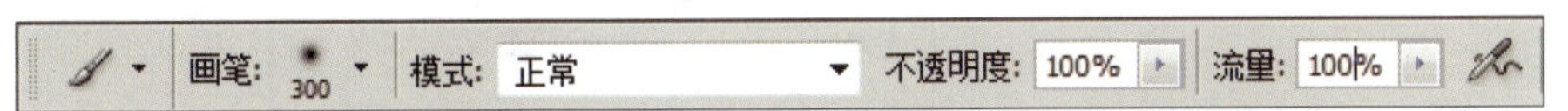

在画笔工具的选项栏进行设置

step05 可以重复前面的做法，再新增一个空白图层来补上右脸颊的腮红，不过比较简便的方法是，再复制一层**左脸颊**图层，更名为**右脸颊**，然后用**移动工具**将腮红移到人像的右脸，再交替运用黑色和白色的柔边画笔在**右脸颊**图层的图层蒙版中涂抹，修正腮红的范围。

可以打开范例文件 13-10A.psd 来浏览补腮红的效果。

美化商品照

完成人像的美化后，现在要替本范例的主角——商品做美化。在拍摄商品时我们只拍摄一只唇蜜，因为待会儿将利用 Photoshop 来复制出多只唇蜜，并且替唇蜜更换颜色、加上商品名称与编号，以营造系列感。同时也将替唇蜜加发光、变换排列方式，让商品照更有质感。请打开范例文件 13-11.psd 来进行练习。

step01 请选择**唇蜜**图层，然后连续按两次 Ctrl + J （Windows）/ ⌘ + J （Mac）键，复制出 2 个相同的图层，再用**移动工具**将这 3 只唇蜜排列如下。

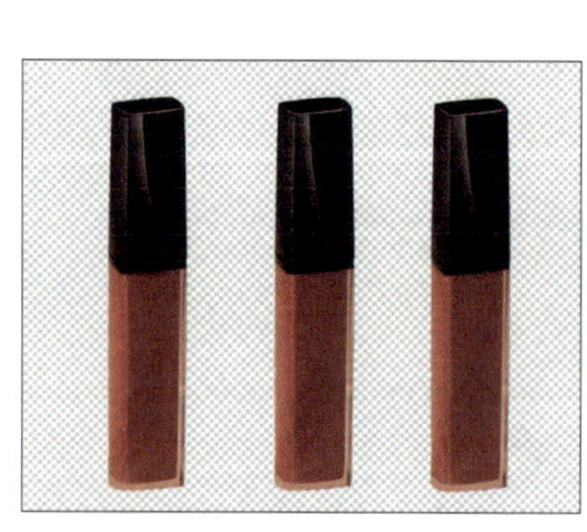

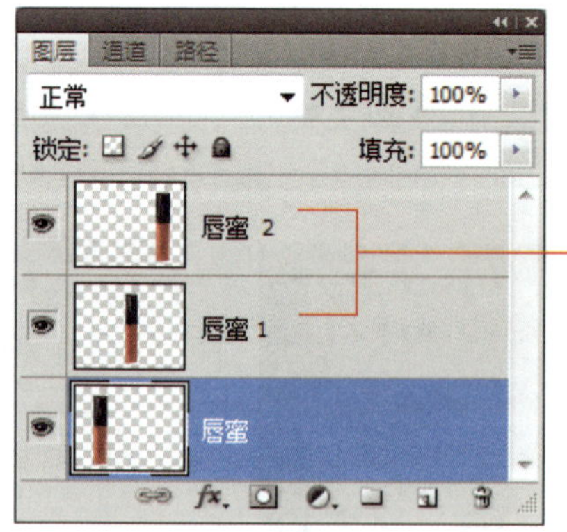

复制出 2 个相同的图层，并替图层重新命名

step02 现在画面中有 3 只一模一样的唇蜜，不过我们希望**唇蜜 1、2** 能换成别的颜色。请按住 Ctrl （Windows）/ ⌘ （Mac）键，再单击**唇蜜 1** 图层的缩略图，选择整只唇蜜的范围，然后再选用**快速选择工具**，单击**选项栏**的**从选区中减去**按钮减掉黑色的瓶盖部分。

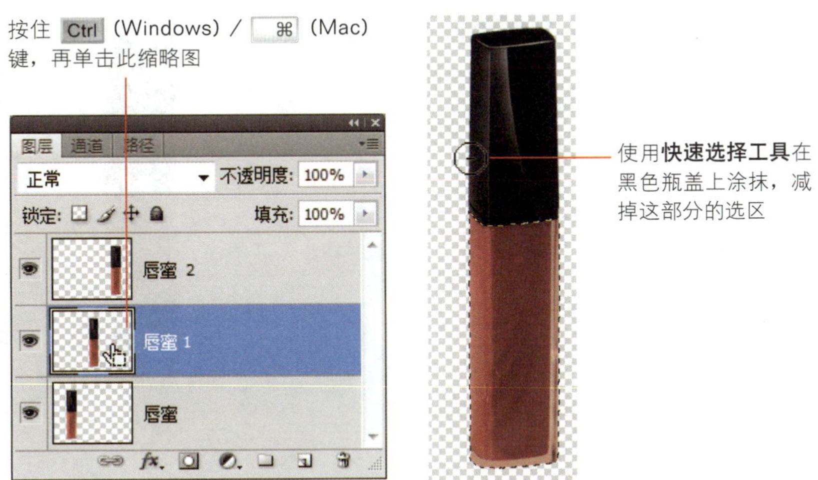

step03 接着执行“**图像/调整/色相/饱和度**”命令，勾选**着色**复选框后，分别调整**色相**、**饱和度**和**明度**的数值，变换**唇蜜 1** 的颜色。

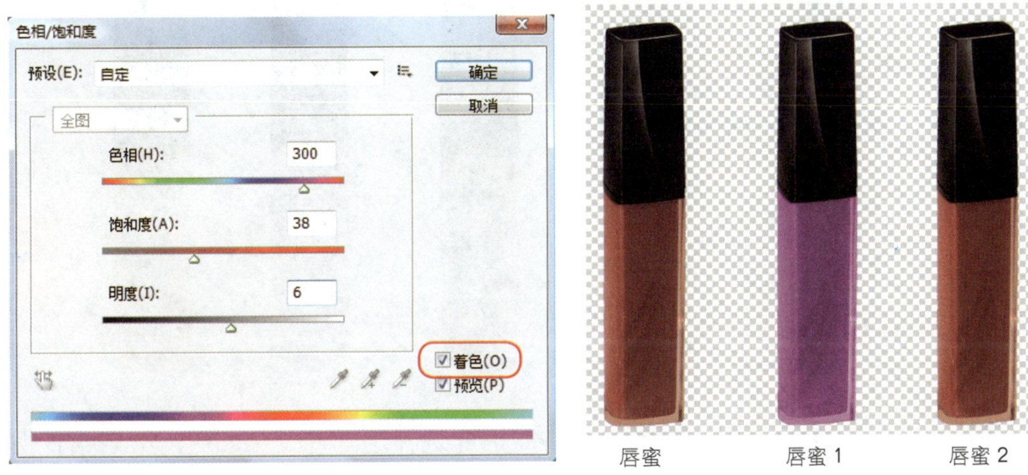

step04 接着再按照步骤 2、步骤 3 的做法，将**唇蜜 2** 的颜色变更成如下的橘红色。

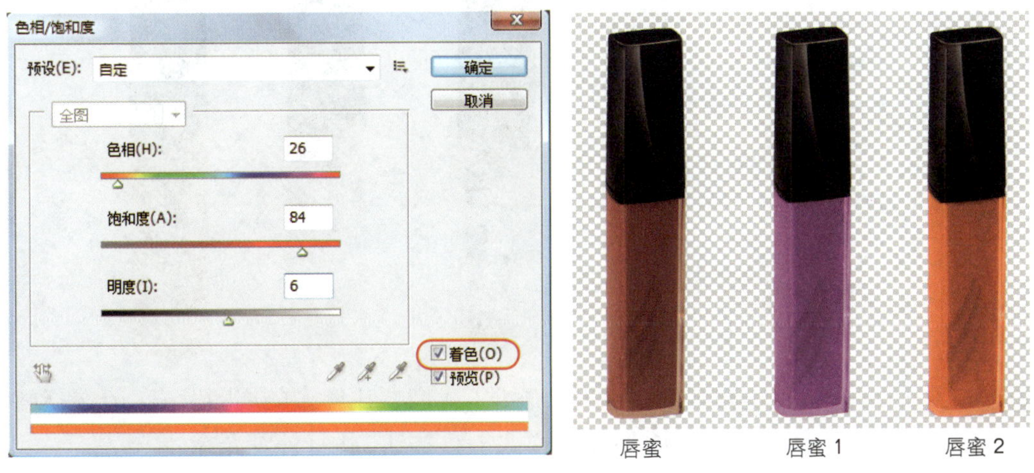

step05 选择**唇蜜**图层，使用**横排文字工具**在唇蜜上输入商品系列及编号“Sweety No.2”，接着执行“**编辑/变换/顺时针旋转 90°**”命令，让文字的方向与唇蜜同方向，再使用**移动工具**调整文字的位置。

横排文字工具的**选项栏**设置

输入文字　　旋转文字方向

step06 分别替**唇蜜 1**、**唇蜜 2** 图层加上“Sweety No.4”及“Sweety No.6”文字，并将文字调到约在瓶身中央的位置。

step07 我们希望文字的位置能排列整齐，因此选择这 3 个文字图层，然后执行“**图层/对齐/底边**”命令，让文字全部靠下对齐。

step08 接下来，为了让唇蜜有更诱人的感觉，我们要让唇蜜的周围发亮，请选择**唇蜜**图层，然后单击**图层**面板的**添加图层样式** fx. 按钮，执行**外发光**命令。

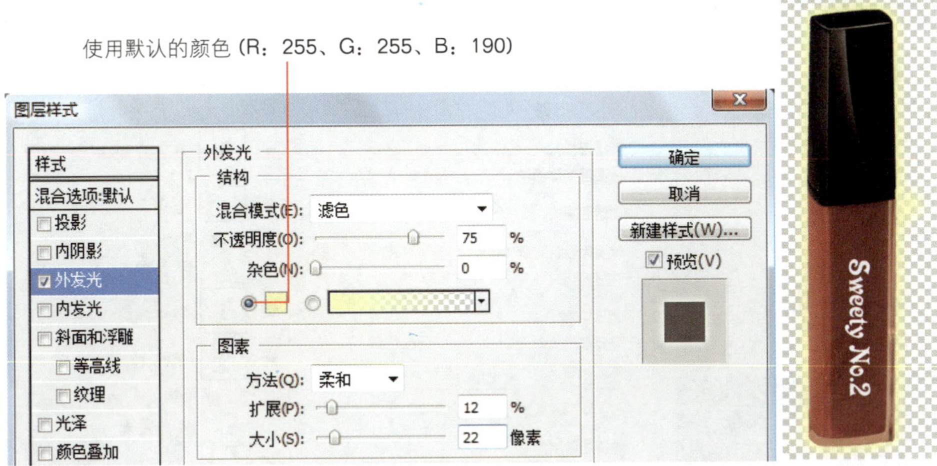

step09 按照步骤 8 的做法，请分别替**唇蜜 1**、**唇蜜 2** 图层加上外发光。

step10 完成唇蜜的美化后，就可以将唇蜜移动到刚才润饰好的 Model 图像中，不过在进行移动之前，最好将唇蜜与对应的文字合并起来，以免现在调整好的位置混乱。要合并图层很简单，只要在选择图层后，单击**图层**面板的 按钮执行 **“合并图层”** 命令即可，这样当移动某只唇蜜时，其对应的文字也会跟着一起移动。

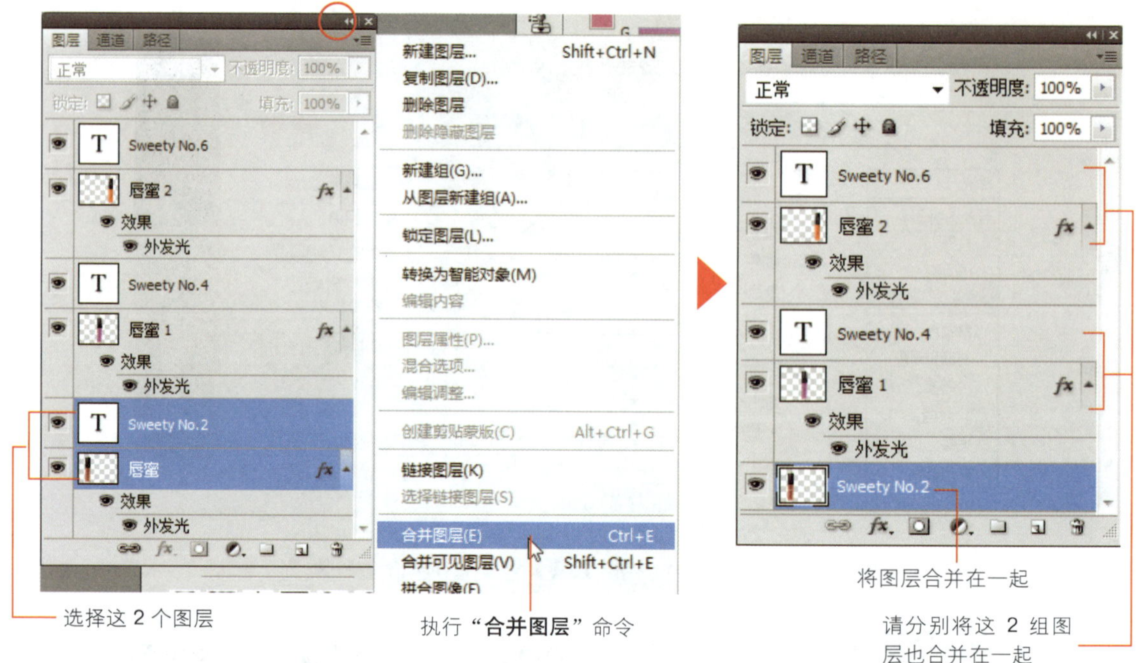

置入商品并调整尺寸与位置

做好唇蜜的美化后，现在我们要将唇蜜移动到先前润饰好的人像文件中，并调整唇蜜的顺序及位置。可以打开范例文件 13-11A.psd 及 13-12.psd 来进行练习。

step01 请选择范例文件 13-11A.psd 中的所有图层，然后使用**移动工具**将选择的图层移动到 13-12.psd 中。

step02 移动进来的唇蜜比例太大，请在**唇蜜**图层仍然选择的状态下，执行“**编辑/变换/缩放**”命令，将唇蜜缩小。

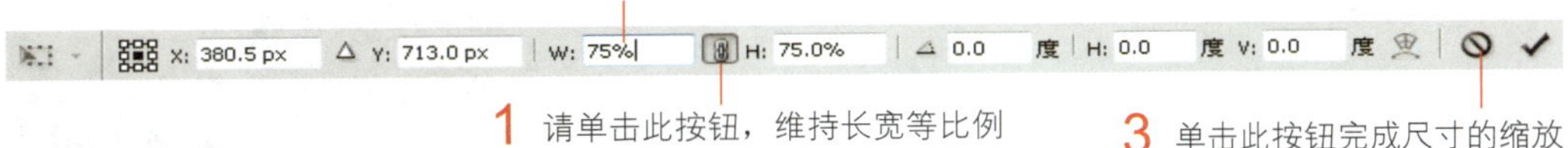

step03 接着要将唇蜜转个方向排列，让整体版面比较活泼。请选择“Sweety No.2”图层，然后按 Ctrl + T（Windows）/ ⌘ + T（Mac）键，在变换框外拖曳，即可旋转唇蜜的方向。

当指针呈 ↻ 状时，在变换框外左右拖曳鼠标就可旋转图像

在变换框内按住鼠标左键，可移动图像的位置

step04 请分别旋转“Sweety No.4”、“Sweety No.6”的唇蜜图像，使其呈现如右图所示的效果。

加上商标及美化版面

唇蜜的广告宣传单已经大致完成了，现在只要再加上产品的商标及宣传文字就完成了。

step01 请打开范例文件 13-13.psd，然后执行“**图像/画布大小**”命令，在图像的下边缘扩大 120 像素的版面空间，用以输入商标及宣传文字。

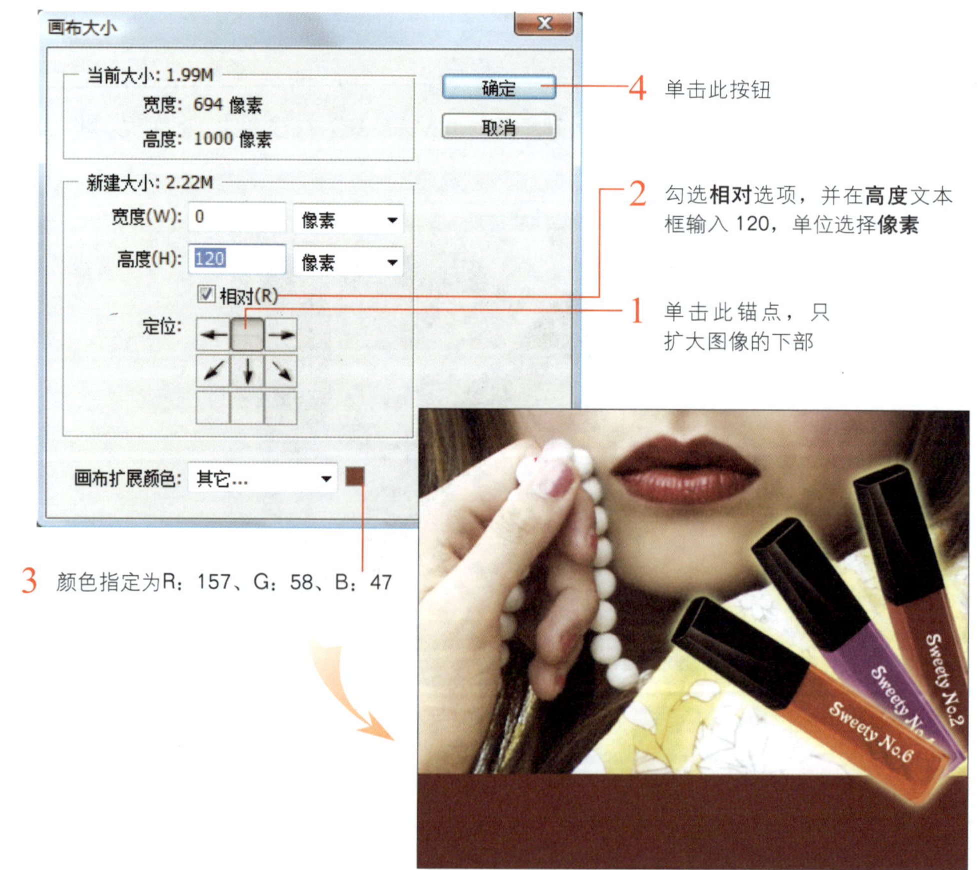

step02 使用**横排文字工具**分别在刚才扩大的区域输入“LE VIOLET”及“fashion cosmetics from Paris”文字，并将位置调整如下。

LE VIOLET 文字在选项栏的设置

fashion cosmetics from Paris 文字在选项栏的设置

step03 在创建好的 **le Violet** 文字图层上双击，打开**图层样式**对话框，替文字加上投影，让文字看起来比较立体。

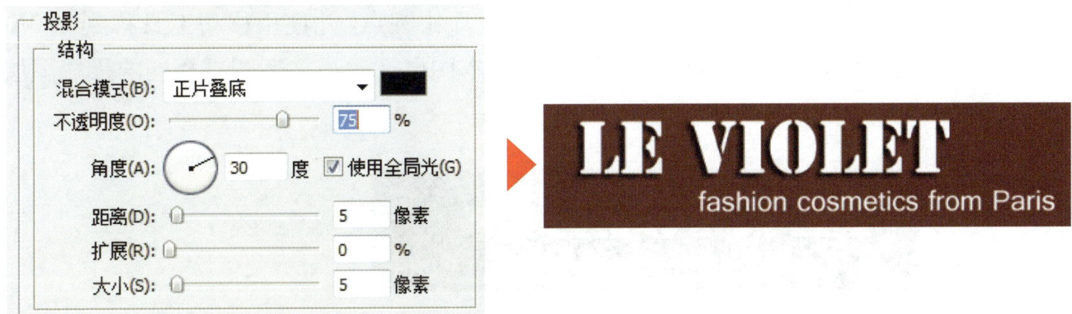

step04 同样地，也请替“fashion cosmetics from Paris”文字图层加上投影效果，比较快速的做法是：先按住 Alt （Windows）/ option （Mac）键，再将 **le Violet** 图层样式直接拖曳到 **fashion cosmetics from Paris** 图层中，即可复制图层样式。

按住 Alt (Windows) / option (Mac) 键后拖曳图层样式

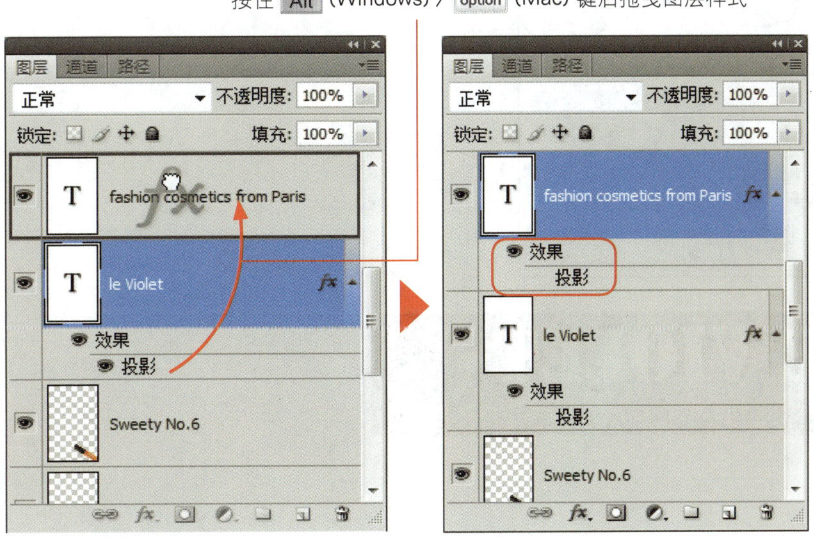

文字变得比较有立体感

step05 创建一个空白图层，使用**工具箱**中的**椭圆工具**，我们要在商标的左右两侧加上小圆点作为点缀。

单击此按钮绘制形状

椭圆工具的**选项栏**设置

在商标旁边绘制出一个小圆点

step06 复制刚才的**形状 1** 图层，再创建另一个小圆点，并使用**移动工具**移到 **le Violet** 的右边，然后分别替**形状 1** 及**形状 1 副本**图层加上与文字图层相同的投影图层样式，就大功告成了。

再复制出一个小圆点

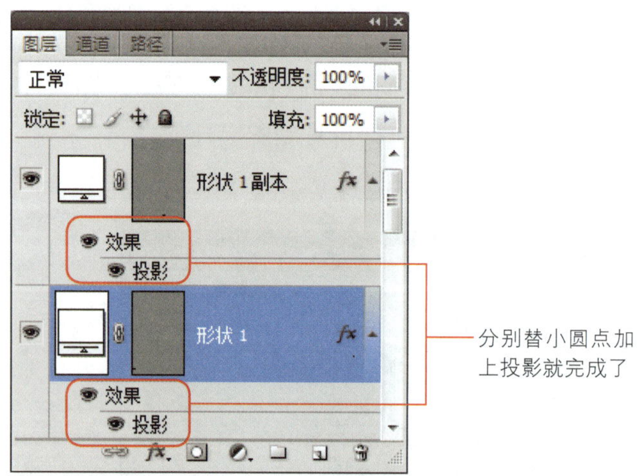

分别替小圆点加上投影就完成了

step07 最后，请选择**背景**图层，然后利用**直线工具** 加上一条装饰线，并将刚才的3 组唇蜜摆在画面的右下角，就完成本范例的制作了。

直线工具的选项栏设置

单击此色块选择颜色，此例使用 R：255、G：229、B：8

在图像中拖曳出一条直线，拖曳时按住 Shift 键，可绘制水平的线段

可以打开范例文件 13-13A.psd 来观看完成后的效果。

1. 要制作商业设计海报时，可以参考以下步骤：

2. 以下整理了本章中使用的各种图像处理技巧。

处理目的	作法
制造朦胧的效果	执行“**滤镜/模糊/高斯模糊**”命令
制作渐变的水墨效果背景图	（1）新建一个空白图层并填充深色 （2）在此图层上创建全白的图层蒙版 （3）使用边缘柔化的半透明黑色画笔在蒙版上涂抹
制作类似印章的效果	（1）以边缘稍微有点破裂的画笔涂抹出色块 （2）以**文字蒙版工具**在色块上输入文字，输入的文字会自动转为选区 （3）删除选区处的颜色，就可产生刻印文字（文字部位挖空）的印章效果
美化肌肤	（1）以**污点修复画笔工具**修补人像上的瑕疵，例如痘痘、斑点、皱纹、发丝等 （2）执行“**滤镜/杂色/减少杂色**”命令来柔化肌肤纹理，减少粗糙感 （3）执行“**滤镜/模糊/高斯模糊**”命令，让皮肤变光滑 （4）使用**亮度/对比度**调整图层，加亮皮肤的光泽
加强唇彩	（1）在唇部创建选区 （2）使用**色阶**调整图层来加强唇色及光泽
补强腮红	（1）使用**椭圆选框工具**创建圆形选区 （2）在圆形选区中填充颜色，并降低不透明度 （3）使用柔边的大画笔在刚才的腮红中涂抹，去掉不必要的部分
更换唇蜜颜色	（1）使用**快速选择工具**选择唇蜜的部分 （2）使用**色相/饱和度**功能变换唇蜜颜色

3. 使用调整图层来调整图像，可在不更改图像像素的情况下，替图像加上颜色、亮度、渐变等调整效果，而且此效果可随时隐藏、删除或复制到别的图像上。

4. 要复制某个图层的图层样式，只要按住 Alt （Windows）/ option （Mac）键，再拖曳图层样式到目的图层，就可以复制出一样的图层样式。

实用的知识

在Photoshop 中，还有什么功能可用来快速调整图像的颜色气氛?

可以使用**变化**功能，以更直观的方式来调整色彩平衡、饱和度和明暗度。只要执行“**图像/调整/变化**”命令，打开**变化**对话框，直接在下方欲改变的颜色、明暗度、饱和度预览图上单击，就可立即在**目前图像**预览图上看见调整后的效果。若要恢复原状，只要在**原稿**预览图上单击，就可以返回到原来的图像重新进行调整。

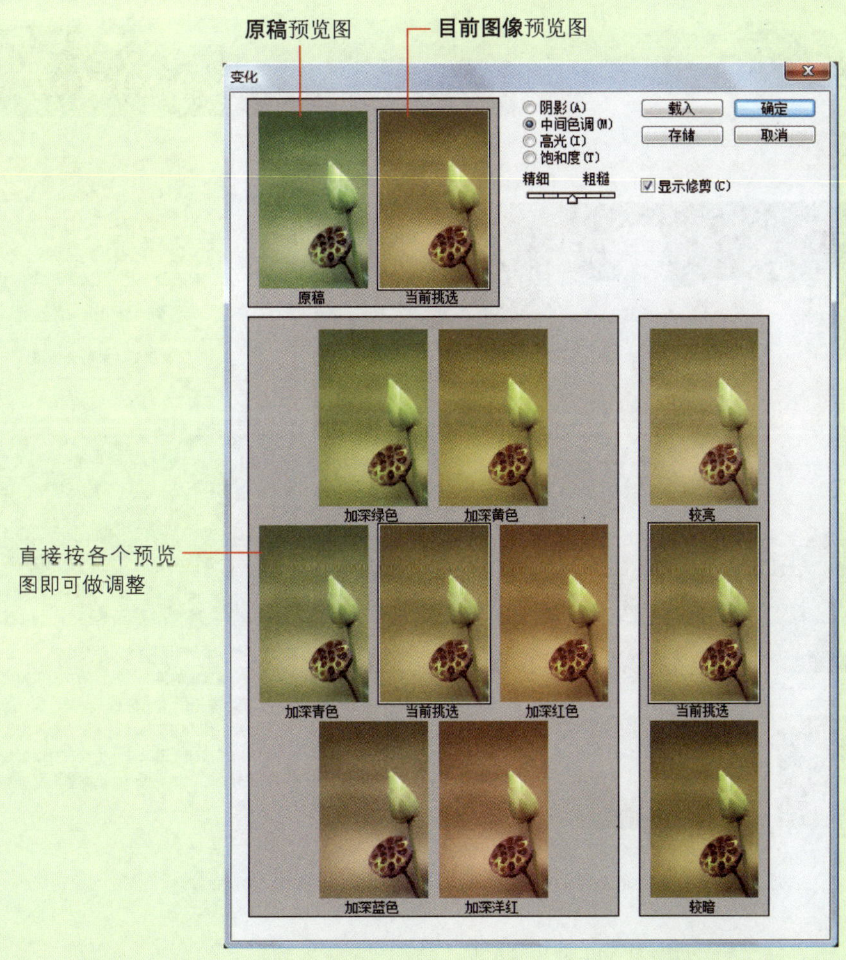

第14章 网页图像的处理

旅游网页版面设计

课前导读

Photoshop 除了可拿来修照片、做平面设计外，还可应用于制作网页专用的图像。实际上，通常会先在 Photoshop 中设计好整个网页的版面，接着再使用切片功能将图像做切割、创建超级链接，就可以存储成网页格式。完成这些工作后，可以进一步使用网页制作软件（如 Dreamweaver）来美化及整合网页内容。本堂课就以设计一个旅游网页的实例来说明网页图像的处理。

本章学习提要

- 认识网页图像切片
- 切割图像与创建超级链接
- 将网页图像优化
- 将图像输出成为网页格式

估计学习时间 120分钟

14-1 使用切片工具切割图像

使用 Photoshop 制作网页图像，通常都是先设计好整体的版面呈现，包括Logo、广告横幅、功能按钮、菜单位置等，这样网页才会有一致性、整体性，完成版面的设计与配置后，就可以使用**切片工具**逐一切割各个部位（例如功能按钮、广告横幅等），并存储成网页格式。

关于切割图像

切割图像是制作网页时常用的技巧，例如要在网页中显示大型图片时，为了避免文件过大造成浏览者等待很久还看不到内容，就可以事先将图像切割成多个**切片**，让部分图像提前显示出来。

以下图为例，这是一张利用 Photoshop 设计好的网页图像，若是以 512Kbps 的速率下载，大约需要 8 秒才能下载完毕，也就是说浏览者必须耐心等待 8 秒才能看到这张图像。

为加快网页图像的显示速度，可以凭借**切片**技巧，将图像切割成多个小部分，以便让网页在下载时陆续出现图像，有效减少浏览者等待的时间。

利用切片功能将一张图像切割成数个小部分，再分别存储起来，就可加快图片的下载速度

在 Photoshop 中切割图像的方法很容易，只须使用**切片工具**在图像上拖曳出切片范围即可。此外，切割完成后，还可以为每个切片指定不同的超级链接，以链接到其他网页（稍后会详细示范）。

切片工具位于**工具栏**中的**裁剪工具**下

利用参考线快速创建切片

替图像创建切片最快速的方法就是利用**参考线**划分出要切割的区域，接着再单击**切片工具**选项栏的基于**参考线的切片**按钮，就会自动依据参考线的划分来切割图像了。请打开范例文件 14-01.jpg 来做练习。

要建立参考线，只要按住标尺往下（或往右）拖曳就可以了

1 使用参考线划分出要切割的区域

2 单击**切片工具**选项栏的**基于参考线的切片**按钮

自动完成图像的切割了　　每个切片上会自动产生编号

这个方法对于整张图像都要做切割时很好用，若是只切割部分图像，那么请使用手动切割的方式来创建切片，请看下面的说明。

使用切片工具手动创建切片

刚才利用参考线的方式来切割图像，有时候切割后的效果不大理想，例如一个完整的 LOGO 图，可能被切割成两块，这对于我们事后要设置超级链接就比较不方便，所以我们可以利用手动的方式创建切片。

step01 请继续使用刚才的 14-01.jpg 来练习，不过刚才我们已经利用参考线创建了许多切片，请执行“**视图/清除切片**”命令，将刚才创建的切片清除掉，接着再执行“**视图/清除参考线**”命令，将刚才创建的参考线清除。

step02 选用**工具箱**中的**切片工具**，在**选项栏**的**样式**下拉列表框中选择**正常**选项，再按住鼠标左键在画面左上角的 **PhotoTour** 处拖曳出一个矩形范围。

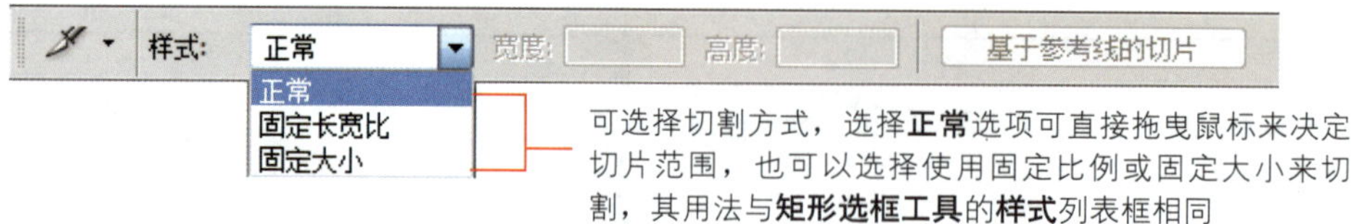

可选择切割方式，选择**正常**选项可直接拖曳鼠标来决定切片范围，也可以选择使用固定比例或固定大小来切割，其用法与**矩形选框工具**的**样式**列表框相同

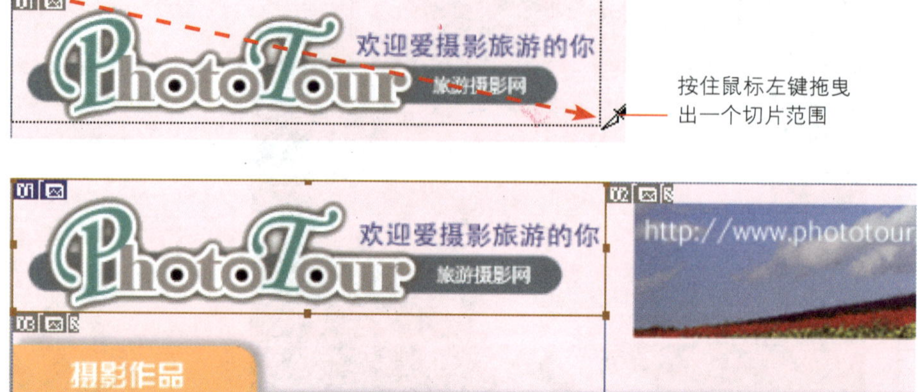

按住鼠标左键拖曳出一个切片范围

此时会发现每个切片左上角都会有一个编号，而且会从图像最左上角开始依次编号。我们切割出来的切片编号会呈蓝色，叫做**使用中切片**；而 Photoshop自动产生的切片编号则呈灰色，叫做**自动切片**。

TIP 若没有看到 Photoshop 产生的**自动切片**，请选择**工具箱**中的**切片选择工具**，再单击**选项栏**中的**显示自动切片**按钮；反之，要隐藏**自动切片**，只要再单击**隐藏自动切片**按钮即可。

使用参考线来辅助创建切片

手动拖曳**切片工具**来创建切片，有时不太容易准确地圈选图像，使 Photoshop 自动产生多余的切片，为了避免这样的结果，可以使用参考线先划分出要切割的区块，这样在使用**切片工具**时，就会自动吸附参考线，从而能够轻易地沿着参考线拖曳，避免产生多余的切片。

编号 03 就是多余的切片

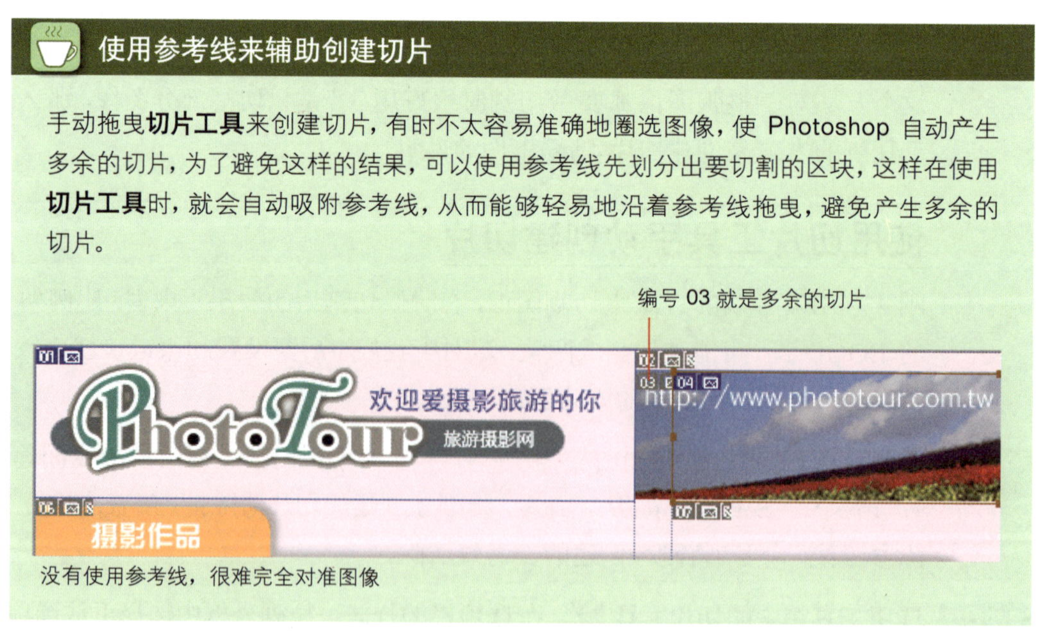

没有使用参考线，很难完全对准图像

使用划分切片命令来创建多个切片

在这张网页图像的右侧有 3 个文字按钮要制作成切片，虽然可以利用前面所学的方法来创建切片，不过手动拖曳需要做 3 次才能完成，所以这里我们要介绍一个更简单的方法，从而快速创建多个切片。这个方法对于划分网页的导航、功能按钮或是属性相同的图像很有用。

step01 请执行"**视图/清除切片**"命令，清除之前练习时所创建的切片，然后利用**切片工具**框选"摄影团队"、"摄影作品"及"桌面下载"这 3 个文字按钮。

建议放大图像的显示比例，这样使用**切片工具**拖曳时会比较精准

step02 拖曳出切片范围后，请在切片上单击鼠标右键，执行"**划分切片**"命令，在打开的**划分切片**对话框中设置要划分的条件，由于我们的按钮是垂直排列，所以请勾选**水平划分为**复选框，并在**个纵向切片，均匀分隔**文本框中输入"3"，将文字按钮切割成 3 份。

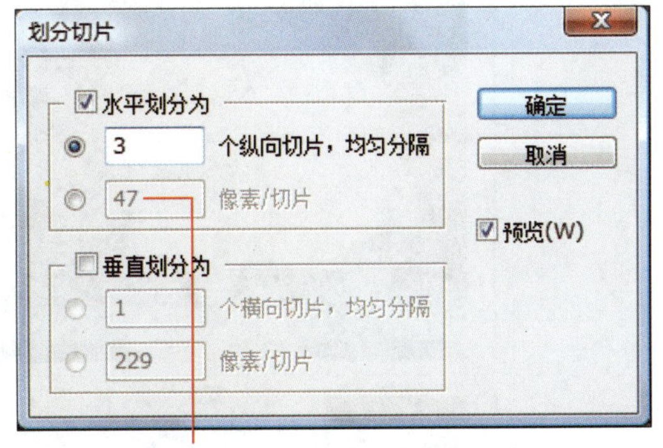

也可以在此指定每隔多少像素就做一次划分，例如每 100 像素就切割一次

step03 单击**确定**按钮，就可以看到这 3个按钮已经平均划分好了。

切片的编号也会自动更新

利用**划分切片**对话框来切割图像的好处是，除了可快速创建平均的切片大小外，还可以避免自行拖曳切片时，切片与切片之间没有完全连接，造成两切片间产生自动切片。但若是要创建切片的区块大小不一，就不适合使用划分切片的方式了。

按现有的图层自动创建切片

当制作好网页图像，且尚未将所有图层合并在一起时（仍然保留图层信息），可以让 Photoshop 依据图层的内容自动创建切片，从而节省手动切割的时间。

step01 例如范例文件 14-02.psd 中包含了多个图层，就可以使用这项技巧快速创建切片。请打开**图层**面板，选择所有图层，但不包含**背景**图层。

选择**背景**图层以外的所有图层

step02 执行“**图层/新建基于图层的切片**”命令，就可自动按照图层内容创建好切片。

自动创建好切片

step03 自动按照图层创建切片，还有一个很大的好处，那就是当还想移动某个图层图像的位置或是调整图层图像的大小时，都不需要重新创建切片，Photoshop 就会自动做调整。请选择**大图**图层，执行“**编辑/变换/缩放**”命令，将图像调小。

将此图缩小，切片也会跟着调整

step04 使用**工具箱**中的**移动工具**，移动刚才缩小的图形，切片范围也会跟着调整，不需要重新拖曳。

调整切片的大小与位置

刚才我们学会了多种创建切片的方法，不过创建好的切片还需要做缩放、移动等调整才能符合我们的需求，这些调整工作需要使用**切片选择工具**来完成，下面我们就以实例进行说明。

step01 请打开范例文件 14-03.psd，这张网页图像我们已事先利用划分切片的功能替画面中的 3 张小图做等距切片，但是使用等距切片没办法刚好选择整个小图，所以现在我们要利用**切片选择工具**调整切片的大小及位置。

编号 03 的切片还包含了这块我们不要的区域

我们要将切片调成如图所示的样子，让切片刚好涵盖小图及边框的范围，不要有多余的区域

TIP 如果打开范例文件 14-03.psd 看不到切片的效果，可能是切片被隐藏起来了，请执行“**视图/显示/切片**”命令来显示切片。

step02 请选择**工具箱**中的**切片选择工具**，然后在编号 03 的切片上单击鼠标左键，即可选择此切片，选择的切片会变成橘色框线，并产生 8 个控制点，拖曳控制点即可调整切片的大小，在此请拖曳右边的控制点，我们要缩小切片的范围。

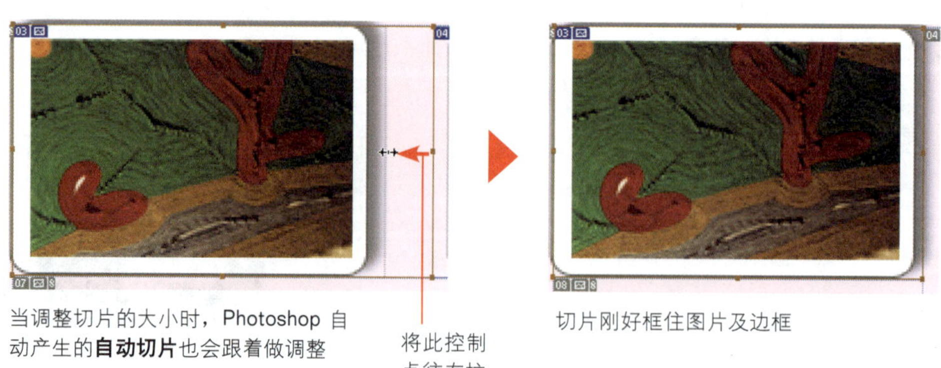

当调整切片的大小时，Photoshop 自动产生的**自动切片**也会跟着做调整

将此控制点往左拉

切片刚好框住图片及边框

step03 请利用相同的方法，继续调整另外 2 张图片的切片，使其刚好框住图片。

调整后的结果

如果要调整切片的位置，只要直接在切片上拖曳就可以了，但 Photoshop 自动产生的**自动切片**是无法调整的。

删除切片

删除切片的方法十分简单，请选择**切片选择工具**后，选定不要的切片，再按 Delete 键即可。请试着删除范例中编号为 05 及 07 的切片。

选定要删除的切片（请先在编号 05 的切片上单击鼠标左键，按住 Shift 键后，再单击编号 07 的切片），按 Delete 键

选择的切片被删除了，切片的编号也会自动改变

删除切片后，Photoshop 会自动判断切片的变化，然后重新创建切片与切片的编号。以刚刚删除切片的区域来说，在删除使用中的切片后，预设会将其他的图像当作一个自动切片。但由于所有的切片都必须是矩形，因此删除切片后，不规则区域会自动再做切割。

TIP 若删除了所有的切片，在完全没有切割的状态下，会把整张图片当成一个切片。

创建切片的超级链接

创建好切片后，接着我们就可以为每个切片设置超级链接了。请打开范例文件14-04.psd 进行练习。

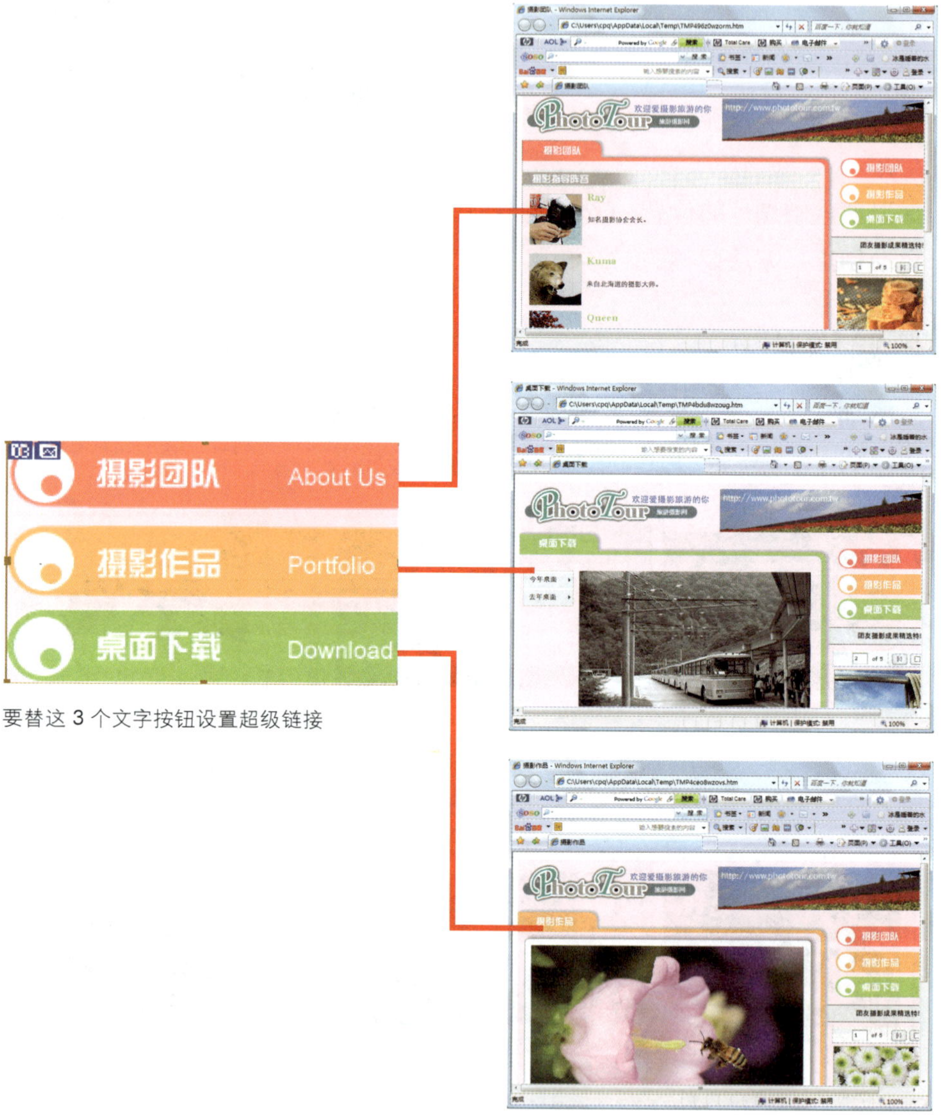

要替这 3 个文字按钮设置超级链接

step01 使用**切片选择工具**选择要设置超级链接的切片，首先是选择“摄影团队”切片，然后在切片上单击右键，执行**编辑切片选项**命令，打开**切片选项**对话框，在对话框的 **URL** 文本框中输入超级链接地址，如：“about.html”。

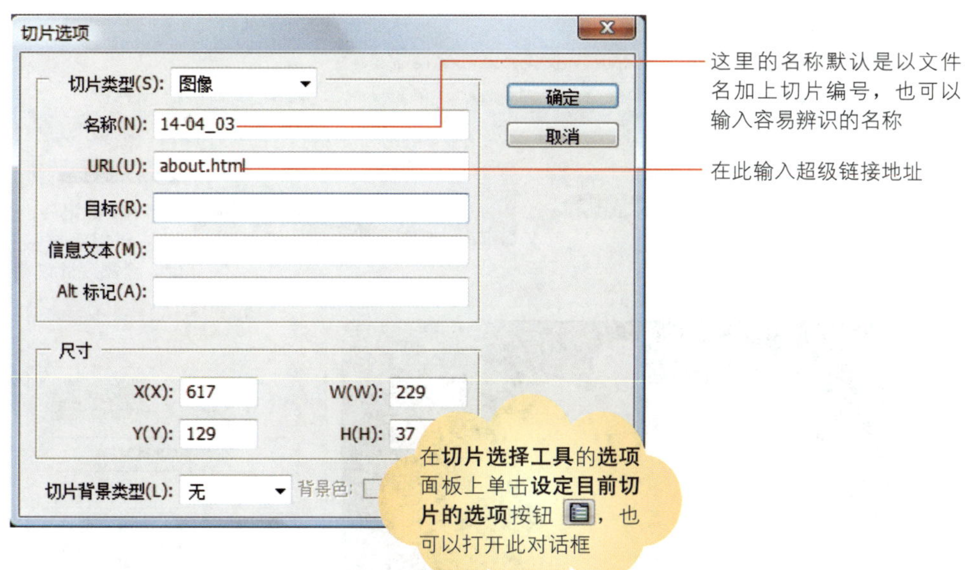

TIP 在此我们将要链接的网页文件都存放在**Web**文件夹内，因此超级链接的地址要设为“xxx.htm”的格式。若是要链接到网络上的网站，则须输入“http://网站地址”这样的格式。

step02 在**目标**文本框中输入“_blank”，表示单击“摄影团队”后，要在新的浏览器窗口中打开链接网页。请在 **Alt 标记**文本框中输入“摄影团队”，这样当指针移到此超级链接按钮时，就会出现说明文字。

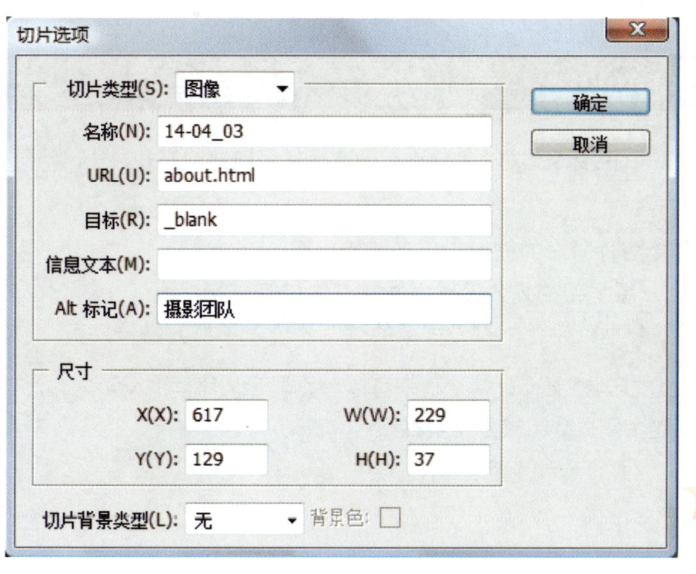

step03 请依序选择“摄影作品”及“桌面下载”切片，分别设置为链接到“photos.html”及“download.html”网页，并将**目标**文本框都设为“_blank”。

网页的切片与超级链接的设置到此已经完成了，接着只要再将图像存储为网页格式，就大功告成了，请接着学习如何将图像存储成网页格式。

“目标”文本框的设置

刚才**切片选项**对话框中的**目标**文本框，主要是用于选择超级链接的打开方式。除了 **_blank** 外，还有以下 3 种方式：

- **_self**：在超级链接图片所在的框架中打开链接网页。
- **_parent**：取消上一层框架的划分设置，并在其中打开链接网页。
- **_top**：取消所有划分框架设置，在无框架的浏览器窗口中打开链接网页。

所谓的**框架**就是网页的区块划分，让每个页框可以分别显示出不同的网页内容，若还是不太懂，可以看看下面这个网页就比较容易明白了。

上框架维持不动，单击左框架中的按钮，右框架的内容会改变

14-2 网页图像优化与存储成网页格式

整张网页图像都处理好之后，最终的步骤就是将图像优化，再输出为网页。将图像优化可让我们找出网页图像质量与文件大小之间的平衡点，避免图像在下载时过慢或质量太差的情形，并将制作好的成果转换成网页格式，以便使用浏览器来查看。

图像优化

未切割的图像，优化的对象是整张图片，优化完成后会转存成单张图片。如果图像经过切割，则优化的对象就是图像中的每一个切片，优化完成后就会输出成多张图片（每个切片都是一张独立的图片）。以范例文件 14-05.psd为例，我们将图片切割成 19 个切片，因此将此文件优化后，便会输出 19张网页图片。

切割为 19 个切片

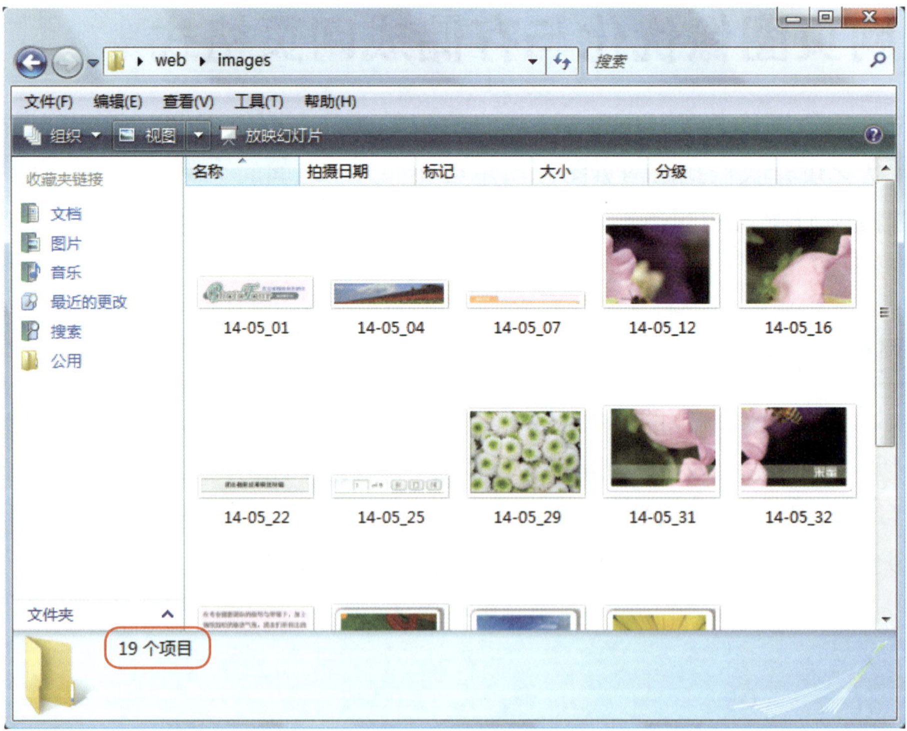

可输出成 19 张网页图片

若只想输出其中某一张切片，可单独选择该切片再执行优化的工作；若要一次优化所有切片，请不要选择任何切片，直接执行优化的工作即可。

下面我们就要将切割好的范例文件 14-05.psd 中所有的切片优化，并输出为网页。

step01 打开范例文件 14-05.psd 后，执行“**文件/存储为Web和设备所用格式**”命令，进入对话框来设置。

默认显示比例为 100%，请在此列表框选择符合窗口或显示全页的选项，以便一次显示所有的切片

step02 单击左侧工具栏上的 按钮，即可选择切片，然后在右侧的**优化文件格式**列表框中指定要将该切片优化成哪种图像格式。以我们的范例图像来说，照片的颜色丰富且没有设定透明背景或动画，适合存成 JPEG 文件格式；而文字按钮的部分（切片10、18、20）由于颜色单纯又有文字，适合存成 GIF 文件格式。

step03 若选择优化成 JPEG 文件格式，还可以在**质量**下拉列表框中，选择不同的压缩品质，以便在图像质量和下载时间中取得平衡（因为图像品质越高，下载速率越慢）。

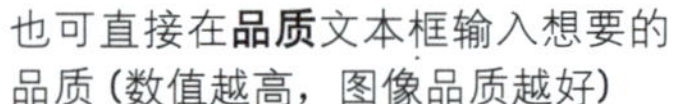

图像品质共有**最佳**(100)、**非常高**(80)、**高**(60)、**中**(30)、**低**(10) 等 5 种

step04 若觉得一一比较下载速率很麻烦，这里有一个更快速的方法，就是切换到**双联**或**四联**的查看模式，就可以预览不同的优化模式下的传输速率和图像品质。

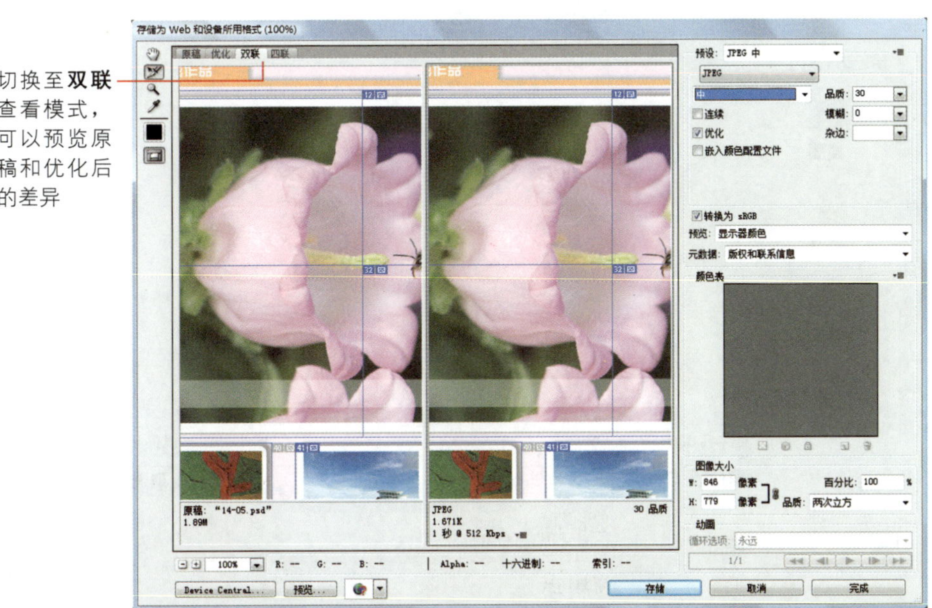

切换至**双联**查看模式，可以预览原稿和优化后的差异

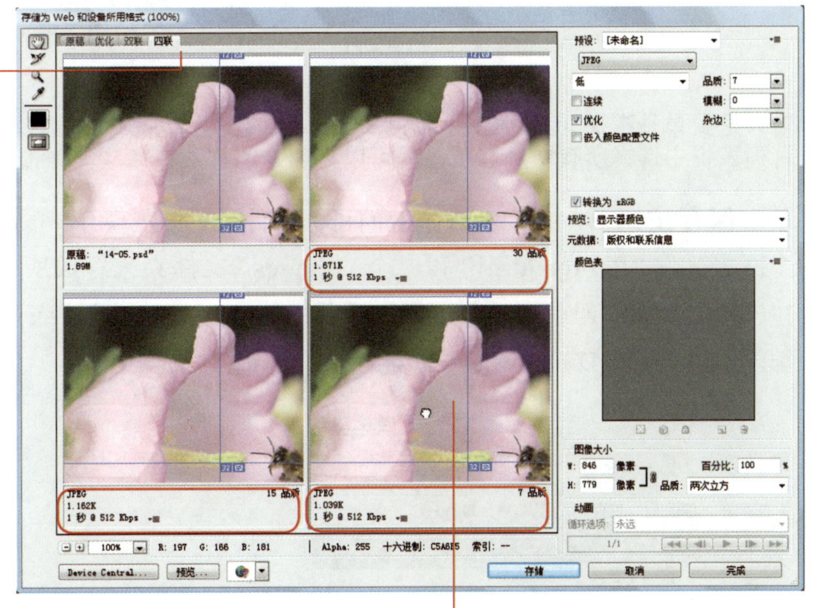

切换至**四联**查看模式，可以一次比较不同品质的下载速率和图像品质

选择其中一联后，切换到**抓手工具**可以拖曳联中的图像，查看各部分的图像是否会因为品质降低而导致画质过差

step05 经过前面的评估后，我们选择以 JPEG 格式来存储图像，并将图像品质设为“60”。请单击**存储**按钮，打开**将优化结果存储为**对话框进行设置，本例我们要将整个图像存储为网页格式，因此在**保存类型**中请选择 **HTML 和图像**。

TIP 若只是要单独存储切片后的图像，那么请在**保存类型**列表框中选择**仅限图像**，然后在**切片**列表框中选择**所有切片**选项，就可以将创建的切片存储成一张张的图像。

step06 单击**保存**按钮后，打开刚刚存盘的目标文件夹，会发现 Photoshop 自动产生了一个网页文件"Photos.html"和一个"images"文件夹来存放所有的切片文件。双击"Photos.html"即可打开网页来查看其中的超级链接设置，或是可以用其他的网页编辑软件（例如 Dreamweaver）继续编辑这个网页。

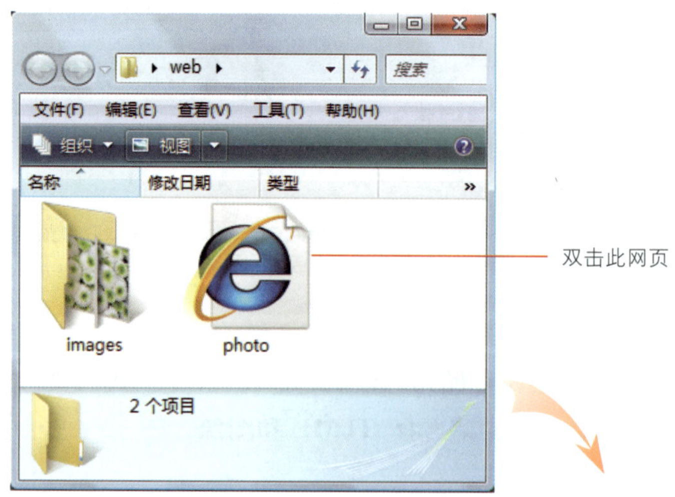

打开浏览器浏览网页

看完本章的说明，相信您已经学会将图像制作成网页，接下来我们还将介绍处理网页动画的技巧，请继续阅读第 15 章的内容。

1. 要将图像适当切割并制作成网页，可参考下列步骤：

step01 用**切片工具**将图像切割成切片。

step02 用**切片选择工具**调整各切片的大小和位置，并视需要来指定它们的超级链接目标。

step03 执行"**文件/存储为Web和设备所用格式**"命令，选择每个切片要输出的图像品质和文件格式。最后要保存时，在**保存类型**中选择 **HTML 和图像**，并指定要存储所有切片，即可存储每个切片图像，并自动产生一个网页。

2. 使用**切片工具**来切割图像时，可运用下列 4 种做法：

- **依据参考线自动切割**：拖曳参考线来划分要切割的区域，然后单击**切片工具**选项栏的"**基于参考线的切片**"命令，可一次将所有的划分区域切割成切片。
- **手动切割**：直接手动拖曳出矩形的切割线来切割图像。
- **划分切片**：先手动拖曳出一个大的切片，然后在切片上单击右键执行"划分切片"命令，指定要划分的数量和形式（水平或垂直）后，即可将一个切片平均切割成多个小切片。
- **按图层切割**：设计好图像后，在尚未合并所有图层前，可以选择要创建切片的图层，再执行"**图层/新建基于图层的切片**"命令，让 Photoshop 自动按图层内容创建切片。

3. 在执行"**文件/存储为Web和设备所用格式**"命令来优化图像时，可以将窗口切换为**两联**或**四联**模式来比较各种不同存储质量的图像差异，选出最适合的质量设置。

实用的知识

1. 适用于网页图像的尺寸该设为多大？

当在设计网页图像时，要特别考虑到图像尺寸的问题，以便获得最佳的网页浏览效果。以15寸显示器为例，分辨率设为1024×768像素，当网页浏览器窗口放到最大，除了菜单、工具栏、网址栏、滚动条与状态列之外，实际上用来观看网页的范围大概只剩下1000×594像素的范围可观看网页。

因此当要设计网页图像之前，一定要先考虑未来图像在浏览器中的呈现大小，以免尺寸过大，要让浏览者频频操作滚动条；或者尺寸过小，而让网页留下许多空白的部分。

在此介绍一个小秘诀，要解决宽度不够所造成的空白，可以使用网页编辑软件将图像居中对齐，并且加上网页背景图，这样就可解决问题了。

2. 什么样的图像适用于网页？

由于网页传输速率的限制，加上网页都是透过显示器来查看，因此适用于网页图像的要素包含：文件大小、颜色模式为RGB及大小合适（符合一般显示器的分辨率）的图像尺寸。在用Photoshop优化及输出网页图像的过程中，就可以对这些要素进行设置。

3. 如何将图片背景透明化？

请在**存储为Web和设备所用格式**对话框中选择 GIF 或 PNG-8 格式，勾选**透明度**复选框，然后在**颜色表**中指定要变成透明色的颜色。

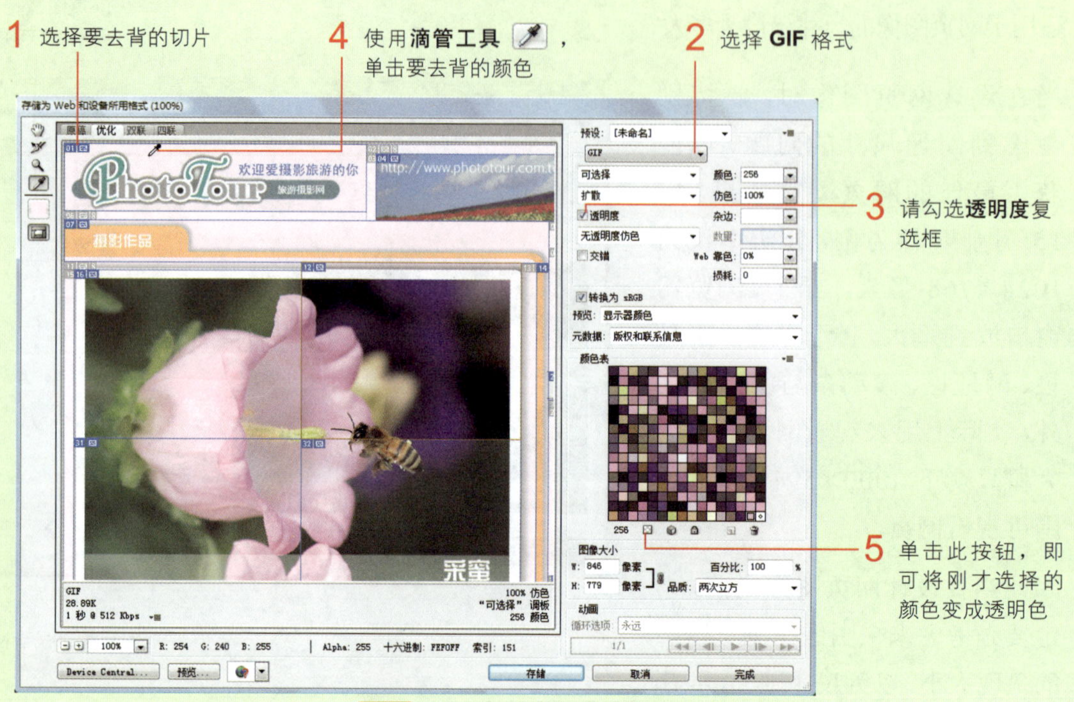

上面的方法适用于去除单一颜色的背景，如果背景的颜色较复杂或范围较大，建议参考前面的章节，预先使用选择工具将图像去背后，再执行“**文件/存储为Web和设备所用格式**”命令，将图像存储为 GIF 或 PNG 文件格式，即可得到背景透明的图像。

4. 使用**切片工具**创建切片时，默认的切片颜色为青色，若图像颜色以蓝、青色居多，就会不容易辨认，可以更改吗？

可以执行“**编辑/首选项/参考线、网格与切片**”命令，将切片的颜色改为其他颜色。

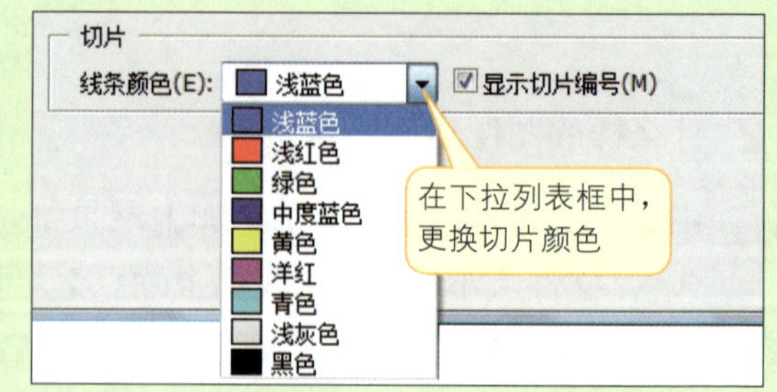

5. 在创建切片时，如果要创建相同大小的切片该怎么做呢？

其实很简单，只要先创建好一个切片，再按住 Alt （Windows）/ option （Mac）键拖曳，即可产生相同大小的切片，其实这就是复制切片的意思，当图像中需要切割出一样大的切片时，就可以使用这样的技巧。

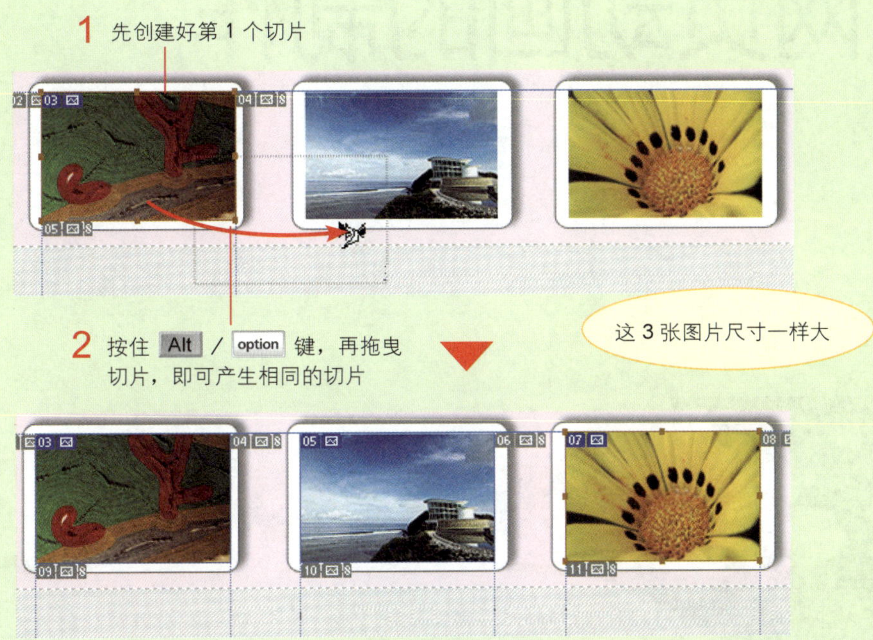

利用此技巧，创建 3 个相同大小的切片

LESSON

第15章 网页动画的制作

爱地球节能网站动画制作

课前导读

Photoshop 除了可以替图像进行修补、加工与合成的处理外，还能制作用于网页上的图形，如企业 LOGO、产品图片甚至是网页动画！本章我们就以一个爱地球节能网站为例，教您制作由清晰到透明的文字动画以及搭配图层样式让动画更多变，还有，常见的图片流动效果也能利用Photoshop的剪贴蒙版轻松完成。

本章学习提要

- 认识 GIF 图像格式
- 认识 Photoshop 的动画面板
- 制作淡入淡出的过渡动画
- 搭配图层样式制作过渡动画
- 创建逐帧动画
- 学习反转帧的技巧
- 使用剪贴蒙版制作具有流动效果的动画
- 调整动画的播放顺序
- 将动画输出成 GIF 格式

估计学习时间 **120分钟**

15-1 认识 GIF 图像格式

GIF 的全名是 **Graphics Interchange Format** （图形转换格式），是由美国 **CompuServe** 公司所制定，利用 LZW （Lempel-Ziv-Welch）压缩算法将文件压缩到很小，却不会破坏原始图像。GIF 格式的特性是兼顾网络传输时间与图像文件质量，因此成为网页中经常使用的图像格式之一。此外，在单独的GIF文件中，还可加入多张图片，并依序快速播放每一张图片，利用人类视觉暂留的特性，看起来就好像是连贯的动画效果。

先制作小熊走路的分解动作，再存储成 GIF 格式，将这些图片串连起来，就成为小熊步行的动画了

GIF 格式目前最多只能存储256 色的 RGB 颜色数量，因此，将图片存储为GIF 格式时，就会自动把相近的颜色视为相同的颜色，强制以 256 种颜色显现出来，适合拿来制作网页中颜色较为单纯的小图标，例如：网页的背景图、分隔线、项目符号、横幅动态广告等。此外，GIF 格式最大的特色就是可以将背景设为透明，以免图片放入网页时，与原有的背景格格不入。

存储成 JPG 格式，无法去除图像背景

存储成 GIF 格式，可以去除图像背景，使图像与网页背景融合在一起

对 GIF 格式有基本的认识之后，我们就要切入正题了，看看如何使用Photoshop 来制作 GIF 网页动画。

15-2 认识动画面板及预览本章范例效果

在 Photoshop 中制作动画，主要是使用**动画**面板，通过对每个帧不同的设置，让图像在播放时产生动态的变化。制作好的动画可存成 GIF 动画格式，或是输出为视频影片。以下我们先来浏览**动画**面板的操作环境，待会儿再以实例来练习。

认识动画面板

请打开范例文件 15-01.psd，并执行“**窗口/动画**”命令，打开**动画**面板，我们希望通过这个小动画来认识**动画**面板。

兔子会从画面左边沿着山丘移动到画面的右边

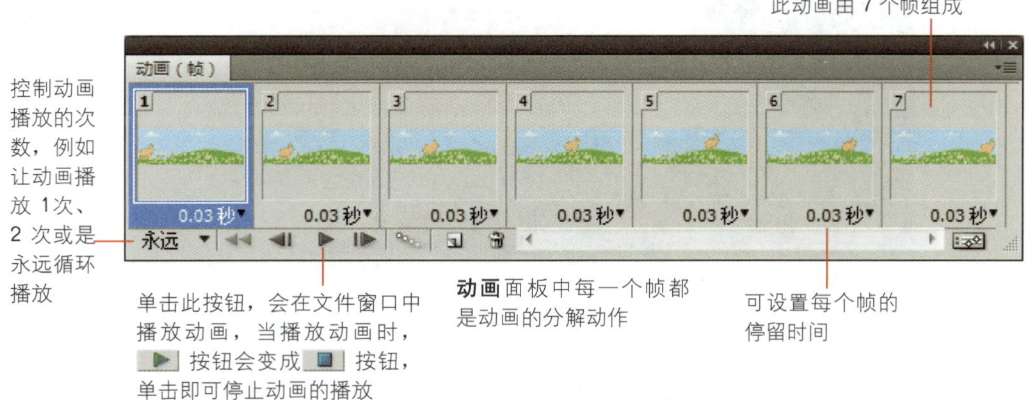

现在只要对**动画**面板有个初步的概念就可以了，稍后我们会逐步以实例来说明**动画**面板的使用方法。

Photoshop 的动画制作原理

通过**动画**面板制作 GIF 动画的方法主要有两种，一种是在**动画**面板中逐一添加帧，并安排每个帧的内容变化，以及该帧停留的时间长度，即可让一连串的帧连接成一段动画；另一种方式则更简便，只要设置好起始帧与结束帧的内容，中间的变化过程则由 Photoshop 自动产生（称为“过渡动画”），不过做出来的效果较为平淡，通常只有对象的位移、淡入淡出、图层样式的显示与消失等效果。关于这两种方法，在本章的范例中都有详细的制作说明。

预览完成效果

请打开范例文件 15-02.jpg，这是一个响应爱地球的节能网站首页设计，我们要在这个网页中制作 4 个动画，首先是让 **Love Earth** 这几个字产生图像流动的效果，并让**爱地球**这 3 个字逐字显示再消失，同时也让原本隐藏在草丛里的兔子跳出来再隐藏。

另外，在倡导文字上我们也要做点动画点缀，例如**节能减碳**这句标语会搭配投影及描边图层样式，制作出慢慢显现的动态效果，而其下的 5 个标语，则会制作由清楚慢慢变淡的动态效果。

◉ Love Earth 图像流动的效果：

利用剪贴蒙版的技巧，让文字底下的郁金香照片由左而右移动，形成图像的流动效果

◉ 在文字标题上搭配图层样式做显示与消失的效果：

文字的描边及投影会由淡慢慢变深

◉ 逐帧创建的动画：

让原本隐身在草丛的兔子逐渐跳出来，同时让**爱地球** 3 个字逐格显示；再利用反转帧的功能，让兔子再隐藏起来

◉ 制作淡入淡出的过渡动画：

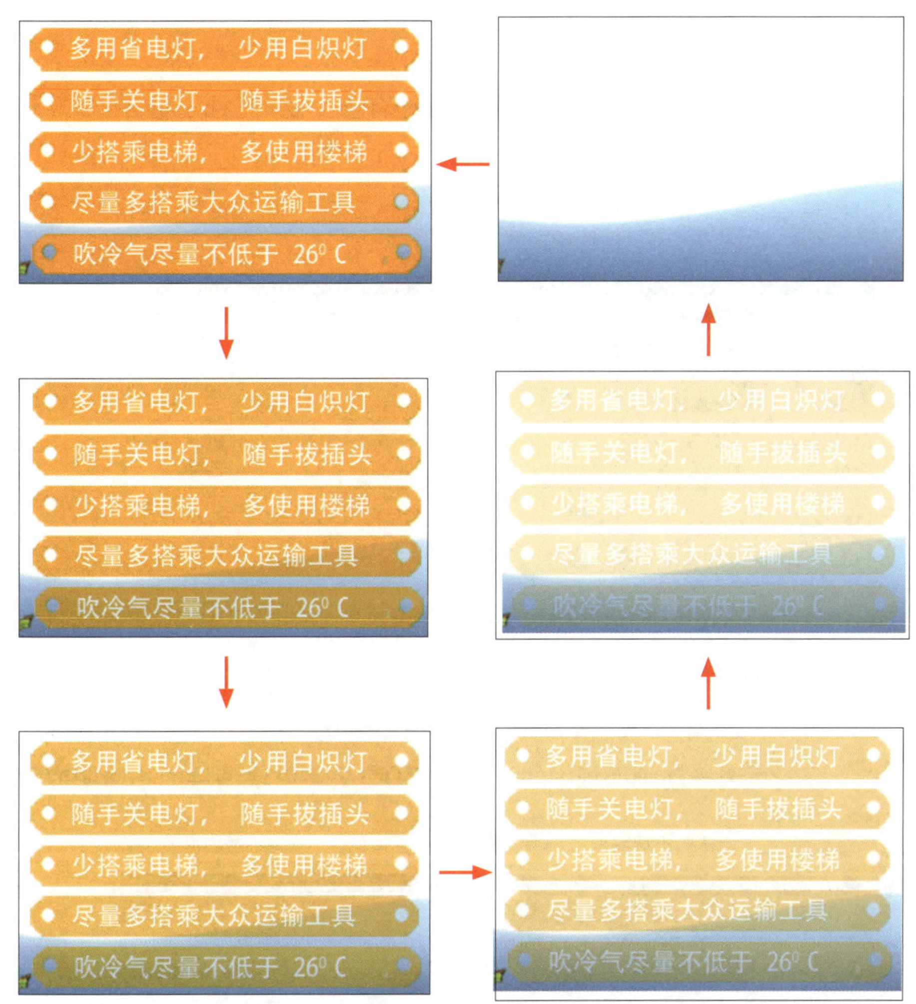

让这 5 个文字标语从原本清楚的图像慢慢变成半透明，最后消失不见

我们已经预先使用 Photoshop 制作好这个页面图像，稍后只要在**动画**面板中分别制作这 4个动画，最后再存储成 GIF 文件格式即可。可以在Internet Explorer 中打开 15-02A.gif 欣赏本章动画制作效果，以便了解稍后所要制作的动画内容。

15-3 制作过渡动画的技巧

我们先从简单的动画开始练习，从而快速体验如何运用**动画**面板让图像动起来。

制作淡入淡出的动画

请打开范例文件 15-03.psd，在这张图像中我们已经事先处理好各个图像图层，现在要着手制作动画，首先要让画面中的 5 个标语文字从完全清晰可见到完全变透明。

这个动画听起来好像很难，其实，只要进行动画的开始和结束设置就可以了，其余的过程就交给 Photoshop 来产生，完全不费吹灰之力，这正是过渡动画最令人兴奋之处。请跟着下面的步骤来操作：

step01 请打开**动画**面板，此时会看到面板中已经有一个帧，且处于选择状态，请单击**动画**面板中的**复制选择帧** 按钮，再复制出一个相同的帧。

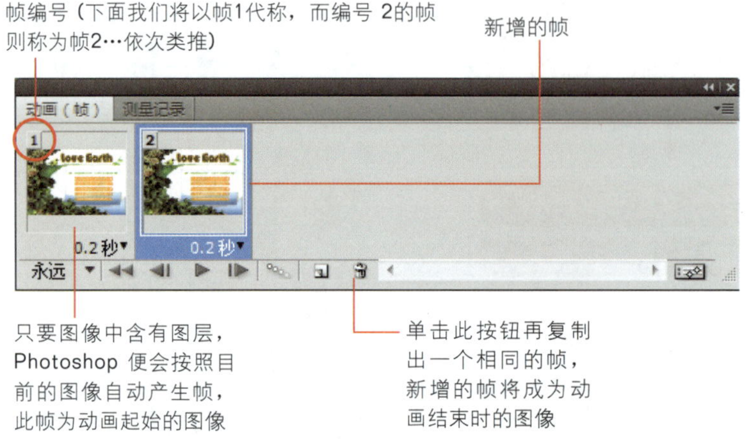

step02 现在我们要进行动画的头、尾帧设置，请选择**动画**面板中的帧 1，然后选择**图层**面板中的**叮咛文字色块**图层，确认目前的**不透明度**为 100%（也就是完全显示图像内容）。接着再选择**动画**面板中的帧 2，将**叮咛文字色块**图层的**不透明度**设为 0%。

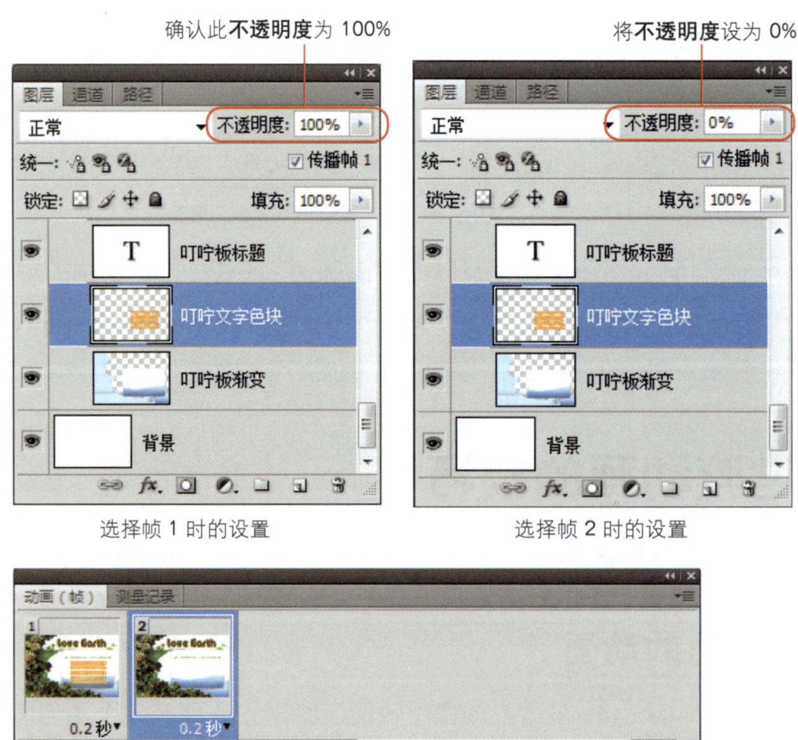

选择帧 1 时的设置

选择帧 2 时的设置

step03 接着选择**动作**面板中的帧 1、帧 2，再单击**过渡动画帧** 按钮，打开如下的对话框，进行动画中间过程的设置。

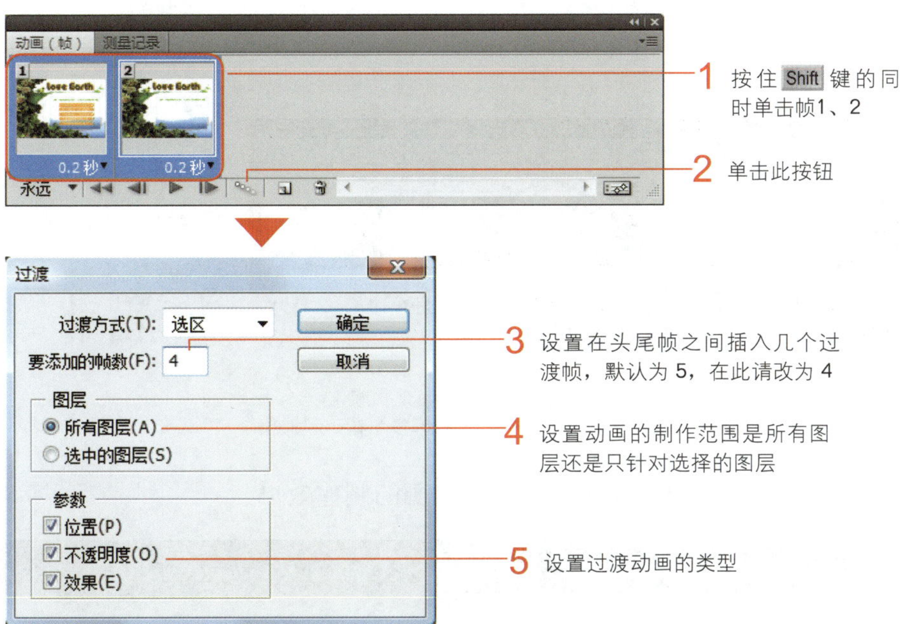

step04 单击**确定**按钮完成设置，就可以在**动画**面板中看到我们指定要插入的 4 个帧，单击 按钮即可播放动画效果。

step05 动画默认会不断循环播放，直到单击 按钮为止，如果想指定动画的播放次数，请单击**动画**面板左下角的**永远**下拉列表来设置。

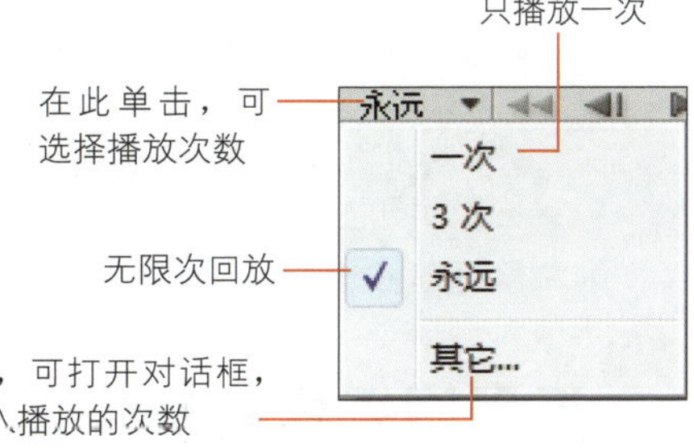

step06 如果觉得动画的播放速度太快（或太慢），可以单击帧右下角的秒数来控制。

可以打开范例文件 15-03A.psd 来对照动画的制作效果。

过渡动画的设置说明

刚才在步骤 3 中打开的**过渡**对话框，还有一些常用的设置选项，现说明如下。

- **过渡方式**：可用来指定帧变化的依据。此下拉列表框中所出现的选项，会因所选择的帧位置而异，共有以下几种情况：
  - 当选择 2 个帧时，**过渡方式**列表框会自动选择为**选区**，表示将在目前选择的 2 个帧之间插入逐渐变化的帧。
  - 选择非头尾的单一帧时，**过渡方式**列表框会有**上一帧**和**下一帧**两个选项，选择**上一帧**表示在目前选择帧与前一个帧之间插入过渡帧；选择**下一帧**表示要在目前选择帧与下一帧之间插入过渡帧。
  - 若是选择第一个帧，**过渡方式**列表框会出现**下一帧**与**最后一帧**两个选项，用于指定过渡帧的变化依据。
  - 若是选择最后一个帧，**过渡方式**列表框则会出现**上一帧**与**第一帧**两个选项，用于指定过渡帧的变化依据。
- **要添加的帧数**：设置制作过渡动画时要插入的帧数量，帧越多，动画越细致，文件也越大。
- **图层**：设置动画的范围。选中**所有图层**表示制作动画时会将所有图层都纳入；**选中的图层**则表示只以目前选择的图层来制作动画。
- **参数**：用来设置过渡动画的类型。**位置**为位移动画；**不透明度**为淡入淡出动画；**效果**为图层样式的出现与消失动画。

运用图层样式制作过渡动画

过渡动画除了应用在透明度的变化上，也可以制作图层样式渐变的效果，请试试下面这个技巧吧。

step01 刚才我们已经做好**叮咛文字色块**的淡入淡出动画，现在请打开范例文件 15-04.psd，继续在**动画**面板中新增第 7 个帧，并将**叮咛文字色块**图层的**不透明度**改回 100%。

选择帧 6，单击此按钮新增帧 7

step02 选择帧 7，复制所选帧新增帧8，然后返回到**图层**面板先关闭**叮咛板标题**图层前的眼睛图标 ，再把此文字图层拖曳到**图层**面板的**创建新图层** 按钮上，以复制一个文字图层。

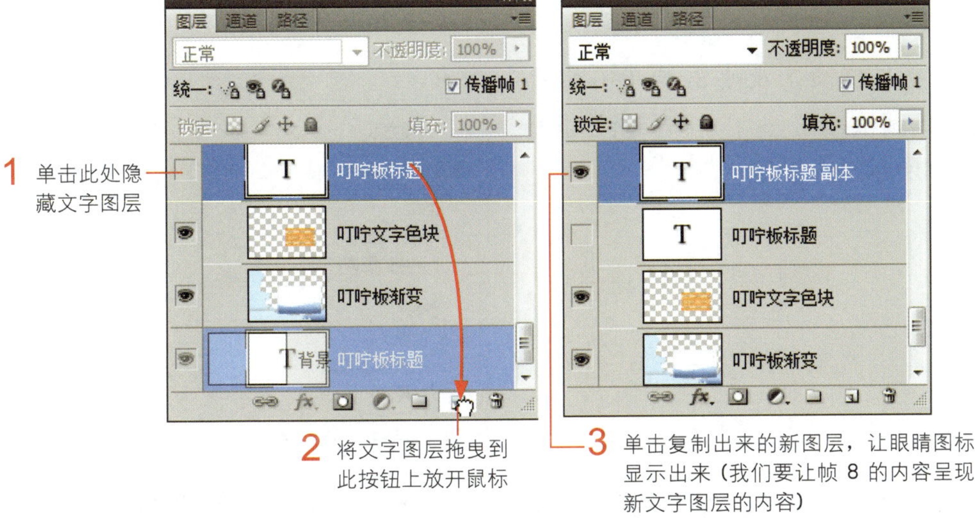

step03 在复制出来的文字图层上双击，打开**图层样式**对话框，按照下图设置文字的投影效果，以加强文字的立体感，设置完成后请先不要关闭对话框。

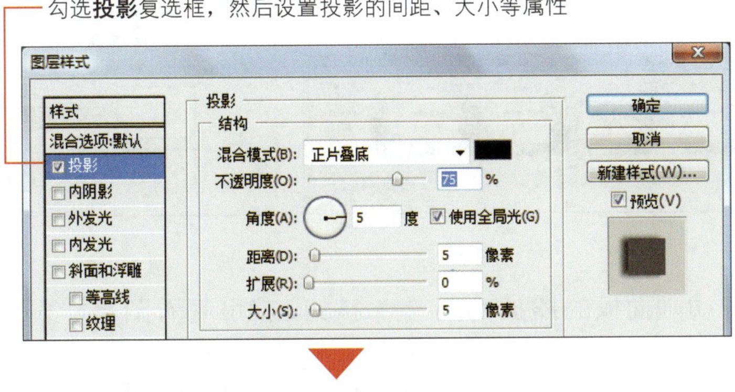

节能减碳小叮咛，大家一起爱地球

step04 继续在**图层样式**对话框中勾选**描边**复选框，如下图所示设置笔画的大小、颜色等属性，让字体的边缘有发亮的感觉。

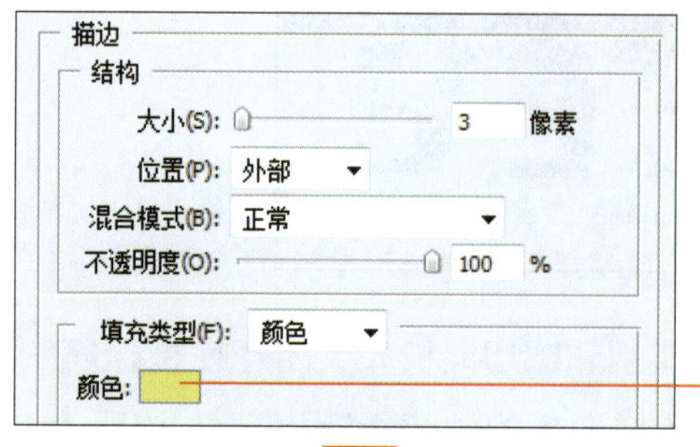

单击此按钮可打开**选择描边颜色**对话框，请在对话框中的 R、G、B 文本框中输入颜色值，本例的颜色值为R：253、G：238、B：109

节能减碳小叮咛，大家一起爱地球

step05 请按住 Shift 键选择帧 7 及帧 8，再单击**动画**面板的**过渡动画帧**按钮，打开**过渡**对话框，按照右图所示进行设置。

在此输入 4，添加 4 个过渡帧

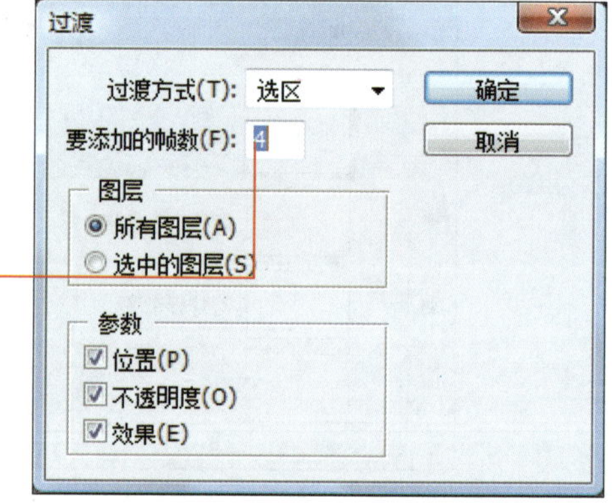

step06 选择**动画**面板中的帧 8～12，然后将**图层**面板中的**叮咛板标题副本**图层前的眼睛图标关闭。

关闭此文字图层的眼睛图标

选择这几个帧

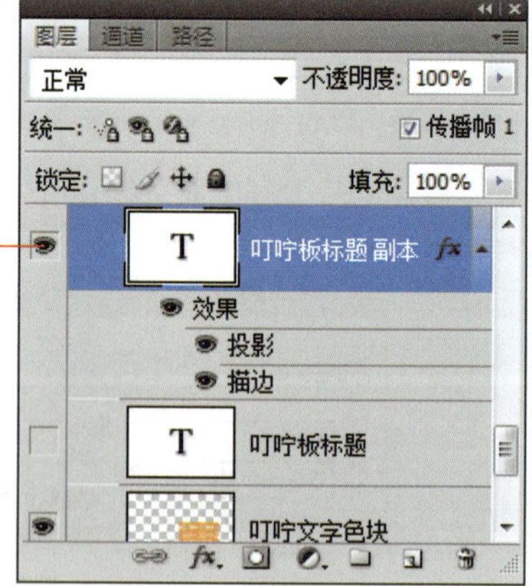

step07 设置完成后，请单击**动画**面板的**播放动画**按钮，就可观看图层样式的动画效果了。

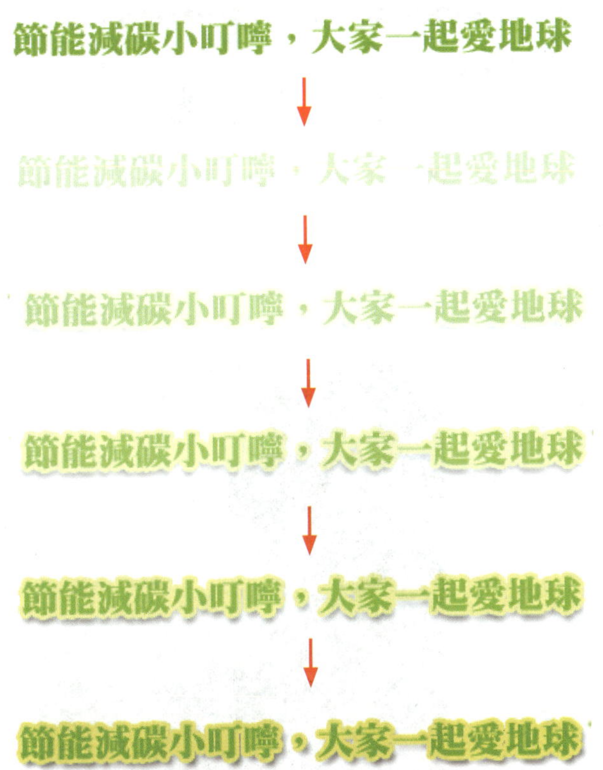

可以打开 15-04A.psd 来对照图层样式过渡动画的制作效果。

15-4 逐帧创建的细致动画

当要制作的动画较为细腻时，就不适合使用过渡动画来自动产生，需要费点工夫逐一添加帧，并调整每个帧中的连贯动作变化。而控制帧内容的方法，就是利用**图层**面板的显示图层或隐藏图层功能来处理，也就是说，我们要先把动画中欲显示的图像分别放在不同图层，然后在每一个帧中设置要显示哪些图层的内容，就像欣赏一出戏剧，导演会依序安排每个角色的出场时间一样。

安排图像的显示顺序

下面我们要说明逐帧创建动画的技巧，动画的制作效果会让原本隐身在草丛的兔子逐渐跳出来，同时让**爱地球** 3 个字逐帧显示；再利用反转帧的功能，让兔子再次隐藏起来。请打开范例文件 15-05.psd，按照以下步骤进行操作：

step01 请复制**动画**面板中的帧 12，然后选择新复制的帧 13，在**图层**面板中，分别将**爱**图层、**兔子头**以及**兔子身体**的**不透明度**从原本的 0% 设为100%。我们要在这个帧中，让“爱地球”的“爱”字显示出来，并露出一点兔子耳朵。

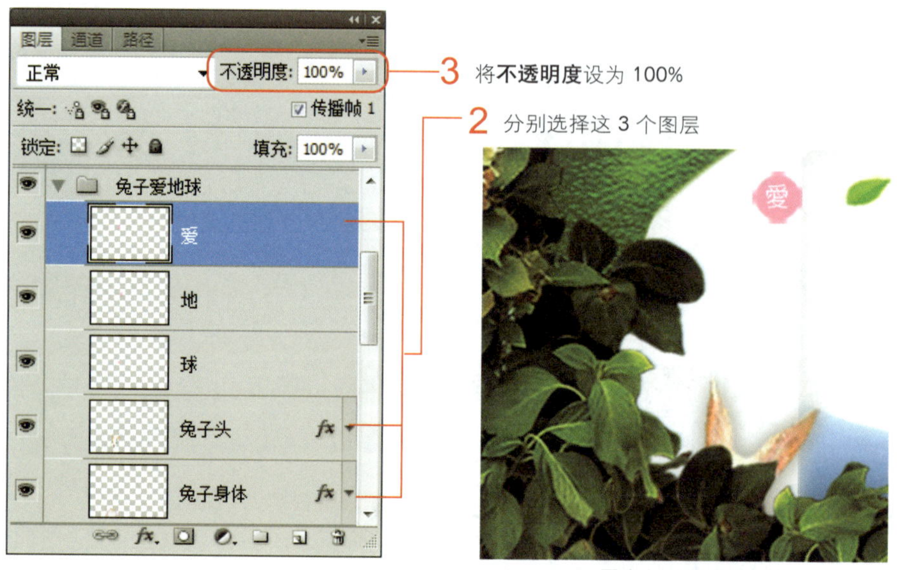

露出兔子耳朵及爱字

step02 在**动画**面板中复制一个帧 13，选择刚复制的帧 14，我们要在帧 14中显示“爱地球”的“地”，并让兔子的位置往上移一点。请在**图层**面板中将**地**图层的**不透明度**设为100%，然后选择**兔子头**及**兔子身体**图层，利用**移动工具**将兔子往上移一点。

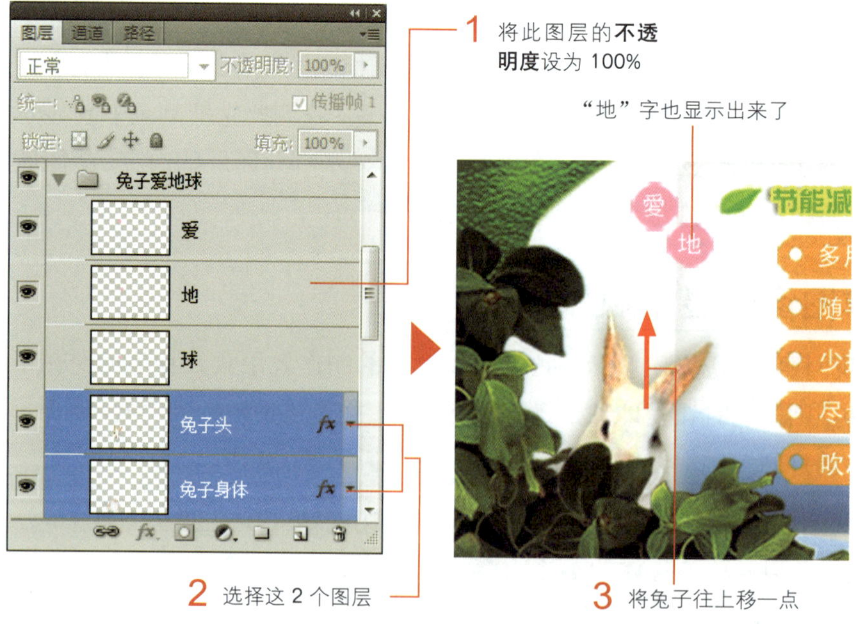

step03 复制**动画**面板的帧 14，在新产生的帧 15 中，我们要让“爱地球”的“球”显示出来，并让兔子的位置再往上移一点。请在**图层**面板中将**球**图层的**不透明度**设为 100%，再选择**兔子头**及**兔子身体**图层，利用**移动工具** 将兔子再往上移。

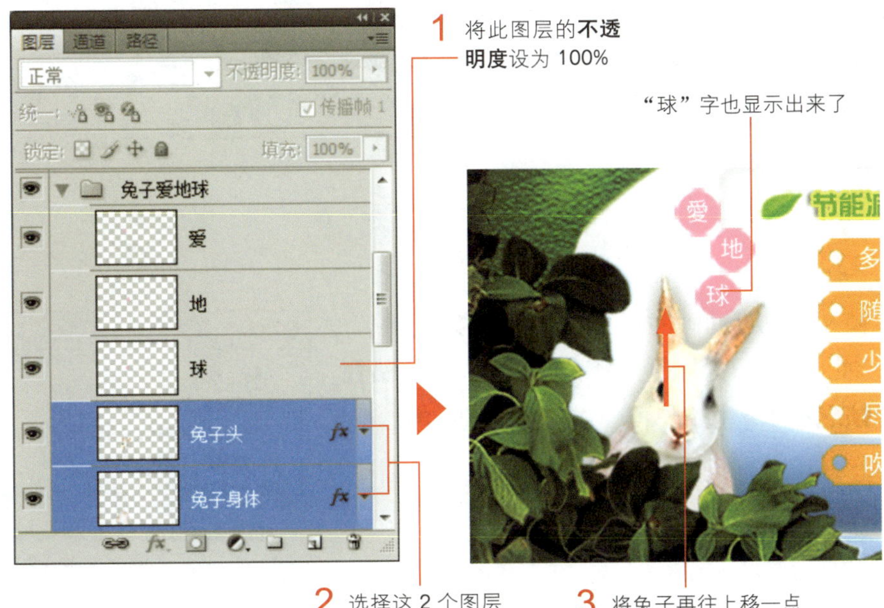

step04 逐帧设置好要显示的图像后，可以在**动画**面板中选择帧 13，并将播放次数设为**一次**，再单击**播放动画** 按钮，就可以只浏览兔子隐藏/显示的动画；若是要重头开始播放，请选择帧 1，再单击**播放动画**按钮来播放。

可以打开范例文件 Ch15-05A.psd 来浏览动画效果。

反转动画帧

刚才我们已经制作好兔子由草丛显示出来的动画，现在我们要反过来，让兔子再度往下移动并隐藏在草丛里，同时也让“爱地球”这 3 个字逐字隐藏。可以沿用刚才的做法，继续新增帧 16～18，然后逐帧调整帧内要显示的影像。不过在此有个更聪明的方法，那就是利用**反转帧**的技巧来快速完成。

step01 请选择**动画**面板中的帧 13～15，然后按照如下步骤进行操作：

step02 选择帧 15，执行**动画**面板菜单中的“**拷贝多帧**”命令，此时会打开**粘贴帧**对话框，请勾选**粘贴在所选帧之后**单选按钮，再单击**确定**按钮。

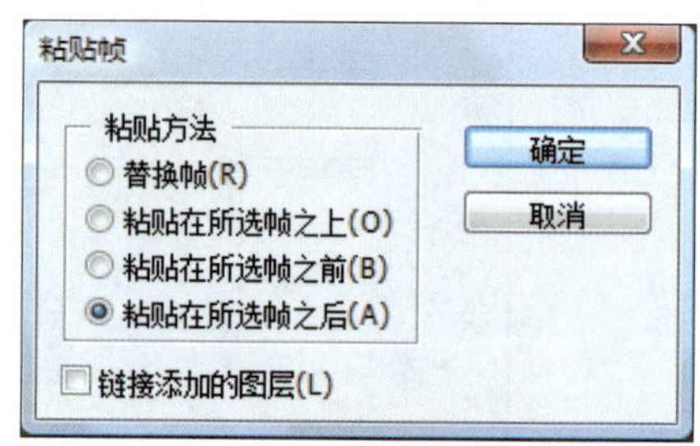

step03 我们所拷贝的帧 13～15，会粘贴成为帧 16～18，请选择帧 16～18，然后执行**动画**面板菜单中的“**反向帧**”命令，就可以让兔子逐帧往下移，并让“爱地球”逐字隐藏起来。

这 3 个帧就是利用复制后，再反向的效果

step04 现在可以选择帧 13，再单击**播放动画**按钮，浏览动画的效果。不过在浏览动画时，是否发现到帧 18 并没有让兔子完全隐藏在草丛中，而且“爱地球”的“爱”字也还在，没有隐藏起来。其实当动画的播放次数设为**永远**时就不会有这个问题，因为帧 18 播完后会继续播放帧 1，帧 1 的兔子及“爱地球”文字都是处于隐藏状态，所以可以达到让图像消失的效果。但如果只想让动画播放一次，那么请复制帧18，在帧 19 中，将**爱**图层的**不透明度**设为 0%，并将**兔子头**及**兔子身体**图层往下移到草丛里就可以了。

可以打开范例文件 15-05B.psd 观看此部分的动画效果。

15-5 使用剪贴蒙版制作动画

学会制作过渡与逐帧动画的技巧后，我们再来学习一个效果很棒的剪贴蒙版动画，以创造具有流动感的图像效果。

创建剪贴蒙版

在本章的"爱地球"节能网站里，我们要利用剪贴蒙版的技巧让"Love Earth"这个网站标题更生动。首先会带大家学习创建剪贴蒙版的方法，接着再说明剪贴蒙版动画的制作。

step01 请打开范例文件 15-07.psd，并选择**动画**面板中的最后一个帧（帧19），然后打开范例文件 15-06.jpg，这是一张郁金香的照片，请利用**移动工具** ，将照片移动到15-07.psd 中。

step02 将郁金香照片所在的**图层 1** 图层更名为**郁金香**，然后移动到 **Love Earth** 文字图层之上，并让照片完全盖住 Love Earth 文字。

将此图层更名为“郁金香”，并移动到此

让郁金香图片盖住 Love Earth 文字

step03 在**郁金香**图层上单击右键，执行**创建剪贴蒙版**命令，郁金香照片就会嵌入文字里，文字以外的范围会被遮盖掉。

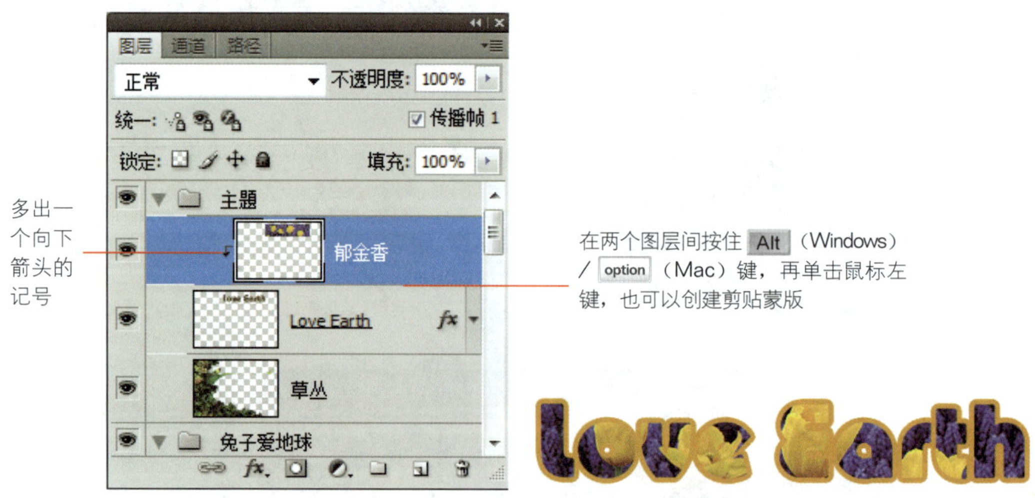

利用**剪贴蒙版**制造裁切图像的效果

制作剪贴蒙版动画

制作好剪贴蒙版后，现在要进行动画的设置，请继续如下操作。

step01 确认目前仍然选择**动画**面板中的帧19，再到图层面板中选择**郁金香**图层，使用**移动工具**将郁金香照片内容移到 **Love Earth** 以外的地方，让动画一开始只显示 **Love Earth** 文字。

郁金香照片移出Love Earth文字范围，所以目前看不到

step02 请在**动画**面板中复制帧 19，选择新复制的帧 20 后，在**图层**面板中选择**郁金香**图层，利用**移动工具**将郁金香照片内容完全填满 Love Earth 文字。

将郁金香照片完全填满文字

step03 接着选择**动画**面板中的帧 19、帧 20，单击**过渡动画帧** 按钮，在打开的对话框中添加 5 个帧数，单击**确定**按钮，就完成具有流动感的动画了。

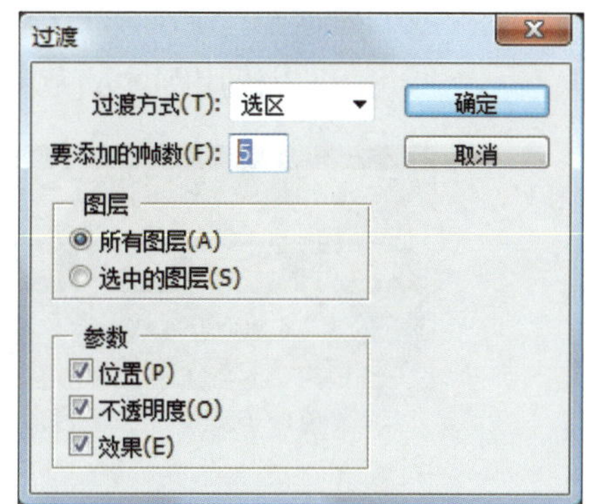

设置要添加 5 个帧

这几个帧就是剪贴蒙版的动画内容

step04 可以单击**播放动画** 按钮播放这部分的动画，或是打开范例文件15-07A.psd 来对比制作的效果。

动画的播放效果

15-6 调整动画的播放顺序

前面我们依序在网页中做了 4 个动画，但是希望浏览者一打开网页时，动画能够由上而下播放（这样比较符合视觉习惯），最后再播放兔子的消失与隐藏动画，所以现在我们要调整一下动画的播放顺序，调整的方法很简单，只要在**动画**面板中移动帧位置即可。可以沿用刚才的范例，或是打开范例文件15-08.psd 来练习。

帧1～6 是 5 个文字标语的淡入淡出动画

多用省电灯，　少用白炽灯
随手关电灯，　随手拔插头
少搭乘电梯，　多使用楼梯
尽量多搭乘大众运输工具
吹冷气尽量不低于 26° C

帧 7～12 是文字标题搭配图层样式做显示与消失的效果

帧 13～18 是兔子及“爱地球”3 个字的逐帧显示动画

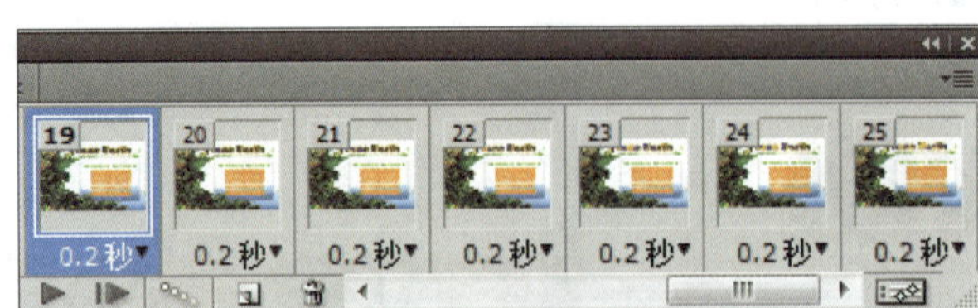
帧 19～25 是剪贴蒙版动画

step01 请选择**动画**面板中的帧 19～25，然后按住鼠标左键拖曳，将这 7 个帧移动到帧 1 的位置，移动后帧会自动重新编号，所以目前帧 1～7 就是剪贴蒙版动画，在播放动画时会最先播放此段动画。

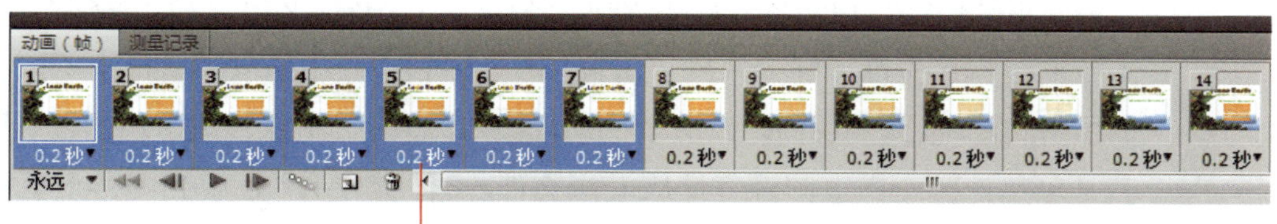

step02 将帧 8～13 移动到帧 19 与 20 之间，让“节能减碳小叮咛…”动画先播放完再播放下面的 5 个标语。

step03 进行到此就设置好动画的播放顺序了，请单击**播放动画** 按钮即可。在播放时如果觉得某段动画的播放速度太慢或太快，都可以随时做调整，例如目前帧 14～19 的播放速度为 0.2 秒，感觉有点太快，无法看清楚文字内容，所以我们将这一段动画速度调慢一点。

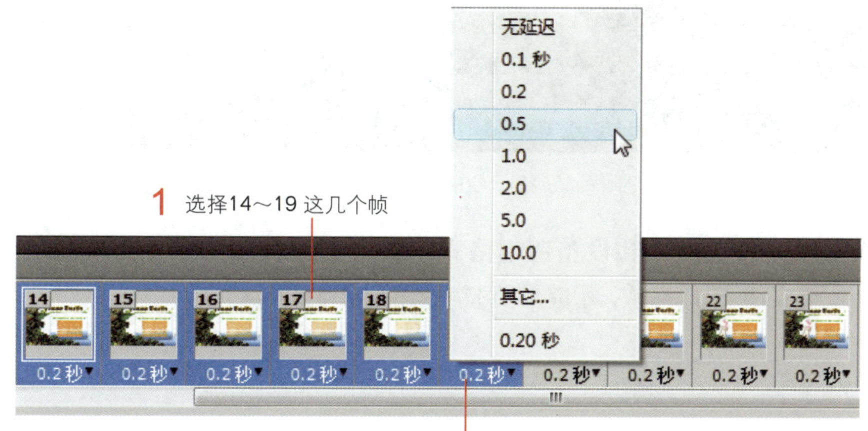

15-7 存储成网页用的 GIF 动画

前面几节，我们都在介绍运用**动画**面板做动画，现在要带您把做好的动画存储为网页图片格式，这样才能将 Photoshop 所制作的动画放到 html 网页中使用。

本章的范例是先设计好一个网页版面，再依序制作其中的 4 个动画，所以在存储成网页格式前，要先利用前一章所学的切片技巧，将网页图像裁成多块图片后再存储。若是单单把整个网页图像存储成动画文件，文件会较大，且放到网络上后会使传输速度变慢。

step01 请打开范例文件 15-09.psd，利用**切片工具**手动拖曳，将图像切割成如下 4 块区域。

图像的其他部分会由 Photoshop 自动完成切片

step02 执行“**文件/存储为Web和设备所用格式**”命令，打开**存储为Web和设备所用格式**对话框，选择 **GIF** 图片格式，才能够存储我们所制作的帧动画。

GIF 格式最多只能存储256色，若在下拉列表框中选择更少的颜色数目，文件虽然较小，但失真情况会较明显

默认会自动进入优化页面，在此页面下 Photoshop 已做好兼顾质量与传输速度的设置

1 选择 GIF 图片格式

颜色较淡的部分为自动切片

预览区

2 单击**存储**按钮

单击此按钮可以播放动画

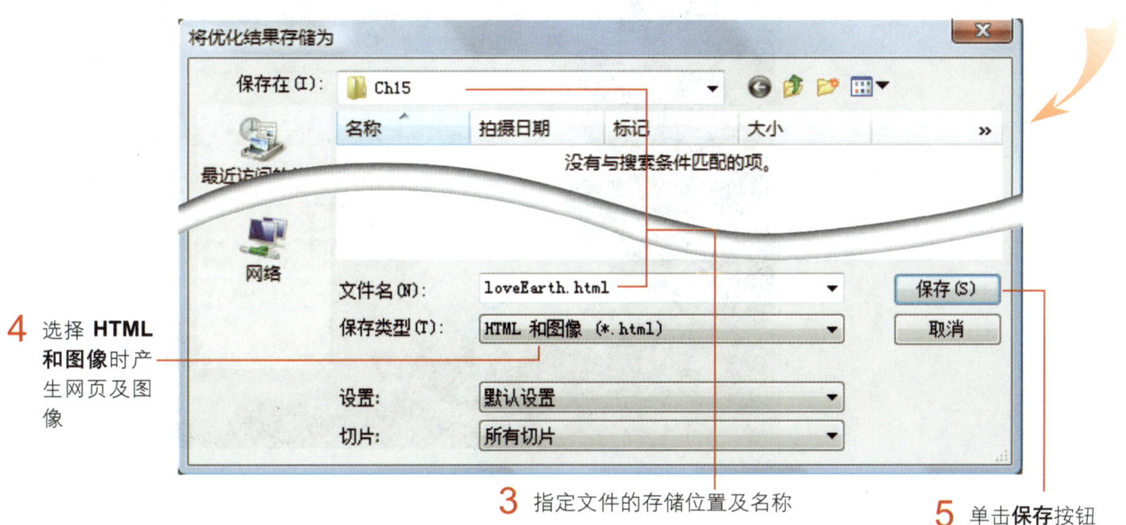

4 选择 **HTML 和图像**时产生网页及图像

3 指定文件的存储位置及名称

5 单击**保存**按钮

step03 单击**保存**按钮后接着会跳出如下信息，提示存储的文件名或路径中最好不要含有汉字字符，请直接单击**确定**按钮就可以了。

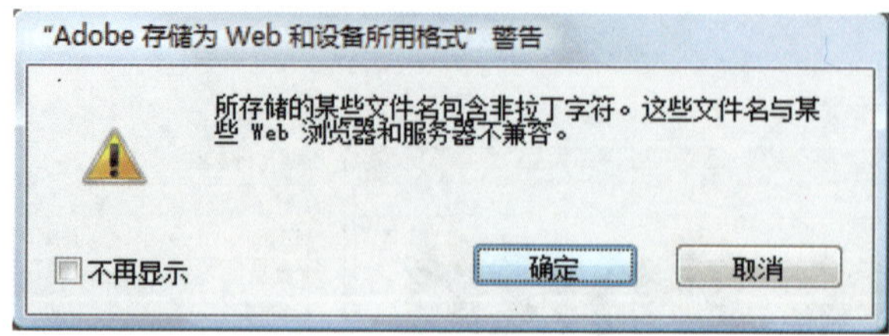

step04 最后，请切换到刚才存储文件的文件夹，就可以看到所存储的文件了。

双击网页，就可以浏览网页动画的效果

GIF图片会集中存放在此文件夹中

打开浏览器播放网页动画的效果

看完本章，相信您已经学会运用**动画**面板来安排动画帧，并利用优化功能输出成GIF 格式，日后要处理图形、串连动画都可一气呵成了。

1. GIF 图片格式虽然最多只能存储256 种颜色，但是可以将背景设为透明，并存储成动画，因此适用于制作网页中颜色简单的小图标、分隔线或是动态横幅广告（Banner）等。

2. 通过**动画**面板来制作动画时，主要有 2 种方法。

   - **逐帧动画**：在**动画**面板中逐一添加帧，并分别调整每个帧中的内容变化后，让这些帧串接成一段动画。
   - **过渡动画**：设置好起始帧和结束帧中的内容，让 Photoshop 自动产生两个帧之间的变化。

3. 在**动画**面板中，可以指定动画重复播放的次数，以及播放时每一帧要停留的时间。

4. **过渡动画**可针对 2 帧中的图像，在**位置**、**不透明度**或**图层样式**上的差异来自动产生逐渐变化的多个过渡帧。例如：

   - 将起始帧和结束帧的某一图层套用不同的透明度，就可在该图层制作渐渐出现（淡入）或渐渐消失（淡出）的效果。
   - 移动起始帧和结束帧特定图层中的对象位置，就可以制作出对象逐渐移动的效果。

实用的知识

1. 制作广告横幅 （Banner），在输出时要怎么调整合适的尺寸与大小?

一般网页广告横幅的标准是在 20K 以下，假如在制作时没有考虑到宽、高尺寸与大小，可在**存储为Web和设备所用格式**对话框中，在**图像大小**选项组中依据广告横幅版面来设置新的图像尺寸。

再单击**预设**下拉列表框右侧的弹出菜单 按钮，选择 **"优化文件大小"** 命令，直接指定所希望的文件大小，再从**预览区**查看图像质量是否可以接受，满意之后再存储文件。

可以自行输入**宽度**、**高度**值来调整图像大小，也可以输入**百分比**来调整

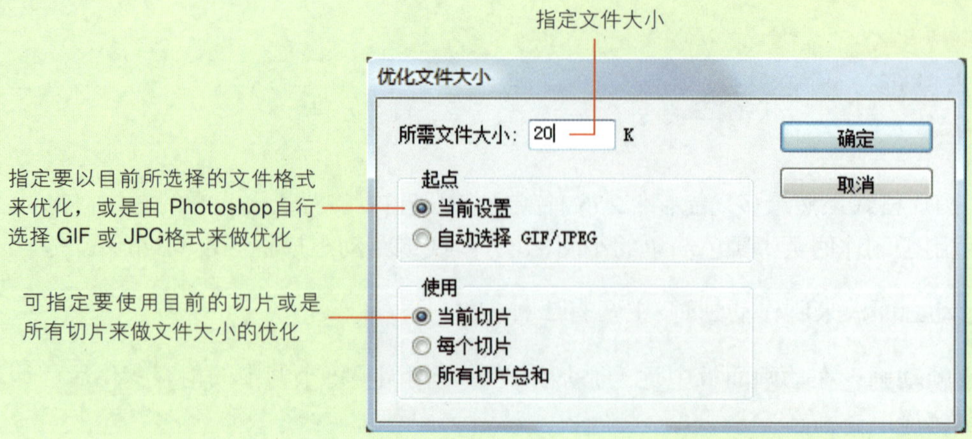

2. 如何把制作好的动画导出成影片？

Photoshop 除了可以将创建好帧的图像存储成动画外，也可以导出成各种影片格式，只要执行“**文件/导出/渲染视频**”命令，通过对话框的设置，即可导出成影片。

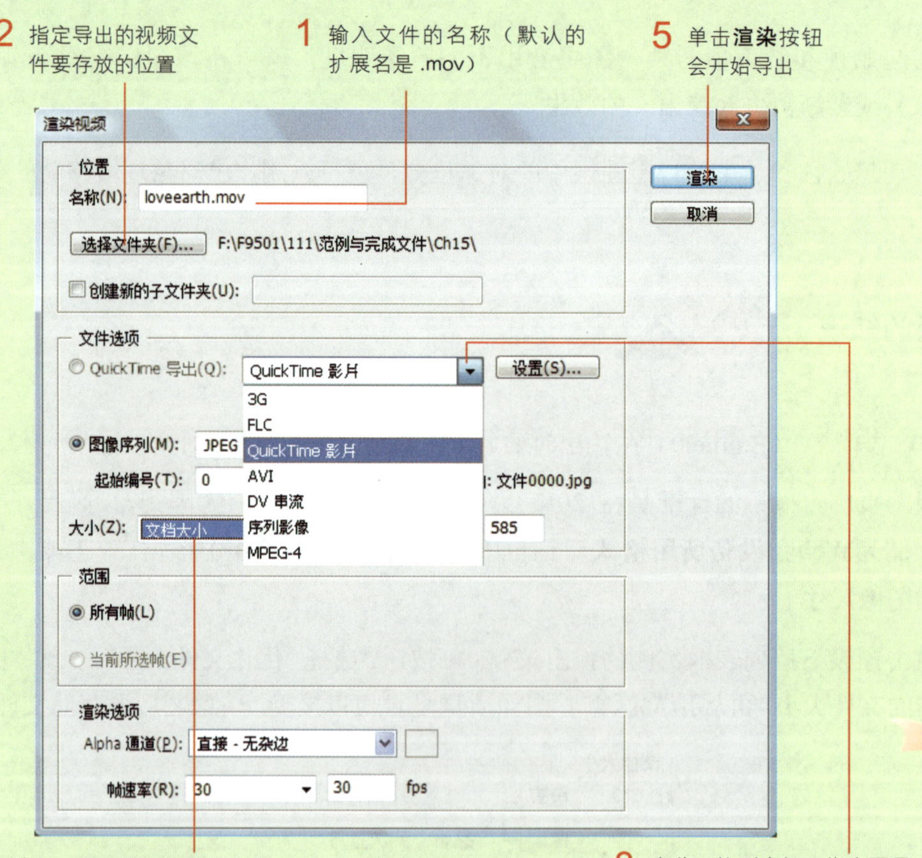

TIP 要导出成视频文件，要先安装好 QuickTime，才可使用 **QuickTime 导出**选项。若是要存储成FLV 或是 MPEG-2 格式，要先安装 Flash Professional 以及 MPEG-2 编码器。

第16章 颜色管理与输出

课前导读

为了要将精心编修的图像或设计作品完美地呈现出来，我们必须做好颜色管理与输出、打印前的准备。本堂课将介绍颜色管理的架构及 Photoshop 的颜色设置，并针对图像输出与打印的经验和技巧进行讨论，帮您奠定正确的观念，从而使日后应对各种输出、打印情况都能游刃有余。

本章学习提要

- 认识颜色管理的架构与 ICC 配置文件
- 使用 Photoshop 的颜色管理功能
- 颜色模式的选择与转换
- 将作品送到印刷厂输出前的准备工作
- 将作品从打印机打印出来的相关设置
- 显示器校样与印稿校样的程序

估计学习时间 **180分钟**

16-1 认识颜色管理

人的眼睛可以辨识湛蓝的天空、火红的玫瑰花等各种颜色，但是要将颜色转入计算机中呈现，就必须以数字化的方式来描述，这种以数字化方式来描述光与颜色的方法，就是所谓的“颜色模式（Color Model）”。

常用于计算机、电视、投影机的 RGB 模式是以三原色光来组成 RGB 的色域，所有颜色都是由 R、G、B（红、绿、蓝）3 种光依不同比例相混而成。另一种适用于印刷的 CMYK 模式，则是由青色（Cyan）、洋红（Magenta）、黄色（Yellow）、黑色（Black）4 色油墨组成颜色模式的色域。

TIP “色域（Gamut）”，或者称“色空间”，就是一个颜色模式所能呈现的所有颜色集合。在最理想的情况下，颜色模式的色域应等于自然界的色域，不过目前许多颜色模式都还达不到这个境界，只能显示自然界中的部分颜色。

RGB 与 CMYK 两种颜色模式的原理不同，所能表现的色域也不同，虽然RGB 色域比 CMYK 大（能显示较多的颜色），但仍有些 CMYK 颜色还是落在 RGB 色域外。不同的硬件设备，色域也各不相同，所以图像从扫描仪、数码相机、显示器、打印机到专业印刷机，每经过一次转换都会产生颜色偏差的问题。

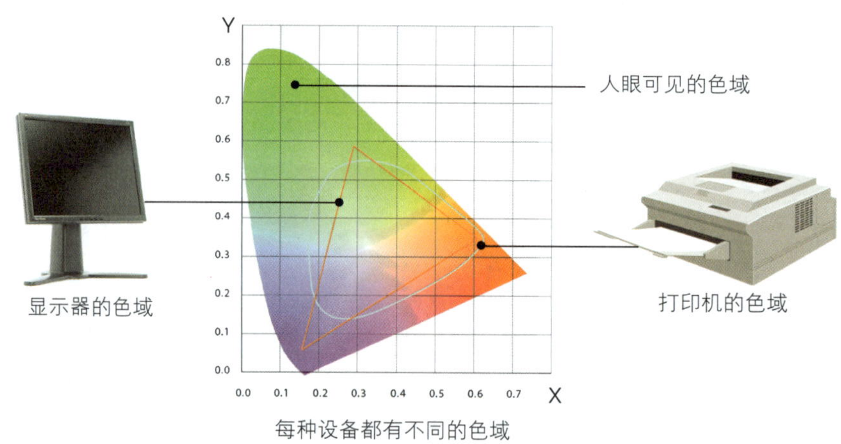

每种设备都有不同的色域

颜色管理系统

为了确保颜色在各种输入及输出装置之间的一致性，我们需要建立可在装置间正确解读和转换的“颜色管理系统（Color Management Systems，CMS）”。一般常见的是使用 ICC 颜色配置文件来做颜色管理，其运作原理大致如下：

1 针对每一台**输入**设备，都准备一个专属的**颜色配置文件**，用来将输入的颜色转换为标准颜色，例如某台扫描仪所扫描的照片会稍微偏红，那么偏红的量就会记录在其专属的**颜色配置文件**中，因此 Photoshop（或其他支持颜色管理的软件）在读取扫描仪送来的资料时，就可据此减弱红色的强度，以产生近似于原图像的颜色。

2 针对每一台**输出**设备，同样要准备一个**颜色配置文件**，用来将图像的颜色转换为符合输出设备特性的颜色，然后输出。例如某台打印机的打印结果会偏红，那么偏红的量就会记录在这台打印机的**颜色配置文件**中，因此 Photoshop（或其他支持颜色管理的软件）在将资料送给打印机之前，就可据此将红色减弱，这样就能打印出不失真的图像颜色了。

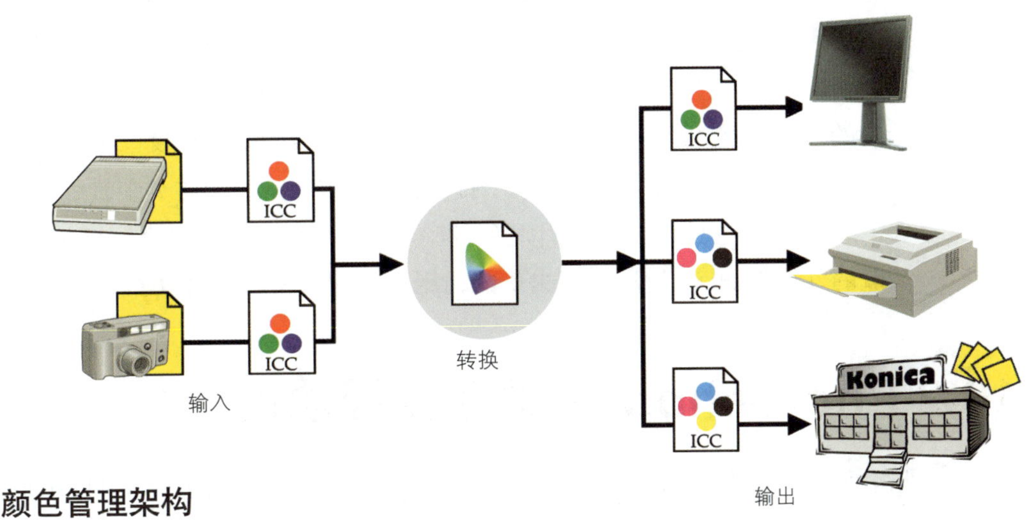

颜色管理架构

上图为颜色管理的运作架构图，在整个输入、输出的过程中，ICC 颜色描述文件处于关键地位。另外，在输入、输出之间还会经过一道色域转换程序

ICC 颜色配置文件

由于Windows 颜色配置文件的规格是由 ICC（International Color Consortium，即国际颜色联盟）所制定，因此我们称其为“ICC 颜色配置文件”，有时也会简称为“ICC 文件”。

在许多地方会看到所谓 ICC 配置文件、ICM 配置文件、Pro_file 、颜色配置文件等各种名词，其实它们指的都是同一件事，也就是 ICC 颜色配置文件，除非是采用其他颜色组织的规格，但这很少见。

那么，这些设备的**颜色配置文件**要由谁提供呢？相信各位已经猜到了，当然就是生产这些设备的厂商了！通常安装好设备的驱动程序后，其相关的颜色配置文件也安装好了（但也有一些必须另外安装，而有些较旧或较新的设备则没有提供）。

不过，硬件厂商只能提供通用的**颜色配置文件**，而无法针对每台设备的个别差异性做调整。例如我们将显示器调亮一点或对比度调弱一点，显示的颜色就会跟着改变，这时就必须另外制作适用的**颜色配置文件**才行。自行制作装置的颜色配置文件有两种途径：一是利用低廉或免费的软件，依靠我们的视觉充当测量工具来建立配置文件，这种方法虽然成本低但结果并不可靠，因此 Photoshop CS2 和之前的版本都会提供一套免费的显示器校色软件 Adobe Gamma，因实用性不高，所以从 Photoshop CS3 乃至现在的 CS5 版都已不提供 Adobe Gamma校色软件了。另一个途径就是购买专业的校准仪器来建立颜色配置文件，这种方式得到的颜色配置文件最精确，但成本也较高。

在整个颜色管理流程中，显示器是最基本也是最重要的一道关卡，若显示器没有校准，根本别奢望图像输出后能得到正确的颜色。由于显示器的校准仪器并不贵（通常只要几千元），操作上也很容易，所以如果很重视输出颜色的准确性，不妨购买一套专业的显示器校准仪器，定期为自己的显示器做校色，这些校色仪器使用上十分方便，参考其使用手册操作即可。至于打印机和扫描仪，由于这类装置的校准仪器动辄要上万元，操作也很繁琐，需针对各种墨水、纸材组合建立多个配置文件，所以对于一般的使用者而言，使用厂商提供的通用颜色配置文件就可以了。

16-2 Photoshop 的颜色管理功能

几乎所有印刷品的图像都会经过 Photoshop 编辑、处理，而 Adobe 身为ICC 的成员，自然在颜色管理上也提供相当完善的功能，下面我们将逐一为您进行说明。

颜色设置

Photoshop 的颜色管理控制集中在**颜色设置**对话框，在此对话框中我们可设置编辑 RGB 图像以及转换 CMYK 图像所要使用的色域，还有所要采取的颜色管理方案。请执行**编辑/颜色设置**命令，即可进行颜色管理的相关设置。

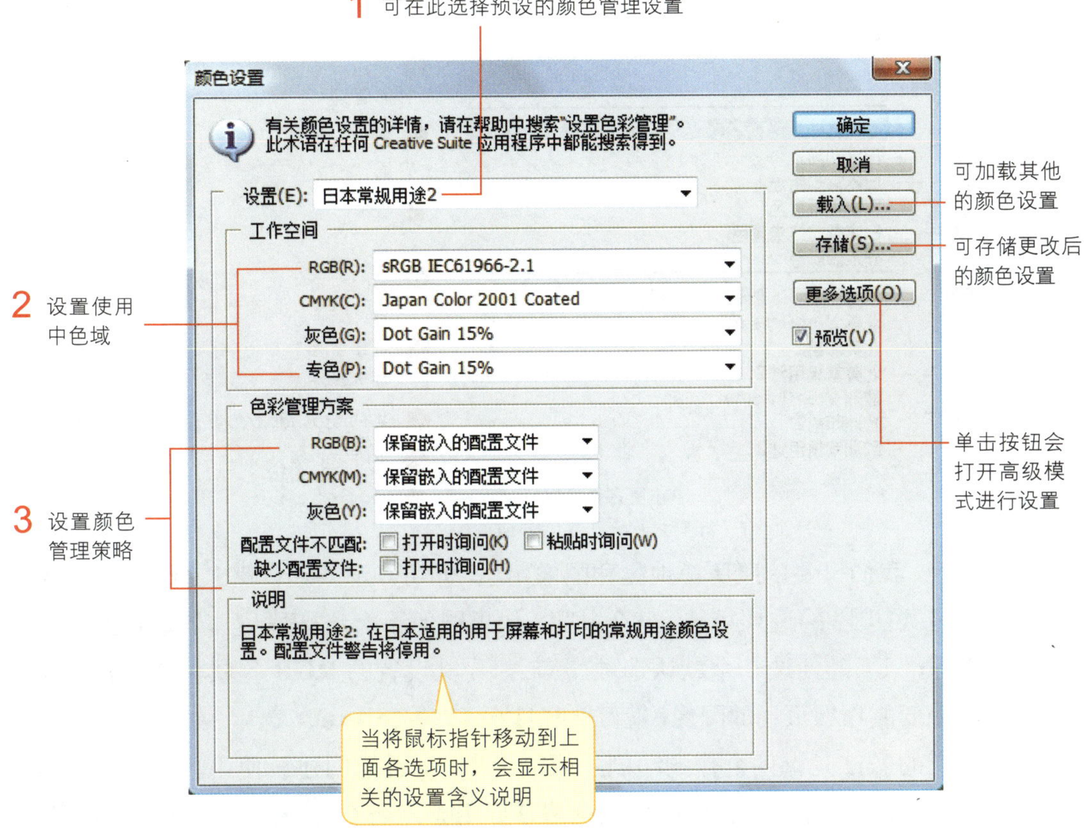

这个对话框看似很复杂，其实如果只编修照片，那只有**工作空间**中的**RGB**这一项是重要的；而如果要送印刷输出，则 **CMYK**要好好设置；如果做黑白印刷，则**灰色**选项就要用到；如果采用特别色，就要设置**专色**选项的值。

TIP **颜色设置**对话框是 Adobe 图像软件（包括 Photoshop、Illustrator 和 InDesign）共享的一般颜色管理控制。

1. 使用预设的颜色管理设置

在**颜色设置**对话框最上面的**设置**列表框中会列出 Photoshop 预设的颜色管理设置，选择其中一个项目，Photoshop 即会自动设置好下面的**工作空间**以及**颜色管理方案**。例如选择**日本Web/Internet**，这是日本地区处理供网页及非印刷用的图像所惯用的颜色设置，此项会将 **RGB** 色域设成**sRGB**，表示在 Photoshop 中编辑 RGB 图像时将使用 sRGB 色域；**CMYK** 色域则会设成 **Japan Color 2001 Coated**，当将图像转换成 CMYK 模式时便会使用这个色域。

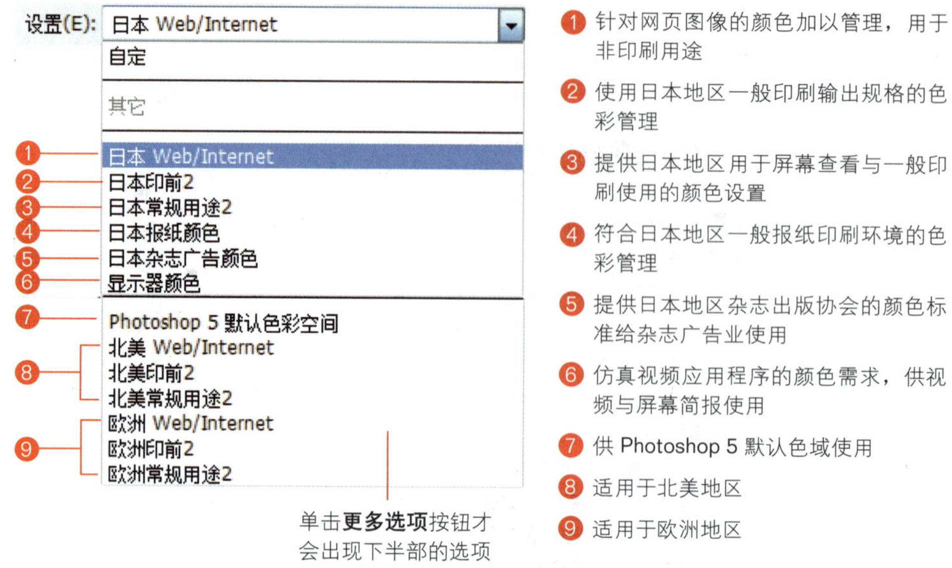

照理，我们只要依照所在地区和图像用途，即可知道要选择哪一组设置，可惜其中并没有“中国”的选项可选，怎么办呢？如果图像不会送印刷厂印刷，那这些都和您没关系，只要随便选一个默认选项，然后确定其设置的 **RGB** 色域与需要的相符即可，例如要制作网页用的图像，就可选择**日本 Web/Internet** 选项。如果作品要送印刷，我们的做法是询问合作的印刷厂或输出中心，看他们建议使用哪一组；若他们没有建议任何一组预设的设置，则要问清楚要用哪一个 CMYK 色域，然后在**设置**列表框中选择**自定**，再到**工作空间**的 **CMYK** 列表框中指定该印刷厂建议的色域。

2. 设置工作空间

当在**设置**列表框中选择**自定**时，那就要自行对**工作空间**及**颜色管理**方案进行个别设置。**工作空间**可用于指定 Photoshop 预设的 RGB 及 CMYK 色域；当打开新文件时，就会使用此默认色域。

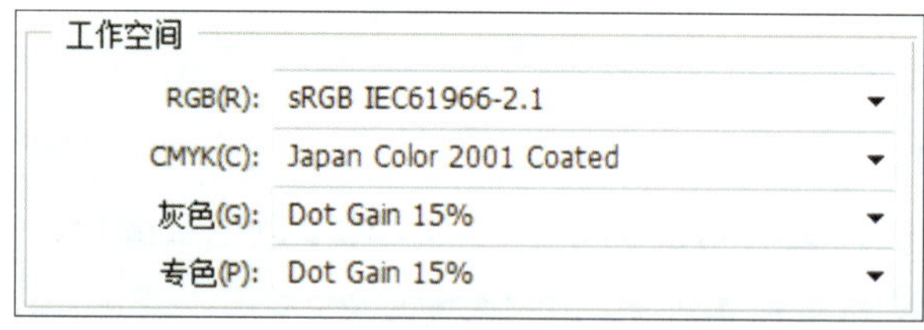

如果图像多数用于网页或显示器上观看，那么请由 **RGB（R）**列表框选择一般显示器的标准色域，即 **sRGB** 色域。反之，如果图像主要是做高质量输出用途，则应该使用 **Adobe RGB** 色域，因为 Adobe RGB 色域比 sRGB色域广，可以涵盖绝大部分的打印颜色。

图像若要印刷输出，必须转换成 CMYK 模式，Photoshop 的"工作空间"即是图像转换 CMYK 模式所依据的色域。若要求图像输出后颜色和显示器所看到的一致，则"工作空间"是关键，但目前印刷工业尚没有一套惯用的颜色管理规范，所以对于应该设置哪一个 CMYK 色域并没有定论。

CMYK 色域与中国的印刷环境

对于少数具规模的印刷厂，我们可要求他们提供 CMYK 颜色配置文件，然后进行以下操作：

1 把这个配置文件复制到计算机桌面，然后在图标上单击鼠标右键执行**安装设置文件**命令，之后再打开 Photoshop 就可以在**颜色设置**对话框的**工作空间**选项组的 **CMYK** 列表框中看到这个CMYK 配置文件，请选择它作为使用中的 CMYK 色域。

2 执行**图像/模式/CMYK 颜色**命令，将图像转换到印刷厂提供的 CMYK 色域。

3 要求印刷厂要使用文件所附的配置文件来输出胶片。

但若遇到印刷厂无法提供配置文件时，则请将**颜色设置**的 CMYK 色域设为日本或欧洲（依印刷厂所用的油墨而定），然后用自己的打印机打印样张（参考第16-7 节），再要求印刷厂印出和样张一样的颜色。若印刷厂说："喷墨打印机的色域比印刷机广"，请告诉他："这是以四色印刷机的色域来模拟的打样，不会超出印刷机的色域"，若对方不能接受，那就换一家吧！

设置好工作空间之后，每次新建文件 Photoshop 就会以此作为默认色域。而如果是打开旧文件，可能就会遇到 3 种情形：

- 文件所用的色域和 Photoshop 预设的工作空间相同，那就一切完美，Photoshop 会直接把图像打开，什么也不会问。
- 该文件的色域和 Photoshop 的工作空间不同。
- 该文件根本就没有配置文件，因此也就不知道它所用的色域。

而对后面两种情况，我们要怎么办呢？请看下面的说明。

3. 设置颜色管理方案

"颜色管理方案"这个词看起来很有学问，很吓人！其实不用怕，颜色管理方案是用于设置当打开一个未指定色域的图像或图像的色域和 Photoshop 的使用中色域不同时，所要做的处理。一共有 3 种方式可供选择。

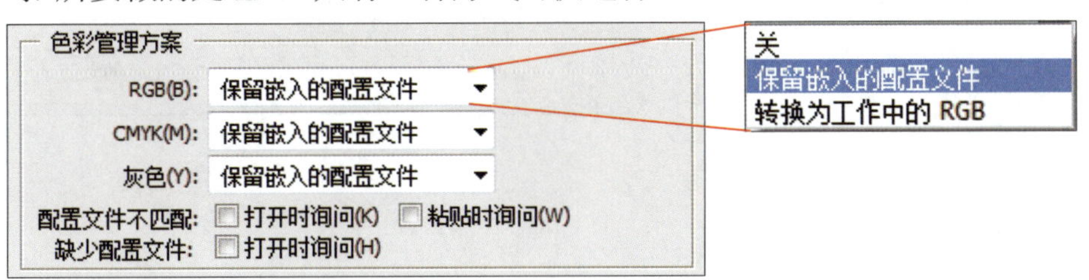

- 关：选择关，表示直接打开文件，不要对打开的文件做颜色管理。
- 保留嵌入的配置文件：此选项表示要沿用该文件的原来色域。假设某个文件是由别人制作，而原作者所嵌入的配置文件跟 Photoshop 目前使用的不一样，则在打开文件时，为了维持原著作的颜色，建议选择此项，以免更改作品的呈现颜色。
- 转换为工作中的RGB：打开文件时，将图像的色域转换成 Photoshop 目前的工作空间。

至于此选项下面的 3 个选项，则可用来设置当图像文件没有色域或色域不符时，是否要询问处置方式，或者直接按照上面指定的方案行事。

- **配置文件不匹配-打开时询问：** 当图像文件色域和工作空间不同时，勾选**打开时询问**，就会出现右图用于选择 3 种处理的方式。

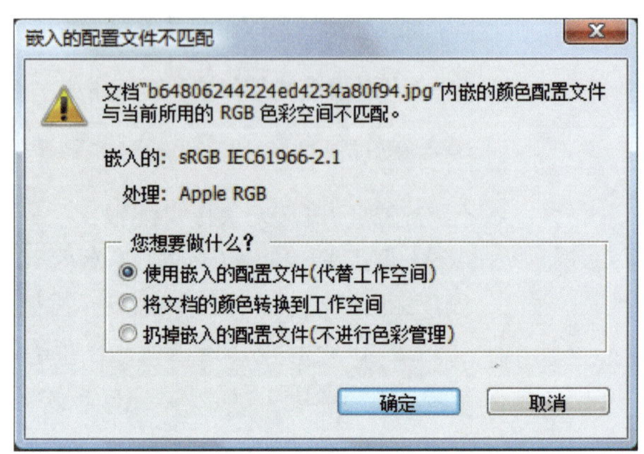

- **配置文件不匹配-粘贴时询问：** 勾选此项，当在不同色域的图像之间执行复制、粘贴操作时，便会出现右图询问要不要转换色域。

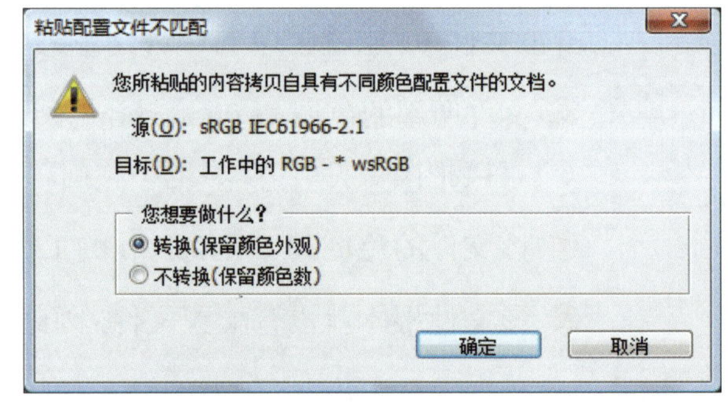

- **缺少配置文件- 打开时询问：** 勾选此项时，当打开的图像没有配置文件，就会出现如下的对话框，用于选择要保持原貌，或是指定一个色域给它。通常建议指定为 Photoshop 目前设置的工作空间。

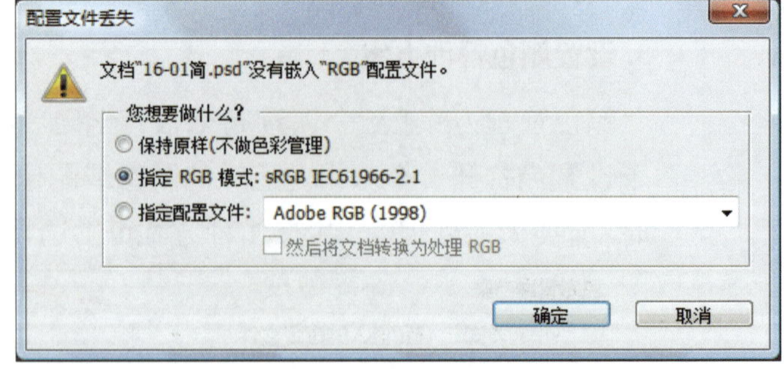

在图像中嵌入配置文件

经由软件处理过的图像，我们必须用配置文件来记录它所使用的色域，并且把配置文件嵌入到图像文件，这样下次再由软件打开时，才能由嵌入的配置文件知道图像之前所使用的色域。

在 Photoshop 中，凡是 JPEG、TIFF、PSD、PDF、EPS、DCS以及 PICT格式的图像都可以嵌入配置文件，只要记得在**存储为**对话框中勾选 **ICC 配置文件**复选框即可（预设都会勾选）；反之，若不想将颜色配置文件嵌入文件中，则请取消该选项。

存储选项
存储： 作为副本(Y) 注释(N)
Alpha 通道(E) 专色(P)
图层(L)
颜色： 使用校样设置(O)： 工作中的 CMYK
ICC 配置文件(C)： sRGB IEC61966-2.1
缩览图(T) 使用小写扩展名(U)

16-3 将文件送到印刷厂输出

接着我们要说明输出作品的步骤，请打开范例文件 16-01.psd，这张图像已经完成内容的设计，现在还要进行以下的动作，才能将图像送至印刷厂。

拼合图像与存储文件

完成图像的内容设计后，请先另存为一个 PSD 文件以保留图层，然后执行“**图层/拼合图像**”命令，将所有图层合并到**背景**图层，再执行“**文件/存储为**”命令，将文件另存成印刷常用的 TIFF 格式或是 Photoshop PDF、EPS 格式（视印刷厂的要求而定），接着再进行以下的颜色模式转换，就可以将文件送去印刷厂输出了。

转换颜色模式

本例的图像目前是 RGB 颜色模式，可以直接拿到印刷厂，他们会帮你转成 CMYK 四色印刷。不过，从 RGB 转成 CMYK 的过程中，颜色会有些偏差（通常会稍微变黯淡），因此我们最好自己先转换成 CMYK颜色模式，在显示器上查看颜色的变化差异，必要时要稍做调整，以免到时候印出来的颜色差异太大。

step01 执行“**图像/模式/CMYK 颜色**”命令，将颜色模式由 RGB 转换为 CMYK。这里的 CMYK 就是我们在第 16-2 节所介绍的**颜色设置**对话框中所设的CMYK 工作空间。这个 CMYK 色域必须和印刷厂一致，否则印刷出来的颜色将会与从显示器上所看到的有所差异！

RGB 颜色模式　　　　转换成 CMYK 颜色模式

step02 仔细观察两种颜色模式所呈现出来的效果，会发现转成 CYMK 之后，颜色变得较为暗沉，如果直接送厂印刷，印出来的效果就会比 RGB 模式黯淡。为了维持原有的颜色、光影，我们可单击**图层**面板下的**创建新的填充或调整图层**按钮，从菜单中选择“**亮度/对比度**”命令，在**调整**面板中提高亮度与对比度。

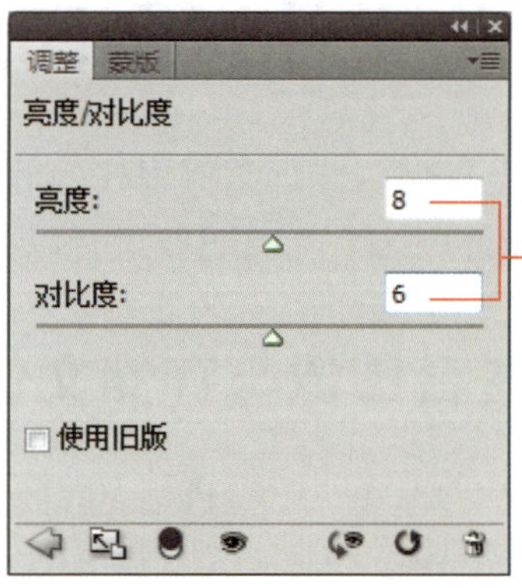

亮度与对比度的值，建议提高1～10左右即可

step03 再次单击**创建新的填充或调整图层**按钮，从菜单中选择“**色相/饱和度**”命令，由**调整**面板中稍微提高饱和度，让颜色更浓郁。

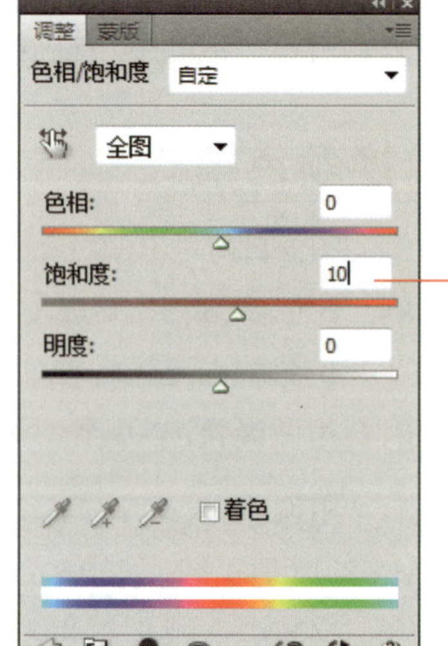

饱和度建议提高1～10左右即可

调整结果

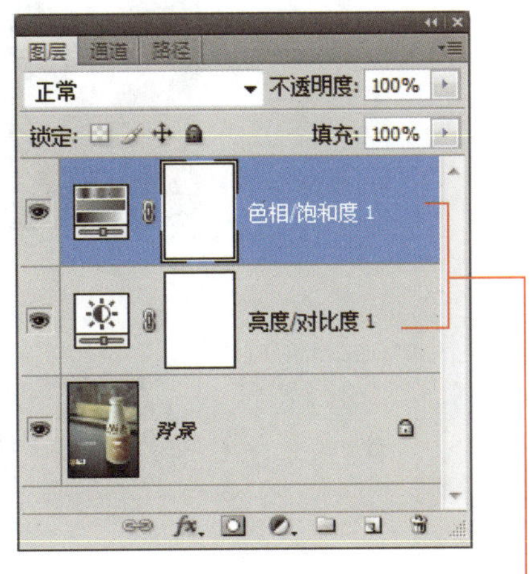

多出这 2 个调整图层

TIP 若不满意调整结果，只要在**图层**面板选择调整图层即可打开**调整**面板来修改设置值。

step04 最后，请再执行一次"**图层/拼合图像**"命令，将所有图层合并在一起，然后执行"**文件/存储**"命令，即可将调整完成的成品送到印刷厂了！

16-4 使用打印机打印文件

假如要使用打印机自行打印图像，由于一般打印机是直接接收 RGB图像数据，所以并不用转成 CMYK 模式，直接进行打印程序就可以了，可以打开范例文件 16-02.jpg 来练习。

打印文件程序

首先，请将打印机的电源打开，然后按照下面的说明把文件打印出来。请执行"**文件/打印**"命令打开**打印**对话框。

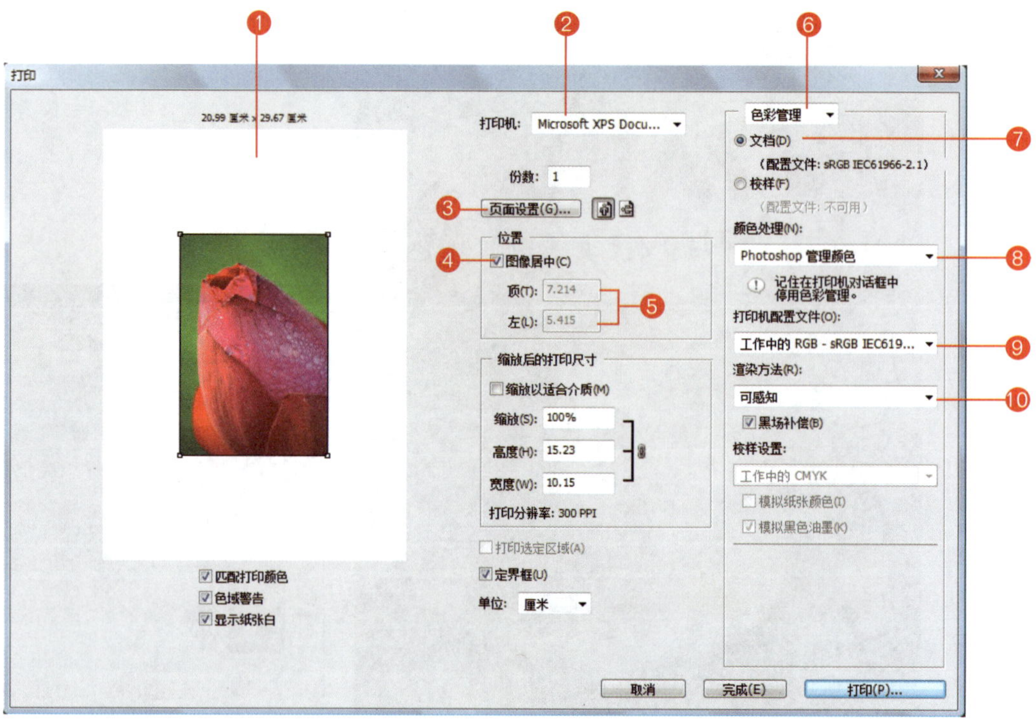

1. 从预览框可查看图像在纸张中的位置及大小
2. 选择要使用的打印机
3. 按此按钮进行打印机设置
4. 如果要从纸张左上角开始打印，则取消此项
5. 指定左上角位置
6. 选择**色彩管理**
7. 打印照片时请选中**文档**单选按钮，只有做印刷前的校样(参阅 16-7 节)时才选**校样**
8. 选择 **Photoshop 管理颜色**选项
9. 根据使用的墨水及纸材选择打印机的色彩配置文件
10. 请选中**可感知**选项

◉ **位置**：此选项组可设置文件在纸张上的打印位置。预设会勾选**图像居中**复选框，表示文件会打印在纸张正中央，取消**图像居中**复选框后，才能设置顶端与左侧的留白距离。

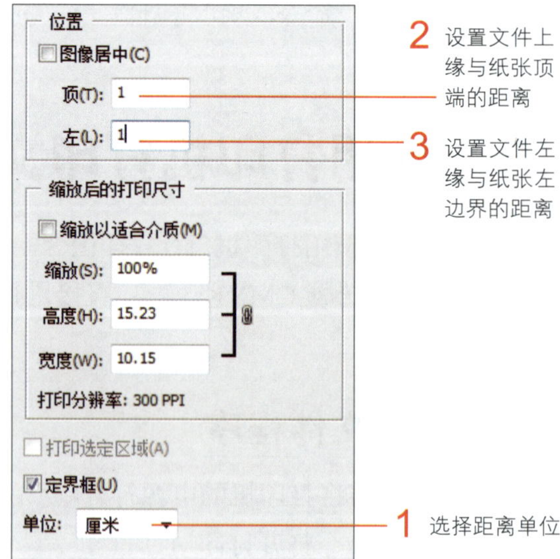

- **缩放后的打印尺寸**：此选项组也可以调整文件尺寸，不过调整之后的分辨率、打印质量可能都会改变，所以还是使用**图像尺寸**功能来调整文件尺寸比较适合。

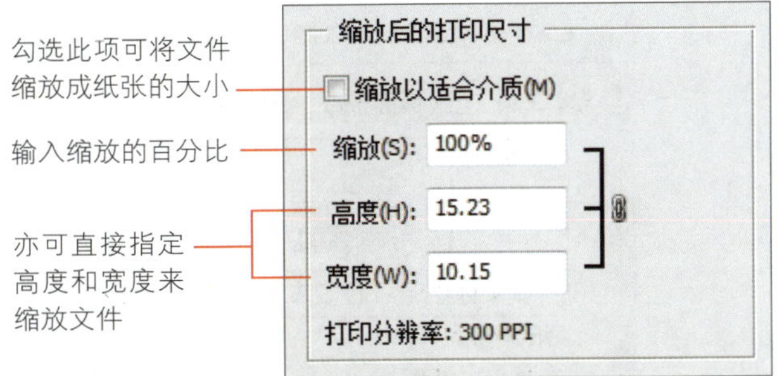

TIP 勾选**打印**对话框下方的**定界框**复选框，则预览框中的文件会出现外框及控点，拖曳框线及控点亦可等比例调整文件尺寸，拖曳文件本身则可调整位置（需要取消**图像居中**复选框）。

- **颜色管理**：当要打印照片时，在**打印**对话框的右上角请选择**颜色管理**选项，然后选中**文档**单选按钮。

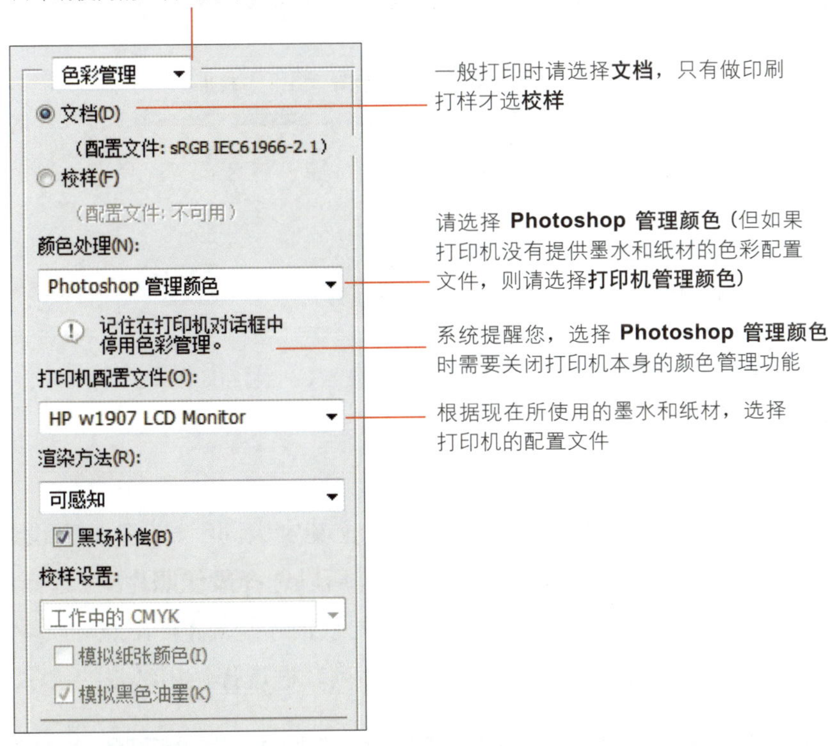

设置打印机

再来从**打印机**列表框选择要使用的打印机名称，然后单击**页面设置**按钮进入打印机的打印选项设置界面。

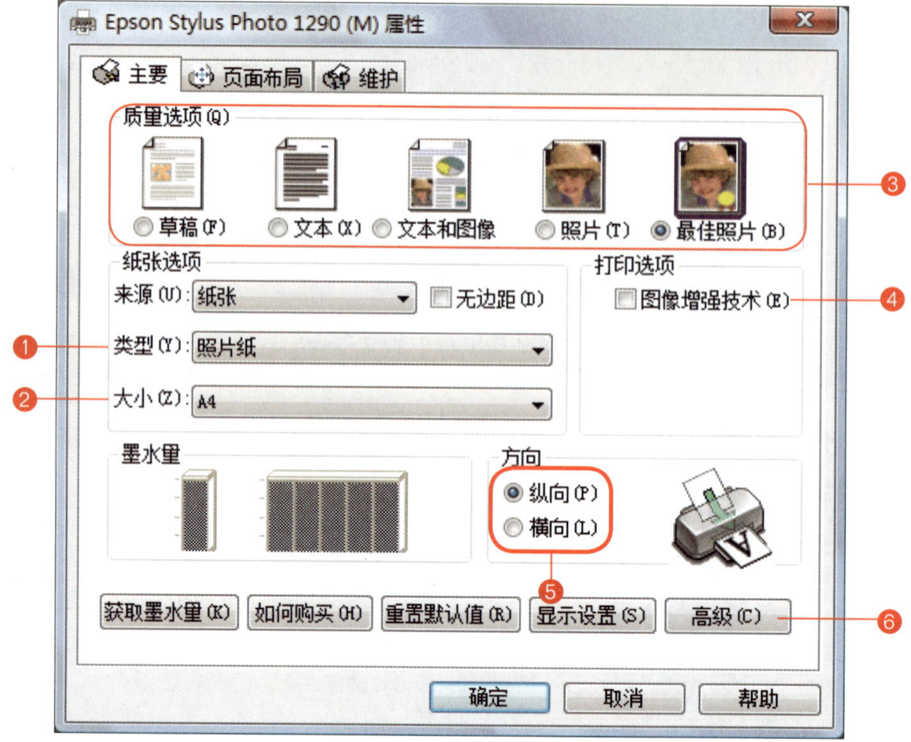

1 指定纸张种类

2 指定纸张大小

3 打印质量选项

4 由 Photoshop 做颜色管理时，勿勾选

5 照片有横向与纵向之分

6 若要关闭打印机本身的颜色管理功能，请按**高级**按钮去设置（每台打印机的做法可能不尽相同，详情请参阅打印机的使用手册）

虽然每个打印机的打印选项不尽相同，但性质上其实大同小异，不外乎设置质量选项、纸张选项、墨水量等。本例我们要打印照片，所以选择**最佳照片**；仅选择**最佳照片**还不够，还必须搭配**照片纸**（Photo Paper）等级的纸张才能真正印出照片质量的图像，所以记得在**类型**列表框中指定**照片纸**，并在**大小**列表框选择使用纸张的尺寸。

提示

前面我们在**打印**对话框做的是 Photoshop 的设置，不论您用什么打印机，界面都是一样的。而单击**页面设置**按钮出现的则是**打印机驱动程序**的内容，每种打印机的驱动程序界面都不相同，即使是同一品牌的打印机，界面也可能不一样！需要提醒各位的是，**打印机驱动程序**内容并不属于 Photoshop 的一部分。

执行打印

完成**打印**对话框的各项设置后，就可单击右下角的**打印**按钮进行打印，显示器会再显示如下的**打印**对话框，用于再次确认打印机、打印机的设置、打印范围以及打印份数，确认无误后单击**打印**按钮，文件就会传送到打印机打印出来了。

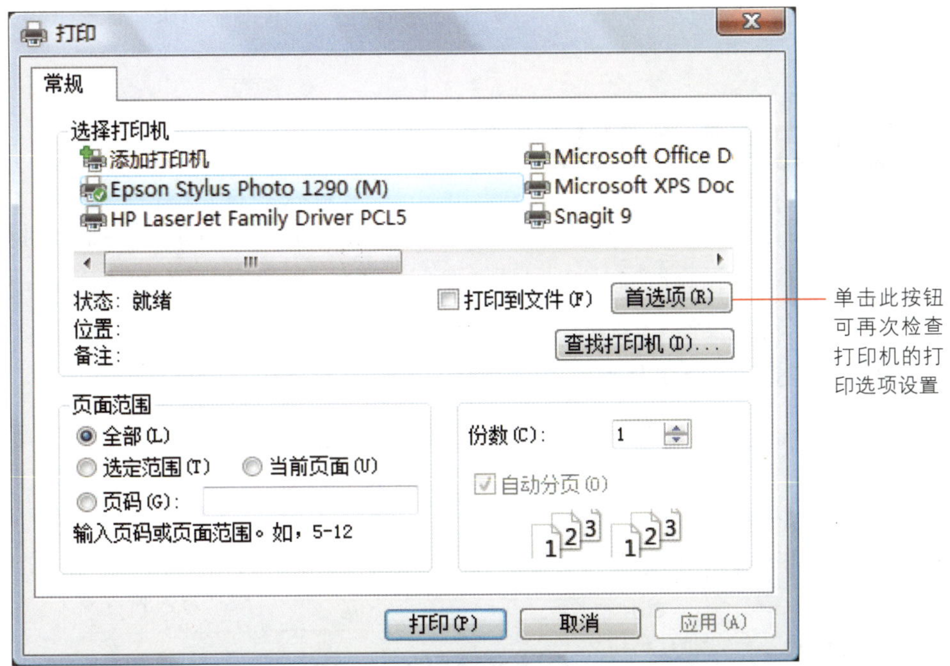

再次澄清

上述这个**打印**对话框是 Windows 操作系统的一部分，不属于 Photoshop 也不属于打印机驱动程序的内容。

16-5 供显示器观看的图像

如果图像是要供网络、计算机或投影仪观看时使用，那么在新建文件时，先在**像素大小**选项组的**宽度**、**高度**文本框输入适合的尺寸（例如希望以全屏显示，如显示器分辨率为 1024×768 像素，那就设置为 1024×768 像素）；分辨率一般设为 72～96 ppi 即可（设的再高，从显示器上也看不出差异）。至于颜色模式的话，由于显示器是利用红、绿、蓝三原色来产生颜色，因此可设为 Adobe RGB或网络通用的 sRGB 颜色模式。

若是要把 Photoshop 处理完毕的图像放置在网页中，可参考第 14 章的说明，将图像存储为网页格式使用的文件格式。

需要提醒的是，由于计算机显示器的颜色和实际印刷的颜色经常会有差异，所以工作环境、显示器、打印机、输出设备最好都经过颜色校正，以确保成品与显示器上看起来不会相差太多。

TIP 近来宽屏显示器已十分普遍，因此显示器分辨率也更加多样化，例如：1280 × 1024 像素（19 寸）、1440 × 900 像素（19 寸宽显示器）、1440 × 1050 像素（22 寸宽显示器）等规格。

16-6 在显示器中做校样

即使显示器已做了精准的校正，但由于显示器直射光的性质和印刷品反射稿的特性不同，图像输出后的颜色、亮度和显示器上所见的并不相同。在 Photoshop 中我们可以凭借指定输出设备（含纸材）的配置文件，然后在“显示器”上仿真印刷、输出后的图像颜色与亮度（会变得较平淡），即所谓的“显示器校样”。

要进行显示器校样，请先到**视图**菜单中打开**校样设置**子菜单。

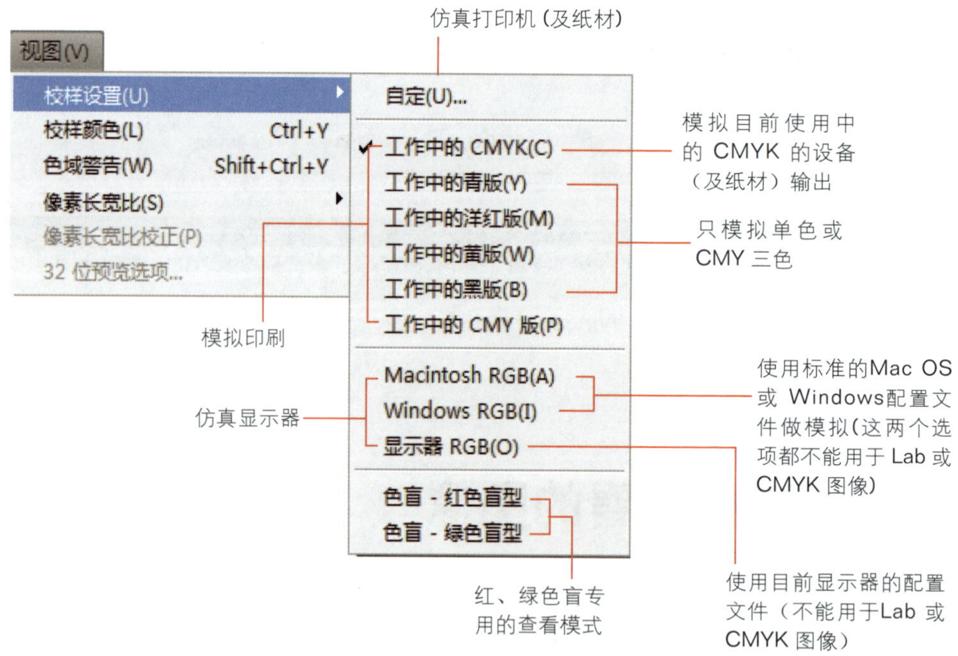

校样设置子菜单可供我们在显示器上做 3 种校样：打印机、印刷及其他类型的显示器，例如使用的是 Windows 系统，想要仿真 Mac 显示器的颜色，便选择“**Macintosh RGB**”命令。若要预览印刷机的颜色，则选择“**工作中的CMYK**”。想要预览图像从打印机打印出来的颜色，那就执行“**自定**”命令，在**要模拟的设备**列表框中选择该台打印机的颜色配置文件。

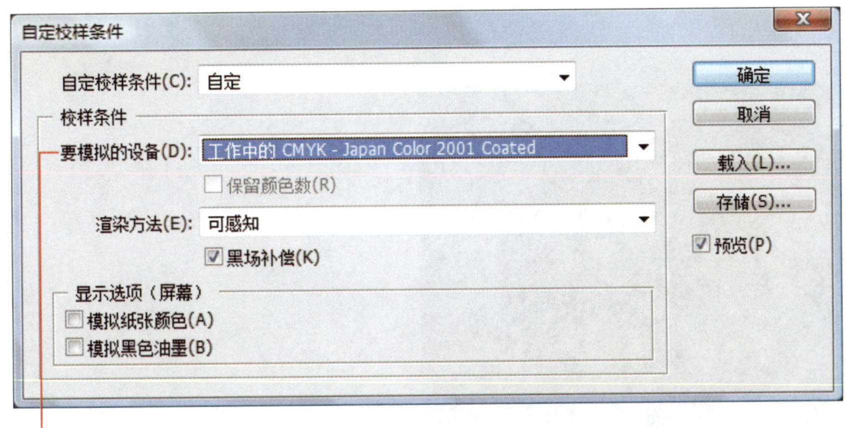

在此选择要校样的输出装置颜色的配置文件

做好校样设置后，接着再选择“**视图/校样颜色**”命令，则文件窗口中的图像便会转换成输出时的颜色（可按 Ctrl + Y （Windows）/ ⌘ + Y （Mac）键切换）。

TIP 除非显示器校色准确，环境布置完善，且色域够宽，否则仍然无法完全呈现输出时的颜色。

调整 Windows 和 Mac 系统颜色的差异

计算机显示器上的RGB 颜色显示会随着计算机所使用的操作系统不同而变化，例如，Windows 系统上的图像看起来会比在 Mac OS 计算机上暗（因为标准的 RGB 色域在 Windows 中要比在 Mac OS 中暗）。可以使用上述的**校样设置**功能，切换**Macintosh RGB** 和 **Windows RGB** 来观察图像的颜色差异。

因为显示器的色域与印刷品并不一致，所以我们花功夫在显示器编修的图像上，可能有些颜色仍是印不出来的。若想知道图像中有哪些颜色超出打印机或印刷机的色域范围，可选择“**视图/色域警告**”命令，若图像中出现灰色区域（可按 Ctrl + Shift + Y （Windows）/ ⌘ + shift + Y （Mac）键切换），表示该区域的颜色已超出色域，输出后颜色会有严重偏差，最好先在 Photoshop 中调整。

标题栏会显示目前校样的配置文件名称

将 RGB 模式的图像以 CMYK色域显示的显示器校样

色域警告

灰色区域为色域警告，表示该区域的颜色输出后会有偏差

16-7 利用喷墨打印机做印稿校样

“印稿校样”是指用一般的打印机仿真印刷机输出的效果。为了能印出印刷机的颜色，首先我们必须用**“视图/校样设置”**命令把图像仿真成印刷机的颜色，然后把这个图像用喷墨打印机打印出来。下面我们就来说明如何使用家里或公司的彩色喷墨打印机仿真印刷机输出效果的步骤。

首先，请到**“视图/校样设置”**子菜单勾选**工作中的 CMYK**（就是之前我们在**编辑/颜色设置**中已经设好的 CMYK 色域）。接着执行**“文件/打印”**命令。

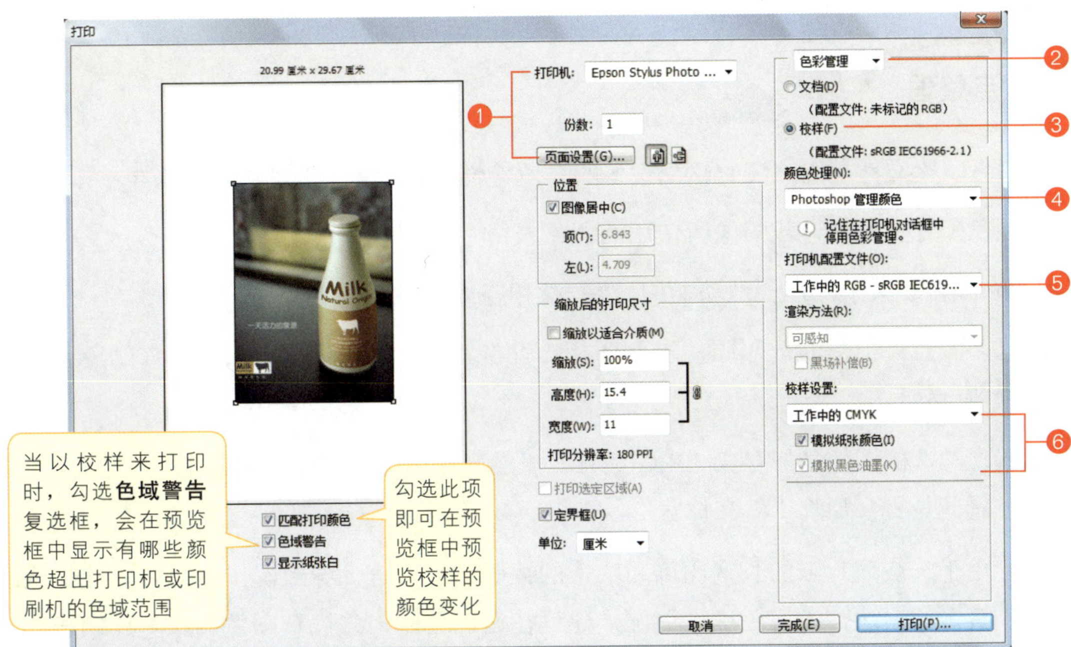

1. 选择要使用的打印机，并单击**页面设置**按钮进入打印机的设置界面，除了设置质量、纸张外，还请关闭打印机本身的颜色管理功能（请参阅打印机的使用手册）
2. 切换到**色彩管理**选项
3. 选择**校样**，其下方会列出目前设置的校样色域
4. 选择 **Photoshop 管理颜色**
5. 根据使用的墨水、纸材选择打印机的颜色配置文件
6. 选择**校样设置**，并勾选下面两个选项

请注意，要打印校样稿，必须勾选**校样**而非**文档**，此时**校样**下的配置文件也会标识成我们刚刚由“**视图/校样设置**”中所勾选的配置文件。依上图的方式设置好之后，接着就可以按照正常的程序从打印机打印出校样了。

重点整理

1. 颜色配置文件是用来配置输出设备的颜色特性，让图像软件来调整其差异。
2. 颜色配置文件也记载图像所使用的色域及颜色模式。
3. Photoshop 关于颜色管理功能的设置，集中在**颜色设置**对话框中。
4. 许多人会将拍摄的数码照片拿到照相馆冲洗，这里有几项冲洗数码照片的注意事项需要提醒各位：
    - 送冲洗的图像最好存成 JPEG 文件，虽然照相馆也许接受 PSD、TIFF 文件，但最好先询问是否会加收“转文件费”。
    - 由于一般照片纸的长宽比例和拍摄的数码照片不符，导致洗出的照片被裁切或是出现莫名的白边，为避免这种情况，建议在送洗之前，先检查图像的长宽比例和要冲洗的照片规格是否相符，若比例不符，请参考第 3-2 节所介绍的技巧进行裁剪。
5. 图像输出程序整理：

- 印刷输出

显示器校样（用显示器仿真印刷机的颜色和亮度，参阅第 16-6 节）
- 选择使用中的 CMYK 做校样设置

▼

转换 CMYK 模式
- 调整颜色、亮度

▼

拼合并存储
- 印刷用的文件格式：TIFF、PDF、EPS

▼

印稿校样（用喷墨打印机模拟印刷机的颜色与亮度，请参阅第 16-7 节）

打印对话框中的设置：
- 颜色管理
- 校样
- Photoshop 管理颜色
- 关闭打印机的颜色校正功能
- 选定打印机的颜色配置文件

- 打印机打印

显示器校样（用显示器仿真打印机的色彩和亮度，请参阅第 16-6 节）
- 选择打印机的颜色配置文件做校样设置

▼

保持 RGB 模式
- 若显示器校样有明显差异，需要调整颜色

▼

进行打印

打印对话框中的设置：
- 颜色管理
- 文件
- Photoshop 管理颜色
- 关闭打印机的颜色校正功能
- 选定打印机的颜色配置文件

- 显示器欣赏

保持 RGB 模式

▼

存储文件
- 网页用的图像可存成 JPG、PNG、GIF格式

1. 如何使用打印机打印出没有白边的作品?

除了在预览的**打印**对话框中，将边界设为 0 之外，还需要搭配具有满版打印功能的打印机来打印。不过实际上使用喷墨打印机打印满版图像时，很容易将墨色喷在纸张以外的地方，而污损到打印机或下一张纸张，因此建议最好使用稍微大一点的纸张来打印，事后再进行裁切会比较好。

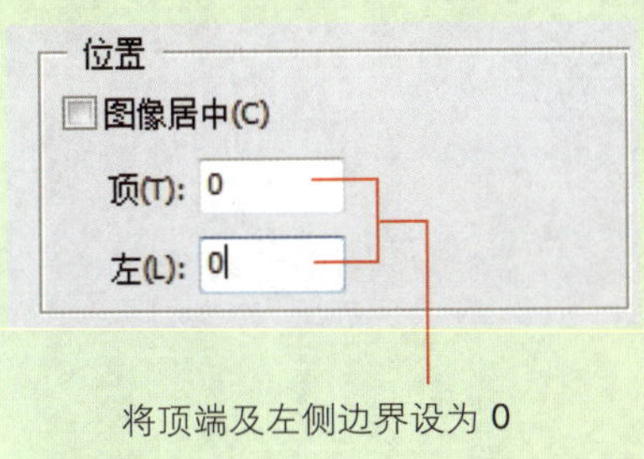

将顶端及左侧边界设为 0

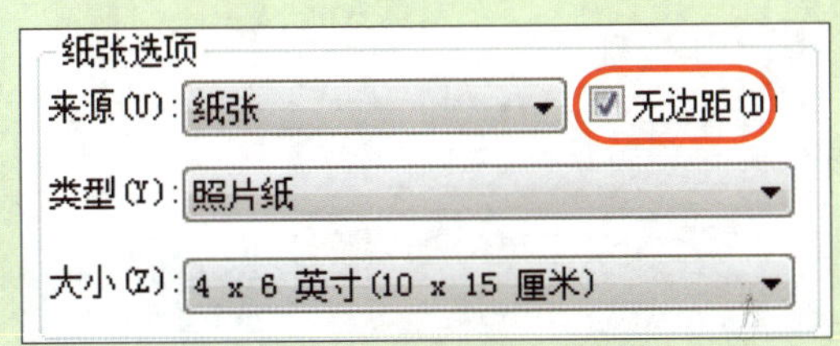

搭配打印机的满版功能(可在**打印**对话框中单击**页面设置**按钮，进入打印机驱动程序的设置部分，不过每台打印机所提供的设置都不太一样，打印满版的设置名称也不尽相同，这部分请自行查阅打印机的使用手册说明)

2. 如何打印部分图像?

请先使用**矩形选框工具**选择要打印的范围，然后执行“**文件/打印**”命令，在**缩放后的打印尺寸**选项组的下方勾选**打印选定区域**复选框，再进行打印即可。注意：若未事先选择时，则**打印选定区域**会无效，呈淡灰色。

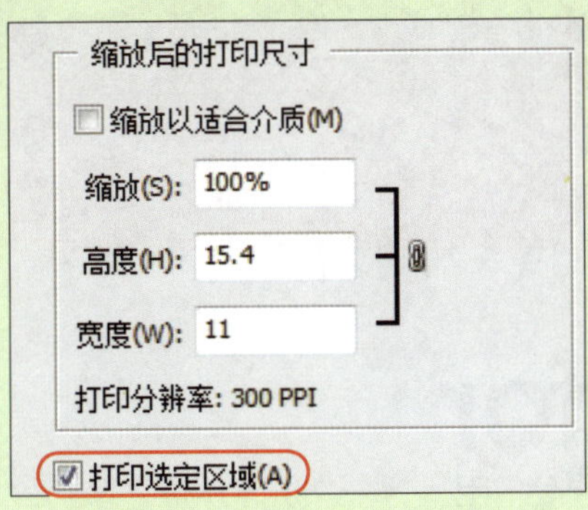

正确学会

Illustrator

的16堂课

想要踏稳Illustrator入门脚步，
又想做出好看的作品，
谁说鱼与熊掌不可兼得？

Effective Learning

www.hzbook.com

填写读者调查表 加入华章书友会
获赠精彩技术书 参与活动和抽奖

尊敬的读者：

感谢您选择华章图书。为了聆听您的意见，以便我们能够为您提供更优秀的图书产品，敬请您抽出宝贵的时间填写本表，并按底部的地址邮寄给我们（您也可通过www.hzbook.com填写本表）。您将加入我们的"华章书友会"，及时获得新书资讯，免费参加书友会活动。我们将定期选出若干名热心读者，免费赠送我们出版的图书。请一定填写书名书号并留全您的联系信息，以便我们联络您，谢谢！

书名： 书号：7-111-( )

姓名：	性别：☐男 ☐女	年龄：	职业：
通信地址：		E-mail：	
电话：	手机：	邮编：	

1. 您是如何获知本书的：

☐朋友推荐 ☐书店 ☐图书目录 ☐杂志、报纸、网络等 ☐其他

2. 您从哪里购买本书：

☐新华书店 ☐计算机专业书店 ☐网上书店 ☐其他

3. 您对本书的评价是：

技术内容	☐很好	☐一般	☐较差	☐理由____
文字质量	☐很好	☐一般	☐较差	☐理由____
版式封面	☐很好	☐一般	☐较差	☐理由____
印装质量	☐很好	☐一般	☐较差	☐理由____
图书定价	☐太高	☐合适	☐较低	☐理由____

4. 您希望我们的图书在哪些方面进行改进？

____

5. 您最希望我们出版哪方面的图书？如果有英文版请写出书名。

____

6. 您有没有写作或翻译技术图书的想法？

☐是，我的计划是____________ ☐否

7. 您希望获取图书信息的形式：

☐邮件 ☐信函 ☐短信 ☐其他______

请寄：北京市西城区百万庄南街1号 机械工业出版社 华章公司 计算机图书策划部收

邮编：100037 **电话：**（010）88379512 **传真：**（010）68311602 E-mail: hzjsj@hzbook.com